# 复杂砂岩气田开发

## ——涩北气田高效开发技术实践

李江涛　马力宁　等编著

石油工业出版社

## 内 容 提 要

本书以柴达木盆地三湖地区涩北气田25年的试采开发技术探索为主线，紧密结合第四系长井段疏松砂岩气田多层、多水、多泥砂的地质特征和储量基础、建产规模多变的特点，围绕开发过程中遇到的层薄层差、水侵水淹、砂蚀砂埋、低压低产等技术难题，以问题为导向，多因素分析，突出支撑涩北复杂砂岩气田实现十年稳产的潜力层解放、优化配产调控、持续挖潜调整、砂水综合治理等开发主体技术和钻采、集输工艺特色技术进行总结提炼论述，以实例说明技术方法的适用性、可靠性。这些技术为该区天然气高效开发起到了重要支撑作用。

本书可供从事气田开发的科技人员、技术人员及石油院校相关专业师生参考阅读。

### 图书在版编目（CIP）数据

复杂砂岩气田开发：涩北气田高效开发技术实践／李江涛等编著．— 北京：石油工业出版社，2021.3

ISBN 978-7-5183-4502-1

Ⅰ.①复… Ⅱ.①李… Ⅲ.①砂岩油气藏-油田开发 Ⅳ.①TE343

中国版本图书馆 CIP 数据核字（2021）第 019269 号

---

出版发行：石油工业出版社
　　　　　（北京安定门外安华里2区1号楼　100011）
　　　　　网　　址：www.petropub.com
　　　　　编辑部：（010）64523541
　　　　　图书营销中心：（010）64523633
经　　销：全国新华书店
印　　刷：北京中石油彩色印刷有限责任公司

2021年3月第1版　2021年3月第1次印刷
787×1092毫米　开本：1/16　印张：18
字数：460千字

定价：108.00元
（如出现印装质量问题，我社图书营销中心负责调换）
**版权所有，翻印必究**

# 《复杂砂岩气田开发——
# 涩北气田高效开发技术实践》
# 编 委 会

主　任：李江涛　马力宁
副主任：王小鲁　奎明清　刘俊峰　程建文
成　员：孙凌云　屈信忠　芮华松　贾锁刚　马达德
　　　　淡明昌　骆建武　吴胜利　姜义权　冯胜利
　　　　柳金城　程长坤　项燚伟　陈芬君　徐晓玲
　　　　柴小颖　邓成刚　黄麒均　杜　竞　冯　毅
　　　　敬　伟　孙　明　高勤峰　刘金海　李海良
　　　　张　栋　林　海　杨　云　晏　毅　邓创国
　　　　温中林　保吉成　蒲　斌　张永斌　宋继龙
　　　　杨喜彦　王海成　秦　涛　顾端阳　孙　勇
　　　　范新文　史玉成　李积永　李晓茹　连云晓
　　　　秦彩虹　涂加沙　黄建红　赵　玉　马元琨
　　　　程　鑫　唐启银

# 前　言

  1964年12月，在我国青藏高原西北部的柴达木盆地东部三湖地区发现了第四系浅层生物成因的涩北气田。涩北气田不仅成因独特，而且以长井段、多气层、未成岩、边水驱的疏松砂岩气田而著称。正是由于该砂岩气田的特殊性、复杂性，以及受开发技术与远离消费市场的制约，被搁置了30余年没有得到开发利用。直到1995年2月17日青海油田天然气开发公司成立，特别是在铺设了涩北气田到格尔木市的输气管道后，该气田的试采开发工作才开始陆续展开。

  涩北气田的试采开发已走过25年，这是一条我国复杂砂岩气田开发技术探索之路，通过对涩北这类复杂砂岩气田深化地质认识、防治砂害、对付水害、提高储量动用程度、提高采收率等，走出了一条从精细开发到高效开发的技术创新之路。技术是在不断的探索实践中完善和积累的，在涩北气田开发之初，国内外没有此类气藏的开发案例可供借鉴，然而，通过柴达木盆地天然气事业开拓者20多年的努力，在初期设计年产规模30亿立方米，稳产不足10年的定论下，已经在年产50亿立方米规模水平上稳产10年之久，这是业界的许多同行和专家都感到惊喜的事情，可以说涩北气田实现了高效开发。

  涩北气田地质和开发的复杂性体现在多方面，本书从气田开发所面临的问题和挑战着手，在难点呈现与技术需求分析的基础上，力求以问题为导向，抓住制约高效开发的主要问题，提炼和总结破解问题的主要开发技术经验方法或做法，并对主体技术以实例的形式进行了应用效果评价。全书旨在为读者展示实现涩北气田高效开发技术的探索性、实践性、实用性和目前的系统性、完善性。但是，技术都是有一定阶段性的，都是在不断完善的过程中。本书最后笔者针对开发问题走势和技术储备谈了自己的看法。这些技术的集成也是柴达木盆地天然气勘探开发工作者集体智慧的结晶。

  本书以涩北气田25年的试采开发历程为主线，围绕不同阶段开发技术探索与实践，较为系统地介绍了长井段多层边水驱疏松砂岩气田的复杂性，从对气藏地质认识的不断深化，到多方面技术经验的积累，从地下到井筒再到地面，力求结合气田固有的地质与开发特点、难点，为读者展示已经成型推广的实用性配套技术，并尽可能避开已出版书籍所涉及此类气藏的技术内容。全书共分十三章，第一章至第四章和第十三章由李江涛编写；第五章至第八章由项燚伟、陈芬君、徐晓玲、柴小颖和李江涛共同编写；第九章和第十章由黄麒均、杜竞编写，冯胜利修定；第十一章气藏动态专项监测技术由冯毅编写，吴胜利、姜义权修定；第十二章地面集输专项工艺技术由敬伟、孙明编写，程建文审定。全书由李江涛统稿，马力宁审定。

学无止境、技无边界、书无精尽。仓促的时间里虽孜孜以求，但是作为生产一线工作者仍存在理论认识不深、不透，技术总结难免不全、不精等问题。特别是一书不可盖全，有些技术在涩北气田相关技术书籍中已论述，如钻井工程、完井工程、实验分析、建模数模等，在此没有过多涉及，还请大家谅解。

本书的撰写、定稿和出版，感谢国家重大科技专项的支持，感谢青海油田相关单位、各级领导的支持，感谢中国石油勘探开发研究院、中国石油集团测井有限公司青海分公司、中国石油工程建设有限公司青海分公司、西南石油大学、石油工业出版社等单位同仁的启发和帮助。

鉴于笔者水平有限，书中难免存在不妥之处，敬请广大读者不吝赐教，批评指正。

编者

2020 年 11 月

# 目 录

第一章　绪论……………………………………………………………………（1）
第二章　涩北气田开发难点……………………………………………………（8）
　　第一节　地质问题对开发的影响…………………………………………（8）
　　第二节　开发方案设计的争论……………………………………………（12）
　　第三节　生产动态中暴露的新问题………………………………………（14）
第三章　开发技术实践历程……………………………………………………（18）
　　第一节　试采建设期开发技术探索………………………………………（18）
　　第二节　扩能稳产期开发技术积累………………………………………（21）
第四章　隐蔽性气层识别技术…………………………………………………（31）
　　第一节　隐蔽性潜在气综述………………………………………………（31）
　　第二节　低阻气层识别与验证……………………………………………（34）
　　第三节　薄气层识别与校正………………………………………………（45）
　　第四节　剩余气潜力层识别与验证………………………………………（52）
　　第五节　技术应用效果评价………………………………………………（62）
第五章　气藏静、动态描述技术………………………………………………（70）
　　第一节　气砂体划分与分类技术…………………………………………（70）
　　第二节　气砂体描述主要参数确定………………………………………（73）
　　第三节　气藏水侵状况评价………………………………………………（93）
　　第四节　分层采出状况评价………………………………………………（104）
　　第五节　技术应用效果评价………………………………………………（107）
第六章　开发指标优化调控技术………………………………………………（112）
　　第一节　开发指标异常判别技术…………………………………………（112）
　　第二节　合理配产与优化调控技术………………………………………（115）
　　第三节　提高单产与调峰技术……………………………………………（119）
　　第四节　技术应用效果评价………………………………………………（121）
第七章　调补产能挖潜部署技术………………………………………………（125）
　　第一节　开发层系细分……………………………………………………（125）
　　第二节　井网加密调整……………………………………………………（135）
　　第三节　低品质储量动用…………………………………………………（146）
　　第四节　技术应用效果评价………………………………………………（147）
第八章　综合防控水技术………………………………………………………（152）
　　第一节　气井出水来源判别技术…………………………………………（153）
　　第二节　排水采气主体技术………………………………………………（156）

第三节　气藏水侵调控技术…………………………………………………（159）
　　第四节　技术应用效果评价…………………………………………………（164）
第九章　综合防治砂工艺技术……………………………………………………（170）
　　第一节　地面节流与防冲蚀…………………………………………………（170）
　　第二节　储层防砂工艺技术…………………………………………………（174）
　　第三节　井筒冲砂清砂工艺…………………………………………………（185）
　　第四节　技术应用效果评价…………………………………………………（197）
第十章　措施求产改造技术………………………………………………………（199）
　　第一节　低渗透储层压裂求产技术…………………………………………（199）
　　第二节　气井解堵复产工艺…………………………………………………（204）
　　第三节　技术应用效果评价…………………………………………………（210）
第十一章　气藏动态专项监测技术………………………………………………（215）
　　第一节　全气藏关井测试技术………………………………………………（215）
　　第二节　产出剖面测井与分层测试…………………………………………（230）
　　第三节　井筒积液、积砂界面监测…………………………………………（235）
　　第四节　过套管 PNN+饱和度测井技术……………………………………（236）
　　第五节　技术应用效果评价…………………………………………………（238）
第十二章　地面集输专项工艺技术………………………………………………（250）
　　第一节　天然气脱水净化……………………………………………………（250）
　　第二节　集输增压工艺技术…………………………………………………（254）
　　第三节　集输系统防砂、除砂………………………………………………（257）
　　第四节　采出水处理技术……………………………………………………（263）
　　第五节　技术应用效果评价…………………………………………………（268）
第十三章　问题走势与攻关方向…………………………………………………（273）
　　第一节　主要开发问题走势…………………………………………………（273）
　　第二节　今后技术攻关方向…………………………………………………（274）
参考文献……………………………………………………………………………（277）

# 第一章 绪 论

涩北气田是我国西气东输的重要气源地之一，是甘、青、藏三省（自治区）重要的能源基地。随着2001年底"涩—宁—兰"天然气长输管道的贯通和2011年冬"气化西藏"的液化天然气保供工程的启运，西宁、兰州、拉萨等省会城市和自治区首府以及沿线15个州、地、市、县用户逐年增长，不仅改善了近500万居民的生活质量，也大幅降低了包括敦煌在内的部分县市的燃煤污染。

涩北气田是我国天然气勘探开发大花篮中一朵美丽的鲜花。具有特殊的开发地质条件，其储层岩性疏松、含气井段长、气层多而薄、边水环绕，国内外类似气田罕见，可供借鉴的开发经验少。25年的试采开发历程，青海油田在国内兄弟油田和石油高校、相关院所的帮助下，主要依靠自身力量，通过反复的实践和认识，深究地质细节、把握开发规律、优化开发指标，针对疏松砂岩开展了大量卓有成效的技术创新和研究工作，全力提升第四系多层疏松砂岩气田开发与调控水平，有力地指导了该富水气田的高效开发。通过开发生产实践，探索和积累了水害、砂害等复杂情况下实现涩北气田持续建产、稳产的系列开发技术。

截至2020年6月，涩北气田已累计采出天然气$786×10^8m^3$，以$50×10^8m^3$年产规模持续稳产10年。青海石油人身居高原，以"缺氧不缺精神"的英雄气概，绘就了一幅"多层、多水、多泥"的复杂砂岩气田高效开发的画卷。回望过去，在涩北气田的开发技术、开发建设、开发管理等方面都有很多值得总结的经验和教训。展望未来，涩北气田还要持续开发生产，气井面临越来越严重的出水、出砂等病害，不仅需要过去积累的经验和技术支撑，也需要新技术的创新。

## 一、生物成因的第四系浅层气藏

柴达木盆地中东部三湖地区第四系寒冷的气候条件和高盐度的水体环境，在一定程度上抑制了微生物的快速灭亡，致使有机质缓慢生气、积累（井下1700m岩心证实还有活性甲烷杆菌存活），造就了第四系充足的气源条件。而适时的同沉积背斜圈闭的发育和后期保存（区域构造稳定），则是柴达木盆地第四系形成大型生物气田群的主要地质条件。对第四系小幅度构造成藏条件和动态聚集规律的研究，进一步丰富了第四系生物气成藏理论。

形成第四系生物气藏的特殊地质条件首先是寒冷的气候条件和高盐度的水体环境。环境温度对生物化学作用的影响非常明显，对生物成因甲烷气的形成与聚集同样至关重要。实验证明，甲烷菌的生存温度为0~75℃，但最有利的代谢温度则为30~55℃。在0~15℃的低温条件下，甲烷菌的产气进程相当缓慢，当环境温度高于15℃时，生化产气进程便显著加快，温度每升高10℃，产气速度便相应地提高10倍。

细菌调查中发现，自现代湖底淤泥直至埋深1705m的第四系和新近系层段泥岩中均有甲烷菌存活，说明本区生化产甲烷作用不仅与生俱来，而且一直延续至今。分析认为，本区第四系之所以能在较大的埋藏深度形成生物气并且聚集成藏（已知台南7井气藏底界埋深达1737.8m），与第四纪本区气温普遍偏低有着不可分割的关系。

柴达木盆地南缘的昆仑山和其北缘的祁连山均有第四纪冰川遗迹，加之现代冰川的发育和现今低温气候（年平均气温为3.7℃且每年近七个月的冰冻期），说明在全球性低温气候的影响下，柴达木盆地自新近纪末以来一直处于较低的气温环境。长期的低温条件抑制了甲烷菌的活动，避免了沉积有机质在沉积浅埋阶段的过量消耗，推迟了生物产气的高峰期。

较高的含盐度有利于有机质的保存，是因为微生物对有机质的分解作用在咸化环境中受到了抑制。生物模拟实验证明，形成于咸化水体的本区第四系岩心样品，一般都具有较高的产气潜率，而形成于同期淡化水体的岩心样品，则由于缺乏盐类对微生物分解作用的抑制，致使沉积有机质的易降解组分在沉积初期的浅埋阶段便被过度消耗，因而样品的产气潜率普遍较低。

古生物孢粉组合及氧同位素、碳同位素、氯离子含量分析也充分证明，本区第四系沉积湖盆总体呈咸化趋势，水体多为微咸至咸水环境。在第四纪干燥寒冷的气候条件下，草本植物大量繁殖，为本区第四系提供了丰富的陆源沉积有机质，而草本植物中丰富的纤维素及淀粉等碳水化合物，正是最容易被甲烷菌降解利用的有机营养。同时，由于本区第四纪干燥寒冷的气候条件，使得沉积湖盆水体偏咸，有效地抑制了甲烷菌对沉积有机质的分解作用，减缓了沉积有机质向生物气的转化进程。

由此可见，由于寒冷气候和高盐度水体对甲烷菌生物降解作用的有效抑制，减缓了沉积有机质的转化进程，推迟了生物产气高峰，这正是本区生物气得以在较大的埋藏深度下大量生成并聚集成藏的重要原因。

本区的第四系湖相暗色泥岩层，既是上覆储层的烃源岩层，又是下伏储层的直接盖层，第四系砂泥岩沉积的频繁间互，不仅形成了3:1~5:1的最佳生储配置比，而且构成了良好的生储盖组合。有了这样的生储配置比和生储盖组合，产自下伏烃源岩层的生物气只需经过数米的初次运移就可进入储层。

## 二、多层间互的富水疏松砂岩气藏

涩北气田所表现出的开发技术难题是由其客观物质基础决定的，即疏松砂岩气藏的储层地质特征、渗流规律决定了储层孔隙空间内的气水分布和喉道里的气水流动特征，从而决定了疏松砂岩气层出水、出砂等伤害机理。认识、理解、把握这些客观规律有助于提高疏松砂岩气藏的开发技术水平。

**1. 多种类型地层间互分布**

纵向上含气井段上千米，砂泥岩层、气水层、薄厚层间互分布。湖相沉积背景下，多期大规模水进水退的沉积历程造成了涩北气田砂、泥岩的频繁薄互层，储层纵向和平面的非均质性较强。测井分层技术表明，同一个小层内可能同时存在气层、差气层、干层、气水同层、含气水层和水层，Ⅰ类、Ⅱ类和Ⅲ类储层共存一个小层内，这种储集特征使得产层非均质性强、小层的气水关系复杂。气井普遍出水，产气量受出水量波动。

## 2. 储层岩性疏松易出砂

岩心分析表明，占储层岩石组成51%的伊利石吸水后膨胀、分散，易产生速敏和水敏，占组成21%的伊/蒙混层属于蒙皂石向伊利石转变的中间产物，极易分散，9%的高岭石晶格结合力较弱，易发生颗粒迁移而产生速敏，这种岩石组成特征导致了其岩性疏松，出砂临界流速低，而且出水降低强度，将加剧出砂。因此，疏松砂岩气田的水敏和速敏都比较严重，气田开发必须重点考虑出砂和速敏对产能的影响。

## 3. 储层的应力敏感强

疏松砂岩具有较强的应力敏感特征。岩心覆压实验数据显示，当净上覆压力从3MPa升高到8MPa时，岩心渗透率将下降56%，无阻流量将下降63%。通俗讲，在开发过程中，随着气藏压力的下降，储层骨架颗粒的压缩，孔隙结构的变化，即粒间孔的收缩和喉道的变细，气、液、固的相互关系和运移规律会变化。在做开发方案和动态预测时，必须考虑疏松砂岩的应力敏感特征，否则对开发效果将会造成一定的影响。

## 4. 边水与气藏接触关系复杂

疏松砂岩气藏构造平缓，因此气水界面宽，平面延展大，由于物性差异大，气水过渡带长，气水边界不规则。这些气水分布特征使得气井钻遇气水共存带的概率大大增加；而且，平缓的层状构造使得气层内部水的流动阻力小，造成边水的横向入侵更加容易，导致涩北气田的大量气井在早、中期出水。

## 5. 气水流动性差异大

从多个岩样取心的相对渗透率测试曲线看，涩北气田储层的共性是束缚水饱和度高（>60%），两相共流区窄，表明气的流动能力很容易受到水的影响。有一半的岩心水相相对渗透率随含水饱和度上升而急剧增大，表明水进阻力小，见水快；而另一半岩心水相流动性不强，表明水进慢，推进距离有限。由于岩性的差异导致了储层润湿性的不同，从而造成储层内气水流动能力存在较大的差异，导致不同位置气井的见水时间及含水变化趋势有不同的表现，这是指进式非均衡水侵的主要原因之一。

## 6. 地层水分布的多样性

对于疏松砂岩气藏，储层内水的分布有多种形态，包括储层内的凝析水、层内被泥质条带分割的零星水体、储层内束缚水、泥岩夹层束缚水、储层内可动水、层间独立的水层水、边底水和工作液人工侵入水等。由于地层水分布的多样性，气井出水的来源就可能有多种，不同井之间、同井的不同开采阶段，其水源都可能各不相同，水源的鉴别和出水规律的分析难度较大。

## 三、开发可行性的方案论证

1964年发现涩北一号气田，因为当时气田规模小、国内以燃煤和缺油找油为主，没有开发气田的强烈需求；1975年涩北二号气田发现后，因探井放喷存在砂埋问题和井口含砂气流易刺穿地面装置等原因而搁置。当时涩北一号、二号气田分别探明Ⅱ类天然气地质储量37.04×10$^8$m$^3$和49.14×10$^8$m$^3$。1987年台南气田的发现，促使了对这一地区天然气资源的整体评价，重新开展了三大气田的地质储量计算工作，并且请四川油田、胜利油田协助启动了涩北气田开发可行性研究和防砂先导试验等，于1991年向全国矿产储量委员会上报的涩北一号、涩北二号、台南气田天然气探明地质储量分别是162.01×10$^8$m$^3$、108.19×

$10^8m^3$ 和 $198.97\times10^8m^3$，合计 $469.17\times10^8m^3$。在此基础上，1995 年着手开展试采方案和各类开发方案编制研究工作。期间通过滚动试采评价、开发基础井网部署和测井精细解释研究等，涩北气田探明地质储量持续递增，总储量又经历了 $1340\times10^8m^3$ 和 $2768\times10^8m^3$ 两次报批，开发方案修订持续进行，年产规模也不断扩大，年产规模经历了 $33\times10^8m^3$、$64\times10^8m^3$ 和 $100\times10^8m^3$ 三次扩能。最终定格在探明地质储量 $2878.81\times10^8m^3$，叠合含气面积 $127km^2$ 基础上，而后又经历了挖潜调整方案，在不同时期各类方案指导下，累计建成产能 $128\times10^8m^3$。相关的科研工作主要有以下部分。

（1）青海油田与中国石油勘探开发研究院、中国石油大学（北京）、美国阿莫科石油公司、意大利阿吉普公司等进行上游资源评价分析，通过评价认为资源与探明储量与国家储委评价结果基本一致，气田区范围内天然气稳产接替储量仍有潜力。

（2）青海油田与西南油气田分公司勘探开发研究院共同完成《涩北一号、二号和台南气田开发可行性研究报告》和《涩北二号气田初步开发方案》；与中原油田研究院合作编制《涩北一号气田初步开发方案》和《台南气田初步开发方案》；与中国石油勘探开发研究院合作编制《青海省柴达木盆地天然气总体开发方案研究》《涩北一号气田开发实施方案》《涩北二号气田开发实施方案》，各级次开发方案分期通过了国家计委、中咨公司、集团公司、股份公司的评审验收，同意方案作为产能建设的依据，为气田科学合理开发奠定了基础。

（3）青海油田与西南油气田分公司勘探开发研究院编制完成《涩北气田试采井组试采方案》《涩北气田提高单井产量地质方法研究》《涩北一号气田钻采工艺技术研究》《青海涩北气田地面天然气集输方案设计》等，并与胜利油田防砂中心、四川石油管理局钻采院、新疆石油管理局等单位共同开展试采集输、防砂治砂、提高单产等矿场试验工作，探索了浅层疏松砂岩气田规模上产的采气工艺经验。

（4）青海油田开展《涩北一号、二号和台南气田地质特征及砂体分布规律研究》《涩北一号气田开发钻井地质跟踪研究》《涩北一号、二号和台南气田低阻层测井识别研究》《涩北一号、二号和台南气田试采动态初步评价分析研究》《柴达木盆地天然气开发发展规划》《涩—宁—兰管道工程可研报告》储量评价及开发论证部分等，为加深气田地质认识和优化气藏工程设计提供了依据。

## 四、科技支撑的开发稳产上产

涩北气田的复杂性不仅体现在储层岩性疏松、气水过渡带宽、边水、层间水发育，且层内束缚水含量高；平面上气砂体内部连通率高、非均质性强、边界形态各异；纵向上砂泥岩交互沉积、气层多、埋藏浅、含气井段长等。

涩北气田的复杂性还表现在储量多次升级变动，产能规模的多次扩能；老探井的井喷、互窜；开发方案的多次实施与更改；试采开发与增储评价的交互运作等，致使第四系长井段疏松砂岩气田开发问题存在多元性，难点多。

针对涩北气田的复杂性和开发生产过程中表现出来的各类问题，在开发可行性论证和开发方案编制的第一个科研攻关阶段之后，第二阶段的科研攻关又借助于中国石油天然气集团公司科技重大专项和外引内联的科研力量，持续而全面地开展着相关课题研究工作。

青海油田与中国石油大学、西南石油大学、长江大学、重庆科技学院等长期建立合作关系，并在原廊坊分院的长期帮助下，在大庆油田岩心实验中心、大港油田研究院、渤海钻探地研究院等单位协助下，围绕气藏开发地质再认识、薄差层测井精细解释、保压取心分析、气水渗流实验、开发动态规律、地质建模、数值模拟、气藏综合治理、开发调整方案编制等进行深化研究，支撑了气田有效开发。主要体现在以下三个阶段。

2007—2010年通过一期重大专项攻关，支撑了涩北气田一次细分加密产能扩建工作，实现了涩北产能由 $50.5 \times 10^8 \mathrm{m}^3$ 增加到 $88 \times 10^8 \mathrm{m}^3$，产量由 $34 \times 10^8 \mathrm{m}^3$ 最高上升到 $61.2 \times 10^8 \mathrm{m}^3$，直至百亿立方米累计产能的有效实施。

2011—2014年完成二期重大专项研究，支撑了涩北气田持续挖潜稳产和新区快速上产，实现了涩北挖潜评价新建调整产能 $6.1 \times 10^8 \mathrm{m}^3$，年产 $50 \times 10^8 \mathrm{m}^3$ 以上持续稳产5年，开发动态调控实现了产量指标的可控。

2016—2020年开展三期重大专项研究，开展多层出水气藏典型层组水侵通道分布规律及疏松砂岩气藏高效排水工艺研究和复杂气藏精细表征及配套采气工艺研究，实现了涩北气田二次细分加密挖潜，新建调整产能近 $18 \times 10^8 \mathrm{m}^3$，支撑青海气区"十三五"天然气稳产上产。

涩北复杂砂岩气田25年的试采开发史，是一部特殊和复杂气田开发技术探索史、科技创新发展史，初步形成了以"地质气藏工程、测试计量工艺、开发钻井工程、采气工艺措施、地面集输净化"为主的5大系列25项基本适合于浅埋藏、长井段、多层疏松砂岩、边水驱气田的开发技术系列，如图1-1所示。

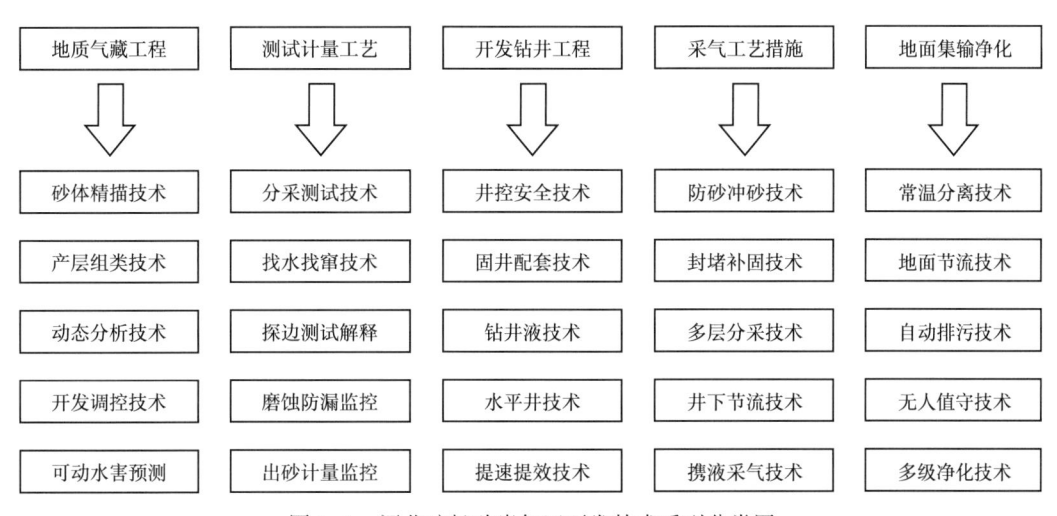

图1-1 涩北疏松砂岩气田开发技术系列分类图

除了技术支撑，树立科学的气田开发理念也很重要。提出了贯穿于涩北气田开发全过程的六个"3"的理念，即三防：防砂、防水、防窜；三治：治砂、堵水、封窜；三优化：优化射孔层位组合、优化单井单层配产、优化措施工艺设计；三提高：提高单井产量、提高无砂无水采气期、提高最终采收率；工作三定位：培育高产调峰井、呵护稳产稳压井、拯救病害井；措施三主导：先期防砂、携液助排、分层采气等。在这些开发理念的指导下，为实现涩北气田合理开发的总目标，又确定必须遵循的主体技术原则和要求如下：

(1) 气井稳产。

其一，气井生产压差不宜过大，配产不易偏高，否则易引起出砂、出水和大幅度压降，即便调整恢复到小的工作制度，气井砂、水危害也是不可逆转的，选用小气嘴、小压差可保证气井平稳正常生产。

其二，射孔段内尽可能避开水层和气水同层，并且保证固井质量防治层间互窜；边部气井生产过程中严格控制强采，防止边水突进。

其三，多层合采时，根据各产层性质优化射孔层位组合，减少层间干扰，并且提高打开程度，也是实现气井高产、稳产的关键。

其四，配产时注重产量调控策略及动态预测。遵循以涩北气田Ⅱ、Ⅲ类储层为主，中低产为主的特点，必须选择具有代表性的主力井层，跟踪监测、适时调配，避免使用理想状况下的参数和选用最好的井层资料。

(2) 气井稳压。

其一，分层组进一步优化开采指标，力求各层组均衡泄压，避免造成局部井段异常高、低压，从源头避免高压层段沿水泥环界面向低压层段的压力释放而破坏固井质量。

其二，层间压差过于悬殊，易造成层间互窜将给分层系开发管理带来困难，大大增加封窜治窜措施作业量，且给后期开发调整井钻井液密度配备带来困难。

其三，水层压力过大易窜入压力亏空的气层，造成气井出水，摸清主力气藏邻近的高压水层分布，利用废弃老井进行排液泄压。

其四，井口压力一旦低于集输进站压力，站内回压大无法正常生产，则关井停产，早期应对零散低压井采取橇装增压集输流程进行提压外输进站或进行高低压分输流程改造试验。

(3) 气井防、治水。

其一，高产调峰井必须远离气水边界部署，射孔层段内避免出现水层。

其二，多层混采必须优化组合，避免将束缚水含量高的Ⅲ类气层混在Ⅰ、Ⅱ类层内同时射开求产。

其三，增大套管外水泥环厚度，完善水泥浆配方，保证疏松砂岩层段固井质量，加强胶结面检测，在最大限度地减少层间互窜的同时，储备未成岩地层封窜堵漏工艺技术。

其四，加强层内出水机理研究，监测边水突进速度和气水二次分布规律，优化边部气井配产指标。

其五，储备携液采气工艺技术，Ⅲ类气层和气水同层可利用老井或安排调整井另列单独开发。

(4) 气井防、治砂。

其一，气井必须控制压差生产。岩石力学实验进一步证实，储层的剪切强度较低，摩擦角小，容易发生剪切破坏，并且根据储层的内聚力分析，生产压差应小于1.87MPa，否则将引起内聚强度破坏而出砂。

其二，采取先期防砂，增强井壁强度后再适度上调生产压差。

其三，严格开关井管理制度，保持稳定的生产压差，避免频繁调整工作制度。

其四，防排结合，寻求管件防冲蚀和管内清砂技术，定期进行井筒冲砂和管内清砂维护作业。

其五，加强气井出砂计量监测，在现有技术水平下做好探砂面、气井冲砂返出砂量和气嘴刺损更换记录，引进更为先进的出砂计量监测技术。

通过梳理，仅从气藏地质、气藏工程和钻采工艺的角度，不同时期支撑涩北气田实现高效开发的主体技术主要体现在以下几方面。

（1）早期开发上产阶段。
①低阻可疑气层测井解释识别技术；
②分气砂体储量复核与分类评价技术；
③薄互层划分与开发单元组合技术；
④易漏喷砂泥岩地层钻井技术；
⑤开发生产动态综合监测技术。

（2）中期稳产调控阶段。
①疏松砂岩气藏防砂、控砂、治砂技术；
②富水气藏水侵状况评价技术；
③富水气藏防水、控水、治水技术；
④开发调控和均衡采气技术；
⑤调峰供气及产能储备技术。

（3）中晚期挖潜治理阶段。
①水侵区潜在气挖潜技术；
②水侵动态及运动规律预测技术；
③水侵气藏综合治理技术。

# 第二章 涩北气田开发难点

涩北气田是世界罕见的第四系生物成因气藏，从1964年发现到1995年启动试采，整整搁置了30余年，这主要是因为涩北气田开发地质条件特殊，有诸多的开发难点，受当时开发技术水平限制，特别是难以遏制地层出砂对井口节流装置的刺漏破坏，进而造成的安全风险等。本章重点梳理各种开发问题难点，以便后续的编著中以问题为导向，以技术探索历程为主线去铺展本书的内容。

## 第一节 地质问题对开发的影响

### 一、地理及区域地质条件

涩北气田位于青藏高原北部的柴达木盆地中东部三湖地区，已探明天然气储量为第四系生物气，产自三湖地区湖相沉积层。三湖地区指由台吉乃尔湖、涩聂湖、达布逊湖三个沉积中心构成的一个（4~4.5）$\times 10^4 \mathrm{km}^2$ 的现代第四系沉积坳陷区。目前已探明台南、涩北一号、涩北二号三个整装大型气田。

涩北气田是紧邻生气中央凹陷的涩北构造带上的三个三级背斜构造。该构造带除涩北一号气田外，还发现了涩北二号气田及更临近中央凹陷的台南气田。上新世晚期，印度板块俯冲加剧，对柴达木形成了持续不断加强的北东—南西挤压应力场，古地势发生逆转，中西部大幅度褶皱回返，盆地东部在刚性基底控制下，第四纪呈现出稳定持续的相对沉降，由此而发生的湖盆自西向东的迁移，最终在三湖地区形成了大型的汇水湖泊，连续沉积了巨厚的第四纪湖相地层。与此同时，在斜坡背景上缓慢持续发育了平缓完整的台南、涩北背斜构造，由于临近生气凹陷而形成了高丰度气田。

涩北气田地处柴达木盆地三湖地区，行政区划隶属于青海省格尔木市，距格尔木市市区约200km。气田区地表为盐碱荒漠和低幅度雅丹，平均海拔约2730m，年平均气温约3.7℃，雨量稀少，气候干燥寒冷。1964年冬季首钻北参3井获得高产气流，从而发现该气田。

区域地质条件给开发带来的影响主要是：因气候条件差、地理位置偏远、物质条件匮乏等原因而搁置开发，直到30年后，随着交通条件的改善、科技进步、环保要求、绿色能源需求和能源结构调整等，1995年启动试采开发工作，但是，一直以来自然环境、地域偏远和技术力量薄弱等仍然影响着涩北气田的开发，如风沙缺氧对地面设备设施、维护时效的影响等。

### 二、构造形态与沉积地层

**1. 构造**

涩北三大气田具有共同的构造形态特征和沉积构造演化史，构造和构造之间由低缓的鞍部或斜坡带相连接。气藏形成于各自独立的构造圈闭内。涩北一号、涩北二号、台南气田所属构造为第四系形成的同沉积背斜构造，地下构造与地面构造基本相似，未发现断层切割，两翼地层倾角小（1°~3.6°），属于构造简单完整、隆起幅度小、两翼宽大平缓的典型背斜圈闭（表2-1）。

表2-1 涩北气田构造要素表

| 气田 | 长轴走向 | 长轴长度（km） | 短轴长度（km） | 两翼倾角（°）南翼 | 两翼倾角（°）北翼 | $K_7$闭合面积（km²） | 闭合高度（m） | 高点埋深（m） |
|---|---|---|---|---|---|---|---|---|
| 涩北一号 | 南东东 | 9.9 | 8.8 | 1.9 | 1.6 | 36.4 | 75 | 1225 |
| 涩北二号 | 南东东 | 16 | 8 | 3 | 2.2 | 56.5 | 75 | 1225 |
| 台南 | 近东西向 | 15.8 | 7.4 | 1.55 | 1.67 | 95 | 98 | 1602 |

构造平缓给开发带来的影响主要是：由于构造两翼平缓，边水容易侵入，且边水和气藏边界接触宽，即气水过渡带宽，气水分异程度相对较低，边部井气水同层占比高。

**2. 地层**

构造主体部位出露的地层均为第四系中—下更新统，井下钻遇的该套地层厚度达1712~2080m，岩性以灰色泥岩和砂质泥岩为主，夹灰色泥质粉砂岩、粉砂岩及少量细砂岩，下部有少量灰黑色碳质泥岩条带夹层。自上而下，岩性由细变粗，存在两大套正旋回沉积，主要表现为多物源，分选差，水动力条件较弱。受湖泥砂影响较大的滨湖、滨浅湖和浅湖相沉积环境下，形成了地层年代新、沉积速度快、成岩性差、砂岩易松散、泥岩可塑性强，地层岩性及厚度变化频繁，砂泥岩、薄厚层交互，夹层多、薄层多的沉积特点。

砂泥岩交互沉积给开发带来的影响主要是：开发钻井过程中由于泥岩段缩径易卡钻，地层泥质含量高易造浆，影响钻井液性能，储层段岩性疏松易垮塌扩径和发生井漏。并且，砂泥岩剖面滤饼厚等固井质量难以保障，给开发钻井带来困难。层多而薄受测井分辨率限制给气层解释和分层开发带来更大困难。

### 三、储层岩性及储集空间

**1. 储层及隔层岩性**

气田储层砂体形态以湖相席状砂为主，空间展布较为稳定，井间可对比性强，储层连通性好，且表现出构造高部位砂层厚度大、层数多，而低部位砂层层数相对减少，薄泥岩夹层增多，有效厚度减少。

气田储层岩性以粉砂岩和泥质粉砂岩为主，含少量细砂岩，碎屑含量平均占69.7%，杂基占16.1%，胶结物占14.2%。碎屑颗粒胶结程度低，欠压实，易松散。砂岩主要成分为岩屑长石砂岩，碎屑成分中石英含量平均占55.4%，长石含量平均占28.4%，岩屑含量平均16.2%，碎屑颗粒分选性好—中，磨圆度为次棱或次圆，基本属于中等磨圆，颗粒接触关系多为漂浮—点式接触，胶结类型为基底—孔隙及孔隙式胶结，岩石的胶结物成分主要为方解石、白云石等碳酸盐矿物。

黏土矿物分析结果表明，该气区储层间的泥岩隔层一般厚5~10m，据室内泥岩击穿实验，2.4cm厚的泥岩样击穿压力高达11MPa。所以，纯泥岩层可以对各层组间的流动介质有较好的封隔性。

**2. 储集空间**

1）孔隙类型

储集空间主要为砂岩孔隙，以原生粒间孔为主，杂基内微孔隙次之。

2）孔隙结构

根据气田储层碎屑颗粒的粗细及泥质含量不同，可分为三种类型。

Ⅰ类：主要存在于岩性相对较粗的细砂岩类及粉砂岩中，具大孔隙中粗喉道配置，粗歪度，低突破压力的特点。中值排驱压力<0.1MPa，中值孔喉半径>4μm，最小非饱和孔隙体积<15%。

Ⅱ类：主要发育在粉砂岩和含泥粉砂岩中，为大中孔隙—中粗喉道配置，中值排驱压力在0.1~2.5MPa，中值孔喉半径>0.5μm，最小非饱和孔隙体积<30%。

Ⅲ类：以泥质粉砂岩为主，因泥质填隙作用较强，使粒间原生孔隙空间减少，形成小孔隙—微细喉道配置，呈偏细歪度，中值排驱压力>2.5MPa，中值孔喉半径为0.1~0.3μm，最小非饱和孔隙体积>25%。

**3. 储层物性**

涩北一号、涩北二号和台南气田储层孔隙度平均值在26.8%~31.3%，总平均为29.6%，渗透率平均值在2.0~1223.3mD，总平均值为50mD，孔隙度随深度增加略有降低的趋势，渗透率的变化与泥质含量有关，泥质含量少则渗透率高，反之则低，孔隙度和渗透率之间相关性差。

储层岩性、物性的独特性给开发带来的影响主要是：储层颗粒胶结差而易松散，孔隙结构易破坏造成出砂危害；储层泥质含量高，微米级的小粒径给防砂工艺选择带来困难；高孔高渗透储层易受钻井液等入井液漏失或滤失伤害；层间非均质性强，高孔高渗透层产量高、压降快，易成为边水突进、指进的通道，造成气藏边水不均衡侵入，使气井过早见水等。

## 四、流体分布及流体性质

**1. 流体分布**

气水分布主要受构造控制，气水界面主要与气层的气柱高度有关。气层集中于构造高部位，埋藏浅、层数多、井段长、横向连通率高、分布稳定，气层分布主要受高点控制，岩性次之；水层间互于气层之间，且气层都存在边水，气水界面不统一。

涩北一号、涩北二号和台南气田气藏埋深在404.8~1746.5m，气砂体87~160个，厚度多为0.6~1.2m，横向延伸范围广，但是含气面积大小差异大，气水边界参差不齐，构造不同位置和井区边水分布及能量存在差异。

**2. 流体性质**

涩北气田天然气中甲烷平均含量为99.39%，仅含微量的乙烷、丙烷和氮气等。地层水矿化度平均在12800mg/L以上，pH值变化范围在6.5~7.5，属$CaCl_2$水型。呈天然气甲烷含量高、纯度高、地层水矿化度高的特点。

流体分布及流体性质给开发带来的影响主要是：气水层间互分布、气水层间隔层薄，纵向易发生层间互窜干扰；气水界面不统一，气水关系复杂，边水易突破含气面积小的气层，造成产气层段内局部出水，给合采的其他面积大的气层带来出水干扰；地层水矿化度过高给排水采气时对泡排剂的选择和研发带来困难，矿化度越高起泡效果越差。

### 五、温、压特征和驱动类型

**1. 气藏压力和温度**

1）温度

根据试气时实测层点和深度资料，绘制了温度—深度曲线，其相关关系为：

涩北一号气田：$T=0.049D+6.084$　　（$n=60$，$R=0.9835$）

涩北二号气田：$T=0.0371D+12.29$　　（$n=15$，$R=0.9718$）

台南气田：$T=0.0329H+97.93$　　（$n=19$，$R=0.9711$）

式中　$T$——气层温度，℃；

　　　$D$——深度，m；

　　　$H$——海拔，m。

故涩北一号、涩北二号、台南气田地温梯度分别为 4.90℃/100m、3.71℃/100m、3.29℃/100m；地热增温率分别为 20.41m/℃、26.95m/℃、30.39m/℃。按储层温度划分标准，地温梯度 GT 稍大于3，趋近于高温异常。

2）压力

依据试井实测的层点压力值，得气层压力和气层中部海拔回归关系式为：

涩北一号气田：$p=-0.0118H+31.325$　　（$n=60$，$R=0.9921$）

涩北二号气田：$p=-0.0122H+32.313$　　（$n=15$，$R=0.9916$）

台南气田：$p=-0.0113H+30.984$　　（$n=19$，$R=0.9921$）

式中　$p$——气层压力，MPa；

　　　$H$——海拔，m。

根据地层压力划分标准，气田压力梯度<1.2MPa，属于正常压力系统。而涩北一号、涩北二号、台南气田地层压力梯度分别为 1.18MPa/100m、1.22MPa/100m、1.13MPa/100m，基本属于正常压力系统。

**2. 气藏驱动能量和驱动类型**

早期分析认为，涩北气田边水水域虽然较大，但边水多属有限封闭水域，水体能量有限，驱动类型为弱边水弹性气驱气藏，气藏开发主要依靠气体膨胀的弹性能量。开发实践证实，涩北气田为较强—强水驱气藏。

气藏温度压力特征和驱动类型给开发带来的影响主要是：随着开发过程中各层组采出程度、压降、边水侵入速度的不同易形成多个不统一的压力系统，造成高低压层间互分布，造成很窄的钻井控压窗口，钻井液调配难、井控风险大。多层非均质边水驱气藏很难保持均衡采气，平面上各个井区压降程度的差异，纵向上各产层压降幅度的差异，边水必然沿高渗透条带和高渗透层向气藏内部低压区和层突进，随着压差的增大，边水变得更加活跃，对气藏开发危害也会逐步增强。

## 第二节 开发方案设计的争论

### 一、关于开发井网疏密问题

对于涩北疏松砂岩气田的开发，在国内外还没有此类气田的成功经验借鉴。这种长井段、多气水系统、环绕大区域边水的构造气藏的井网部署，国内尚无案例。为此，根据四川大多数有水气藏普遍采用"高部位井采低部位气，或高渗透部位的井采低渗透区气"，即参考开发井部署在储层厚度大、物性好、产能高、远离边底水的构造高部位的布井思路。

争论一：涩北气田的开发井部署远离气水边界的距离为多少合适？对边水推进距离进行预测及分析，按边水每天 0.5m 的推进速度估算，按照规则的气水界面和每年均衡向气藏内推进 180m，预计 4 年到 7 年边部第一排气井见水，保证了边部气井的无水采气期，所以，初步确定各个开发层系的布井范围应在原始含气边界向气区收缩 800～1300m。但是，涩北气田气水过渡带宽，按照气水内边界部署，气井井数将减少，产能规模受影响，以气水外边界部署又有水淹快的风险。

通过开发地质再认识，早期的争论是必然的，首先没有边水推进速度试验数据；其次纵向上各个气层面积不一，气水边界位置差异大；再者平面上同一气砂体各个井区的原始气水界面并非沿构造等高线均匀分布，气水界面出现南翼高北翼低现象，不同方向水侵速度、边水能量及边界位置不一；还有边水多以指进或舌进式推进，水线不规则。出现了边部第一排气井出水时间差异性大的现象。

争论二：涩北气田的开发井部署每套井网井间距离为多少合适？为了确定涩北气田的合理井距和布井方式，选择涩北二号气田的第Ⅲ气层组，设计了以下四套布井方案进行模拟计算，根据模拟计算结果进行井距和布井方式的优化，主要开发指标的模拟对比见表 2-2。

表 2-2 不同布井方式下的主要开发指标对比表

| 方案 | 布井方式 | 井距(m) | 井数(口) | 采气速度(%) | 稳产年限(a) | 稳产期采出程度(%) | 30年采出程度(%) | 最终采收率(%) |
|---|---|---|---|---|---|---|---|---|
| 一 | 非均匀布井 | 1500～2000 | 10 | 2.4 | 21.5 | 51.6 | 68.1 | 81.8 |
| 二 | 轴部布井基本均匀 | 1000 | 10 | 2.4 | 22.0 | 52.8 | 67.6 | 81.7 |
| 三 | 均匀布井 | 800 | 10 | 2.4 | 23.5 | 56.4 | 66.2 | 81.5 |
| 四 | 均匀布井 | 600 | 10 | 2.4 | 25.0 | 60.0 | 66.8 | 81.5 |

经对比可知，随着气田井距的减小，稳产期有所延长，方案四比方案一的稳产期延长 3.5 年，稳产期采出程度增大 8.4%，四套方案中以在气藏顶部沿构造等高线均匀布井、井距 600～800m 的布井方案为最优方案。

虽然通过理论分析和模拟计算有了基本的结论，但是"稀井高产"是开发早期的指导思想，特别是现场出现过放喷井初期产砂而后形成砂桥后短暂的无砂纯气现象，还试验了多口长井段多层合采提产井，收到一定成效，为此，普遍采用了800~1000m的井距，湖相席状砂平面连通性好，这样也可以避免井间干扰，同时因井少可简化地面多井集输带来的建设和管理问题，节约钻井投资等。

但是，在生产过程中又普遍存在大压差生产井产气量递减快、压降快，改用小工作制度生产，出砂出水井不可逆。特别是浅部层系骨架井单井产量不高、出砂普遍。这样又出现了"多井低产"保产能的争论。并提出相对较小的井距比大井距井网对气田储量的控制程度更高，同时还有利于减小生产压差、控砂生产，起到延长气田稳产年限的效果。所以，井网稀疏问题也产生了争论。

在天然气需求刚性增长和气价提升的近十年里，为了弥补产能递减，细分层系、加密井网做到了极致，井间距已经减小到400m左右，开发层组从42个直到细分为127个。单井日产量有开发初期的平均$5\times10^4m^3$基本降至$1\times10^4m^3$。

## 二、关于开发单元划分问题

多层砂岩气田开发层系的划分个数和同一开发层系内的储量规模、气层数、气层厚度、层间隔层性质、各层的非均质性程度、物性等，是决定气田开发效果的重要因素。涩北气田气层分布在404.8~1746.5m，井段跨度大；单气层数多达57~90个，并且单层含气面积悬殊，在0.6~39.3km²，开发层系合理的划分组合是减缓层间矛盾、提高开发效果的关键。

争论一，对于长井段、多层层状气藏，开发单元的划分与组合存在较多的模式，到底选用那种模式好？先梳理以下三种模式。

多层合采：一次性射开多个气层合采。这种方式适合于无水气藏或边水能量很小的以气驱为主、储层不易出砂的砂岩气藏，或底水不活跃的块状气藏。缺点是层间干扰严重。

分层组开采：对每一储量单元或开发层组，采用一套井网单独开发。这种方式的优点是同一单元具有统一的气水界面，原始条件下的含气面积相近，有利于防止个别层的边水推进，层间干扰最小，有利于发挥气层的生产能力。但这种方式的缺点一是层组多，需要打的开发井多，开发投资要大；二是气井射开的有效厚度小，配产低，若放大生产压差追求高产，则又不利于气井防砂。

逐层开采：先开发深部层位气层，待其产量大幅度递减水淹废弃后，再逐步上返浅部的气层生产，优点是对每一气层有足够多的生产井，有利于发挥各类储层的能力。但缺点是由于每一气层的储量有限，气井要频繁上返作业，产层废弃时间和上返时机不宜掌控，规模开发需要井数多，不经济。

本着对涩北气田高效开发的需要，如何合理组合和划分开发层系，使每一层系控制足够的储量，建设一定的生产能力，尽可能减小层间干扰，有较高的采收率和较长的稳产年限，便于气田开发管理等，而上述三种模式，难以全面兼顾。第一，开发层系划分过细则需要部署多套井网，地面不同层系的井过密，钻井施工存在干扰且地面集输布局和管理困难；第二，开发层系划分过粗，开发井数过少，在单井产量较低的情况下，气田整体产能规模上不去。

争论二，射孔井段跨度和一次射开层数的问题等。考虑防砂的需要，生产压差≤0.5~0.6MPa，按压力系数1.18计算，气层组顶、底界距离应控制在50m以内。但是，结合涩北气田气层纵向分布特点，50m井段之内层间非均质性严重，面积相近、物性相近、边界条件相近的类似层少，难以组合在一起，多层合采必然造成一层出水、出砂，邻层受害。

为避免层间互窜及考虑卡封分层的需要，要求各开发层组之间有一定厚度相对稳定的泥岩隔层，而结合涩北气田地层沉积剖面，隔层的分布不同井段差异大，还有层间水层的存在也影响划分组合。为此，在开发层系、开发层组、射孔单元划分组合上，由深至浅递射替补分批接替生产上，在压力剖面动态监测系统上，在控水控砂及无水采气期上，在III类气层能否同时射开上产生了争论。

### 三、关于单井配产高低问题

由于涩北气田单层的产量高低不一，即便单层产量高，一口井采用单层射孔开采也需要大量气井部署去满足规模供气需要，这是不经济的；并且储层疏松易出砂，影响了气井生产能力的发挥，必须小压差控砂控量生产；还有单层配产过高气藏局部形成压降漏斗、单层泄压过快会导致边水突进等。因此，单井配产不仅考虑多层的优化组合，还要兼顾气层的出砂临界压差、压降速度、产能需求等。从理论角度讲，要从气井的产能试井、试气资料解释分析出发，结合气井的测井解释成果，研究和确定气井在多层合采时的合理产量，避免层间干扰，充分发挥每个气层的能力，保证气井安全平稳生产。在多因素考虑的现实面前，一要保产高产，二要持续稳产，这样的把握难度非常大。

意见一，在防砂工艺满足的条件下，多层合采，放大压差生产，实现高产，以满足"稀井高产"，节约钻井、地面集输等材料和投资。

意见二，在防砂工艺不能满足的条件下，多层合采，小压差生产，稳定生产，在"多井低产"的状态下，开发钻井、地面集输等材料和投资可控即可。

在开发方案论证早期，基本是按照意见一编制的，并且开发基础井网完成后，通过现场实践，平均单井产量基本没有达到方案设计水平，而后的加密扩能方案都按照意见二编制的。当然，考虑多因素的配产量是有很大难度和不确定性的。

实际上在开发方案编制过程中产生的疑惑和争论不仅仅是以上几方面，还有关于出砂出水、气藏应力敏感、方案指标优选、储量动用风险等争论。从试采方案到开发实施方案编制，研究论证工作持续十年之久，本着"边探索、边实践、边调整"的理念，在科研先行、搁置争论、案例类比、原则框定、适时调整的前提下，在探索中逐步拉开了涩北复杂砂岩气田规模开发的序幕。

## 第三节　生产动态中暴露的新问题

### 一、出水危害严重且大于砂害

涩北气田气藏类型为边水驱层状气藏，当时通过滚动试采评价期内，对其驱动能量及驱动类型的分析评价，认为该气田水层平面展布稳定，气田水域较大，但是水体能量不大。特别是气田试气过程中对水层的测试资料统计，水层日产水量最大为71.0m$^3$，多数在10m$^3$以下。27个测试水层，仅2个层能自溢（表2-3），所以水层测试表明，涩北气田边水能量较弱。并且，当时的试采井绝大部分气井日出水量均小于 0.3m³。另外计算出每采出 $1\times10^6 m^3$ 天然气所出的水量，一般小于 5m³。可说明该气田属于地层水能量较弱的边水驱气藏。

表 2-3 涩北一号气田水层测试情况统计表

| 井号 | 射孔层段（m） | 厚度（m） | 求产方式 | 流压（MPa） | 静压（MPa） | 日产水量（m³） | 米产水指数 [m³/(MPa·m·d)] |
|---|---|---|---|---|---|---|---|
| 涩中 8 | 1150.2~1152.0 | 1.5 | 抽汲 | / | / | 18.32 | |
| | 910.0~911.6 | 1.6 | 抽汲 | / | / | 3.20 | |
| 涩深 7 | 1458.6~1464.2 | 3.2 | 抽汲 | / | / | 33.37 | |
| | 1389.6~1393.8 | 4.2 | 抽汲 | / | / | 9.83 | |
| | 1265.0~1267.5 | 2.5 | 抽汲 | / | / | 3.12 | |
| 涩 29 | 1238.8~1242.4 | 3.6 | 抽汲 | 3.840 | 13.758 | 3.53 | 0.099 |
| | 1160.0~1166.0 | 6.0 | 抽汲 | 3.400 | 12.754 | 5.08 | 0.091 |
| | 1102.0~1104.3 | 2.3 | 抽汲 | 3.450 | 12.226 | 4.92 | 0.244 |
| | 1000.0~1010.0 | 10.0 | 回收折算 | 4.376 | 10.960 | 4.23 | 0.064 |
| | 869.0~875.5 | 6.5 | 抽汲 | 8.090 | 9.331 | 14.55 | 1.804 |
| | 839.0~847.0 | 8.0 | 回收折算 | 4.056 | 8.749 | 2.99 | 0.080 |
| | 788.0~792.5 | 4.5 | 抽汲 | 1.480 | 8.234 | 3.20 | 0.105 |
| | 734.0~736.6 | 2.6 | 抽汲 | 4.426 | 7.799 | 14.57 | 1.661 |
| | 594.6~597.2 | 2.6 | 回收折算 | 1.522 | 6.328 | 0.36 | 0.029 |
| 涩 30 | 1384.5~1388.5 | 4.0 | 回收折算 | 13.821 | 15.442 | 4.13 | 0.637 |
| | 1076.5~1081.0 | 4.5 | 自溢 | 10.900 | 11.937 | 7.70 | 1.650 |
| 涩 4-8 | 1040.0~1042.0 | 2.0 | 抽汲 | 6.258 | 11.550 | 7.13 | 0.674 |
| | 711.0~713.0 | 2.0 | 抽汲 | 4.934 | 7.021 | 9.45 | 2.264 |
| 涩 31 | 1460.50~1463.50 | 3.0 | 畅喷 | 15.43 | 16.329 | 71.00 | 26.326 |
| | 1038.60~1040.40 | 1.8 | 抽汲 | 7.57 | 11.784 | 17.01 | 2.243 |
| | 475.00~477.00 | 2.0 | 抽汲 | 3 | 4.8 | 4.36 | 1.211 |
| | 445.50~448.00 | 2.5 | 抽汲 | 3.67 | 4.55 | 6.12 | 2.782 |
| 涩 32 | 1377.0~1379.0 | 2.0 | 6.0mm 气嘴 | | | 26.00 | |
| | 1072.0~1080.0 | 8.0 | 6.0mm 气嘴 | | | 10.5 | |
| | 1003.0~1008.0 | 5.0 | 抽汲 | 8.05 | 11.1 | 35.68 | 2.344 |
| | 834.2~837.4 | 3.2 | 抽汲 | 8.06 | 8.8 | 2.31 | 0.954 |
| | 706.3~708.4 | 2.1 | 抽汲 | 2.67 | 7.3 | 1.53 | 0.158 |
| 涩 3-22 | 1412.5~1419.0 | 6.5 | 9.0mm 气嘴 | 15.83 | 15.05 | 13 | 2.564 |
| | | | 10mm 气嘴 | | 15.05 | 8.5 | 1.677 |
| | | | 11mm 气嘴 | | 15.06 | 8.1 | 1.618 |
| | | | 12mm 气嘴 | | 15.05 | 8.7 | 1.716 |

早期开发方案编制时，利用数值模拟技术，共设计6种不同采气速度下的边水水侵推进速度的模拟方案。通过多套方案的预测及对比分析，认为在气田合理布井的条件下，不同采气速度下气田废弃时的压力分布基本一致，从而造成废弃时的边水推进距离基本一致，在模拟计算的6套方案中，气田开发末期时的边水推进距离都在800m左右。

但是，开发实际证实，气田地层水非常丰富，包括边水、层间水、层内水等多种类型。开发过程中受水害影响非常大，气井产水、积液水淹现象非常普遍，出水造成气井产气量和井口压力大幅递减，水害远远大于砂害的影响。并且，从目前气田的年产水量、边水推进距离和速度上看，已远远大于数模预测值。

虽然气井多存在出砂现象，但是采用控压差平稳生产和冲砂作业相结合的方式，基本不影响气井的正常生产；采用大井眼、中孔密射孔增大产层泄流面积、减小井底气流速度对减缓出砂也有一定效果。在滚动试采评价期内为了求得气层出砂临界生产压差，人为放大生产压差或产气量，因而在试井、试气过程中引起气层出砂的井为16井次（占69%），自然出砂比例不高。

开发实践证实，地层一旦出水会加剧出砂，也说明水害大于砂害。还证实了边水水侵推进速度随着开发时间的延长、地层压降幅度的增加而加速，呈现由弱水驱到强水驱的变化规律。

## 二、气井配产偏高且递减快

在多因素合理配产认识的基础上，综合考虑储层岩性特征、生产测试参数、出砂压差等诸多因素，早期开发方案设计中，涩北一号气田5套开发层系的单井配产为$2.5×10^4 \sim 8.0×10^4 m^3/d$；涩北二号气田4套开发层系的单井配产为$3.0×10^4 \sim 6.0×10^4 m^3/d$；台南气田5套开发层系的单井配产为$3.0×10^4 \sim 7.0×10^4 m^3/d$。

开发早期，为了实现"稀井高产"，提高单井产气量成了现场试验的重点，选取的试验井射孔井段最大跨度为60m以上，一次打开气层近10层，短期内产量很高，但稳产时间短，产量递减快。分析原因除了受气井出水时间早影响外，出砂也严重了。而后，在调小气嘴、小压差生产时，气井仍然出水、出砂，制约了产量的提高。

多层合采虽然提高了气井产量，但层间干扰不可避免，合采段内含气面积小的产层提前出水不可避免；由于气藏压力下降，储层压敏效应，孔隙喉道变窄，渗透率降低也是导致气井产量快速递减的原因。还有，开发早期先动用的是深部高压高产气层，单井产量高，后来大量开发井部署在浅部开发层系，因地层能量小单井产量低，拉低了气田平均单井产量。

## 三、Ⅲ类差气层动用程度偏低

在涩北气田勘探过程中，经历了储量的多次计算及多次上报，由于气层数量，厚度随着测井解释精度的提高和解释标准的调整而不断增加，储量也随之增加。其中一大批含气饱和度低、物性差的低品质、非主力气层的储量大幅增加，也就是说的下限层、差气层、Ⅲ类气层。储量分类统计表明，在探明地质储量中，约1/3的气层为Ⅲ类气层。由于这些差气层与Ⅰ类、Ⅱ类的好气层交互分布在同一个井段内，开发单元划分时难以区别对待和剔除。因Ⅲ类气层产量低，早期动用也是为了和Ⅰ类、Ⅱ类有同样的采出程度和压降，以实现射孔段内多层均衡开采。但是，产出剖面显示Ⅲ类气层贡献率低，有近20%没有产气，即便Ⅲ类气层产气，其产量也偏低，影响了气田储量动用程度和各类气层的均衡动用。

### 四、开发指标不匹配不均衡

（1）平面和纵向压力分布受储层非均质性、井网分布、采出程度等影响，压力呈现不均衡状态，导致边水不均衡推进，储量动用不均衡。当前气田平均地层压力降幅为46.58%时，地质储量采出程度仅为26.06%左右，压力下降与采出程度不匹配。

（2）气田主力开发层组产量贡献均较高，各层组产量存在明显差异，产量贡献不均衡导致各层组采出程度差异较大，产能递减率幅度不同。以台南气田2012年开发指标为例，Ⅰ-2层组采出程度为0.5%时，累计产能递减率达69.93%；Ⅳ-3层组采出程度为21%时，累计产能递减率达12.12%。

（3）各气田不同层组、不同方向上水侵能量各不相同，使得水侵方向呈现不均衡，边水水侵不均衡推进。各气田层组内气井见水前后边水推进速度差异较大，如涩北一号的Ⅳ-1层组气井出水前边水推进速度仅为0.46m/d，出水后上升到3.8m/d，远远高于未水侵层组。

（4）由于受储层物性、多层合采、储量先后动用顺序等因素的影响，涩北气田无论在区域间还是在气田纵向、平面上储量动用都呈现不均衡性。对于已开发的小层，从各层采出程度上看，采出程度≤30%的小层162个，地质储量$1098×10^8m^3$，储量占比44%，采出程度介于30%~40%的小层35个，地质储量$583×10^8m^3$，储量占比23%，采出程度≥40%的小层40个，地质储量$801×10^8m^3$，储量占比32%。

# 第三章　开发技术实践历程

正是因为涩北气田实现高效开发有着众多的技术难题和挑战，就必须围绕着这些问题，从技术实践与探索的视角去攻关。没有可供借鉴的疏松砂岩气田高效开发成功经验，不能只停留在理论和室内实验研究上，地区经济社会和企业的发展急需天然气产业的支撑。为此，"边攻关、边实践、边开发"成为涩北气田储量动用、滚动上产的必由之路。

## 第一节　试采建设期开发技术探索

### 一、试采滚动评价期（1996—2001年）

在该试采滚动评价期之前，涩北气田在上报探明天然气地质储量 $469.11×10^8m^3$ 的基础上，四川石油管理局勘探开发研究院指导完成《青海省柴达木盆地涩北、台南气田开发可行性研究》，设计年产能 $10×10^8m^3$。为此，这一时期铺设了涩北—格尔木 $\phi377mm$ 管径，189.7km 的输气管线和涩北—南八仙—敦煌 $\phi324mm$ 管径，348km 输气管线；在涩北一号气田修建了三个集气站、一个集气总站，在涩北二号气田修建了一个集气站。完成气田集气站到各试采开发井的集气管网敷设和铺通了涩北气田到敦格 215 国道的 130km 简易公路和气田井间主、支干道 30km 以上等，为开发生产奠定了基础。

**1. 主要工作开展情况**

主要围绕老井修复及试采钻井、生产测试、地面基本集输流程配套、储量评价与开发可行性论证开展工作。具体体现在修复老探井 17 口，并在涩北一号气田钻 26 口试采开发井，对 21 口井进行了阶段试采及放喷测试工作，浅层新发现气层 7 个，深层新发现气层 4 个，主要集中在构造的北翼和构造的较高部位。气层解释精度的提高与测井技术的发展与岩心的补取分不开。期间于 1996 年钻的 4 口试采开发井使用的为 JD581 系列，其中涩 4-1 井取心 73.14m，收获率为 61.4%。1998 年钻的 14 口试采开发井使用的为 3700 系列，涩 4-15 井和涩 4-16 井取心 38.43m，收获率为 58.8%。2000 年钻的 4 口试采开发井使用的为 3700 系列，其中涩试 2 井取心进尺共 150m，岩心长度 116.7m，收获率 77.71%。

以涩北一号气田为重点开辟了试验区，开展了二级节流调压、防止水化物冻堵、计量、多层合采、气层出水和集输净化等试验。对新钻开发生产井，实施了优化套管程序、疏松砂岩取心、RFT 测试、留沉砂袋、高强度固井、油管传输射孔等试验，对老探井开展了检测修复、层位卡封（挤炮眼）、除砂清堵等试验。并开展了人为放大压差诱导出砂、酸化化学固砂、机械化学复合防砂试验及油套分采等试验。

**2. 遇到的主要技术问题**

这一时期涩北气田试采工作刚刚启动，没有生产、生活条件，对开发技术的困难与挑战认识不够。随着修井、测试、节流、净化、计量等试采工作的开展，主要暴露出地面节流阀刺损、水化物冻堵等表观问题。后来随着试采的深入，发现井下有沉砂、地面集气装置内有积砂问题。新部署的试采评价井取心过程中也出现了收获率低的问题等。

**3. 取得主要技术成果**

通过试采等矿场试验，总结出在当时技术条件下，稳产的原则是"控压差，小油嘴，中低产，低采速"。填补了青海油田天然气正规试采开发的空白，探索了气田试采开发和产能建设的基本经验。

完成《涩北气田气砂体储量微分计算及评价》《台南、涩北一号、涩北二号气田可采储量研究》课题，尝试进行动态法储量评价分析研究。提出低产层天然气地质储量占比较大，并且气层受边水和出砂的威胁，在现有技术条件下，储量动用程度难以提高，预计气田采收率55%左右的认识。

相继编制完成《涩北气田天然气开发可行性研究报告》《涩北一号气田开发试验井组试采意见》《涩北气田试采方案》《涩北气田开发试验区初步开发方案》《涩北气田初步开发方案》等报告。

期间勘探评价同时介入，补取资料、深化研究，运用新的测井系列，从JD581到83系列再到3700系列，气层测井解释识别精度提高，在探明地质储量增加到$1340.41\times10^8m^3$基础上，进行了涩北气田初步开发方案设计，单井配产$(3\sim10)\times10^4m^3$，年产能规模$35\times10^8m^3$，采气速度2.46%，168口生产井，17口预备井；稳产期$17\sim20$年。各气田的产能规模分别为：涩北一号气田$13\times10^8m^3$，涩北二号气田$11\times10^8m^3$，台南气田$11\times10^8m^3$。

## 二、基础井网建产期（2002—2007年）

这一时期更加认识到气田开发是一项系统工程，上中下游一体化发展的重要性。虽然促成"涩—宁—兰"管道工程的建成，但是下游用气增量缓慢，也给涩北气田开发研究、试验和试采测试赢得了时间。

**1. 主要工作开展情况**

本着先开发涩北一号，再开发涩北二号气田，最后开发台南气田的原则，涩北一号气田在2002—2004年新钻井73口，涩北二号气田在2003—2006年新钻117口井，开发井网基本完善；2005—2007年，台南气田新钻井47口，形成开发骨架井网。气田开发和动态监测正规运行，产出剖面测试33井次/年，新取得了大量动、静态资料，开发工作结合以往的数据和研究成果，对气田开展进一步的气藏开发规律分析和研究，并针对气田的出水、出砂、提高单井产量、提高储量的动用程度和采气工艺及措施效果等问题开展评价分析。

首先加强地质和气藏工程研究。重点是气砂体精细地质研究，包括非均质性评价、中低产层精确识别、气水关系研究、储量分类评价技术；开发试验井组试采及动态监测研究，包括压力及产量递减规律、产出剖面及出砂出水研究、不同类产层干扰分析；开发数值模拟研究，包括气水运动规律研究、动态法储量核实研究、储量接替研究等。

其次是着手开展采气工艺试验项目。主要有气田开发生产测试试验，包括产出剖面、井间干扰测试、压力恢复测试；气田提高单产及采收率试验研究，包括油套分采、优化射孔、防砂技术、排水采气；钻采及增压配套工艺试验，包括疏松砂岩取心、强化固井、井下节流、低伤害作业；室内分析化验配套设施调试及试验研究，包括出砂机理研究、渗流试验研究等。

**2. 遇到的主要技术问题**

随着涩北气田试采开发工作的不断深入和认识的提高，遇到的困难和问题也越来越多，问题的表现也越来越明确，这一时期的主要难题表现在以下几点。

（1）产出剖面显示三类气层贡献率低，影响气田开发效果。涩北气田约1/3的气层为三类气层，这类气层泥质含量高，含水饱和度高，渗透率低。当时大部分三类层没有射孔投产，但是储量约占气田储量的10%~15%，而射孔投产的三类层存在动用较差的难题。

（2）气井出水情况更加复杂，防水、治水采气工艺面临新挑战。一方面，多层合采虽然提高了气井产量等，但层间干扰不可避免，合采段内含气面积小的产层提前出水不可避免；另一方面，由于气藏压力下降，气层内的束缚水变为可动水产出，影响气井生产，气田开发面临出水新难题。

（3）气层出砂、气水同层出砂，尤其是气层束缚水变可动水产出可能引起气层严重出砂，从而给防砂技术带来新难题。

（4）涩北气田气层数多达57~90层，多层合采、层间干扰、分层产量差异大等必然造成气藏压力系统紊乱，增加了后期井下工程施工难度。

**3. 取得主要认识和成果**

本着"少投入、多产出、整体部署、结合下游、分期分批实施"的原则，按照气田采气速度不宜过大，以保证气田有较长的稳产期；气井生产压差控制在防止气层出砂或边水舌进的合理范围；布井在构造高部位，以保证有较长的无水采气期；合理划分开发层系，避免大井段生产造成层间干扰的思路，启动了涩北气田的滚动建产开发。主要技术成果可以归纳为以下三方面。

（1）气藏地质与工程方面。创新了低阻可疑测井解释技术、多层合采试井解释技术、储量分类评价技术、层系层组组合技术等。围绕开发层系划分、井网部署、单井配产、产能规模与采速等制定出了细分开发单元、优化射孔层位、沿高点占轴心远离边界布井、小压差多层合采生产等防砂、防水的开发技术政策。

（2）钻采工艺技术方面。围绕提高固井质量尝试使用纤维膨胀水泥；为提高单井产量首钻水平井取得成功，油套分采技术基本成熟；探索了分层化学固砂，复合纤维防砂获得突破；疏松砂岩松散地层PVC管保形取心技术、井下油嘴、套管环空测试技术也得到广泛应用。初步形成探边测试、边水能量监测、井间干扰测试技术。

（3）地面集输技术方面。认识到了先加热再节流，高低压分输的优越性。自行研制的自动排污阀、直流角阀等一批科技成果在气田逐步推广，直接减轻了气井出水、出砂给地面天然气集输带来的运行困难等，形成了涩北特色的工艺技术。

特别是提出"先主力、后预备、先深部、后浅部"的原则，依次动用各开发层系；为提高单井产量，少钻新井，实施油套分采及三层分采采气工艺措施；同一开发组内，选择物性、边界条件相同的单气层合采。尽可能做到用最少的井数开采更多的层组，以降低开发钻井费用。同一开发层系的井，保持足够的井距，以防止井间干扰，且保证足够的单井控制储量。不同开发层系采用井组式布井，即各开发层系的井分布于同一井区，以便于地面集输管理等，编制和完善了气田开发建设实施方案、气田开发方案。

勘探增储评价研究更加深入，随着开发工作中的试气试采、取心化验、动态监测等资料丰富，5700测井系列的应用和测井解释气层下限标准的调整，解放了一批三类气层，使涩北气田探明地质储量增加到 $2768.56\times10^8\mathrm{m}^3$，在此基础上又进行了涩北气田开发方案编制研究，增加了开发钻井部署和产能规模，设计年产能 $62\times10^8\mathrm{m}^3$（其中台南气田为预估）。各气田的产能规模分别为：涩北一号气田 $25.6\times10^8\mathrm{m}^3/\mathrm{a}$，涩北二号气田 $20.2\times10^8\mathrm{m}^3/\mathrm{a}$，台南气田 $15.2\times10^8\mathrm{m}^3/\mathrm{a}$。

## 第二节　扩能稳产期开发技术积累

### 一、一次细分加密扩能期（2008—2011年）

为应对北京等地冬季出现的"气荒"现象，对接"陕—银"和"陕—京"天然气长输管线，保障天然气峰值供气需求，根据中国石油天然气集团公司的要求，加大涩北气田开发建设速度和百亿立方米产能规模。这一时期又铺设了"涩—宁—兰"复线。为此，进行了涩北气田扩能开发方案编制。在该方案编制的同时，规模上产持续推进。并且，快速提产保供对涩北疏松砂岩气藏开发的技术难题认识更加全面。为做好开发技术配套，强化了开发技术创新管理。提出"重视问题、认识本质、发现规律、精细开发"的思路，结合气藏开发纲要的要求，制定解决问题的方案，促进气田开发水平。

**1. 主要工作开展情况**

在原 $65\times10^8\mathrm{m}^3$ 开发方案基础上，充分考虑细分层系、加密井网、弥补递减等因素，将42个开发层组进行细分为64个，采用直井为主，水平井为补充的方式，仍在探明地质储量 $2768.56\times10^8\mathrm{m}^3$ 的基础上，扩建方案设计年产能 $100\times10^8\mathrm{m}^3$，设计井数725口，其中新钻井474口（包括水平井70口），年计划配产 $85\times10^8\mathrm{m}^3$，各气田的产能规模分别为：涩北一号气田 $32\times10^8\mathrm{m}^3/\mathrm{a}$，涩北二号气田 $32\times10^8\mathrm{m}^3/\mathrm{a}$，台南气田 $36\times10^8\mathrm{m}^3/\mathrm{a}$。

现场集结11支钻井队伍，产能建设全面开展，涩北一号气田又在2008—2011年新钻井86口，涩北二号气田在2008—2010年新钻128口井，台南气田在2008—2011年新钻井112口，层系细分扩能井网完成，水平井达到82口，油套分采井达到60余口，至此，涩北气田累计建产能 $99\times10^8\mathrm{m}^3$。

为求取气藏原始含气饱和度参数，进一步开展束缚水、可动水研究以及覆压孔渗测试，实施保压钻井取心，收获率为81.1%，保压率和密闭率都达到技术指标要求，打破了没有保压密闭取心的记录，取得了更精准的实验数据。

累计新建、扩建集气站11座，新增日集气处理能力 $1600\times10^8\mathrm{m}^3$，总集气处理能力达到 $3800\times10^4\mathrm{m}^3/\mathrm{d}$，建成了气田联络线，新增气田间输气干线，铺设了涩—格复线，年输气能力达到 $107\times10^8\mathrm{m}^3$，构建了气田内外部联网互供的格局。但是，随着低压生产井越来越多，低压气无法进入集输系统，启动了对低压气井增压进站的先导试验，储备增压集输的技术。

气田动态监测工作量与以往相比大幅上升，并且对常规测试和专项测试有所调整。重点加强边水运动规律和压力变化特征方面的相关测试，提高测试精确性和针对性，产气剖面测试达到年均90余井次。

老井措施维护作业内容更加丰富，包括防砂作业、井下节流、封堵调层、泡沫排水采气、连续油管冲砂、不压井作业等措施，针对疏松砂岩的试验性项目有所增加，井下措施作业工作量也持续增长。

为此，适时评价了出水气井堵水封窜工艺试验效果。评价了冲砂作业所带来的漏失污染情况，并继续开展气田防砂工艺技术研究。加强了低密度低伤害压井液体系的研究，进行压井液配方和性能设计。继续开展水平井作业工艺的试验、不压井作业工艺技术攻关和排水采气工艺的研究。

**2. 主要问题与技术成果**

期间涩北气田最大核实年产能达到 $72.94\times10^8\text{m}^3$，日供气能力最高将达到 $2210.30\times10^4\text{m}^3$，当时峰值供气量 $1600\times10^4\text{m}^3$，负荷因子为 0.72，气田产能储备趋于合理。但是，当时涩北气田累计建产能 $99\times10^8\text{m}^3$ 和实际核实产能差异大，分析认为出水是造成产量递减快的主要原因，扭转了过去出砂影响强于出水影响的认识，将防水、控水的理念树立了起来。随着天然气外输管道的建成投运，下游冬季用气量急剧增加，负荷因子偏高，问题逐渐暴露，促使了技术进步。

紧紧围绕"出水"问题，着力在机理研究、规律分析、动态跟踪方面，开展气水运动规律的研究和开发效果评价；开展产量及压力递减特征分析；防水控水、气井合理配产，提出气田均衡开采技术路线；把握气田开发动态特征，预测气藏开发指标，评价气藏稳产潜力。以"降低水患砂害，提高储量动用"为目标，进行气田浅部气藏试采评价，为浅层建产做好储备。围绕气井措施和集输工艺，开展适应性评价。具体体现在以下几方面。

（1）气井出水规律分析。根据测井解释、试气、细分层数据，研究气藏内原始气水分布特征，根据层组和单井的开采动态数据进行气水流动规律及气水界面特征的研究；根据静、动态资料，分析当前气井出水原因（凝析水、可动束缚水、层间水还是边水），总结气井产水特征与出水水源之间的对应关系；从射孔层位优化、合理配产、水层封堵等角度提出防水治水措施，并评价当前涩北气田现有措施的适应性及实施效果。

（2）气藏动态特征描述。根据层组、单井产量和压力的变化规律，运用干扰分析原理，进行隔层分布及井间连通性的研究；利用试井资料，评价渗流能力、气藏边界及污染程度和井筒储集系数；综合利用静、动态资料，采用多种方法（生产指数法、产量递减法和水驱曲线法）进行气藏动态储量的核算；对涩北气田各层组的各类储量进行动用程度的评价研究。

（3）产能评价与优化配产。利用产能试井资料，运用多种方法建立气井产能方程，并分析出水、出砂对产能方程的影响，评价气井的无阻流量；运用节点系统分析法计算不同含水的井口产量，计算最小携液产量；根据出水、出砂实验，校正不同含水和出砂条件下的产能方程；考虑层间干扰，建立多层合采的产能方程，进行合采井产能预测；根据测井曲线计算地层强度剖面和临界出砂状态剖面，评价出砂风险；结合理论模型与气井出砂实测资料，总结气井出砂规律及影响因素；在产能预测的基础上，结合产量任务、地层能量利用、单井产能、单井控制储量、出砂预测及见水规律，以稳产为目标，进行多因素合理配产研究；评价防砂工艺的适应性，定量计算各种防砂工艺对产能的影响；评价提高单井产量技术的运用效果，评价合理配产、稳定产量的潜力。

（4）气藏数值模拟研究。结合地质静态储量与动态控制储量，评价涩北气田的可动用储量；预测不同开采方案的单井、层组和气藏的生产指标；论证合理开发层系的划分、合采层系的组合方式、合理采气速度、合理井网密度、合理单井配产、产能接替模式、控水调控模式，评价无水开采期、稳产年限和气藏的可采储量及采收率；分析与评价地质不确定性对开发效果的影响；论证综合开采效益最优的开发模式。

**3. 开发技术管理与成效**

（1）完善气田生产动态数据库。设计并构建涩北气田气藏、层组及气井的静态数据库，包括地理、储层地质、流体、单井地质及工程信息。设计并构建涩北气田动态数据库，包括生产井史、作业史和测试数据。完成数据库的查询、数据提取、数据展示功能。完成基于数据库的气藏动态分析和成果报告功能，包括：单井控制储量计算；层组及气藏储量计算，储量动用程度的对比分析；产量递减分析，开采动态预测；出砂临界状态（压差、产量）剖面、气井出砂临界产量计算；系统试井分析、不稳定试井成果展示及解释结果对比分析；井间压力、产量的干扰响应分析；增产措施效果对比分析与评价；数据库软件的用户操作手册、数据体的完善。

（2）生产管理与动态监测方案。产量调控（稳产、接替、控水、以销定产）方案的设计与效果预测；评价前期监测资料的质量以及各类监测方法在涩北气田的适应性；建立适合于涩北气田的动态监测方法与对象的生产阶段选择原则。

①鼓励科研项目立项攻关，强化科技项目过程管理。继续按照从基层征集科研题目，本着解决制约气田生产实际的课题优先的原则，科委会讨论通过后立项；执行科技项目月报制度，对科技项目实施过程进行严格监督和管理。

②提出"全员学地质、整体促开发"，推行"工程师技术例会"制度，以提高全员科技创新意识，完善"工程师科研档案"制。根据每次工程师例会技术人员交流汇报情况记录备案，为职称评定、选优评先提供必要的资料。

## 二、跟踪评价调控稳产期（2012—2015 年）

百亿扩能方案指导下的建产工作结束后，基于我国进口气供给平稳、长庆等国内气区有效上产，"气荒"缓解，考虑到涩北气田前期表现出来的产能递减特征，为遏制出水、出砂对产能大幅递减的影响，按照中国石油天然气股份有限公司降低采速、力求稳产的指示精神，在核实产能 $70\times10^8 m^3$ 的基础上，基本保持 $50\times10^8 m^3$ 年度配产规模开发。开展优化合理配产和调控研究，促进了老区均衡采气与稳产。

**1. 主要工作与认识**

现场强化进攻性措施增产工艺技术的试验及推广，侧重水淹井治理、压裂防砂工艺的推广应用和可疑层试气评价。把开发工作重心从产能建设转向室内开发动态分析、开发优化调控和地质再认识研究上，持续开展可疑层测井精细解释、控水稳气、均衡采气方案编制。围绕气井强化了合理配产，优化采气速度，平稳生产，控水控砂工作。这一时期产量逐渐趋于平稳，储采比和负荷因子受控；气田储量动用程度得到进一步提高；老区持续优化调控，年度配产趋于合理。

（1）开发地质研究方面。借助股份公司科技重大专项，以天然气前期评价为平台，开展精细地层对比，小层微相、隔层分布、精细测井、气砂体储量和三维地质建模等研究，夯实了气田开发地质基础。主要体现在：运用"层序"对比技术，确保分层的统一和连续；采用岩录测分析技术，细化小层沉积微相特征；建立"双水"判别图版，提高气层测井解释精度；确定气水边界的位置，保障井网射孔配产优化；评价气砂体储量状况，提出潜力动用目标井层；运用各种水源等效法，夯实不同水源数模精度。

（2）开发动态分析方面。以气田开发动态追踪分析为基础，对气藏产能、采气速度、含水、递减等进行趋势分析，期间针对动用程度低的开发层组提高采气速度，改善了各层组采出程度、压降差异大等不均衡开采状况。客观提出开发动态规律变化影响因素，探讨关注的焦点技术问题。主要认识在：新井应控采速关停轮采，可以增加产能减缓递减；出水源和诱因分析并重，预测控制重于后期治理；浅部比深部更容易出砂，出水加剧出砂急剧降产；单井控制动态储量增加，小层动用程度趋于提高；多层合采层间干扰明显，多层对提单产贡献不大；各个层组采气不够均衡，开发指标有待优化调整。

（3）前期挖潜评价方面。借助以往经验，持续开展测井可疑层解释，每年部署少量井或安排老井开展试气评价工作。年均钻新井15口，建产 $1.4 \times 10^8 m^3/a$ 左右，对14个三类层和20个表外可疑层进行了试气，部分进行压裂措施求产；也试采评价了气田浅部、深部表外层新增储量的产能，为今后动用开展前期论证。

**2. 出现的开发技术难点**

（1）地质方面。砂体内部非均质性强，物性参数和气水边界条件难以认识；储层受泥质含量、物性差异的影响种类多，三类低电阻气层识别难；纵向上砂泥岩交互沉积、含气井段长，开发单元划分组合难；多层混采，井筒内节流或分采管柱，分层组、分气藏动态监测难；为保证多个开发单元均衡采气和边水的均衡推进，开发指标调控难。

（2）开发方面。油套分采井环空内产层测压等监测困难，环空测试技术需要配套；三层分采气井井筒内分段压力监测，需要配套分采井段测压工艺；地面集输管件弯头处等，因气流携砂易磨蚀，需要对管件壁厚的磨蚀监测；疏松地层与水泥浆胶结困难，水泥环易失去层间封固作用，需找水找窜测试；储层横向连通性好，存在井间距较小，需要进行井间干扰程度监测和判断；单层都有独立气水边界，开发动用后使气水关系更加复杂，气水边界识别难；井层出砂量的计量有利于对合理生产制度的确定等，需要出砂计量监测技术。

**3. 提出的稳产技术对策**

根据开发方案设计，对比各开发层组的气水比、采气速度等实践开发指标，提出进一步优化意见，以符合气田开发实际。因此，在静态地质特征的深化研究的基础上，制定和调整更符合实际的开发指标，提出均衡采气的理念，分年制定调峰供气方案、均衡采气方案，基本形成了开发指标优化、匹配、调控制度。

在开发技术探索实践中，提出了"精细小层描述、细分开发单元、剖析砂害机理、防控边水推进、挖潜储量动用、储备调峰产能、优化设计指标"等，以"细究气层潜力、精研开发规律、探寻稳产对策"为工作目标，以地质精描为主线，以水砂防控为重点，挖掘气藏动用潜力，持续开展合理开发技术政策研究，深入论证气田合理产量，力求差异化配产，均衡采气。

根据当时的开发认识和技术条件，适时提出了六点稳产技术对策。提高储量动用是气田稳产的基础：低采出井区平面加密，潜力层纵向补孔。动态合理配产是气田稳产的前提：边部位井小压差低产，小面积层后动用。加强动态监测是气田稳产的手段：安排气水界面观察井，追踪压降漏斗区。有效控水防砂是气田稳产的关键：攻关防砂治水一体工艺，部署边外排水井。井层精细管理是气田稳产的根本：推一井一法一层一策，学习运用精细化。挖潜研究是弥补气田产量的出路：解剖低品质可疑气层，射孔层优化组合。

**4. 确定的精细开发措施**

实施对标管理，达到开发指标统一化、规范化。根据《气田开发管理纲要》，逐步规范了气田开发主要技术指标计算方法、动态分析技术规范、动态监测管理细则等，通过健全气田开发规范，提高了气藏管理水平。

（1）完善天然气生产动态分析与管理平台建设。实现数据共享以精细气藏描述研究成果为基础，以数据资源整理成果为依托，逐步完善天然气生产动态分析与管理平台建设，提高气田开发数据管理、查询和分析，为地质、气藏等研究提供了良好的工作平台，实现了数据规范化、制图自动化、分析程序化，为研究工作奠定扎实的基础，同时提高了气藏管理的诊断与预警能力，为实施气藏精细管理起到了积极作用。

（2）制定满足季节性需求的供气方案，合理调配气田产量。制定满足季节性需求的供气方案，合理调配气井开关。根据季节性或不确定因素导致下游用气量的变化，组织编制了日产（1300~2300）×10$^4$m$^3$ 生产运行的供气方案，便于气藏管理、均衡采气。

（3）实施对标管理，达到开发指标统一化、规范化。整理近年来气田各项开发指标，编制气田开发数据公报，建立对标台账，确保年度开发指标可控。健全气田开发规范、标准，逐步规范了气田开发主要技术指标计算方法、动态分析技术规范、资料录取技术规范、动态监测管理细则等，提高气藏精细管理水平。

**5. 阶段开发调控效果评价**

涩北一号、涩北二号、台南三大气田的年产气量，各自都表现为：规模建产与高配阶段、交替限产与提产阶段、整体互补与调整阶段。特别是2015年前后柴达木盆地东坪气田的规模上产，促使涩北三大气田步入限产求稳阶段，遵循"交替补进"的规则。

持续实施均衡采气、优化调控后，气田峰谷差逐年减小，自2014年以来，产量规模逐步在合理范围内运行，气井单井产量递减趋于缓和，生产趋于平稳，储采比和负荷因子受控，平均递减率控制在8%以内。但是，气田的含水上升快并没有得到有效遏制，气藏年水气比由 0.69m$^3$/10$^4$m$^3$ 上升到 1.98m$^3$/10$^4$m$^3$。

### 三、二次细分加密调整期（2016—2020年）

虽然上一阶段重点进行了开发动态跟踪、开发优化调控和开发精细管理，气田开发形势趋于平稳。但是，随着下游用气量的持续增加，台南主力气田持续高采气速度开发，2017年开发指标出现较大变化，当年递减率达到14%，次年水气比上升为8.54%，致使井内积液、井口压降大，导致综合治水和增压开采工作量大幅增加。同时，为了弥补出水造成的产气量递减，稳产保产形势趋紧，细分加密调整的产能论证和年钻井规模也再度递增。

**1. 开展的主要工作**

一是开展《涩北气田整体治水方案》编制和实施。立足气藏水侵规律认识，以气藏治理为主线，以措施工艺为保障，综合治理细化到层组，落实到单井，分类分批治理，做到因藏施策、力争各层组开发指标趋好。特别是针对水侵程度高的开发层组，开展单井出水动态分析，层组水侵数模预测，藏内控水与边外排水综合治理方案研究。保产治理措施工作量大幅增加，年措施产量也由 2015 年的 $2.6×10^8m^3$，预计增长到 2020 年的 $8.2×10^8m^3$。

针对气井出水，在"泡排、橇装气举"两大主体排采工艺继续推广的基础上，加大集中增压气举应用力度，排水工作量从 2015 年的 240 口井，增长到 2019 年的 610 井次。

针对气井出砂增加，按照"井口控、井筒冲、井底防"的治砂技术对策，推广连续油管冲砂、割缝筛管压裂充填防砂，攻关人工井壁压裂充填防砂，综合治砂工作量从 2015 年的 52 井次，增长到 2019 年的 190 井次。

受固相堵塞、液相侵入等伤害造成储层堵塞，在成功应用压裂解水锁的基础上，以低成本为方向，确定了"解水锁+解污染+泡沫快排"的化学解堵技术路线，并开展技术研究。

二是开展《涩北气田调整产能整体部署研究》并实施。首先，落实各个气砂体的开发井网控制程度，对射孔打开井数少、井网稀疏、面积较大的气砂体优先考虑平面加密新井部署；其次，劈分涩北三大气田各开发层组所有多层合采单井产量，落实动用的气砂体采出状况，绘制气砂体水侵现状图，精细刻画目前气水边界，扣除水侵面积，进一步明确潜力区带，提出加密调整井网；最后，新解释的可疑气层和打开无贡献的三类差层，在试气试采的前提下，部署开发井等。

重点在平面加密调整研究基础上，整体部署新井 270 口，计划建产 $12×10^8m^3$。并在论证的过程中，边挖潜边实施，年均钻新井 100 口，特别是到了本阶段期末，为保产全年安排 240 余口加密调整井。

同时持续开展了针对水淹层、表外潜力层的测井精细解释研究工作，强化三类层动用评价和表外可疑试气评价工作，期间对 110 个三类层和 15 个表外可疑层进行了试气，部分进行压裂措施求产。

三是深化《涩北气田开发调整方案》研究工作，借助多方力量，在历年原开发方案实施评价和《涩北气田调整产能整体部署研究》成果实施的基础上，重点加强二次细分加密部署研究，将 64 个开发层组细分为 131 个，初步在纵向细分的基础上部署新井约 333 口，建产 $13.7×10^8m^3/a$；并论证浅层气储量动用可行性，部署新井 19 口，建产 $0.4×10^8m^3/a$。加密建产 $4.3×10^8m^3/a$。

**2. 面临主要技术挑战**

该阶段，涩北气田开发所面临的水害、砂害、压降、产降等问题愈加凸显，在水、砂的防控上，没有更加有效的办法，再运用过去高产时期的降压差、降采速、调整的余地很小。而是愈加依靠连续增加气举排水采气、连续油管冲砂及压裂充填防砂、增压集气外输等主体工艺技术支撑着气田当前开发和稳定生产。对于薄差层储量难动用、冲砂漏失失返、产层堵塞停产、层间互窜、套损等技术挑战，机理性认识和主体技术还有差距，具体瓶颈技术问题主要包括以下几点。

（1）气藏地质。围绕产层出水、出砂，在机理研究、气水运动动态追踪、水线突进防控对策方面难以深入。由于开发单元分合交替、小层叠置等分层测试难，分层压力、分层产量、分层动态受邻层影响，在三维建模的单层单砂体刻画上还有难度。

进而在数值模拟上，分层、分气砂体开展气水运移规律模拟和剩余气刻画有难度。创新技术思路和方法，开展涩北气田分层产量及压力分析，把握单砂体开发规律，预测单砂体开发指标，评价稳产潜力；通过提高单层储量动用程度、提高边水驱扫效率，制定气田延缓递减的技术方案。

（2）采气工艺。冲砂作业所带来的地层漏失和污染危害大，采出水对地面环保和净化处理带来影响大。低密度低伤害压井液体系还没有形成，防止漏失、保护储层难度大。堵水封窜工艺技术还不能适应目前的需求，防砂、堵水复合工艺或一体化工艺还没有突破。水平井找堵水、防砂等措施作业还没有突破。不压井作业工艺技术还有待试验推广。

（3）地面集输工艺。无法进集输系统的低压气井会越来越多，增压集输工艺技术需配套完善；地面集输系统受砂水影响越来越大，场站巡检次数增加、不停站检修、自动化监控与值守技术需要不断总结和认识。

**3. 积累的主要认识与技术**

运用以问题为导向的工作思路，深刻认识涩北疏松砂岩气藏的特殊地质特征及储层渗流规律，以积累的地质研究成果和动态监测数据为基础，以开发地质、气藏工程和气藏数值模拟为手段，以动态优化配产为途径，以稳定单井产量和增加储量动用程度为目标，提出了涩北气田开发管理的配套技术解决方案。

1）生产动态实时分析技术

由于涩北疏松砂岩储层的压力敏感和水敏特性，相对于常规气藏，该类储层地层内流体的流动能力和连通性都可能是随开发阶段而变化的，需要根据最新的产出剖面、产量和出水监测资料进行实时动态分析，才能不断校正地质模型和动态预测模型，评价开发方案实施的有效性，需要及时调整和完善开发实施方案。

运用气藏经营的智能数据库管理技术，根据录入的最新数据及解释成果，首先判断数据的一致性，然后基于数据库进行各种工程分析和动态预测。

2）静态储量复核计算技术

开发地质认识是一个不断深化的过程，虽然进行着储层精细描述，但是受层内、层间、平面非均质性强的影响，静态地质储量计算参数存在误差，目前的核实储量还存在一些不确定因素：

（1）含气面积。气水边界同时由构造和岩性控制，导致含气面积与构造等高线不完全一致，外边界不规则，层内断续延伸，连片不一，因此目前的含气边界只是含气的外包络线，数值偏大。

（2）有效厚度。由于砂泥薄互层的普遍存在，目前的有效厚度内存在未扣除的夹层厚度，另外测井对薄差层的划分界定存在一定的误差，井与井之间的微韵律夹层扣除具有较大的不确定性。

（3）含气饱和度。构造平缓，物性差异大，造成气水过渡带宽并且长，因此含气饱和度的数值具有较大的不确定性；特别是开发过程中水侵层含气饱和度的变化更是需要深究和论证。

上述三方面原因导致目前的核实储量依然具有较大不确定性，需要通过进一步的储层精描，结合静、动态资料，细化储量的计算单元，以气砂体为最小计算单元开展复核计算，尽量区分储层内的水层和局部含水区域。

3）动态储量计算技术

动态储量与探明地质储量之间存在一定的差距，这个差距与储层应力敏感、非均质性以及水侵程度等都有关，动态储量是可动用储量和可采储量标定的基础，是进行动态预测和制定开发政策的基础。

计算动态储量的主要方法包括压降法和水驱曲线法，理想的情况是两种方法得到的动态储量数值一致，但事实上往往存在差距：由于压降法不能充分考虑疏松砂岩气田的内部水驱（层内可动水、夹层水），导致一部分具有较强内部水驱的区域压降法动态储量比水驱法储量偏大，这时应该以水驱储量为准；另一方面，由于压敏和速敏，水驱驱动的实际效果往往逐渐变差，但基于早、中期生产数据的水驱特征曲线法不能考虑这一机理，导致计算储量值偏大，此时应以压降法储量为主。

4）气井出水水源分析技术

对于涩北疏松砂岩气田，出水是产量递减的主要原因，不同水源对产量具有不同的作用机理，鉴别某个阶段的主要出水机理和水源，对于产量调控和气田稳产具有重要意义。

根据气、水产量和水质的动态监测，计算水气比并分析出水和水气比的变化趋势，区分水害的水源是凝析水、水层水、层内可动水、边底水、层间水还是作业返排水。对出水量的分析必须结合气井的工作制度及相应的气产量变化，同时也要结合产出剖面测试结果和测井剖面分析，增加水源分析的准确程度。

水层水和边底水是造成气井出水停产关井的主要水源，这些是防水治水的重点对象。工作液侵入、夹层可动水以及层内可动水是造成气井出水和产量波动的主要水源。

5）均衡调控差异化配产技术

均衡调控差异化配产考虑的主要因素是：各开发单元储量动用的不确定性、不均衡性，水侵程度及出水波动特征的不同；各类储层应力敏感、出砂临界条件的不同，储层物性和含气丰度的差异等。

由于疏松砂岩气藏的动用储量和水驱控制程度具有较大的不确定性，因此评价采气速度的合理性具有一定的风险，需要在开采过程中根据动态监测资料实时复核动态储量，完善对合理采气速度的设计。

由于出水水源的多样性，给产水规律的分析带来了难度，出水预测具有较大的不确定性。因此，在进行合理配产时，必须适应出水量具有较大波动范围的情况，确保气井的携液生产。

由于疏松砂岩储层的应力敏感、出砂和水敏特性，在进行配产时要避免高于临界出砂流速，控制地层压力梯度和流速，防止储层骨架颗粒剪切和拉伸破坏；同时也要避免局部压降过大而造成的大量出砂和水锁。

进行产能评价时，采用应力敏感的拟压力取代传统的压力，充分考虑岩石变形以及天然气黏度、偏差因子等随压力变化的特点。

6）气藏出水风险分析预测技术

防水、治水是疏松砂岩气藏稳产和提高采收率的重要措施，必须充分意识到在出水分析过程中的各种不确定性因素。

（1）气水层的识别。误识别将导致误射气水同层、水层或射孔层位距气水边界太近，造成气井产水量比预测值偏大或过早见水。解决的办法是增加产出剖面测试频次，分析不同阶段产出剖面的变化规律，校正测井解释模型，并且采用分层封堵工艺，降低局部层段出水给生产带来的风险。

（2）隔层的分布及封隔能力。当层系间压差达到一定程度时，水将从隔层封隔薄弱处窜入气层，隔层封隔能力的不确定性将造成层间水窜分析和预测的失误。解决的办法是根据开发地质沉积微相研究，结合最新动态资料，精细刻画隔层的位置及封隔能力，并通过合理配产，使各层系均衡开采，减小层间压差、减弱水窜趋势，降低封隔不确定性带来的风险。

（3）压裂工艺。压裂可能压窜层，引起水层的水窜入气层；宜选择比较保守的压裂施工工艺参数。

（4）固井质量。开采时间较长后，井况变差，固井质量可能存在的问题将引发管外窜流，致使产水量增加；采用提高固井质量的工艺技术，并在中、后期增加针对性的工程监测，发现窜流即实施封堵。

（5）堵水工艺。多井采用了一井射开多层的开采方式，但出水后个别层的封堵可能出现失效而导致气水层互窜，造成气井产水；因此必须及时进行封堵后的效果评估，增加产出剖面监测的频次。

（6）压实挤水。压实作用导致储层及临近泥岩隔/夹层受挤出水，但对这一机理，目前还只能停留在理论分析上，缺乏必要的室内实验和现场数据的验证，对出水量的预测具有不确定性；有必要开展实验，论证不同岩石组成下压实与出水的定量关系，同时结合储层地质研究，定量预测各个开发阶段，在压实作用下地层的出水和气井产水的量。

（7）边水侵入。边水水体的位置及水体能量的分布具有不确定性，是否存在与边水沟通的高渗透区或高渗透条带不确定，导致了边部气井见水时间预测的偏差；因此，需要利用探边测试落实边水距离，并利用测试等方法确定水体的能量，根据生产动态数据判断井与边水的连通程度，同时利用示踪剂等手段监测边水的运移。

7）水侵及水淹治理技术策略

疏松砂岩的治水策略及配套技术包括防水、控水、堵水和排水。

防水主要是气田开发早期考虑的策略，在气水分布和气水关系正确认识的基础上，主要技术对策是远离边水布井；单井均衡采气，避免形成局部压降漏斗；避免射开层间和邻近水层等。

控水是以气井为实施对象，着眼点主要是气藏，通过调整开发策略、降低采气强度来达到抑制地层水侵入的目的，属于宏观调控措施。而且由于对地层储集条件、气水分布特征和气水流动规律认识的程度有限，控水往往带有一定的不确定性，从点到面的控水效果难以评价。

堵水是以流动介质为实施对象，着眼点是井和水的渗流通道。实施堵水首先必须利用各种找水技术，准确判断出水层位；并且要保证堵水的同时气流的畅通。堵水技术包括选择性堵水（封堵大孔道或裂缝）与非选择性堵水（与封隔工艺相配合，仅封堵水层）。

排水是以气井为实施对象，着眼点是井和藏。一是通过排水工艺，及时将积液从井筒中排出，使气井恢复产量并延长生产期。二是在气藏外边界对边水进行强排，以减小边水能量，减缓边水向气藏内部的侵入速度。需要根据井深、地层能量、气井产量、出水量和生产阶段，选择最佳的排水工艺。

8）提高单产调峰保供技术

前面讨论的治水、防砂、合理配产等都是提高单井产能，延长气田稳产的有效技术措施。积累的多种提高单井产能的措施技术对策主要有以下几类。

（1）放大生产压差。在不出砂的条件下，部分井的生产压差还有进一步放大的空间；对于易出砂的井，通过采用防砂完井方式后，还可以适当提高生产压差，以此来增加气井的开采强度。

（2）油套分采。利用一口井同时开采上、下两套开发层系或层组，充分利用了井筒，节约了钻井投资；但由于套管环空流动面积比较大，致使其携液能力较差，出砂探测难度大，且出砂后不易清理，因此套管开采对层位选择很重要。

（3）多层合采。由于储层纵向跨度较大，通过多套产层的合理搭配，同时射孔开采，增大了井控储量和产能，降低了生产压差，有利于防砂；但必须严防射开含水层以及与边水连通较好的气水层；合采层的选择应以同一层组、同类产层组合为最佳方案，并且要提前考虑出水后的分层封堵工艺。

（4）水平井技术。由于水平段和储层的沟通面积大，水平井开采具有单井产能高、生产压差小的特点，有利于抑制出砂等。从实施效果看，水平井投产早期很理想，但是，水平井也具有产量高、局部采出程度高、压力下降快、出水上升快的特点，影响了全气藏的均衡采气。分析表明，水平井具有储备调峰产能优势，选择上、下邻近无水层，厚度大、供给充足的气层，是水平井高产的基础。也由于水平段内气水重力分流不足，易发生水堵，导致有效生产段大大缩短，气井产量下降快，必须避水防水开发。

# 第四章　隐蔽性气层识别技术

在涩北气田勘探开发实践中存在高泥质差层、泥岩段薄层等低品质层产气现象，纵观整个勘探开发史，可疑气层的不断发现贯彻始终，储量的不断增加变化达到了五、六次，可以说低品质气层的识别技术支撑了增储上产。由于地层水矿化度高、气水过渡带宽、高束缚水及黄铁矿等影响，差气层和水层电性特征相似，也存在测井解释的水层、干层、水侵层出气的现象等。所以，具有隐蔽性的可疑气层解释识别技术是涩北气田实现可持续开发的主体技术之一。

## 第一节　隐蔽性潜在气综述

### 一、隐蔽性潜在气存在原因与分类

气田范围内外、水淹气层内外是否存在自成封闭系统的独立气藏呢？如：未解释出来的薄差层、被边底水切割封锁的水封气等，因此，气田扩边挖潜的靶向不仅是层内，重点是层外层或表外层，更确切讲应称之为"潜在气"更为恰当。

**1. 与测试技术有关的潜在气**

过去在气田范围内常解释出一些干层。这些干层临近泥质源岩层和纯气层，又在富水气田的内部。干层也是砂岩层，其孔隙是存在的，大量岩心资料表明也是渗透层。在其缓慢的成岩过程中伴随着成藏过程，孔隙的喉道早期就是开启的，天然气充注及时，孔隙内地层水已经排出来，呈现高阻现象。测井响应曲线基本是气层特征，试气时却无气水产量，这类层往往储层敏感性强，入井液滤失侵入造成气层黏土膨胀、孔隙喉道狭窄，或入井液滤失侵入孔隙喉道后贾敏效应增强造成水锁，或钻井液微细颗粒挤入孔隙喉道造成堵塞，储层渗透率下降。因此，测井解释的干层是有潜力气存在的，属于污染型干层潜在气。

另外，还存在一些低阻、薄差可疑气层。如果地层中含有大量黄铁矿，或储层束缚水矿化度很高，以及钻井液电阻率低、受围岩影响时，会造成气层电阻率偏低的现象，这就是常说的低阻可疑气层。测井仪器识别气层精度受限。测井解释存在多解性和不确定性，识别气层的精度也不高。所以，受多种因素影响造成测井资料失真，没有解释出来的薄层、差层、可疑层是普遍存在的，属于可疑型薄差潜在气。

**2. 与开发技术有关的潜在气**

不仅存在入井流体伤害储层的问题，还有开采过程中，随着气井出水后井筒积液不能及时排出而不断积增，积液的液柱压力不断增大，促使径向渗入近井筒产层的滤液增多，对近井产层引起的多种敏感性伤害增强，特别是产层喉道受到水锁伤害的毛细管力增强，加之积液传递来的围压使产层孔隙压力难以突破，致使孔隙内的天然气不能排出。

随着采出程度的增加，气藏地层压力减小，储层骨架颗粒压实作用增强，粒间孔隙缩小，喉道变细，加之孔隙空间内束缚水随压降、孔隙变形等影响部分变为可动水，还有边水的侵入影响，也大大增加了喉道的毛细管力。由于孔隙间喉道内贾敏效应的存在，毛细管力产生的阻力引起对喉道两端的阻塞，也就是微观意义上的水锁伤害或水锁效应。这类气层出水后随着井筒积液增加、井口压力变低、储层压实变形、孔喉变窄等一系列问题的出现，阻碍了气相的流动，形成了天然气的滞留，属于压变型封闭潜在气。

气藏内部非均质性强，气水关系、渗流特征异常复杂。加之在开发过程中难以全面实现均衡采气和储量的彻底动用，突出表现为边、底水选择性水侵，造成气藏被指进、锥进或峰进的侵入水水线分割，形成不同井区或层段的"水封气"的存在。类似于双重介质储集体内部裂缝中的气渗流速度快则水侵也快，往往基质中的气还没有来得及进入裂缝就被侵入的水封闭在基质体内了。因此，在水侵气藏内部存在被快速窜进的边、底水切割或封闭的潜在气，是宏观上的水封、水锁气，属于屏蔽型水封潜在气。

平面上开发井网稀疏、纵向射孔不完全的水侵气藏有潜在气的存在。有的气田开发井距由1000m加密到500m后，并没有出现井间干扰而影响生产，在加密井钻井投入可以掌控的前提下，反而提高了储量动用程度、拿到了产能延续了稳产。还有相当一部分井，投产射孔时打开程度不高，对这些井可以通过小层细分、加密补孔提高射孔井段的气层动用程度。因此，在水侵气藏内部存在没有完全动用的局部富集气，都属于屏蔽型水封潜在气。

**3. 与成藏机理有关的潜在气**

从天然气生成和运移的角度分析，有机质含量高的泥质岩层作为生气层，即气源岩，生成的天然气在自身烃源岩孔隙内达到饱和后仍持续聚集，当孔隙压力最终突破空腔外的围压沿孔隙喉道向外界渗流的过程中，遇到高孔高渗透储集体而再次聚集形成气藏，始终遵循着"先自满后外溢"的规律。因此在地下泥质气源岩层内部生成而未运移出去（孔隙压力低于喉道毛细管突破压力或围压）的高饱和度低渗透潜在气是普遍存在的。

并且，泥岩层作为气源岩其内部天然气从生成到饱和再到溢散而聚集到周边砂岩层是一个漫长的成藏过程，并且泥岩渗透性差，泥岩孔隙空间里的天然气溢散排出缓慢。而砂岩气藏开采虽然是一个较快降压的过程，即便邻近气源岩的砂岩气藏开采完毕，泥岩层内的天然气还保持着很高的丰度。并且，如果源岩的周边已形成大量高饱和度纯气藏，说明烃源岩生气能力强，其内部更易形成高饱和度的潜在气。这说明，即便气藏开发进入中后期后，泥质气源岩内部仍存在高饱和度的高孔低渗透气藏，属于低渗透型烃源岩潜在气。

还有，地层储集空间内早先聚集的是地层水，后因不断生成的天然气开始排驱孔隙内的水而占据空间内水的"领地"，这一漫长而复杂的成藏过程中，气水的分异程度并非十分彻底，气水同储、同聚现象是存在的。并且，在成藏过程中纯气藏达到饱和后，其顶、底部，或者同层侧向高孔高渗透砂体通常也是充注的对象，即在构造圈闭溢出点外，甚至不规则的气藏边界外溢出天然气沿高渗透条带外移后，再聚集再成藏，所以，纯气藏周边与水共存的低饱和度潜在气也是普遍存在的，属于富水型近围潜在气。

## 二、隐蔽性气层判识技术路线

前已述及，由于天然气的膨胀特性，在气田开发中后期在已经发生水淹或已经亏空的低压气层中挖潜的余地很小。但是通过分析潜在气存在的机理，可以断定开发早期和中后期的气田还是非常有潜力的。只是因为潜在气成因复杂、种类繁多、品位低下，难以做出准确的判断，为此必须根据气田地质及开发实际采取必要的技术手段做出准确的识别和评价。

**1. 可疑型薄差层潜在气**

由于目前测井技术还难以应对日趋复杂的地质挑战，一些特殊的岩性、缝洞、薄层及低孔、低渗透、低阻等可疑气层难以准确识别。为此，受测井纵向分辨率低、径向探测半径小、仪器干扰因素多的限制，为确认可疑气层，首先要从老气区沉积地层地质特征入手，反复观察岩心，明确沉积旋回纵向分布规律，明确上下围岩及薄、差层存在的可能，明确异常矿物对测井质量影响的可能；其次，对照岩心开展岩心归位、岩心标定工作，进而开展岩电关系、岩电特征研究；最后，对测井时井筒钻井液性能、电阻率、井眼扩径等测井环境，对测井周期、仪器类型、稳定性及受干扰情况进行分析，校正测井参数。在此基础上，结合试气资料，进行多井精细解释，准确识别可疑型薄差潜在气层。

**2. 污染型干层潜在气**

地层储集空间里通常都充斥着流体或气体，至少会有地层水充斥着，否则地层就不会有压力。即便是漏层，也只是储集空间过大，里面没有充满相应的介质而已。为此，测井解释的干层有必要进行精细排查。首先，对此类层进行岩心取样分析，明确其孔隙度、渗透率及残余油气水饱和度，并分析其孔隙结构、敏感性，认识其水敏、碱敏、盐敏等；其次，对试气资料进行复查，分析投产作业时储层射孔打开程度、入井液对储层的伤害、排液的时间与方式，甚至钻完井时使用的入井液性能及层内滤失等；最后，对解释干层的上下及周边区域含气性进行评价，如果邻近都是气层，其内部不应该出现干层，开展措施求产作业以求证其潜在气是存在的。

**3. 压变型封闭潜在气**

开发过程中，随着地层压力降低和地层水侵入，泥质疏松砂岩储层受应力敏感性和水敏性增大多重影响，储层物性变差，井筒积液、产量变低直至因为孔隙压力低于井筒积液的液柱压力或喉道毛细管压力而停产。为此，针对这类井层首先分析其单井控制动态储量和采出程度，明确剩余气潜力；其次，分析产层段各小层受压降压实影响渗透率变差情况和侵入水对小层的水敏影响；最后，要核实产层的潜力，提出补孔或压裂复产的补救措施。

**4. 屏蔽型水封潜在气**

此类潜在气实际上就是气藏边、底水沿裂缝或高渗透条带快速窜进，造成了气藏的水封分割，如前所述，缝洞型双重介质气藏，先窜入裂缝中的水会屏蔽基质孔洞中天然气的外排通道而使天然气滞留在基质储集体内。首先，分析气藏原始的气水分布关系，根据气藏开发过程中各井区的压降、含水、累计采出程度等动态资料深入研究气水运动规律；其次，对各个井点含水变化情况进行统计，分析气藏不同时期边、底水的水线即水侵前沿推进方向、路线，借助数值模拟技术，勾勒出水淹区；最后，紧密结合储集体沉积微相和非均质性研究成果，在气水运动规律和水淹区认识的基础上，预测圈定被侵入水屏蔽或包络封闭起来的潜在气聚集条带或区块。

**5. 低渗透型源岩潜在气**

实际上，大段泥岩层也不是纯粹的泥岩层，不管是纵向上还是平面上，其非均质性是存在的，泥中含砂、砂中多泥是其真正的内幕特征。首先，在测井资料精细解释的基础上，在纵向分层段重新标识各个泥岩层，选择在气层段中间的或远离水层的厚度大的泥岩层；其次，利用泥岩段的岩心描述资料寻找夹在泥层中的砂质条带（或安排取心），并寻找岩心分析化验资料中高孔低渗异常点；再者，结合该泥岩层多井伽马、声波等测井曲线，圈定泥岩段内高砂比、高孔区带；最后，利用老井开展措施求产与试气工作，如获得气流，可以进行新井部署或老井开窗侧钻，以解放自生自储泥岩层潜在气。

**6. 富水型近围潜在气**

根据成藏机理，在含气饱和度较高的纯气藏和气源岩附近，含水气层、气水同层应该是普遍存在的。这类低饱和与水共存的天然气，在高温、高压地层条件下，水仍然是以液态形式存在，与压缩的天然气有明显的界面，因此，利用气井测井曲线，向四周追踪连通性好的气层，直到出现气水过渡带上的气水同层。天然气的膨胀性致使地层水聚集在储层底部或边部有限空间内，同样，气水同层多分布在气藏低部位和气藏近围。天然气比地层水更活跃，因此，先复查水层段的地质录井资料，筛选出有气测异常、井涌和钻井液水侵、气侵或槽面显示的井段，再结合测井资料确定显示层位后查看是否试气，没有试气的建议开展储层措施改造试气工作。

总之，这些不同类型的隐蔽性潜在气是支撑气田开发稳产的物质基础，持续开展深入细致的综合地质研究是解放这些潜在气的根本。不同类型的潜在气识别难度和挖潜技术对策是不同的。"平面加密、纵向细分"是气田传统的提高采收率的主要方式，这基本是针对老气田开发井网控制程度低、开发层系内层多跨度大而言。但是，对气田范围内六种类型隐蔽性潜在气的靶向选定及解放发掘，更需要精细的地质探究和特定的工艺求产措施。

六种类型隐蔽性潜在气层多以低阻层、薄、差层等可疑气层的形式出现，通常多锁定在测井二次解释的挖掘工作上，六种类型隐蔽性潜在气研究是对测井解释的深化、细化和升级。为此，根据气田地质及开发情况，拓展到源岩层内部高孔低渗透层、层间及周边的气水同层、干层和水锁、水封层或井区条带。这些类型的潜在气，基本上是低渗透的、产水的，需要通过压裂、酸化改造和携液采气等开发工艺才能够有一定产气量。

## 第二节 低阻气层识别与验证

低电阻率气层简称低阻气层，通常分为绝对和相对低电阻率气层两种。绝对低电阻率气层的特点是探测电阻率绝对值低，常在 $1\sim2\Omega\cdot m$，气层的电阻率明显大于周围的水层电阻率。相对低电阻率气层是指气层的电阻率与邻近水层的电阻率接近，有时甚至出现相互交叉现象。即与具有类似物性、岩性和地层水性质的水层电阻率相比，电阻率增大率小于 $2\sim3$ 的气层定义为低阻气层。

### 一、低电阻率气层成因

根据目前国内外低阻气层的研究，低阻气层的成因可分为内因（储层固有特性）和外因（储层外在条件），内因有以下四种情况：高束缚水含量、高阳离子交换量、存在导电矿物、气水层矿化度差异,外因有三种情况:气水分异作用、砂泥岩间互沉积、盐水钻井液侵入。归纳起来主要为地质因素和工程因素(表4-1)。

表4-1 低电阻气层成因分类(据陈华等,2009)

| 大类 | 亚类 | 影响因素 | 意义 |
| --- | --- | --- | --- |
| 地质成因 | 岩性 | 高束缚水饱和度 | 主要因素 |
| | | 导电矿物富集 | 主要因素 |
| | | 黏土附加导电 | 次要因素 |
| | 沉积 | 高地层水矿化度 | 主要因素 |
| | | 砂泥岩薄互层 | 背景因素 |
| | | 低幅度构造 | 背景因素 |
| 工程成因 | 措施 | 钻井液侵入型 | 次要因素 |

**1. 高束缚水含量**

(1) 储层中泥质含量高。涩北气田储层岩石粒度普遍细,砂泥岩频繁交互,砂岩储层中泥质含量高,一般高达20%~50%。泥质中大量的晶间微孔,吸附了高矿化度的地层水(表4-2),在地层条件下形成良好的导电体,造成储层电阻率降低。

表4-2 涩北一号气田水分析统计表

| 气层组 | 水型 | pH值 | 总矿化度 (mg/L) | 等效NaCl (mg/L) | 地层水密度 (g/cm$^3$) |
| --- | --- | --- | --- | --- | --- |
| 〇 | CaCl$_2$ | 6.5 | 141424 | 149718 | 1.10 |
| 一 | CaCl$_2$ | 6.4 | 147844 | 157500 | 1.10 |
| 二 | CaCl$_2$ | 6.2 | 164471 | 151836 | 1.12 |
| 三 | CaCl$_2$ | 6.3 | 140426 | 137288 | 1.1 |
| 四 | CaCl$_2$ | 6.4 | 144495 | 151178 | 1.1 |

(2) 泥岩成分。储层岩样X射线衍射资料表明,伊利石较发育,平均含量为52%,其次是蒙皂石,平均含量为23.6%,还有绿泥石等,黏土矿物成分较稳定,但是,黏土颗粒细、比表面大,则阳离子交换量大,促使了低阻的形成。

(3) 微孔隙发育程度。通过岩心铸体薄片、图像和环境扫描电镜观察分析,涩北气田储层主要的孔隙类型有粒间孔、晶间孔、溶孔、溶缝及微裂缝。

晶间孔主要存在于泥质层中,常见的为伊/蒙混层内和伊利石晶体间孔隙,晶间孔隙直径一般较小,为1~10μm,在气田储层中分布频率低于粒间孔。

地层水束缚于孔隙内,储层就形成发达的导电网络,再加上地层水矿化度较高,从而造成储层的导电性较好,电阻率较低,以至于与围岩接近,甚至低于围岩的电阻率。根据压汞分析,颗粒较细的粉砂岩,汞饱和度中值孔喉半径都较小,显示较高的束缚水含量,即较高的束缚水饱和度。

**2. 导电矿物的影响**

(1) 涩3-15井在774.35~1328.18m取心段,共分析57个样品的薄片鉴定,其中有

13个样品中含有黄铁矿,含量在0.5%~2%(表4-3)。镜下观测表明,黄铁矿呈团块状。涩试2井的薄片鉴定结果是5个样品中有4个样品存在黄铁矿,含量仅在0.5%~1%。

**表4-3 涩北一号气田涩3-15井薄片鉴定结果**

| 井深<br>(m) | 薄片岩性定名 | 泥质<br>(%) | 粉砂<br>(%) | 方解石<br>(%) | 菱铁矿<br>(%) | 黄铁矿<br>(%) | 炭屑<br>(%) |
|---|---|---|---|---|---|---|---|
| 810.13 | 含粉砂灰质泥岩 | 50 | 10 | 30 | 8 | 1 | 1 |
| 810.41 | 含粉砂灰质泥岩 | 55 | 18 | 26 | | 1 | |
| 1276.34 | 含碳酸盐泥质粉砂岩 | 25 | 55 | 8 | 3 | 1 | |
| 1276.94 | 含碳酸盐泥质粉砂岩 | 25 | 51 | 8 | 8 | 1 | |
| 1282.29 | 含灰泥质粉砂岩 | 30 | 53 | 10 | | 2 | |
| 1283.45 | 含碳酸盐粉砂质泥岩 | 50 | 29 | 6 | 5 | 0.5 | 0.5 |
| 1286.73 | 含泥粉砂质白云岩 | 17 | 27 | 3 | 2.5 | 0.5 | |
| 1286.92 | 含碳酸盐粉砂质泥岩 | 51 | 30 | 9 | 9 | 1 | |
| 1307.78 | 含菱铁矿灰质泥岩 | 65 | 4.5 | 20 | 10 | 0.5 | |
| 1322.98 | 含灰含粉砂泥岩 | 70 | 15 | 12 | 2 | 0.5 | 0.5 |
| 1324.26 | 含灰含粉砂泥岩 | 67 | 15 | 13 | 4.5 | 0.2 | 0.3 |
| 1325.79 | 含灰泥质粉砂岩 | 25 | 60 | 13 | | 2 | |
| 1328.18 | 灰质泥岩 | 65 | 8 | 18 | 8 | 1 | |

(2) 涩4-16井重矿物鉴定结果。

岩石薄片资料和重矿物鉴定结果表明(表4-4),在研究区域普遍存在黄铁矿,但分布不均,所以对电阻率的影响程度也不一样。

**表4-4 涩北一号气田涩4-16井重矿物鉴定结果表**

| 标本编号 | 井深<br>(m) | 部位<br>(m) | 赤铁矿<br>(%) | 磁铁矿<br>(%) | 黄铁矿<br>(%) | 重晶石<br>(%) |
|---|---|---|---|---|---|---|
| 1 | 966.87 | 0.2~0.3 | | 8.8 | 8.3 | 18.8 |
| 2 | 966.87 | 0.75~0.85 | 4.5 | 13.6 | 10.7 | 10.7 |
| 3 | 966.87 | 1.65~1.80 | 11.1 | 22.2 | 12 | 52 |
| 4 | 966.87 | 2.00~2.10 | | 8.2 | 7 | 7 |
| 5 | 966.87 | 2.80~2.90 | | 18.8 | 26.9 | 11.5 |
| 6 | 966.87 | 4.10~4.20 | | 25 | 50 | 23.3 |
| 7 | 966.87 | 4.58~4.70 | | 14.3 | 30.8 | 15.4 |
| 8 | 966.87 | 5.60~5.70 | 6.7 | 20 | 36.4 | 18.2 |
| 9 | 1114 | 0.50~0.58 | 37.5 | 25 | 11.5 | 57.7 |
| 10 | 1114 | 1.20~1.34 | 20 | 10 | 16.7 | 27.8 |
| 11 | 1345 | 1.20~1.36 | 6.7 | 13.3 | 13.6 | 18.2 |
| 12 | 1345 | 1.90~2.00 | | 14.3 | 13.6 | 54.5 |

### 3. 薄层围岩低阻影响

测井仪器是以井眼为中心的一圆柱体的所有相关信息的综合反映，就电阻率测井而言，就包括各种岩石组分、结构、孔隙中含流体性质等。图4-1是一个厚度为0.914m，电阻率为20Ω·m的砂岩层位于电阻率仅为1Ω·m的泥岩中间，当用分辨率为2.4m的感应侧井仪测量电阻率时，根据感应测井的原理，这时所测出的电阻率大约一半来自泥岩，一半来自砂岩的贡献，实测的总电阻率只有1.9Ω·m，与泥岩电阻率接近，比砂岩的电阻率低得多。

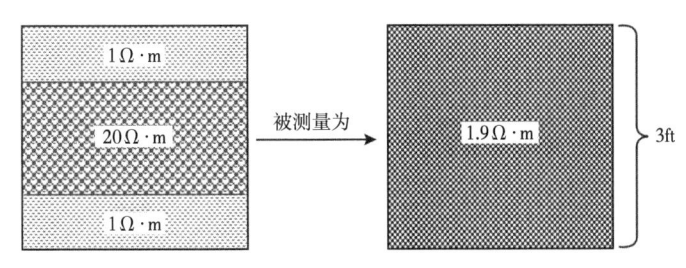

图4-1 薄层对电阻率影响实例

薄层砂岩和砂泥岩薄互层如果其厚度小于仪器的纵向分辨率，测井曲线无法真实反映地层真实物性参数，受上、下低阻层影响导致电阻率显著降低，甚至不能反映砂岩的存在。

由于涩北气田储层中多为砂泥岩薄互层，纯净的砂岩较少。仅以2009年解释结果为例，0.5~1.0m厚度的气层比例为0.42%，有效厚度占0.17%；1~1.5m厚度的气层比例为8.31%，有效厚度占4.88%；1.5~2.0m厚度的气层比例为20.17%，有效厚度占15.75%。总之，0.5~2.0m厚度的气层比例占28.9%，有效厚度占20.8%。岩心观察薄夹层更多，薄互层普遍存在，是导致气层低阻的主要因素。

### 4. 高矿化度地层水的影响

涩北气田的地层水矿化度较高，最高达224653 mg/L（涩北一号气田），高矿化度的地层水是良好的导电体，大量残存（赋存）的高矿化度地层水导致地层电阻率降低。

涩北气田地层水的水型主要为$CaCl_2$型，地层水矿化度高，其中台南气田地层水平均矿化度为161544mg/L，平均密度为1.134g/cm³，平均地层水电阻率为0.029Ω·m；涩北一号气田地层水总矿化度平均值为140102mg/L，平均地层水密度为1.115g/cm³，平均地层水电阻率为0.052Ω·m；涩北二号气田地层水总矿化度平均值为137968mg/L，平均地层水密度为1.075g/cm³，平均地层水电阻率为0.037Ω·m；由西往东，地层水总矿化度和地层水密度有减少的趋势。

### 5. 钻井液侵入的影响

第四系储层埋藏浅、压实作用弱、成岩强度低，储层物性条件较好。在钻井过程中，当钻井液密度较大时，极易侵入到气层中。钻井液的侵入不仅造成储层伤害，也改变了储层中的流体组成，影响电性特征，往往造成测井的失真，气层中的感应电阻率会随着钻井液密度的增大而减少，随钻井液黏度和电阻率的降低而降低。无论是否储层段，随着钻井液的侵入导致电阻率降低。在泥岩层段电阻率为0.4~0.5Ω·m，部分气层电阻率比泥岩略高。

## 二、低阻气层测井定性识别

气层的有效识别首先要校正测井曲线，标准化处理采用标志层法控制全局和交会图微细调整。选取气田范围内分布稳定、岩性明确的纯水层作为标志层，消除井与井之间由于仪器等原因造成的误差。

把重点取心井的分析化验资料与测井资料结合起来，通过"四性关系"研究，利用自然伽马、自然电位曲线结合中子、密度曲线划分储层。建立的一套"四性"关系图版，先运用"孔隙度—电阻率"和"补偿密度—电阻率"交会的方法来建立常规气层定量解释图版，结合岩性、物性研究，制定出区块测井综合解释标准，对测井资料进行处理解释，筛选出气层与可疑气层。

通常，典型气层的孔隙度测井响应都存在"挖掘效应"现象，突出表现为中子—密度曲线重叠在气层处呈现镜像反射图像，可根据测井曲线形态直观定性判断。可疑气层电阻率测井响应特征不明显，由于天然气的密度远低于水的密度，气层的密度测井值低于非气层的地层密度，可采用中子、密度和声波三孔隙度测井曲线重叠显示，识别岩性、识别气层、划分气水界面等。

**1. 镜像特征分析识别法**

气层识别标准可分为岩性、物性标准和含气性标准。自然伽马曲线和自然电位曲线仍是反映砂泥岩剖面地层岩性、物性的主要曲线，因此，在低阻气层的定性识别过程中，仍然采用"自然电位和自然伽马曲线联合划分渗透层"，低阻气层常表现出自然电位异常幅度小于自然伽马降低幅度。对传统的含气性判别曲线进行调整，基本采用"中子和密度曲线联合识别低阻可疑气层"。

由于中子测井主要反映地层的含氢指数，在一般地层压力下，地层中天然气含氢指数低于水的含氢指数，所以，当地层孔隙中存在天然气时，引起中子测井孔隙度减小。并且中子测井曲线质量主要受井眼扩径、滤饼和钻井液相对密度影响，而对于低阻气层因其泥质含量高，一般不受上述因素影响，便于使用。

密度测井也在高泥质层段受测井环境影响小，如地层孔隙中充满地层水，则地层密度变大，并且地层中高泥质成分因含水成为湿黏土，进一步导致密度变大；而低阻气层虽然泥质含量高，若孔隙中储集的是气体而趋于干黏土层，则地层密度小。

当把中子测井孔隙度同密度测井孔隙度在低阻可疑层段重合时，在气层段两孔隙度将有明显的差值，在水层段有较小的幅度差；而当把这两孔隙度以水层段为基准进行重叠时，在气层段出现密度孔隙度同中子孔隙度的曲线镜像特征。所以，地层的含气饱和度越高，含气量越大，镜像特征越明显。

**2. 影响因素分析识别法**

由于不同类型的低电阻率气层的形成机理不同，其特点不一致，测井识别的方法也就不尽相同，从前面的分析中，该区主要由三种不同的成因造成：黄铁矿等导电矿物的存在；高泥质高矿化度束缚水含量；砂泥岩薄互层间互分布的泥岩夹层或围岩影响。

1) **黄铁矿引起的低阻气层解释**

由黄铁矿引起的低阻储层划分原则与常规储层相似，根据自然伽马和自然电位结合来划分。

由于电阻率受到影响，既不能通过电阻率高低定性指示，更不能通过含气饱和度的定量计算来确定流体的下限，所以与常规储层评价存在差别。

此类可疑气层解释标准是自然伽马较低而自然电位有明显的负异常；补偿中子和岩性密度之间有明显的镜像变化特征。

2) 高泥质引起的低阻气层解释

测井曲线特征：涩北气田储层普遍含泥质较高，造成束缚水含量高，加之地层水高矿化度，形成导电网络导致电阻率降低。

划分解释标准：由泥质含量高造成的低电阻率气层难于识别，目前还难以建立定量解释模型。结合现场总结的经验，根据测井曲线特征和收集到的生产资料，拟定了划分及识别方法。

一是，电阻率相对围岩高。但要注意排除可疑层受黄铁矿影响而引起的低阻和围岩高阻假象，这种情况先考虑剔除可疑层本身含导电矿物的影响，可借助元素俘获或深侧向、深感应等测井资料剔除。

二是，自然伽马绝对值较高。但是相对于围岩又偏低。

三是，其他测井曲线具有气层特征。自然电位具有明显的负异常，密度和中子曲线有镜向变化的特征。

四是，束缚水饱和度与含水饱和度基本相当。

3) 薄互层引起的低阻气层解释

在测井处理解释中厚度小于2m的储层要受到泥岩夹层或围岩的影响，导致分层卡厚或解释上的不确定性。薄层对电阻率的影响是非常大的，不但会导致饱和度计算的不准，而且会影响储层的划分和评价。

测井曲线特征：薄砂层上、下围岩自然伽马高，峰值明显，泥质含量高，则对应电阻率必然受上下围岩影响，感应与侧向电阻率仅比围岩有微小的增加趋势，密度、中子和声波时差曲线也有含气特征基本趋势。

划分解释方法：首先利用自然伽马曲线且参照自然电位划分出4m井段之内的上—中—下相邻的泥—砂—泥组合单元；再针对这种小组合段，分析中间砂层感应与侧向电阻率是否比围岩有微小的增加趋势；最后分析密度、中子和声波时差曲线的含气特征趋势，若处于大的含气井段之内，可以判断该低阻薄层为气层。

由于涩北气田薄气层分布普遍，是重点研究开发的对象，为了更加深入识别动用薄气层，后面专门增加一节进行论述。

**3. 地质规律分析识别法**

由于涩北气田属于第四系的浅层生物气藏，成藏时间短，天然气充注不充分，此外，构造幅度低，气水过渡带宽，同一压力系统内含气高度小的气层气水分异程度低，含水饱和度较高，存在一定的可动水。

受含气面积和地层倾角差异的影响，各小层气柱高度相差较大（3~87m）。存在含气饱和度随气层埋藏深度的增加而呈递增的趋势。第二、第三气层组含气饱和度明显高于第零、第一气层组。第一气层组内各含气小层含气饱和度差异最大。所以相对而言，第零、第一气层组部分气层的电阻率更低。为此，结合涩北气田气层形成的地质原因，通过开发实践，也采用了地质规律分析识别的经验法。

低阻气层也不完全都具有泥质含量较高的岩性特征、渗透率较低的物性特征和含气饱和度低而接近气水同层的含气性特征。根据涩北气田"气藏基本受构造控制"的特点，理想的气水界面应为水平面，界面以上为气，界面以下为水。凡解释气层的底界海拔不低于验证气层或典型气层的底界，便可确认为是气层；凡解释气层的顶界海拔低于或等于验证气层或典型气层的底界，则确认为水层（图4-2）。

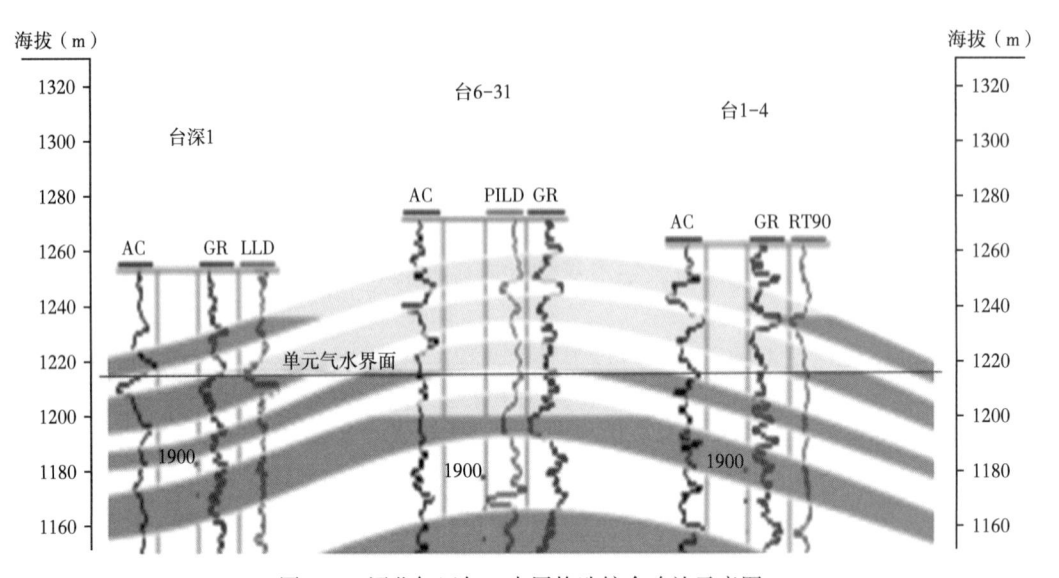

图4-2 涩北气田气、水层构造综合确认示意图

随着开发地质工作的不断深入，发现涩北一、涩北二号气田有的气藏内同一气层的气水界面并非与同一构造等值线平行，进一步分析认为由于受边水水动力条件差异和构造北翼储层毛细管力强的影响，出现了气水界面"南高北低"的现象，并通过两翼同层边水测试证明了南翼地层产水量大的问题。但是，台南气田目前并没有发现气水界面"南高北低"的现象。为此，在利用上述气柱高度范围判断潜力气层时应结合地质条件全面分析考虑。

在纵向上，构造高点部位成藏具有连续性、继承性的规律。在上、下均为气层的中间，或同一个气层组，其内部气层通常是集中或连续分布的，如果构造高点部位的井，其多个气层中间夹着一个低阻可疑气层，通常可以将其解释为气层；在一套大的泥岩盖层下，一般发育有一组气层，若这组气层的上部有低阻可疑气层，通常也可以将其解释为气层，而其下部有低阻可疑气层，通常可以将其解释为水层。

沉积韵律也控制着纵向气水分异程度和气水分布。在大套的正韵律层段，上部因泥质含量高、物性差、束缚水含量高，即便气水自身存在重力分异，正韵律段上部也难以形成天然气的富集。而正韵律段下部高孔高渗透砂岩层是天然气富集的有利层段。

所以，结合地质规律分析，再利用测井响应特征可以提高低阻可疑气层的识别精度。不仅如此，参考地质录井气测、钻井液观察，邻井试气、试井、生产动态等资料，动静态结合判断低阻可疑气层是必要的。

## 三、低阻气层测井定量解释

根据对低阻气层的成因分析，结合测井资料对低阻气层的响应特征，用于涩北气田低阻气层测井定量解释的方法是采用含气饱和度与束缚水饱和度两个参数，建立低阻可疑气层定量测井解释判别标准。

前面已经指出，泥质含量高是低阻气层的主要特点，涩北气田地层泥质含量占地层岩石体积百分比高。而采用经典的饱和度计算模型阿尔奇公式又是针对纯砂层提出来的，所以，运用该公式计算地层含气饱和度时，若把泥质部分完全校正掉，这样会把泥岩部分的影响降低，导致计算含气饱和度偏高。而另一计算地层含气饱和度的公式是西门杜公式，该公式适用于地层水矿化度小于 30000mg/L 的地层，而涩北气田地层水矿化度普遍高于 100000mg/L，显然不能完全适用于涩北气田。

可见，在涩北气田使用阿尔奇公式有选择性地针对泥质含量少、砂岩纯度高的Ⅰ类厚层是合适的。见式（4-1），其计算参数由测井资料和岩电实验参数确定，但是精度也需要保压取心证实。

$$S_g = 1 - [(abR_w)/(\phi^m R_t)]^{1/n} \tag{4-1}$$

式中　$S_g$——储层含气饱和度；

　　　$\phi$——储层有效孔隙度；

　　　$R_w$——地层水电阻率，$\Omega \cdot m$；

　　　$R_t$——地层真电阻率，$\Omega \cdot m$；

　　　$m$——与孔隙结构有关的胶结指数；

　　　$n$——与流体在孔隙中分布有关的饱和度指数；

　　　$a$，$b$——岩性系数。

而泥质含量高的三类低阻气层运用阿尔奇公式计算含气饱和度是不适用的。为此，针对涩北气田专门开展了国内首创的保型保压取心实践，以获取地层真实含气饱和度。但是，此类特殊取心工作程序复杂、投入高且获取资料有限。

为克服涩北气田储层高泥质、高矿化度给含气饱和度确定造成的困难，通过创新实践，采用 LOGES 评价系统提出的双孔隙度模型，将泥质部分与砂岩部分分别对待处理，较好地处理这一问题。结果证明低阻气层一般具有较高的孔隙度，尽管电阻率较低，LOGES 计算的含气饱和度仍能在合理的范围（40%以上）。

**1. 解释模型原理**

LOGES 评价系统建立的解释模型为双孔隙度模型。所谓双孔隙度模型是指将地层孔隙度分为纯岩石孔隙度和泥质孔隙度两部分。图 4-3 为双孔隙度解释模型图。根据这一模型，泥质砂岩的总体积是由纯岩石骨架、干黏土、泥质孔隙中的流体（包括水和未排出或吸附的油气）、纯岩石孔隙中的流体（包括水和油气）组成。

图 4-3 中 $\phi_t$ 表示地层总孔隙度，即被油气和地层水占据的地层空间体积百分比，其中岩石水（$\phi_w$）是指纯岩石水的体积，泥质水（$\phi_{wc}$）是指黏土中水的体积，而油气则包括纯岩石油气体积（$\phi_{hs}$）和黏土的油气体积（$\phi_{hc}$）两部分。$\phi_e$ 表示纯岩石地层的孔隙度，称为有效孔隙度，地层体积的其余部分是干黏土和其他岩石骨架。

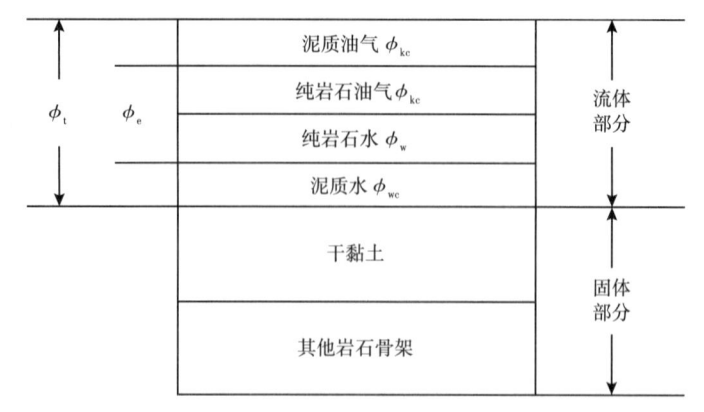

图 4-3 LOGES 双孔隙度解释模型

根据上述模型，可得下列公式：

$$\phi_e = \phi_w + \phi_{hs} \tag{4-2}$$

$$\phi_t = \phi_e + \phi_{hc} + \phi_{wc} \tag{4-3}$$

$$S_w = \phi_w / \phi_e \tag{4-4}$$

$$S_{wt} = (\phi_w + \phi_{wc}) / \phi_t \tag{4-5}$$

式中　$S_w$——地层有效孔隙中的含水饱和度；

　　　$S_{wt}$——地层总孔隙的含水饱和度。

正确计算总孔隙度 $\phi_t$ 和有效孔隙度 $\phi_e$ 即可进行含水饱和度的计算。根据地层岩性的变化上述模型可以作相应的改变，选择适用的解释模型，可对全剖面进行处理。

（1）当泥质成分为零时，模型变为含油气纯砂岩体积模型，此时：

$$\phi_t = \phi_e = \phi_w + \phi_{hs} \tag{4-6}$$

$$S_{wt} = S_w = \phi_w / \phi_e \tag{4-7}$$

（2）当纯岩石成分为零时，模型为含油气纯泥岩体积模型，此时：

$$\phi_t = \phi_{wc} + \phi_{hc}, \ \phi_e = 0 \tag{4-8}$$

$$S_{wt} = \phi_{wc} / \phi_t \tag{4-9}$$

（3）当黏土和油气均为零时，模型为含水纯岩石体积模型，此时：

$$\phi_t = \phi_w = \phi_e, \ S_{wt} = S_w = 1 \tag{4-10}$$

（4）当纯岩石和油气均为零时，模型为含水纯泥岩体积模型，此时：

$$\phi_e = 0, \ S_{wt} = S_{wc} = 1 \tag{4-11}$$

（5）当油气体积为零时，模型为含水泥质砂岩体积模型，此时：

$$\phi_e = \phi_w, \ \phi_t = \phi_w + \phi_{wc}, \ S_{wt} = 1 \tag{4-12}$$

(6) 当地层水体积为零时，模型为含油气泥质砂岩体积模型，此时：

$$\phi_e = \phi_{hs}, \quad \phi_t = \phi_{hs} + \phi_{hc}, \quad S_{wt} = 0 \tag{4-13}$$

**2. 束缚水饱和度计算**

(1) 确定泥质部分的束缚水含量。

首先根据交会图确定的有关黏土参数计算地层中泥质部分的束缚水含量：

$$\text{BWT} = \frac{\rho_{mac} - \rho_{cl}}{\rho_{mac} - \rho_f} \tag{4-14}$$

式中　$\rho_{mac}$——干黏土密度骨架参数；

　　　$\rho_{cl}$——湿黏土密度值；

　　　$\rho_f$——地层流体密度（部分参数可由手册查得）。

(2) 由 BWT 再根据式（3-15）计算泥质部分的束缚水饱和度：

$$S_{wc} = \frac{\text{BWT}}{\phi_t - \phi_e} \tag{4-15}$$

(3) 确定砂质部分的束缚水饱和度。

理论研究表明，砂岩中的水并非完全可以流动，在微细孔隙中由于毛细管力的作用而成为束缚水。如果定义一个代表纯水砂层束缚水饱和度的参数 SIRR，那么泥质砂岩中砂质部分的束缚水饱和度可近似地按式（4-16）估算：

$$S_{wr} = a \frac{\text{SIRR}}{\phi_e} \tag{4-16}$$

式中　$a$ 为常数。根据已知样本井的处理结果分析，涩北气田 SIRR 选择为30%比较合理。

(4) 确定地层束缚水饱和度：

$$S_{wb} = S_{wc} V_{sh} + (1 - V_{sh}) S_{wr} \tag{4-17}$$

式中　$V_{sh}$——泥质含量。

用上述方法计算出束缚水饱和度后，地层可动水饱和度就等于地层含水饱和度与束缚水饱和度的差值。利用可动水饱和度的大小可以判断地层是否出水。

**3. 地层含水饱和度计算**

在正确计算总孔隙度 $\phi_t$ 和有效孔隙度 $\phi_e$ 以及测得岩石水电阻率 $R_w$、纯泥岩水电阻率 $R_{wc}$ 的基础上，即可进行含水饱和度计算。计算公式采用了双孔隙度模型所推导的饱和度公式。

总孔隙度和有效孔隙度的计算前已介绍，而针对地层水电阻率，因为地质研究与试验分析表明，泥质砂岩中泥质水性质与纯砂岩中自由水性质有着较大区别，上述地层水电阻率不能完全代表气层中水的电阻率。因此，对地层水的选取采用视地层水电阻率计算方法来区分岩石水和泥质水两个不同的组成部分。

$$R_{wa} = R_0 \phi^m, \qquad R_{wca} = R_0 \phi_t^m \tag{4-18}$$

式中　$R_{wa}$，$R_{wca}$——视岩石水、泥岩水电阻率；

$R_0$——纯水电阻率。

总孔隙度中的含水饱和度采用阿尔奇公式计算。有效孔隙中的含水饱和度,采用含气泥质砂岩双孔隙度模型电导率关系表达式所推导的饱和度公式来计算,其表达式为:

$$\sqrt{\frac{1}{R_t}} = {}^{0.86}\sqrt{\phi_t - \phi_e}\sqrt{\frac{S_w^n}{R_{wc}}} + \sqrt{\frac{\phi_e^m S_w^n}{aR_w}} \tag{4-19}$$

从式(4-19)可以看出,含气泥质砂岩双孔隙度模型的电导率表示为泥质部分的电导率与岩石部分的电导率之和。所以,式(4-19)中前一项为泥质砂岩中泥质部分对饱和度的贡献,后一项为砂质部分对饱和度的贡献。运用式(4-19)可求得有效孔隙中的含水饱和度,进而计算出其更为精确的含气饱和度。

**4. 低阻可疑层定量解释标准**

综合上述参数,在对低阻可疑层含气饱和度进行计算后,可以判断地层是否含气。因此,两者相结合可以对低阻可疑气层进行综合解释判别。

图4-4是涩北气田典型的岩心相渗实验图。从图中可以看出,以含气饱和度43%为界,当储层含气饱和度大于43%时,水相的相对渗透率$K_{rw}$趋近于0,表明43%应该是气层的含气饱和度下限。

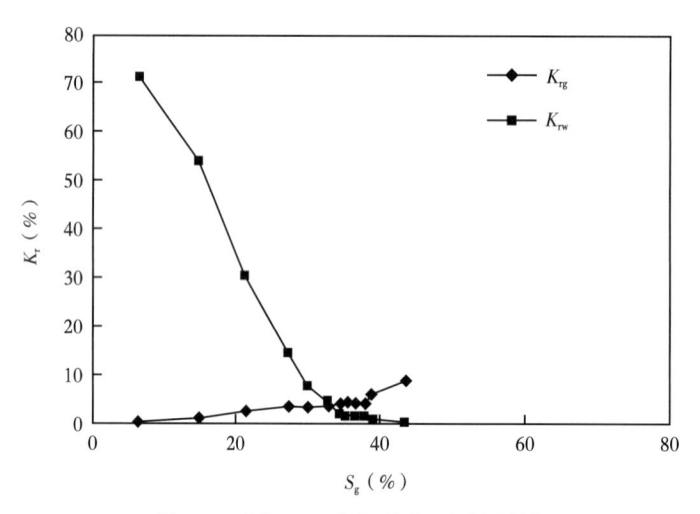

图4-4 涩3-15井典型岩心相渗图版

利用上述方法,结合岩心相渗实验结果,认为在涩北气田只要储层含气饱和度在43%以上,可动水饱和度为零,泥质含量在35%以上,电阻率相对较低,就可以将储层解释为低阻气层。

在测井解释处理过程中,先运用常规气层测井解释图版筛选出易于识别的中—高阻气层后,针对剩余的低阻可疑气层进行可动水饱和度和含气饱和度计算,开展综合解释判别工作。最后,通过大量的单井处理及综合分析,提出涩北气田低阻气层综合测井解释标准(表4-5)。

依据上述标准对涩北气田低阻试气层位进行二次处理解释,试气结果证实低阻气层的解释符合率为80%左右,有的气层气产量在15000~23280m³/d。所以,利用可动水饱和度法识别低阻气层的原理，即利用双孔隙度模型和束缚水饱和度计算公式，计算出可动水饱和度，再对低阻可疑层含气饱和度进行计算，两者结合来可对低阻可疑气层进行综合判别。最终按照制定的泥质含量、可动水与含气饱和度三参数标准判定低阻气层。

表4-5 涩北气田低阻气层测井解释标准表

| 可动水饱和度（%） | 泥质含量（%） | 含气饱和度（%） | 解释结论 |
| --- | --- | --- | --- |
| 0 | <35 | >50 | 气层 |
| | | 43~50 | 低产气层 |
| | | <43 | 干层 |
| | >35 | >43 | 低产气层 |
| | | <43 | 干层 |
| 0~10 | <35 | >55 | 含水气层 |
| | | 45~55 | 气水同层 |
| | | 43~45 | 含气水层 |
| | | <43 | 水层 |
| >10 | <35 | >45 | 气水同层 |
| | | 43~45 | 含气水层 |
| | | <43 | 水层 |

## 第三节 薄气层识别与校正

涩北气田地层沉积固有的模式，造成了砂泥岩薄层频繁交互叠置沉积的地质剖面，以涩试2井为例，1161.6m含气井段内，解释厚度不小于1m的包括气水同层等与含气有关的层多达172个，而层内存在泥质薄夹层、层间存在泥质隔层及水层等，在目前测井纵向分辨率条件下，薄层解释存在一定的困难和不确定性。

限于测井曲线的分辨率，厚度小于1~2m的储层及其含气性难于识别，特别是薄气层上下受泥质围岩层夹持，表现低阻的水层或干层特征，直接导致解释遗漏和解释上的偏差。同时薄差层也因金属导电矿物的存在，直接引起电阻率曲线畸变，削弱了反映流体性质的电阻响应特征，对定性就失去了基础；还有薄层中如果泥质含量显著增加，致使高束缚水形成导电网络，造成低阻特征而影响储层流体的识别。

一般定义薄层为厚度0.5~0.6m的地层。薄层就是指厚度较薄的地层，在砂泥岩剖面中尤为常见。就测井而言，薄层是相对的，小于测井仪器的纵向分辨率就称为薄层。薄层有两种类型：单一薄层和薄互层。单一薄层是指发育的薄砂岩，薄互层指砂岩层中被一个或几个泥质条带或夹层分成许多个小层，扣除夹层后的储层厚度在0.5m以上，这种储层一般物性较差，在测井曲线上没有明显的储层特征，但是这些薄层有可能成为具有工业价值的气层。

特别是对于同时有钙质的薄互层储层，情况更为复杂，这时的测井曲线将同时受到致密层、砂岩层和泥岩层的影响，影响的程度随着它们相互位置及厚度的不同产生明显变化。一般来说，致密层的存在导致电阻率和密度升高，使得计算的有效孔隙度下降，或含水饱和度偏低，所以在含有致密层的薄互层中，往往使储层与致密层的判别失误，而泥岩的影响又可能使含水饱和度估计过高，漏掉储层。

对于薄互层储层准确评价，由于不同分辨率的测井仪器受围岩影响程度不同，常规测井解释中所使用的一些方法在薄互层评价中不能直接发挥作用。所以，对薄互层储层有效识别和解释，必须采用改进的处理解释技术，以便消除围岩的影响。

## 一、薄层测井响应特征分析

目前条件下在涩北气田使用的自然电位、深感应测井曲线纵向分辨率均在2m以上，因此在测井处理解释时，小于1m的储层受测井响应特征和分辨率低的影响没有解释，仅就目前的解释结果，厚度在1~2m的储层定为薄层，此类层占总储层数的40.1%。在不考虑厚度小于1m的超薄层情况下，1~2m的薄层是涩北气田开发挖潜的主要对象，薄层的划分和含气性评价是测井攻关的重点。

尽管通常解释过程中也考虑到了薄层的因素，但在建立图版定量解释上对该类层解释的偏低，导致不满足或解释上的失误，因此，实现薄层的正确测井解释，首先要恢复其真值，即进行以薄层厚度校正为主的环境校正。

实际测井时，测井仪器反映在曲线上的纵向分辨率受多种因素的影响，其分辨率还会进一步降低。即使是同样分辨率的仪器，测井环境对各自的影响程度不同，因此表现在测井曲线上其分辨率也是不同的。

对于薄互层气藏，由于地层厚度已明显低于常规测井仪器的纵向分辨率，仪器记录的信号已无法反映地层的真实参数。图4-5是一个等厚的砂泥岩薄交互层，例如，当厚度为0.15m，孔隙度为30%的砂岩组成互层时，如果利用垂向分辨率仅有0.6m的中子和密度测井仪进行测量，由于上、下围岩的平滑作用，从测井曲线上无法看出这种薄交互层的现象，解释时把这种看成是纯的砂泥岩，这时计算的有效孔隙度仅为15%，比真实的有效孔隙度低一半，由于孔隙度减少一半致使计算的含水饱和度增加。

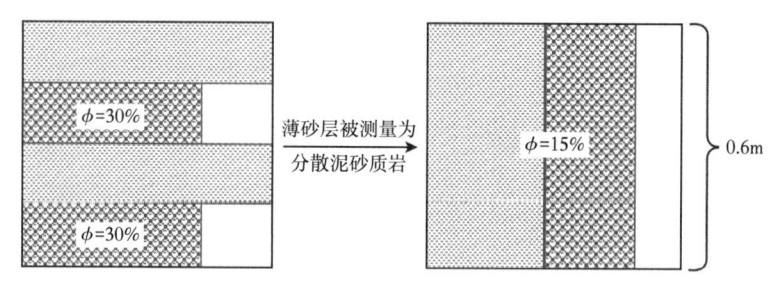

图4-5 砂泥岩薄互层测井解释处理模型

并且，图4-1为薄层砂岩受上下泥岩影响而导致电阻率由20Ω·m降低为1.9Ω·m的测井物理模型，说明薄层对电阻率的影响是非常大的，不但会导致饱和度计算不准，而且会影响储层的划分和评价。

根据测井响应理论褶积模型的数值模拟及实际曲线研究，以及物模试验和正演分析，薄层对各项测井响应特征的影响，主要有以下几点。

（1）测井曲线在某一深度点的测井值并不是地层真实的地球物理属性值。测井数据中的某一深度点的测井值是地层的真实地球物理属性值与仪器特征的褶积,受到仪器探测范围内岩石的影响。

(2) 地层越薄,受围岩的影响越大,围岩对记录点处的测井值贡献就大,曲线变得平滑甚至平直,对层与层间的区分能力降低,不能很好地反映地层界面,因此测井获取的某点处的地球物理属性值更接近于围岩的地球物理属性值。

(3) 薄层测井信号受围岩影响会发生严重的畸变或"淹没",提高常规测井曲线的分辨率实质是对薄层进行围岩影响校正,薄层校正的实质就是要努力减小测井信号受围岩的影响程度,最大限度地将测井信号恢复到接近地层的真实信号。层越薄"畸变"现象越严重,测井响应值越不能真实地反映地层的真值,且层越薄测井响应值偏离真实值的差异越大。

(4) 在薄互层测井响应中有测井信号的"峰值偏移"现象,理论上测井曲线的峰值对应地层的中心,但从薄互层的测井响应数值模拟中发现测井曲线的峰值没有对应地层的中心。峰值与模拟信号对应发生了偏移,且峰值偏移主要发生在较薄且上下围岩性质有一定差异的地层中,这是上下围岩性质不同对所夹薄层的影响不同所致。部分测井曲线在薄层处呈"尖峰"状。

(5) 无论是砂岩层还是泥岩层都不同程度受围岩影响,砂岩层段受围岩的影响致使自然伽马值增大,而泥岩层受低自然伽马值砂岩的影响使测井自然伽马值小于测井真信号。在两泥岩层之间存在一砂岩薄层时,随着薄层减薄,自然伽马值增高,电阻率越低于正常砂岩层的电阻率值,三孔隙度反映的孔隙度将越小。

(6) 虽然放射性测井仪器的响应函数和补偿声波测井仪器的响应函数不一样,但模拟出的相同测井真信号的地层测井响应曲线形态是完全相似的(假定两者的纵向分辨率相同)。因此可以类推,自然电位测井和深感应测井也具有与放射性测井和补偿声波测井相似的薄层响应。

砂泥岩互层测井曲线特征如图4-6所示,标出的部分井段岩心剖面岩性为粉砂岩,对应测井曲线中自然电位负异常,自然伽马相对低值,粉砂岩厚度越大,值相对更低,声波密度曲线变化特征不明显,侧向和感应电阻率越到层中间值越大。

地层中砂泥岩以层状分布,所有测井曲线在界面处均有一斜坡状变化过程,由测井曲线可以看出,微侧向和八侧向曲线幅度变化最快,依次是双侧向、补偿中子、深中感应、自然电位、自然伽马,受各测井项目的纵向分辨能力的控制。自然伽马项目纵向分辨率主要受粉砂岩厚层中含有较多的泥质夹层,以及泥质富含放射性物质的影响,使曲线幅度变化频繁而分辨能力变差。

对应在单层岩性的中心测井值达到极值,越靠近界面附近,值越来越低,也就是受到了围岩(砂岩)的影响所致。单层厚度越小,极值越小。

## 二、薄层测井新技术及处理解释

由于测井曲线不同程度受到薄层的影响,一方面导致储层难以识别,另一方面储层参数计算严重失真,几乎不代表储层属性。另外,在已经识别的储层中还存在着夹层受砂岩的影响,需要提高测井曲线的纵向分辨率,减少围岩和夹层的影响,获得反映储层的属性值,准确划分储层及评价储层的流体性质。

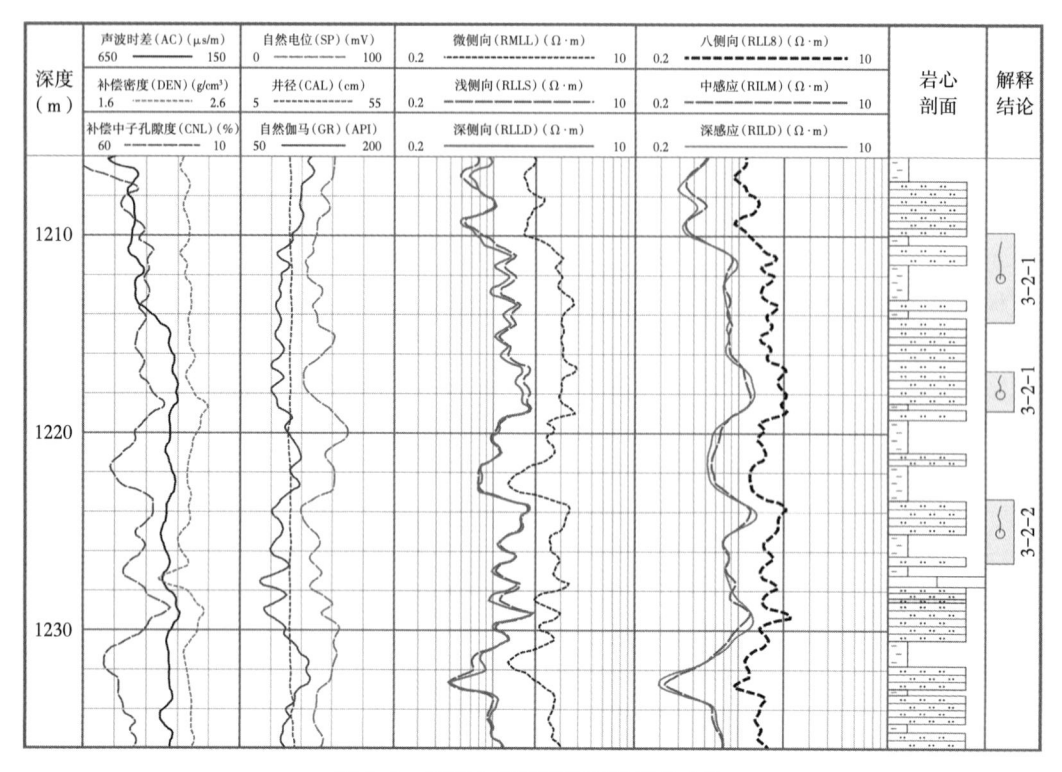

图 4-6 涩试 2 井砂泥岩互层测井曲线

提高测井曲线薄层分辨率的主要方法是：在不严重影响径向探测深度的前提下提高测井仪器的纵向分辨能力；通过数字处理提高测井曲线的纵向分辨率。

**1. 高分辨测井技术应用**

为适应薄互层评价的需要，在保证测井仪器足够的径向探测深度的前提下，尽可能提高测井曲线的纵向分辨率。目前开发出的薄层电阻率测井和阵列感应测井是典型的代表。由于薄层电阻率测井仪器只是阿特拉斯专用仪器，而且正在试求取资料，下面仅讨论阵列感应的分辨能力。

阵列感应测井仪采用一系列不同线圈距的线圈系测量同一地层，把采集的大量数据传送到地面，由计算机进行处理，得出具有不同径向探测深度和不同纵向分辨率的电阻率曲线，其多道信号处理技术可提供改善了径向和纵向分辨率及做了环境影响校正的稳定可靠的仪器响应。它克服了常规感应测井仪纵向分辨率低、探测深度不固定、不能解决复杂侵入剖面等缺点，不但可得出原状地层电阻率和侵入带电阻率，还可研究侵入带的变化，使用新的侵入描述参数描述侵入过渡带，进行电阻率径向成像和侵入剖面成像，是目前一种重要的测井新方法。

图 4-7 为涩北二号气田涩 9-2-3 井测井成果图，阵列感应测井是 5700 测井系列所测，图中阵列感应测井是纵向分辨率为 2ft 的测井结果，阵列感应测井与八侧向测井的纵向分辨能力相当，与双感应测井变化趋势大致相同，但纵向分辨率有明显的区别。

如井段 1225~1229m 上部低阻部分，阵列感应测井显示的厚度为 1.2m，最低电阻率为 0.18Ω·m，而双感应测井显示厚度为 2m，最低电阻率为 0.25Ω·m；井段底部的电阻

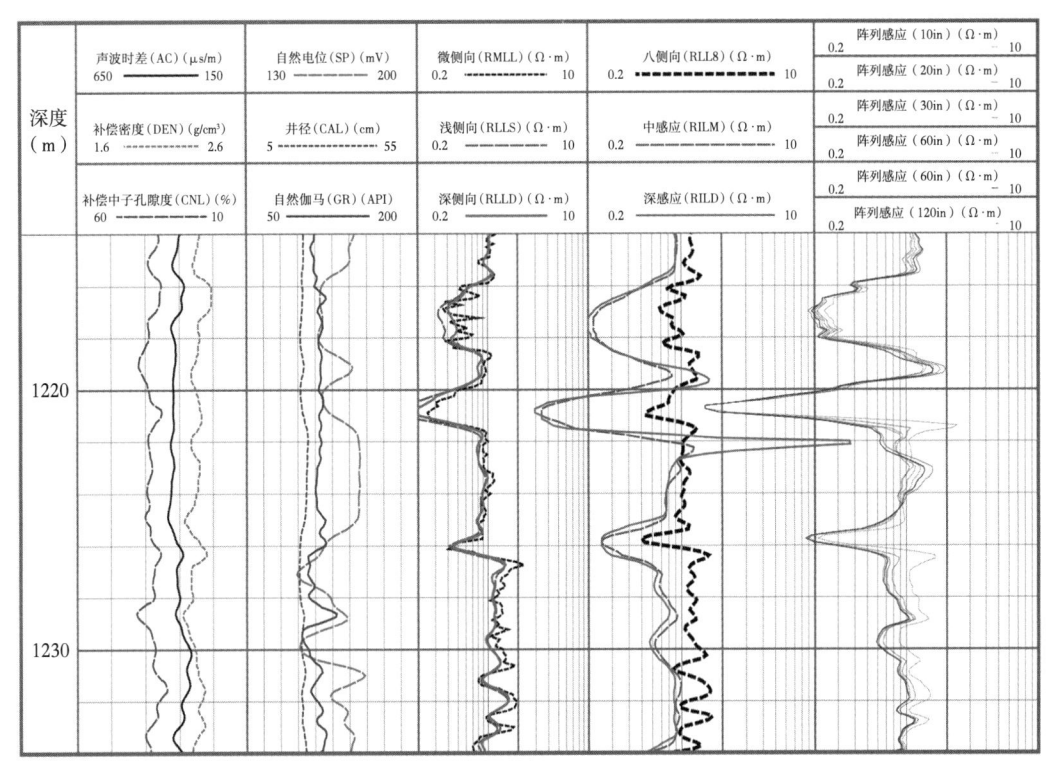

图 4-7 阵列感应测井区分薄层实例（涩 9-2-3 井）

率高尖的厚度和电阻率也有一定的差别。仅从纵向分辨能力对比，阵列感应测井与八侧向测井相当，双侧向测井次之，双感应测井的分辨率差别最差。

同样的，井段 1230.7~1233.9m 的深感应曲线（第 2 道）为一直线（基本无变化），电阻率为 0.88Ω·m，阵列感应测井曲线显示为高低电阻率间互砂泥交互的条带状，电阻率介于 0.84~1.2Ω·m，由于单层厚度小，砂岩受泥质影响，而泥岩电阻率又受电阻率相对高的砂层的影响，导致纵向分层能力较高的阵列感应电阻率围绕深感应测井上下变化，说明阵列感应测井不仅提高了纵向分层能力，而且更真实地反映了地层的真电阻率。

**2. 薄层校正数学处理方法**

使用新研制的高分辨率测井仪器对于薄储层的正确评价，无疑产生很大的帮助与推动作用。然而仪器的分辨率与探测深度及测量精度往往是一对相互矛盾的问题，为保证仪器有较高的纵向分辨率，往往需要减小探测器与源间的距离或者减小探测器本身的尺寸。一般而言，探测器偏移距的减小意味着相应的探测深度和探测范围随之减小，测量结果受井眼环境变化的影响增大，对于存在有明显侵入带的地层，由于仪器的探测深度浅，将无法从曲线本身了解原状地层的真实物性参数，必然影响对地层中原状孔隙流体的正确认识。另一方面新仪器的研制也受技术条件本身的限制。

尽管已经有分辨率高的电阻率系列测井仪器问世，在不影响径向探测深度的前提下提高了纵向分辨率，但大多数老井测井系列不能满足分层需要。因此研究并使用现代数学处理技术，设法提高常规测井曲线的垂向分辨率，保证测井曲线既具有好的探测深度又具有较高的纵向分辨率，是薄互层评价中非常重要的一项工作。从反褶积理论与平滑滤波及处理技术，匹配滤波与非线性拟合理论两个方面，阐述提高各种常规测井曲线纵向分辨率的基本方法。

1) 反褶积处理法

针对早期测井曲线纵向分辨率低，难以满足地质分层和精细研究需要的问题，将信号反褶积原理应用于测井曲线处理中。就是通过将反褶积问题转化为期望输出与实际输出的误差极值问题去构建线性方程组，求解方程组得到反褶积因子，从而实现测井曲线的盲反褶积处理。通过处理，消除了围岩等因素的影响，对测井曲线上低幅度的细微变化产生了"放大"效应，这种效应在单层厚度0.5m左右的砂泥岩薄互层地层中体现最为明显，同时通过处理对测井曲线斜率的微小变化反映更加灵敏。实际测井资料处理前后的频谱对比表明，该方法增强了测井曲线高频段能量，提高了测井曲线对沉积界面，尤其是薄互层界面的识别能力，通过取心井资料检验，验证了反褶积处理结果的地质意义合理性。

为了消除随机噪声的影响，实测记录与地层真实参数间的褶积关系中加上一个校正量，由于高频部分的放大作用，使得直接反褶积的处理结果将明显偏移地层的真值，这时直接反褶积计算结果失去意义。为克服直接反褶积方法的不足，用Tikhonov的正则化反演理论推导出正则反褶积因子的方法。

正则反演算就是要选择正则因子，正则反褶积转化为最小平方反褶积，所以说正则反褶积算法是最小平方反褶积方法的推广。由于积分均具有褶积的运算形式，利用付氏交换性质并对其作付氏变换，可以将其转化成频率域中的形式，为空间域中的正则反褶积因子。

反褶积法薄层校正应用特点是只需一条曲线即可；反褶积法能使薄层的测井值更接近真值；反褶积法可将测井曲线的纵向分辨率提高，能使反应不明显的薄层、薄互层的测井响应变化更显著；反褶积法受差井眼条件影响较大。

2) 频率域匹配法

对于响应函数为线性或近似线性的测井仪器，利用正则反褶积算法可以得到较理想的高分辨率处理结果，然而对于响应函数为明显非线性的测井仪器，如双侧向、双感应等，由于其响应函数不仅与地下探头的结构和相对位置有关，而且还随地层物性参数的变化而变化，这时用正则反褶积处理将得不到预期的效果。另一方面不同分辨率测井曲线的相互匹配，也是需要在理论和实践中加以解决的问题。

因为测井仪器的分辨率不同，受围岩的影响也不一样，所以用地球物理测井资料对薄互层储集段进行评价时，必须解决各个曲线间分辨率的匹配问题，分辨率的匹配包括两个方面的含义，一是降低高分辨率曲线的分辨率使其与低分辨率曲线相匹配，另一是提高低分辨率曲线的垂向分辨率使其与高分辨率曲线相匹配，这就需要匹配滤波理论的支撑。

该理论方法可以实现提高低分辨率测井曲线的纵向分辨率目的，最后的处理结果既具有高的分辨率又具有与低分辨率曲线相同的探测深度。对于双侧向、补偿密度等测井曲线所作的实际处理表明，结果相差不大，故取其均值作为结果。由于不同分辨率曲线受井眼环境（侵入带、滤饼及井眼不规则等）变化的影响也存在差异，为减少这些不利因素对提高分辨率处理结果的影响，对结果进行修正，压制因井眼不规则等不利因素对处理结果的影响。

频率域匹配法是把测井曲线看成是深度域的有限的离散信号，经傅里叶变换可将测井信号在频率域表示，对其频率及幅度谱进行分析，它们有如下特征。

一是，不论何种测井信号，低频部分幅度小，高频信号易反映薄层的分辨率信息，当然也可能是干扰，但一般情况下，干扰信号有其固定的频率和幅度，因此，通过频谱分析是可以区分高频信号究竟是干扰还是反映高分辨率信息。

二是，低频幅度衰减很快，在频率不高处易降至一个基本稳定的低幅度。而高分辨率测井曲线的高频成分的幅度要比低分辨率曲线的高频成分幅度大。

频率域匹配法适用范围广，不需要知道测井方法的响应系数，可将低分辨率曲线的纵向分辨率提高到接近高分辨率曲线，还可有效地分析和去除测井信号的干扰成分。

频率域匹配法的应用特点是：可将低分辨率曲线的纵向分辨率提高到接近高分辨率曲线；频率域匹配不仅能使低分辨率曲线向高分辨率匹配，反之也可；频率域匹配可有效地分析和去除测井信号的干扰成分。当然，也有不足之处，即必须要有受测井环境影响小的高分辨率曲线，严重扩径或严重侵入段，匹配处理的效果不明显。

图4-8中涩4-11井4-1-2（下）和4-1-3（中）小层，经薄层测井曲线校正后的曲线具有较明显的气层特征响应，该类层经过产液剖面和单层试采资料已经验证具有一定的产能，精细解释中进行了多次的识别和评价。

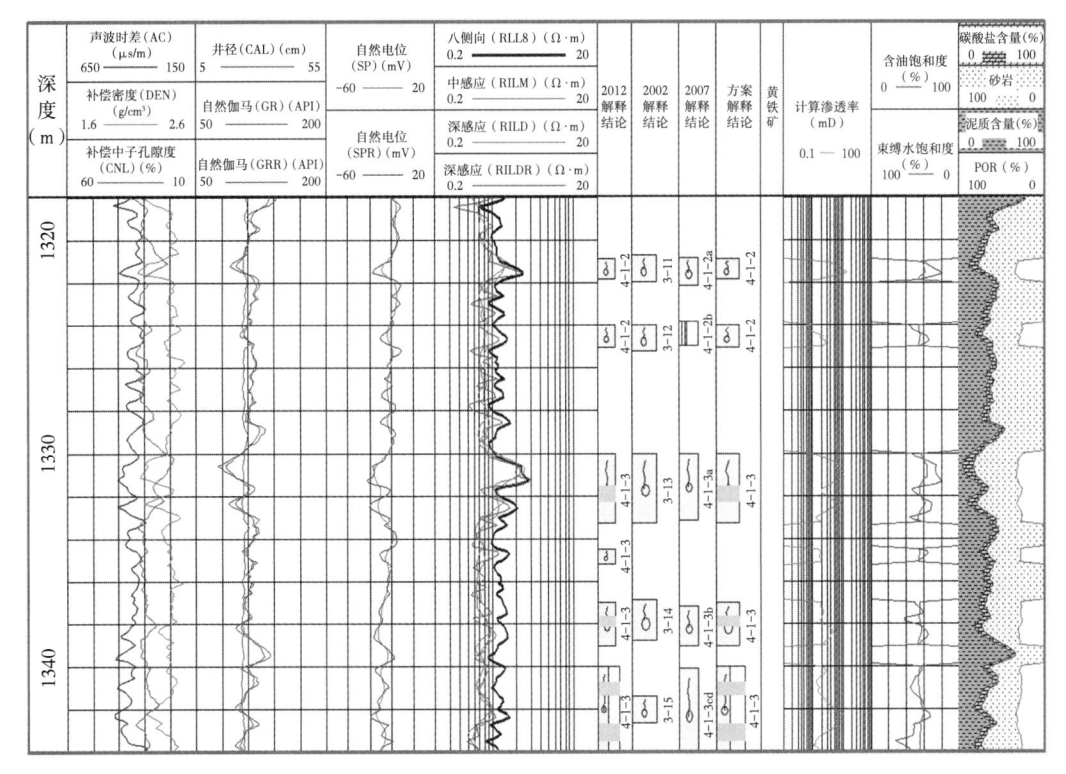

图4-8 涩4-11井薄层校正后导致解释结论的变化

此外，经过薄层校正后，测井曲线特征更为清楚，有利于储层顶底界面的确定和夹层的扣除，夹层的扣除使有效厚度更加趋近储层的真实情况。

### 三、薄层性质测井判定标准

薄层校正后，薄储层解释标准一般在 0.5m 以上。薄层的解释着重在于自然电位的异常幅度，层的厚度划分要考虑自然伽马结合孔隙度曲线，即使经过薄层校正，测井曲线也未必是储层性质的真实反映，所以在解释时要充分结合测井曲线的变化趋势。具体而言，就是在储层划分的基础上，根据孔隙度曲线的变化趋势区分含气性，声波时差、密度曲线相对朝孔隙度高的方向变化，储层的流体性质则主要考虑深感应。一般情况下在围岩电阻率基础上呈增大的趋势，一般在气层之间的薄层，可解释为气层。但是，薄层上下无气层的，必须是中子—密度有镜向特征，声波时差高的才解释为气层。

薄气层：深感应电阻率大于 $0.5\Omega \cdot m$，自然电位负异常明显，声波测井值高（多高于 400μs/m）、密度测井值低（低于 $2.36g/cm^3$）、中子测井值低（低于 35%），三孔隙度有明显的镜像特征。

薄差气层：深感应电阻率大于 $0.5\Omega \cdot m$，自然电位负异常明显，声波测井值高（不大于 400μs/m），三孔隙度有明显的镜像特征。

薄气水层：三孔隙度显示较高孔隙，中子密度镜像特征明显，自然电位负异常较大、自然伽马低值，深感应电阻率上高下低，介于 $0.2\sim0.5\Omega \cdot m$，且多表现为深感应电阻率低于浅感应电阻率的特征。

薄水层：三孔隙度显示较高孔隙，中子密度镜像特征不明显，自然电位负异常最大、自然伽马低值，深感应电阻率多低于 $0.2\Omega \cdot m$，且多表现为深感应电阻率低于浅感应电阻率的特征。

薄干层：三孔隙度显示较低孔隙，中子密度镜像特征不明显，自然电位负异常较小、自然伽马中低值，深感应电阻率平直或无变化，且与围岩电阻率相当。

开发过程中由于早期测井仪器分辨率受限和生产测试资料较少，部分井的薄层或薄互层产生的低阻没有完全识别，把黄铁矿引起的低阻一律当成夹层或干层进行处理，对于自然伽马高于 100API 的，或者处理结果中泥质含量较高的层，也是当干层解释。而中期随着地质认识的加深，考虑到黄铁矿引起的低阻，隐蔽性可疑气层的增加主要是低阻薄层。2002 年解释为气水层的部分薄层，在 2007 年对该类层解释为干层，2011 年和 2012 年在识别黄铁矿的基础上，进行了储层评价，该类层导致解释结论变动相对较多。

大量的生产实践表明，薄层在研究区域展现出较大的生产潜力，研究的解释方法得到了现场的检验，今后还需继续观察物性相对较差的薄层。

## 第四节 剩余气潜力层识别与验证

剩余气潜力层即开发中后期弱水侵气层，是已开发动用的水侵程度低的而剩余气丰度高的气层，也特指层内非均质性程度高的气层因非均衡水侵而滞留气较多的气层，也就是常说的弱水侵层。随着气田的开发和边水的不断侵入一类、二类气层变为产水气层或弱水侵气层。所以，开发后期测井精细处理解释的重点又放在了水侵气层的挖潜研究上。这些隐蔽性更强的潜力层不仅需要裸眼测井资料，也需要过套管测井资料的补充，对测井新技术的应用也更加重视。

## 一、水侵气藏剩余气饱和度理论支撑

残余气饱和度也称之为剩余气饱和度（residual gas saturation，irreducible gas saturation），指在边水或底水气藏中，由于水侵而导致气藏内部形成两相流动区，使气相有效渗透率不断降低直至为零，此时残留在岩石中的气相饱和度。也可定义为在地层条件下，经各种动力作用后，岩石中仍不能驱替出来的天然气称为残余气。

残余气饱和度是衡量有水气藏开发效果的一个重要指标。降低储层岩石的残余气饱和度是提高气藏采收率的有效方法。反之，残余气饱和度高的气藏称之为弱水侵气藏，其含气饱和度的确定，前人做了大量研究工作。

中国石油大学（华东）生如岩教授在《水驱砂岩气藏残余气饱和度试验研究》一文指出：随着孔、渗的增大，残余气饱和度有明显下降的趋势。孔隙度增加10%，残余气饱和度下降约10.18%。渗透率对残余气饱和度的影响比孔隙度更分散，尤其是渗透率小于30mD时，渗透率增加10倍，残余气饱和度下降约5.23%。而原始含气饱和度对残余气饱和度的影响非常分散，未出现明显的统计关系。在水驱气藏的开发过程中，过低或过高的采气速度（导致不同的水侵速度）均不利于改善气藏的最终开发效果。降低界面张力，水驱残余气饱和度会大幅度降低，获得了实验最低的残余气饱和度为10.76%。随着水气黏度比的增加，残余气饱和度降低，但是降低的幅度在减小。并且，岩性纯且较均质的水淹气层残留到层内的天然气丰度很低（含气饱和度通常在10%左右），说明已经水淹的均质气层挖潜意义不大。

国外 Mulyadi. H 教授在《测量水驱气藏的剩余气饱和度：各种岩心分析方法对比》一文指出：水驱气藏剩余气饱和度（$S_{gr}$）的确定存在不确定性。利用几种岩心分析方法（如稳态注水、顺流吸液、离心法、逆流吸液）计算水驱气藏的剩余气饱和度（$S_{gr}$），采用了一种优化实验室方法评价 $S_{gr}$，认为稳态、顺流测得的 $S_{gr}$ 较可靠。认为中孔中渗透岩样，原始 $S_g$ 较高（≥80%），水驱或水侵过程中对气的驱扫效率一般，$S_{gr}$ 较高（25.9%~38.6%）。对于中孔特高渗透岩样，原始 $S_g$ 高（≈90%），但是驱扫效率一般，$S_{gr}$ 一般（20%）；对于低孔低渗透均质样，虽然原始 $S_g$ 较低（70%），易于实现刚性水驱，驱扫效率高，$S_{gr}$ 低（8%~12%）。西南石油大学罗强教授通过实验和研究认为，气藏剩余气饱和度（$S_{gr}$）与孔隙度、渗透率呈负相关，并且当原始含气饱和度≥60%时，对剩余气的影响占主导地位，实验数据模型拟合三维图显示 $S_{gr}$ 在一个高的区间（30%~45%）分布。

М. Я. 济金 В. А. 科兹洛夫在《加速气田勘探的方法》中指出：产层非均质程度越高，在气藏水淹部分"封闭气"的储量就越大，气田最终采出的天然气也就越低。在开采结束的气藏上钻探专门的评价井，确定出非均质产层水淹部分剩余天然气饱和度值。利涅夫气田剩余天然气饱和度为46%，麦科普气田上Ⅱ层3段为41%，该气田Ⅱ、Ⅲ层的某些水淹层剩余天然气饱和度达60%，并指出非均质储层孔隙介质中，水驱条件下"封闭气"饱和度可达50%，为此开展挖潜工作是有价值的。

西南石油大学罗强教授在《水驱气藏残余气饱和度研究综述》一文指出：（1）孔隙度、渗透率与残余气饱和度呈负相关，孔隙度、渗透率越大，残余气饱和度越小；（2）初始含气饱和度是影响残余气饱和度的重要因素，在 $S_{gi}$≤0.6时，拟合不同类型气藏初始含气饱和度与残余气饱和度，能得到较好的规律；（3）当 $S_{gi}$≥0.6时，初始含气饱和度对残余气饱和度影响不明显,需要做进一步的研究;(4)考虑多种残余气饱和度影响因素的模型,结合实验数据,更能反映真实的残余气饱和度。

通过前人的实验与理论研究,认为水侵气藏剩余潜力气丰度的大小和采收率的提高取决于三方面:一是,降低界面张力,最低 $S_{gr}$ = 10.76%,若使水气黏度比增加,残余气饱和度可降低;二是,中孔中渗岩样,不易于实现刚性水驱,水驱驱扫效率一般,$S_{gr}$ = 25.9%~38.6%;三是,原始含气饱和度约60%时,$S_{gr}$ 为30%~45%;四是,非均质程度越高,在气藏水淹区域内"封闭气"的储量就越大,$S_{gr}$ 可达到41%~60%。将这些成果可归结为对碎屑岩水驱气藏水侵后含气饱和度划分及挖潜对象的基本意见(表4-6)。

表4-6 气藏水侵后含气饱和度划分及挖潜评价表

| 大类 | 定性 | 储层非均质性 | 水侵方式 | 边、底水驱扫效率 | 驱扫后气饱和度(%) | 采收率 | 挖潜价值 |
|---|---|---|---|---|---|---|---|
| 潜在气 | 残余气 | 均质,高孔高渗或低孔低渗透 | 刚性活塞式均衡水驱 | 高 | <15 | 高 | 小 |
| | 剩余气 | 较均质,中孔中渗透 | 柔性舌进式半均衡水驱 | 一般 | 15~40 | 一般 | 一般 |
| | 滞留气 | 强非均质 | 锥形指形突进式非均衡水驱 | 低 | >40 | 低 | 高 |

## 二、水侵气层剩余气赋存认识

通过对水侵气藏含气饱和度研究成果的梳理分析,认为储层非均质性是造成边底水驱扫效率低的主要原因,非均衡水侵必然有滞留气的存在。针对涩北气田这类非均质程度高的高孔中低渗透气藏,原始含气饱和度在60%左右,必然存在弱水侵的高含丰度的潜在气层。

**1. 气藏非均质性与剩余气认识**

1)层内非均质性

涩北一号气田层内渗透率变异系数为0.45~0.88,突进系数为1~28.1,级差为12.09~7740;台南气田层内渗透率变异系数为0.7~0.82,突进系数为3.84~49.89,级差为44~16379。还有,覆压渗透率测试结果表明,储层应力敏感强,说明涩北气田层内非均质性很强,封闭气有潜力。

并且,储层岩石面孔率为33.15%~0.37%,孔径为73.73~16.95μm,差异大。伊利石含量为32%~53%,伊/蒙间层含量为23%~50%,伊利石具有膨胀分散性,易水敏、速敏;伊/蒙间层具有高亲水性,储层见水后孔隙结构易发生改变,造成非均衡水侵。

气水相渗实验表明气层见水后,随着水的相对渗透率从12%增加到20%,含水饱和度从56%增加到62%时,气相渗透率速降为零(图4-9),说明气层产水后,同层内近1/3的天然气难以参与流动而滞留在层内。为此,对出水气井因井底积液而滞留在储层中的剩余气还有38%~44%的潜力,可通过排水采气采出。

2)层间非均质性

涩北一号气田层间渗透率变异系数为0.71,突进系数为6.89,级差为1441.91;涩北二号气田渗透率变异系数为0.76,突进系数为6.92,级差为264.52;台南气田层间渗透

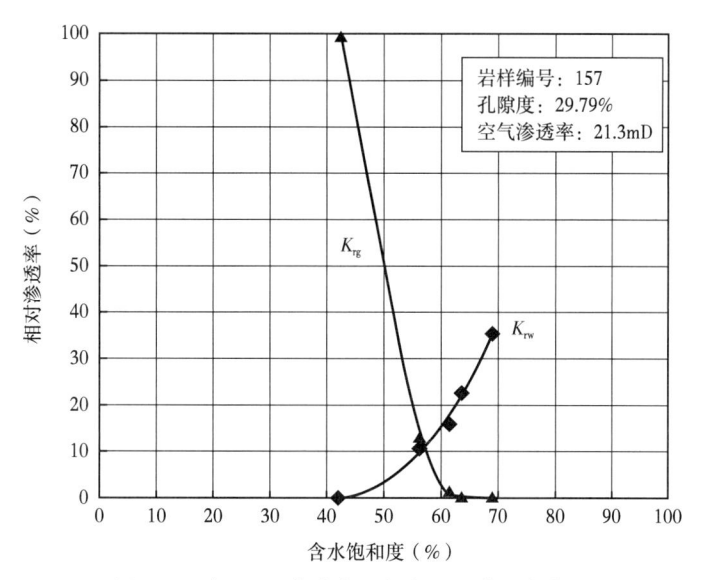

图 4-9 台 6-28 井稳态法气水相对渗透率曲线

率变异系数为 0.65，突进系数为 2.45，级差为 20.63。说明层间非均质性强，滞留气有潜力。

各层岩石颗粒粒级（$3.9\times10^{-3}$~$250\times10^{-3}$mm）、泥质含量（8.9%~34.9%）、石英含量（19.9%~51.5%）、碳酸盐含量（9.4%~38%）差异大。多层驱替试验表明对低渗透层（$K<5$mD）的气相渗流能力影响大，开发过程中水侵沿高渗透层突进后对该类储层而言，没有形成有效驱替，进而形成水封；滞留气主要赋存在低渗透层（$K=3.6$mD）。对比干岩心模型和水侵模型，非均衡水侵对气藏采收率影响较大；水侵绕流模型采收率最低，比干岩心模型下降 20%~40%，滞留气潜力大。

多层合采气井压恢曲线表明，存在层间不均衡贡献的响应特征，出现高渗透层径向流、过渡流（低渗透层贡献）和高低渗透层总系统径向流阶段，曲线凹处的存在说明各层贡献的差异，中低渗透层有挖掘的潜力。

层间非均质性强的射孔井段其垂直剖面上径向驱扫效率低，高、低渗透层贡献差异大。从产出剖面资料可以看出，一组在纵向上同时射孔投产的气层，各层的贡献大小差异很大。通常表现为一类主产气层产量贡献占比很大，出水时间早、出砂也早。而二类、三类次产层却采出程度低、动用潜力大，见表 4-7，台 6-10 井多个小层待措施动用。

表 4-7 台 6-10 井多层动用产出状况对比表

| 解释井段顶深（m） | 解释井段底深（m） | 绝对产气量（m³/d） | 相对产气量（%） | 绝对产水量（m³/d） | 相对产水量（%） | 产气强度[m³/(d·m)] | 解释 |
| --- | --- | --- | --- | --- | --- | --- | --- |
| 1688.9 | 1690.2 | 0 | 0.0 | 0.0 | 0.0 | 0.0 | 不产层 |
| 1692.4 | 1693.5 | 0 | 0.0 | 0.0 | 0.0 | 0.0 | 不产层 |
| 1694.5 | 1695.7 | 0 | 0.0 | 0.0 | 0.0 | 0.0 | 不产层 |
| 1698.6 | 1700.1 | 15247 | 38.3 | 4.0 | 57.14 | 10164.8 | 主产气层 |

续表

| 解释井段顶深（m） | 解释井段底深（m） | 绝对产气量（m³/d） | 相对产气量（%） | 绝对产水量（m³/d） | 相对产水量（%） | 产气强度[m³/(d·m)] | 解释 |
|---|---|---|---|---|---|---|---|
| 1703.0 | 1706.3 | 2030 | 5.1 | 0.0 | 0.0 | 615.24 | 次产气层 |
| 1708.0 | 1709.6 | 1752 | 4.4 | 0.0 | 0.0 | 1094.75 | 次产气层 |
| 1711.0 | 1713.3 | 1592 | 4.0 | 0.0 | 0.0 | 692.35 | 次产气层 |
| 1714.3 | 1715.5 | 12938 | 32.5 | 0.0 | 0.0 | 10781.92 | 次产气层 |
| 1719.2 | 1721.0 | 6250 | 15.7 | 3.0 | 42.86 | 3472.33 | 次产气层 |

岩心观察和描述表明，在同一个气层中仍包含有测井曲线难以分辨和划分的多个"刀片层"，以台南气田台1-4井为例，取心井段1997~2005m，8m取心进尺收获率达100%，岩心可识别划分出2个粉砂层，6个泥质粉砂层，2个泥岩层，6个粉砂质泥岩层，共16个单层，最薄的0.14m层的可分辨出来，见表4-8。

表4-8 台1-4井1997~2005m岩心岩性分层描述表

| 序号 | 厚度（m） | 累厚（m） | 岩性定名 | 岩性及含油气水描述 |
|---|---|---|---|---|
| 1 | 1.12 | 1.12 | 灰色泥岩 | 质纯，较硬，可塑性中等，HCl+ |
| 2 | 0.48 | 1.6 | 灰色粉砂岩 | 较疏松，泥质胶结，含油试验：无显示；HCl+ |
| 3 | 0.8 | 2.4 | 灰色泥质粉砂岩 | 较致密，泥质胶结，含油试验：无显示；HCl+ |
| 4 | 0.22 | 2.62 | 灰色砂质泥岩 | 较硬，含砂不均，HCl+ |
| 5 | 0.43 | 3.05 | 灰色泥质粉砂岩 | 较致密，泥质胶结，含油试验：无显示；HCl+ |
| 6 | 0.25 | 3.3 | 灰色砂质泥岩 | 较硬，含砂不均，HCl+ |
| 7 | 0.27 | 3.57 | 灰色泥质粉砂岩 | 较致密，泥质胶结，含油试验：无显示；HCl+ |
| 8 | 0.43 | 4 | 灰色泥岩 | 质不纯，较硬，可塑性中等，距顶3.59~3.66m见灰色钙质泥岩 |
| 9 | 0.14 | 4.14 | 灰色砂质泥岩 | 较硬，含砂不均，HCl+ |
| 10 | 0.71 | 4.85 | 灰色泥质粉砂岩 | 较致密，泥质胶结，含油试验：无显示；HCl+ |
| 11 | 0.22 | 5.07 | 灰色砂质泥岩 | 较硬，含砂不均，HCl+ |
| 12 | 0.45 | 5.52 | 灰色泥质粉砂岩 | 较致密，泥质胶结，含油试验：无显示；HCl+ |
| 13 | 0.21 | 5.73 | 灰色砂质泥岩 | 硬，含砂不均，HCl+ |
| 14 | 0.97 | 6.7 | 灰色泥质粉砂岩 | 致密，泥质胶结，含油试验：无显示；HCl+ |
| 15 | 0.8 | 7.5 | 灰色砂质泥岩 | 硬，含砂不均，HCl+ |
| 16 | 0.5 | 8 | 灰色粉砂岩 | 疏松，泥质胶结，含油试验：无显示；HCl+ |

而自然伽马曲线勉强划分出6~7个单层，其中3个砂岩层和4个泥岩层，最薄0.5m。岩电纵向单层分辨率相差2~3倍，泥质粉砂层和粉砂质泥岩层混为一体。所以，测井曲线内隐含的薄层水侵程度与采出程度必然差异较大，为滞留型潜在气挖潜奠定了基础。

纵向连续性较好的储层，达西定律和重力分离起主导作用，沉积韵律起决定作用。常见的沉积韵律有正韵律、反韵律、复合韵律等。特别是正韵律气层段边水水侵过程中，底部水侵严重，厚度小，水侵厚度随时间的延长增长缓慢，边水首先淹底部高渗透段，重力作用使其加剧，水驱波及体积小，层段上部易富集剩余气。反韵律气层段边水进入上部高渗透段，由于重力作用，边水逐步扩大到下部低渗透气层，纵向上水侵均匀，层内利用较充分。复合韵律气层段水侵均匀，边水首先进入高渗透段，水侵厚度增长快。厚气层段水侵呈多段，厚度大，且底部水侵程度高。

还有，泥质、钙质夹层对储层水侵程度的控制和导向作用不容忽视。由于储层当中有泥质、钙质夹层，导致储层岩性、物性本身变差，孔、渗变差，边水不易波及这些储层，即使波及，水侵程度也不高，也就是说边水驱扫效率低。

一般情况下，储层中下部容易水淹，上部不易水淹，由于储层中上部泥质、钙质夹层对中上部边水驱扫效率有比较强的控制和导向作用，部分层顶部先水淹。

3）平面非均质性

涩北气田平面渗透率非均质程度主要为中等—强，少数层为较均质或者强非均质。计算涩北一、涩北二号气田 237 个小层的渗透率参数，渗透率变异系数 $V_k>0.7$ 的层 111 个，在 0.5~0.7 之间的层 59 个，$V_k<0.5$ 的层 67 个。渗透率突进系数 $T_k>3$ 的层 62 个，在 2~3 之间的层 81 个，$T_k<2$ 的层 94 个；渗透率级差 $J_k>40$ 的层 42 个，$J_k<6$ 的层 18 个。说明平面滞留的剩余气是有潜力的。

**2. 气藏非均衡水侵与剩余气认识**

水侵优势通道是边水水侵开发过程中侵入水在驱替压力梯度的作用下沿高渗透条带定向流动的路径。水侵优势通道形成后，加剧了气层的层间矛盾，使强水洗段渗流阻力越来越小而成为边水的优势通道，导致气井含水上升快，水驱动用程度低。

多向驱替试验即气水相渗实验以及水侵物理模拟实验表明，水侵对气藏采收率影响显著，特别是边水发生横向绕流而封闭部分气藏后，其天然气采收率下降 20%~40%。气藏平面上的非均质性强、气水关系、渗流特征复杂。加之在开发过程中难以实现均衡采气和储量的完全动用，突出表现为边水的选择性或差异性水侵，造成气藏被指进或峰进的侵入水水线分割，形成不同井区或层段的"水封气"。因此，在水侵气藏内部存在被快速窜进的边水切割或封闭的潜在气，是宏观上的水封、水锁气，也属于屏蔽型水封潜在气。

储层渗透率的大小和分布决定着水侵方向、路径及水侵速度等。边水沿高渗透条带快速突进，非均匀水侵影响气藏均衡开采。同样，纵向上高渗透层易出水。2019 年统计出涩北气田水侵小层有 126 个，其中局部水侵 95 个，占比 75%。分气田水侵方向、速度和水体能量不同。

其中，涩北一号气田南翼水体能量强于北翼，其中西南方向的水体能量最强，其次为西北、东南方向。涩北二号气田整体上各翼水体能量区别不大；相比较而言，西南翼水体能量最强，东北翼最弱。台南气田总体各方向水体能量相差不大，各层组差异较大，部分层组具有方向性。

气藏水侵后，不同位置气井产能递减具有如下特点：外边界附近气井水淹最严重，递减率最高（18%），内边界附近气井递减率较高（11%），其他水侵区域气井递减率较小（6%），未水侵区域气井递减最小（3%）（表 4-9）。

当然，边水也容易沿采气速度较快、采出程度较高、压降较快井区推进。仅从采气速度上看，层组采气井较多且采气速度较高的区域容易形成水侵通道。如涩北二号气田 2-1 层组西南部位属于强水侵区，东南和西北部位为中度水侵区，仅东北方向采气井少为弱水侵区（图4-10）。

表4-9 气藏不同水侵位置气井递减情况对比表

| 气井位置 | 产能比例（%） | 递减率（%） | 平均单井日产气（$10^4m^3$） | 平均单井日产水（$m^3$） | 开井时率（%） | 排水采气井比例（%） |
|---|---|---|---|---|---|---|
| 外边界附近 | 11.57 | 17.64 | 0.91 | 10.68 | 96 | 93 |
| 内—外边界水侵区 | 28.96 | 5.76 | 1.52 | 4.12 | 99 | 67 |
| 内边界附近 | 28.57 | 10.82 | 1.80 | 1.85 | 92 | 20 |
| 未水侵区域 | 30.90 | 3.44 | 2.43 | 0.34 | 72 | 0 |

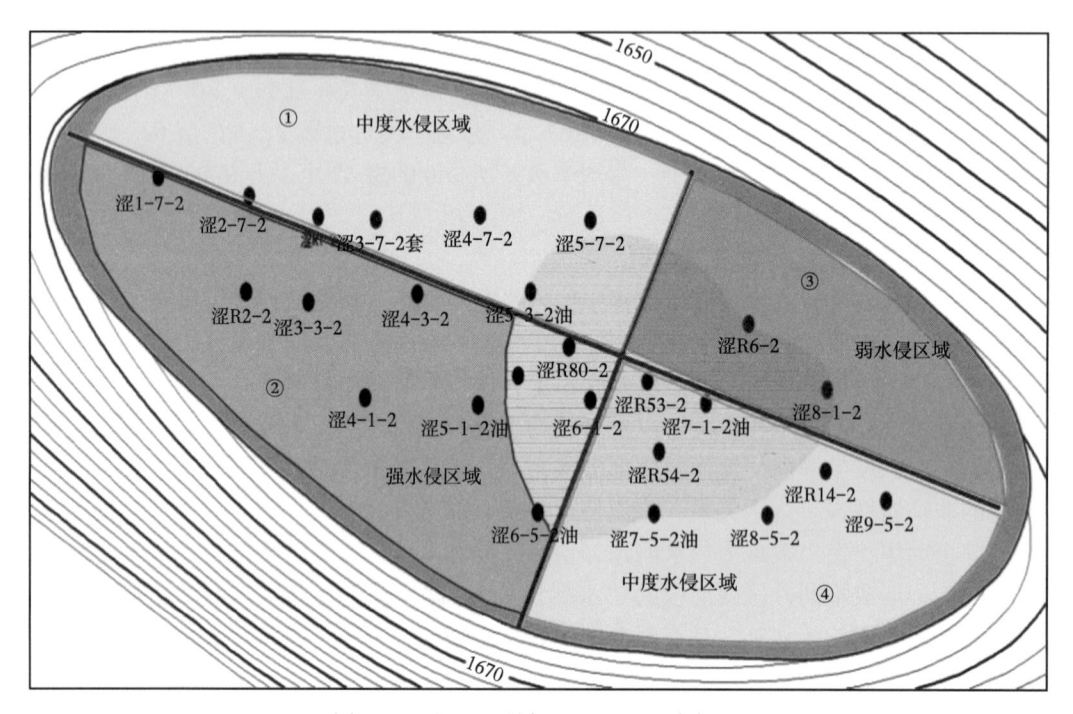

图4-10 涩北二号气田2-1层组水侵图

从纵向上看，计算气田各开发层组的水侵速度，利用各井点见水时间、同方向多井统计以及试井解释等方法评价，目前平均水侵速度为0.57m/d，其中水侵速度大于0.60m/d的层组共17个。仅以台南气田为例，层组间水侵速度差异较大，存在明显的非均衡水侵现象（图4-11）。

从另一个角度讲，各井区各开发单元受客观非均质影响及非客观因素的采速、采出程度影响等，储量动用程度差异也很大，到2019年底，纵向各小层采出程度差异大于20%小层94个，储量1588.61×$10^8m^3$，储量占比为67%，采出程度小于20%小层104个，储量792.32×$10^8m^3$，储量占比为33%。并且，主力小层地质储量采出程度为30.8%，次非主力小层分别为23.1%、13.9%。所以，从宏观角度讲，水侵并没有完全波及整个气藏，水侵区之外的局部区域存在剩余气储量富集区。

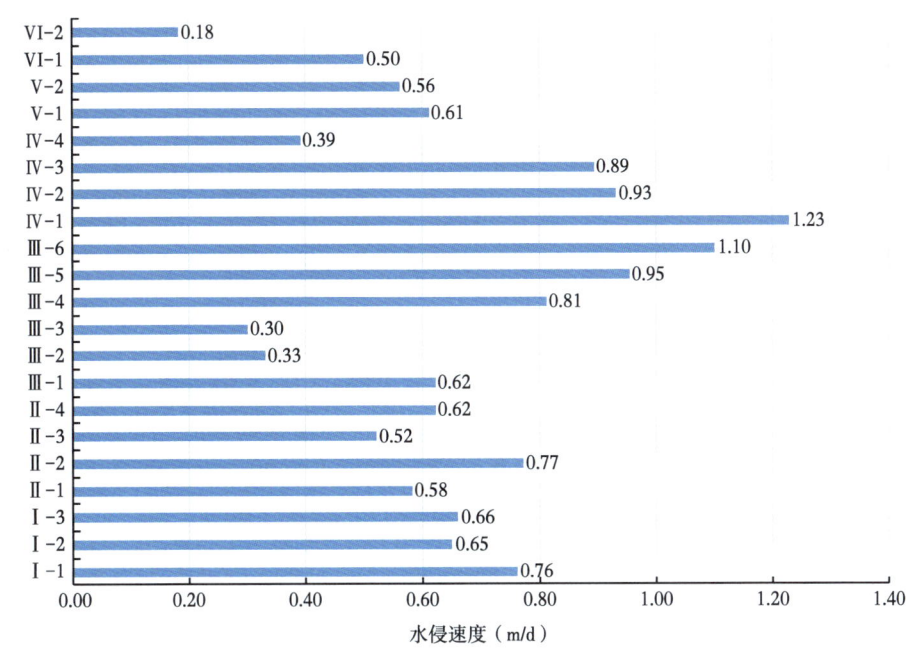

图 4-11 台南气田层组水侵速度分布图

## 三、气层水侵程度与剩余气评价方法

### 1. 气层水侵前后测井响应对比与潜力评价

1) 电阻率变化特征识别水侵

对比台南气田台 3-14 井 III-4 层组邻近的新井台 3-18 井（相距 590m），如图 4-12 所示。发生较弱水侵的 2-12-1 气层，电阻率从 0.72Ω·m，降为 0.51Ω·m，2-13-3 气层

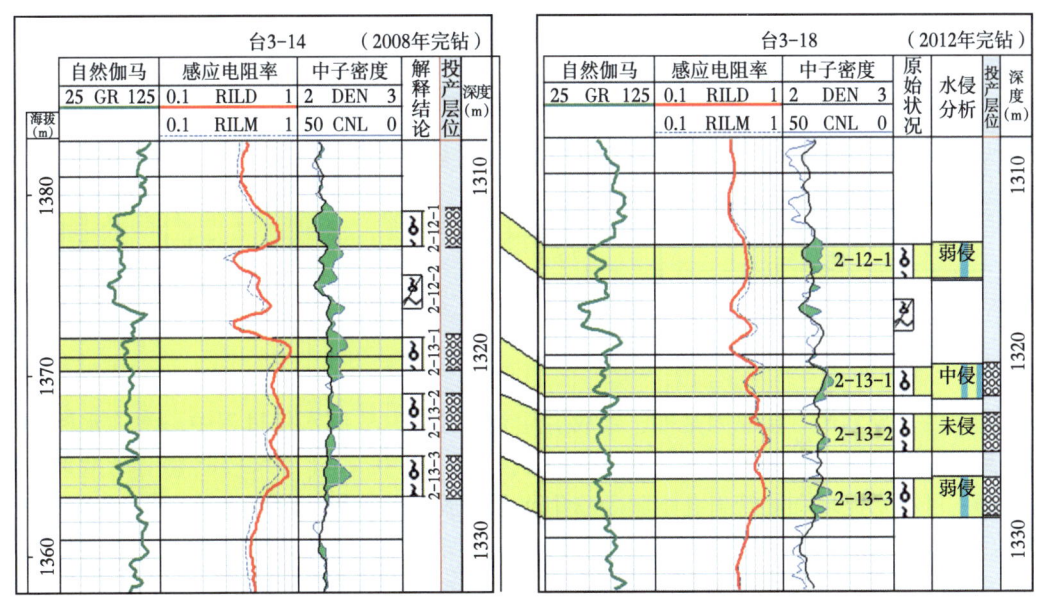

图 4-12 电阻率测井响应对比水侵程度案例分析图

电阻率从 0.83Ω·m 降为 0.69Ω·m，属于小幅下降；中等水侵的 2-13-1 气层，电阻率从 0.9Ω·m 降为 0.5Ω·m，电阻率下降明显。仅有 2-13-2 气层电阻率下降不明显，无明显水侵迹象，台 3-18 井Ⅲ-4 层组射孔投产后，初期水气比达到 $1m^3/10^4m^3$ 以上，投产一年半后大量出水。

同时，通过电阻率曲线的幅值变化可以说明，新井台 3-18 井 2-13-2、2-13-3 和 2-12-1 小层剩余气储量丰度较高，潜力大，可以射孔稳定生产；而 2-13-1 小层剩余气储量丰度偏低，挖潜难度大，应优化射孔方案，待上述三个层出水后补孔求产是有利于开发效果的举措。

2）"镜像"特征变化识别水侵

涩北气田气层水侵后电阻率下降、自然伽马值递增，中子、密度值变大或峰值消失与偏移，造成"岩电极值交会"和"中子—密度交会"的镜像面积变小或对称形态变差、消失。如图 4-13 所示，2008 年完钻的台新 6-7 井和相邻的 2016 年完钻的水侵评价井台检 1 井，通过"镜像"特征对比，明显可看出 3-2-1、3-3-1 和 3-3-2 三个小层水侵程度高，仅有 3-2-2 小层处于弱水侵状态，说明 3-2-2 小层剩余气丰度高，可以先射孔求产，而 3-2-1、3-3-1 和 3-3-2 三个小层剩余气丰度低，可作为后期射孔挖潜的对象。

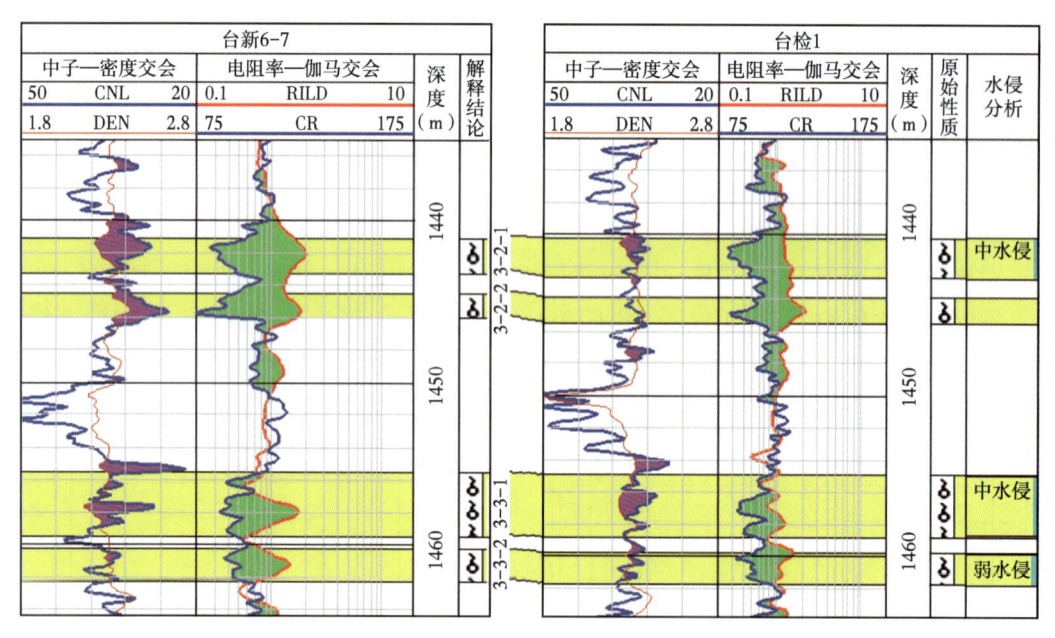

图 4-13 中子—密度测井响应对比水侵程度案例分析图

3）其他测井响应特征识别水侵层

能谱伽马异常最直接原因是铀、钍放射性元素异常。气层水侵过程中，常在水驱前沿形成高放射性带，铀的子体镭的比活度可达到 $10^{-8} \sim 10^{-9} C_i/cm^3$。水侵驱替前沿携带的放射性物质可在水泥环和套管射孔炮眼处富集而形成放射性积垢，使曲线明显增高，从而显示出出水气层的水侵程度或潜力。钍放射性元素异常是在边水水侵过程中，黏土聚集的原因造成的。当然，过套管测井技术评价剩余气也有一定效果。

## 2. 采气井产水量变化与产层潜力评价

### 1) 单层采气井

针对单层生产的产水气井，通过分析生产曲线中气、水产量变化划分不同生产阶段，按照水侵气层量化评价流程（图4-14），并将其与通过相渗实验在各个阶段计算水气比进行匹配和对比，结合可动水饱和度、水侵厚度比两个参数，综合判定气层水侵等级（表4-10），进而评价该出水气层剩余气潜力。

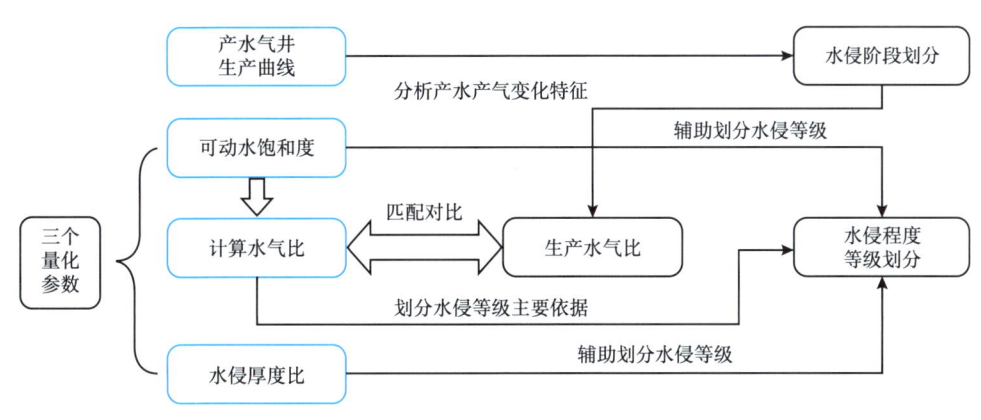

图4-14 气层水侵程度及剩余气潜力评价流程图

### 2) 多层采气井

针对多层生产的产水气井，只有根据产出剖面测试资料判断出水的层位，仅针对出水的气层评价其产水量和产气量，计算三个评价参数，综合判定气层水侵等级，以此确定其剩余气潜力。

在气井水侵层测井定性识别基础上，依据饱和度、水气比预测值、水侵厚度比三个参数建立水侵层量化评价标准，将气层水侵程度及剩余气潜力划分为四个等级：气层、弱水侵高丰度剩余气层、中水侵中丰度剩余气层、强水侵低丰度剩余气层（表4-10）。

表4-10 出水气井产层水侵等级及剩余气丰度划分标准表

| 剩余气丰度等级 | 水侵程度等级 | 可动水饱和度（%） | 计算水气比（$m^3/10^4m^3$） | 水侵厚度比 | 投产特征 | 水源类型 |
|---|---|---|---|---|---|---|
| 气层 | 气层 | — | <0.5 | | 产能稳定，水气比<0.5 | 层内水 |
| 高丰度 | 弱水侵 | <10% | 0.5~2.0 | <25% | 产能较高、含水波动明显，水气比介于0.5~2.0 | 零星边水层内水 |
| 中丰度 | 中水侵 | 10%~15% | 2.0~5.0 | 25%~50% | 含水快速持续升高，水气比介于2.0~5.0 | 边水 |
| 低丰度 | 强水侵 | >15% | >5.0 | >50% | 高含水保持高位波动，水气比5.0以上 | 边水 |

注：饱和度界限与水气比指标出现不一致时以水气比为划分依据。

总之，针对纵向含气井段长、层多而薄、层间非均质程度强的涩北气田纵向各层段非均衡水侵问题普遍存在，多层合采气井出水仅受部分气层水侵影响而产液，存在仍未识别出来的弱水侵高剩余气丰度的潜力气层，这是涩北气田高含水开发中后期挖潜的关键。

### 3. 气层水侵后岩心实验样品对比与潜力评价

储层水侵后黏土矿物会发生两种变化：一是岩石表面覆盖的黏土略有减少；二是，颗粒表面及粒间附着的板状六边形结晶较好的高岭石逐渐减少并呈针叶状，绿泥石伊利石晶形变差，由规则晶形变成了片状或针叶状，次生石英明显相对增加。

储层水侵后孔隙度、渗透率的变化：边水慢慢渗入气层后，由于黏土矿物膨胀与破碎、微粒迁移，黏土矿物水敏，造成孔隙度、渗透率下降，声波时差降低，这是最常见的水淹情况，这种情况水淹级别比较难识别。随着边水长时间侵入，沿着气层内孔隙度、渗透率相对比较高的条带突进，造成孔隙度、渗透率局部升高，这种情况是强水淹层的典型特征。

## 第五节 技术应用效果评价

在涩北气田开发过程中持续开展测井精细处理解释，重点对隐蔽性可疑气层，即低阻层、薄差层开展研究，以2012年的测井精细处理解释研究成果为例，对比测井资料齐全的105口老井的2007年解释结果增加了1675个气层，增加有效厚度2566.3m，平均单井增加16层24.4m。对比135口新井的2011年的解释结果增加1069层，气层厚度增加681.6m，有效厚度增加了879.2m，平均单井增加8层有效厚度6.5m。虽然多为差气层，但是这些科研成果为涩北气田的持续挖潜、增储上产夯实了物质基础，是气田开发工作的重要组成部分。

### 一、隐蔽性潜力层验证与实例

#### 1. 可疑型薄差潜在气

这类潜在气层在初次测井解释时常被忽略，通过测井二次精细解释可列为可疑气层，通过投产作业也能获得产量不等的中、低产气流，并伴有一定的含水，如涩北二号气田的涩R42-3井与涩R29-3井某些可疑型薄差潜在气层（表4-11、图4-15和图4-16）。

表4-11 涩北二号气田可疑型薄差潜在气试气试采成果表

| 气田 | 层组 | 层号 | 面积（km²） | 储量（10⁸m³） | 原解释 | 现解释 | 试采井 | 日产气（10⁴m³） | 日产水（m³） |
|---|---|---|---|---|---|---|---|---|---|
| 涩北二号 | O-3 | 0-4-12/13 | 3.6 | 0.9 | 薄差层 | 三类气层 | 涩R42-3 | 低压无法进站 | |
| | O-5 | 0-6-20a | 3.2 | 1.19 | 薄差层 | 三类气层 | | 1.46 | 0.30 |
| | O-6 | 1-2-8a | 2.43 | 1.03 | 水层 | 三类气层 | 涩R29-3 | 1.58 | 1.76 |
| | X2 | 1-7-22a | 6.62 | 2.32 | 超低阻层 | 气水同层 | | 0.79 | 3.0 |

#### 2. 富水型近围潜在气

这类潜在气是普遍存在的，大多分布在气藏的边部或气藏边界之外，只是含气饱和度偏低而含水饱和度较高，射孔投产后只能获得较低产的气流，并伴有较多的产水，如台6-49井和台注1井（表4-12、图4-17）。

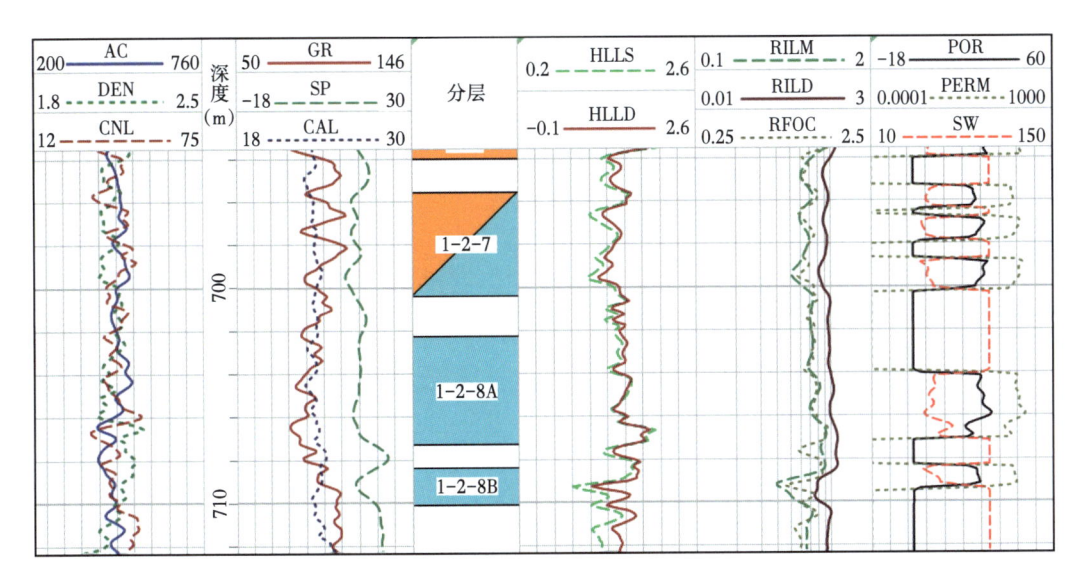

图 4-15　涩 R29-3 井薄差层测井解释图（1-2-8a）

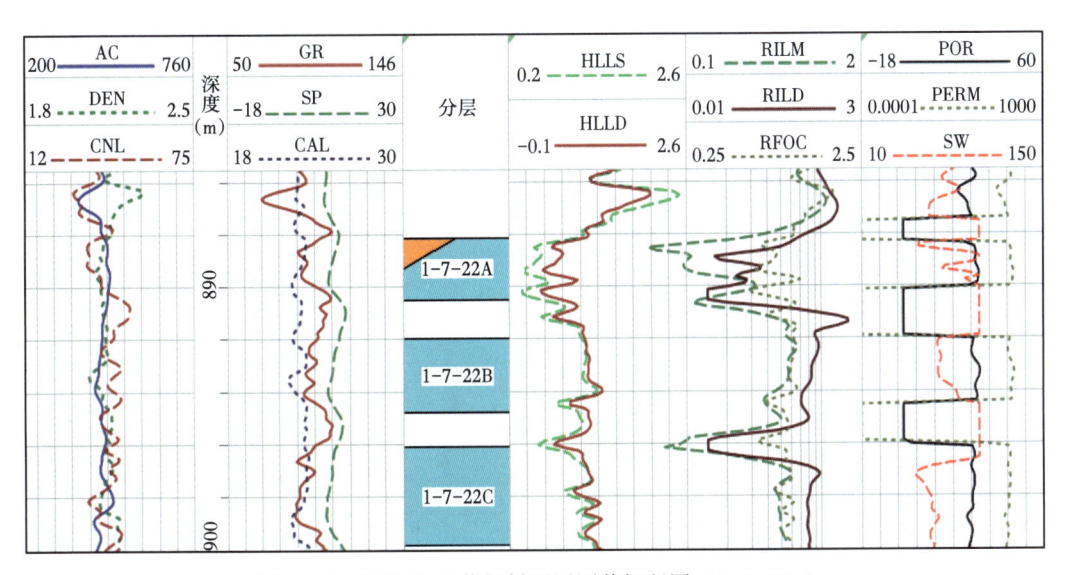

图 4-16　涩 R29-3 井超低阻层测井解释图（1-7-22a）

**表 4-12　台南气田富水型近围潜在气试气试采成果表**

| 气田 | 层组 | 层号 | 面积（km²） | 储量（10⁸m³） | 原解释 | 现解释 | 试采井 | 日产气（10⁴m³） | 日产水（m³） |
|---|---|---|---|---|---|---|---|---|---|
| 台南 | Ⅴ-2 | 3-14 | 4.8 | 6.80 | 气水同层 | 气水同层 | 台6-49 | 3.95 | 7.0 |
| | Ⅳ-4 | 4-4-1-1 | 11.82 | 2.46 | 气藏外围 | | 台注1 | 2 | 8 |

并且，藏外也有可以扩边的富水型近围潜在气区分布。如台南气田的台注 1 井是距离气藏 3km 之外部署的采出水回注井，解释 1 个气层（4-4-1-1 砂体，1760.5~1762.5m），

63

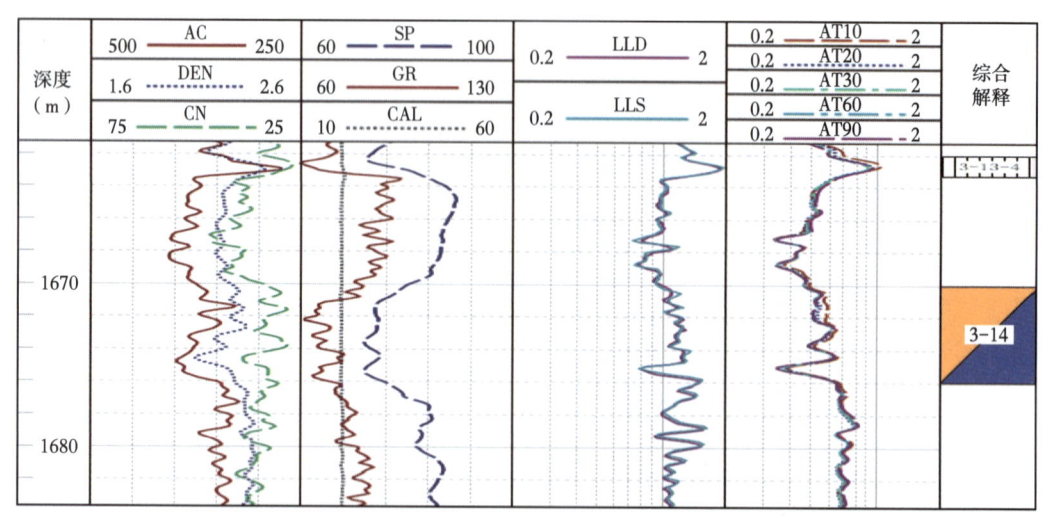

图4-17 台6-49井气水同层测井解释图（3-14小层）

与气藏内具有较好的连通性，射孔后油压7MPa，焰高2m，估算日产气量$2\times10^4m^3$，出水$8m^3$。预计新增面积$11.82km^2$，新增储量$2.46\times10^8m^3$（图4-18、图4-19）。

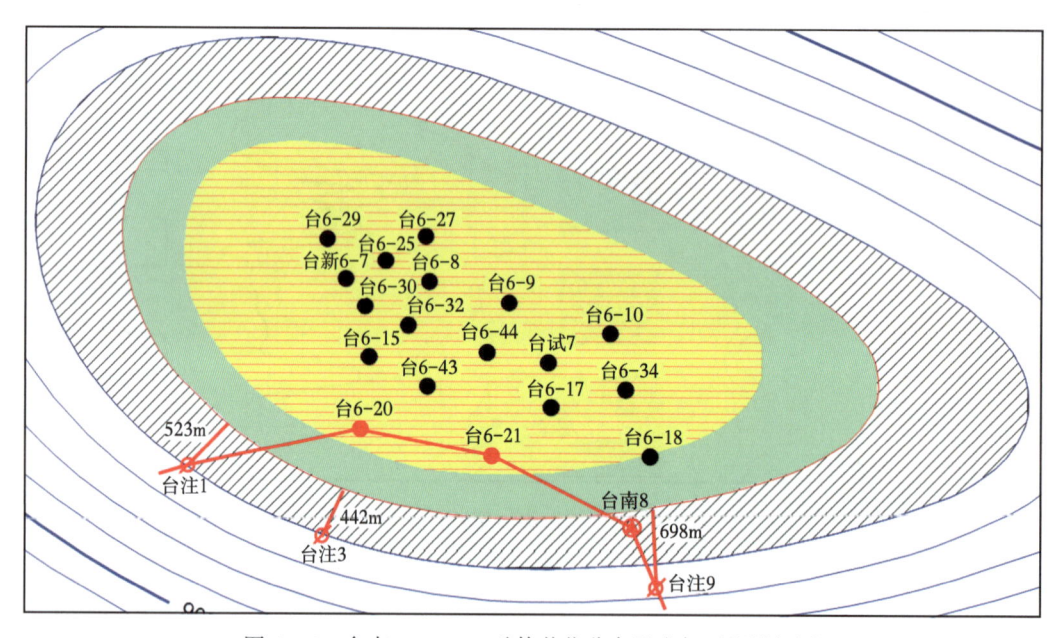

图4-18 台南4-4-1-1砂体井位分布及含气面积增加图

**3. 污染型干层潜在气**

气层由于射孔作业后没有出气，就解释为干层，通过压裂改造等措施求产作业，这类层获得了一定产量。如涩R30-3井的两个干层，完成作业后，日产气$3.12\times10^4m^3$（表4-13、图4-20）。

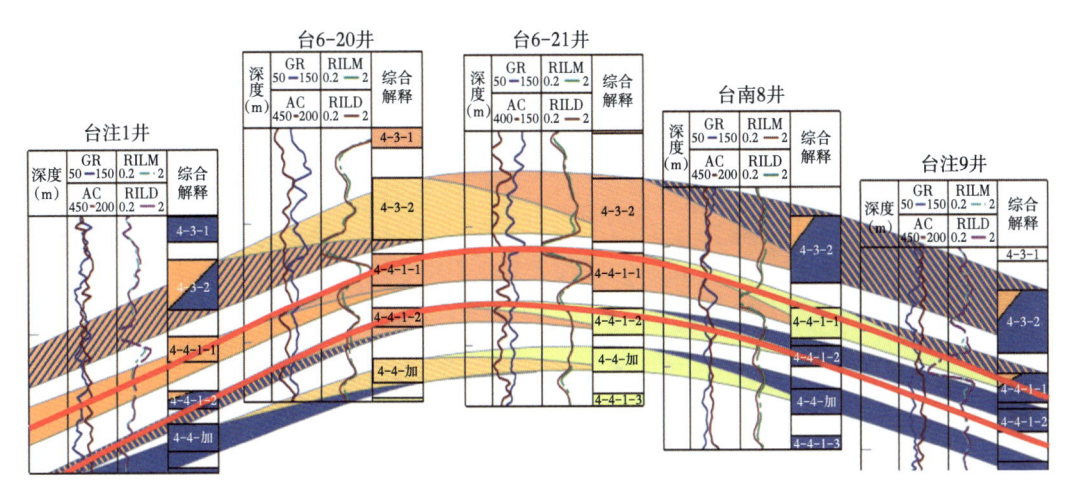

图 4-19  台注 1 井与气藏内部连井剖面图

表 4-13  涩北二号气田污染型干层潜在气试气试采成果表

| 气田 | 层号 | 原解释 | 试气井号 | 井段（m） | 措施类型 | 工作制度（mm） | 日产气（10⁴m³） | 日产水（m³） |
|---|---|---|---|---|---|---|---|---|
| 涩北二号 | 1-3-10a | 干层 | 涩 R30-3 | 728.2~730.4 | 压裂 | 4.0 | 3.12 | 0 |
|  | 1-4-12a | 干层 |  | 757.4~759.9 |  |  |  |  |

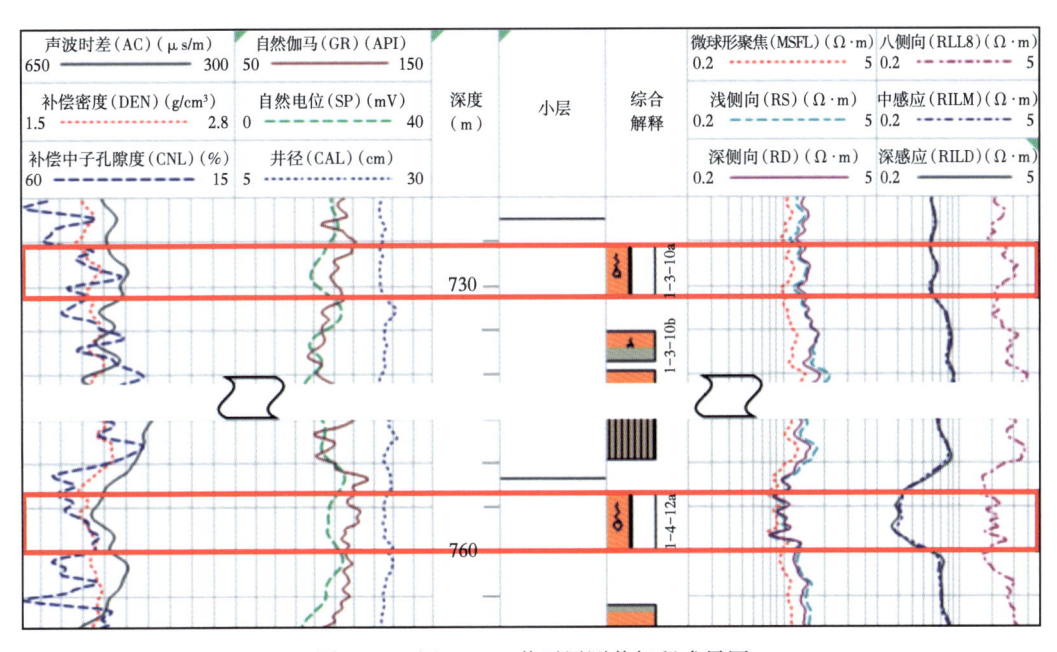

图 4-20  涩 R30-3 井干层测井解释成果图

### 4. 压变型封闭潜在气

针对单井，水淹停产的气井通过压裂防砂措施后出气。如水淹停产的台 3-14 井完成作业后，日产气 $2.61\times10^4m^3$，日产水降为 $1.83m^3$（图 4-21、图 4-22）。

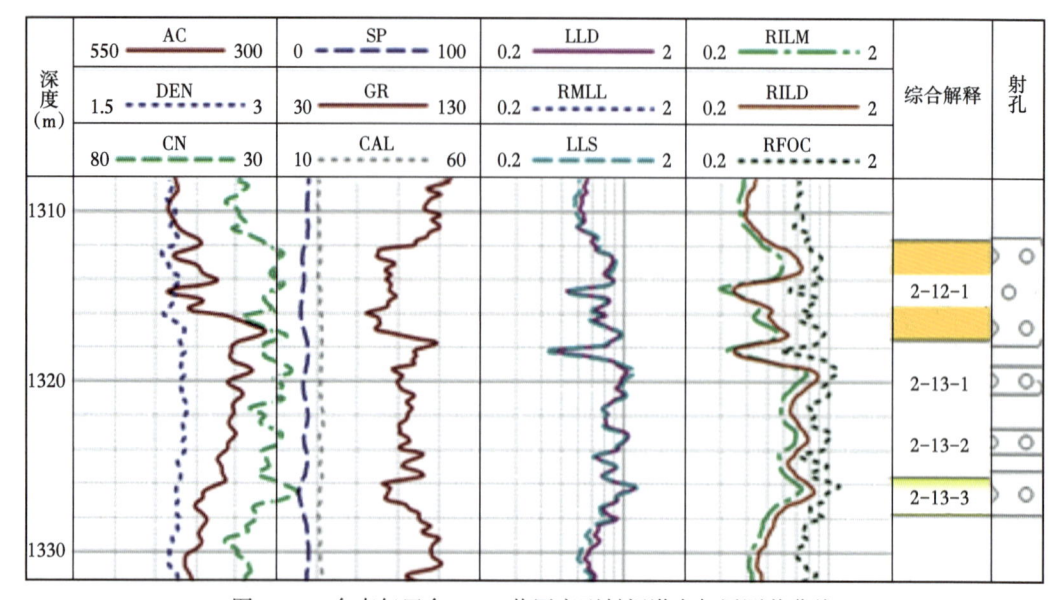

图 4-21　台南气田台 3-14 井压变型封闭潜在气层测井曲线

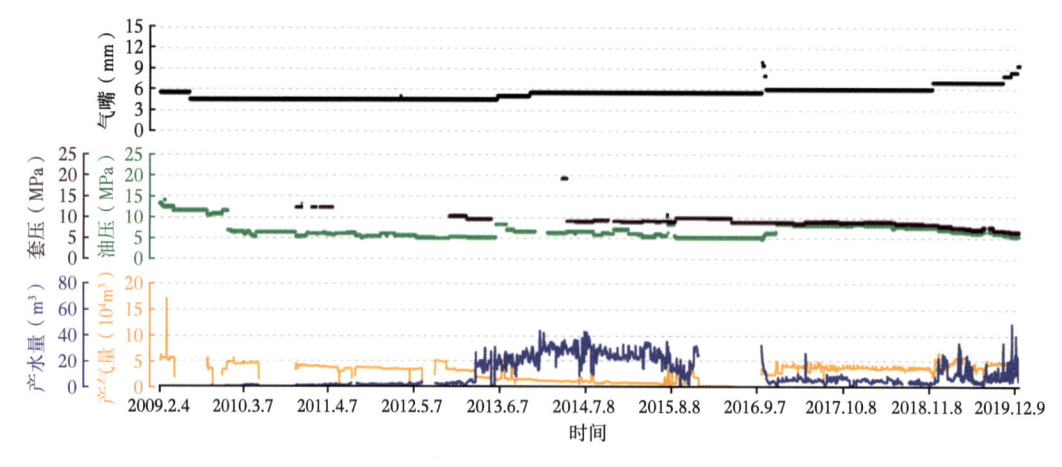

图 4-22　台南气田台 3-14 井复产前后采气指示曲线

**5. 屏蔽型水封潜在气**

针对水淹区外的条块，从涩北二号Ⅲ-1-2 层组 3-3-5 小层上看，2017 年对水侵区域涩 2-11-3 井停躺井实施压裂，压裂后成功复产。2014 年 8 月作业，初期日产气 $2.76\times10^4\mathrm{m}^3$，复产后日产气 $2.42\times10^4\mathrm{m}^3$，日产水 $2.85\mathrm{m}^3$，作业后累增产气 $1466\times10^4\mathrm{m}^3$（图 4-23、图 4-24）。

**6. 低渗型源岩潜在气**

涩北和台南气田千米含气井段内，砂层厚 347.5~422.7m，泥岩隔夹层厚度占比 60%，厚约 600m。通过泥岩隔夹层岩心观察和非均质研究，隔夹层并非都是纯泥岩，不同井区隔夹层内含有物性较好的薄砂条。大量岩心孔渗实验数据表明，气田储层属于高孔—中高渗透储层，而泥岩层一般是中高孔—低渗透层。如台南气田 3-28 和 3-6 高泥质小层（图 4-25）。

图4-23 涩北二号气田2-11-3井复产前后采气指示曲线

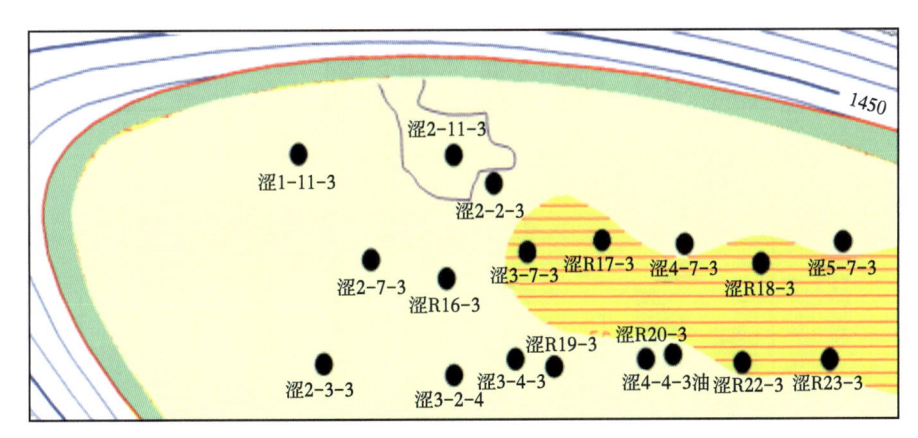

图4-24 涩北二号气田涩2-11-3井屏蔽型水封潜在气聚集位置图

例如，涩0-12井0-3-1c层（图4-26），单层试采后初产，日产气0.383×10⁴m³，月产气10.5787×10⁴m³，产水0m³。对应自然伽马值达到101API，计算泥质含量40.8%，电阻率相对围岩有增大，自然电位有一定的负异常，密度和中子曲线有镜像变化的趋势，计算的束缚水饱和度达到45%，说明泥质含量较高的差储层，只要其他曲线匹配具有含气特征，测试证明还是气层，这类潜力层的含气饱和度不一定能达到厚气层解释的下限标准。

## 二、隐蔽性潜力层求产对策认识

综上所述，六类潜在气的分布、靶向、丰度、孔渗、含水及电性特征等各有不同，根据每个气田不同井区和产层段不同的采出程度、水侵及压降规律，进行梳理排序，锁定规模和潜力最大的潜在气，实施不同的措施求产工艺（表4-14），在储层改造、携液采气、低压集输上下功夫，以解放不同类型的潜在气。

一直以来，涩北一号、涩北二号、台南气田主要通过测井精细解释、弱水侵区摸排研究成果指导实施了细分开发单元与加密井网对可疑型薄差潜在气和屏蔽型水封潜在气的解放，仅隐蔽性潜在气层的动用已累计建成20×10⁸m³以上的天然气产能。涩北气田层间、层内和平面的非均质性都强，所以在开发过程各产层和井区采出程度、压降速度、水侵面

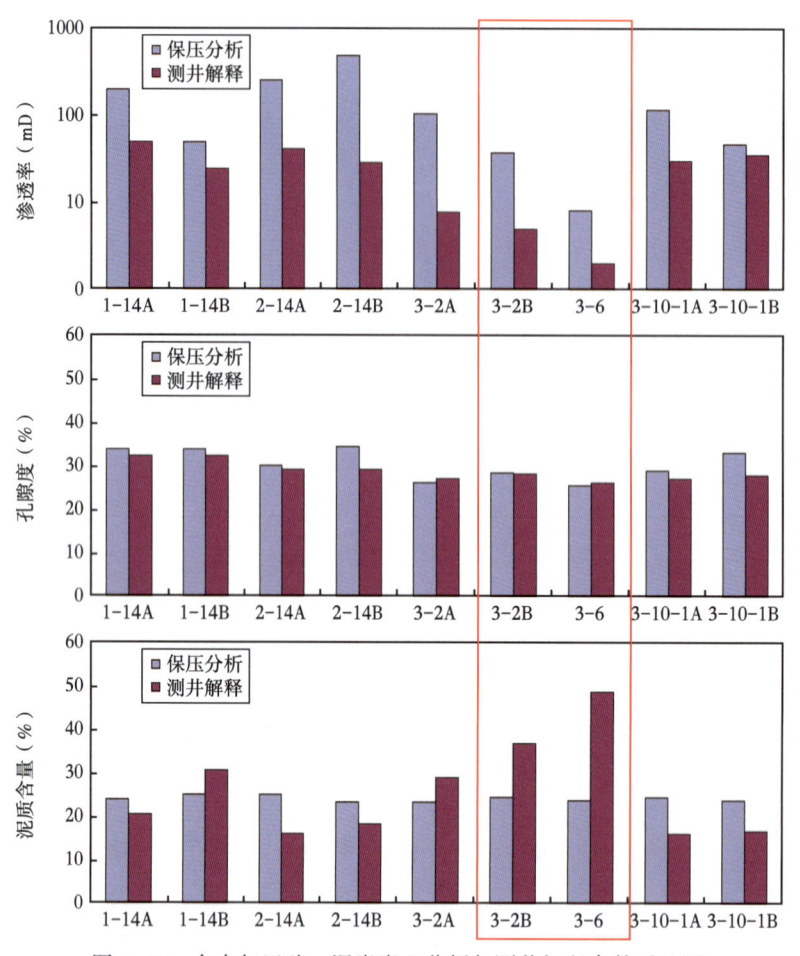

图 4-25 台南气田砂、泥岩岩心分析与测井解释参数对比图

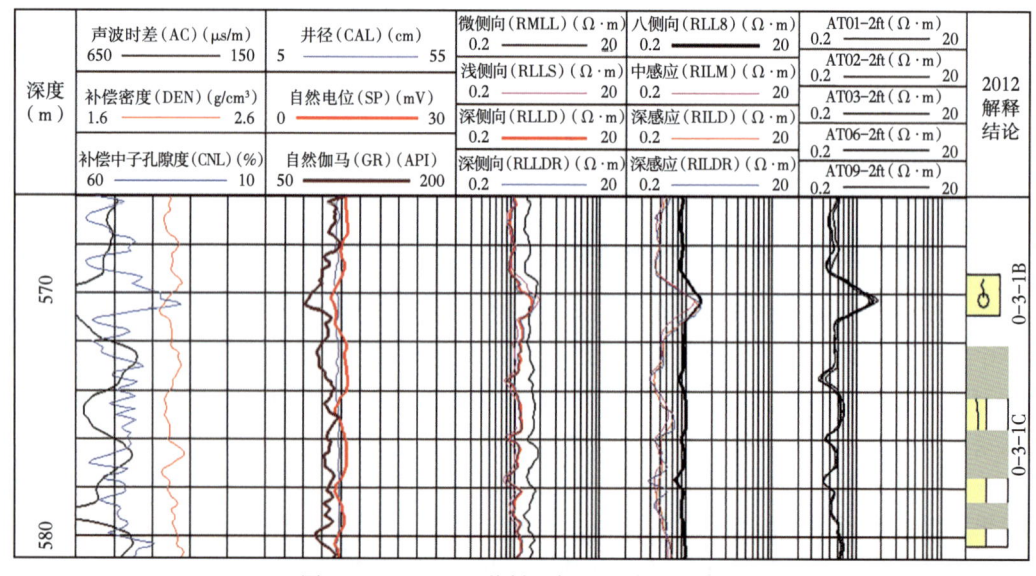

图 4-26 涩 0-12 井低阻气层测井响应特征

积是不均衡的,这样必然存在水侵程度弱的夹层和条带,为潜在气的存在提供了有利条件。污染型干层潜在气、压变型封闭潜在气还处于压裂求产的推进阶段。而富水型近围潜在气、低渗透型烃源岩潜在气还没有进入规模性评价和实质性探索阶段。

表4-14 涩北—台南气田隐蔽性潜在气的分类汇总表

| 类型 | 主要特征 | 靶向 | 求产工艺 |
| --- | --- | --- | --- |
| 低渗型源岩潜在气 | 低渗透,中高孔 | 泥质源岩内高孔区 | 水平井压裂 |
| 富水型近围潜在气 | 高含水,气丰度低 | 过渡带与近外围 | 强排水采气 |
| 污染型干层潜在气 | 敏感性强,高孔渗 | 常规射孔无产干层 | 酸压解堵 |
| 可疑型薄差潜在气 | 段位优,低阻层薄 | 气层间低阻薄差层 | 补孔卡层 |
| 压变型封闭潜在气 | 压降大、积液低压停产 | 积液停产井层 | 酸压解堵 |
| 屏蔽型水封潜在气 | 水线切割、屏障封存 | 水淹区外的条块 | 加密井网 |

为此,气田开发中后期,新、老井测井资料结合,裸眼和生产测井资料结合、测井和试气资料结合、岩心分析和储层改造结合,应进一步分析干层岩性及孔喉特征,强化干层敏感性分析和泥质储层改造试验研究,特别是泥岩层(隔夹层),属于高孔低渗透层,但是具有不成岩、脆性差、可塑性及柔性强的特征,高泥层压裂改造技术的突破,积砂排浆携液采气技术的改进,可以促使隐蔽性潜在气形成一定规模产能。

不仅如此,气田开发中后期隐蔽性潜在气的研究与实践,紧密结合地层沉积剖面,深入认识分层分段的差异化成藏富集规律,进行泥岩层生气量计算,天然气运移及聚集条件分析,树立源内找气的理念,加强源岩层储集空间研究和非均质性研究,在复杂的表象中寻找规律,强化目标优选,明确主攻方向,对于柴达木盆地整个三湖地区天然气的勘探也具有一定的指导意义。

# 第五章 气藏静、动态描述技术

气砂体的解剖认识是砂岩气田开发的基础工作。针对涩北气田这一典型的多层疏松砂岩气田，开发早期必须运用测井、分析化验等资料信息，重点围绕气砂体的孔、渗、饱等静态参数进行平面及纵向空间展布规律研究，摸清气砂体分布范围、形态特征、非均质程度及可动用储量等；更重要的是在开发过程中，甚至到了开发中后期，对单个气砂体储量的核实及动用程度、采出程度、压降幅度、水侵程度、水侵面积和潜力条带的评价描述等。所以，气砂体精细描述是静态描述和动态描述两个技术层面的问题，对于长井段多层、薄层间互、砂泥岩间互、气水层间互的气田，分单个气砂体描述是一项探索性和挑战性的技术，静态描述是开发层系划分、井网部署、储量有序动用的基础；动态描述成果是气田开发潜力评价、开发技术政策调整、开发生产监控的根本。

## 第一节 气砂体划分与分类技术

### 一、气砂体划分

气砂体是指由一系列储集天然气的单砂层及不具备封隔性的薄泥岩层组成的连通体。砂体的划分与区域地层沉积环境背景下沉积旋回（韵律）有关，与泥岩夹层是隔层还是连通层有关。

涩北气田含气井段长达 1000m 以上，气砂体层层叠置，气砂体原则上是一个单独的单砂层。但也存在相互连通的多个不同类别气层相互叠置的"复气层"，主要表现在这些砂岩泥岩多处于未成岩状态，天然气在松散（或松软）的砂岩和泥质粉砂岩，甚至粉砂质泥岩中都有充填与赋存。按旋回划分对比气砂体有利于纵横向追踪，往往有以下五种划定方式。

（1）反旋回韵律层特征：其下部砂层不发育，上部或顶部砂岩发育，为不丢掉气层，则以泥底和砂顶化界。

（2）正旋回韵律层特征：其底部砂岩最好，向上含泥量增加，此时以砂底、泥顶为界，下部砂岩发育，以底部砂岩发育最好。

（3）由反旋回—正旋回过渡韵律层特征：砂体主要发育在中部，层界分别处在泥底、泥顶。

（4）频繁薄互层特征：一般表现韵律特征不明显，多根据自然电位变化，以上下半幅点为界，往往是砂泥混杂难以区分的一套微细砂泥薄互层组合。

（5）单峰状、指状砂层特征：考虑上、下层旋回性韵律层，划定顶底界线。

在对砂层组—旋回划分的基础上，根据泥岩隔层及击穿试验证实：当泥岩较纯时，注入压差大于 1.2MPa 时，气体才渗入泥岩。因此，当泥岩较纯且有一定厚度时，泥岩主要以隔层形式出现。但当泥岩中含有一定量的砂质时，气体注入压差仅 0.2MPa，气体就渗入泥岩中。因此，正确认识砂体间是否连通，必须考虑泥岩隔层的纯度和厚度。为此，气田开发早期制定的气砂体划分原则是以下几点。

（1）单砂体具有一定的厚度和分布范围。在单砂层划分的基础上，若单砂层顶或底无稳定或较纯的泥岩隔岩，就将几个单砂层视为一个连通的砂体。

（2）单砂体之间隔层具有一定的厚度和分隔面积。由于储层胶结程度差，泥岩的封隔层也较差，加上射孔厚度误差在 1m 左右等因素，综合取单砂体的隔层厚度在 1m 以上。若含气砂体内具有标准泥岩隔层，向外演变为水层，隔层面积大于含气面积，水层间隔层可取 0.5m 为隔层标准。

（3）几个单砂体横向上演变为一个砂层，若超过 60% 的井具有稳定隔层，即上下砂层粘连程度低于 40%，就将它们作为几个砂层，否则即为一个砂层。

运用层序地层学基本原理，以涩北一号气田为例，在将钻遇的含气井段划分为四个层序、15 个亚层序、92 个旋回层的基础上，依据气砂体划分原则，最终划定出 15 个含气砂层组、92 个射孔单元（小层）、169 个单层，见表 5-1。

表 5-1 涩北一号气田开发单元划分结果表

| 开发层系 | I | | II | | | | III | | IV | | | | 合计 |
|---|---|---|---|---|---|---|---|---|---|---|---|---|---|
| 开发层组（砂层组） | 3 | 4 | 5 | 6 | 7 | 8 | 9 | 10 | 11 | 12 | 13 | 14 | 15 | |
| 射孔单元（小层） | 4 | 11 | 8 | 3 | 11 | 2 | 8 | 6 | 4 | 8 | 12 | 6 | 9 | 92 |
| 单砂体（单层） | 7 | 18 | 16 | 5 | 23 | 3 | 16 | 9 | 6 | 14 | 24 | 11 | 17 | 169 |

开发中后期，随着井数的增多和资料的增加，通过测井精细解释、岩心分析、开发动态评价等地质研究再认识，为了进一步搞清气藏内幕，将气砂体落实到了各个单气层上，修正了气砂体的概念，仅以识别的隔层为界，不对隔层厚度、封隔能力等作原则性界定，气砂体划分原则如下。

（1）通过测井综合解释单气层厚度和分布范围明确即为一个气砂体。在单气层划分的基础上，若单气层顶或底有相对稳定泥岩隔岩，就其内部存在相对薄的泥岩夹层就将一个单气层视为一个连通的气砂体。

（2）气砂体之间有相对厚的泥岩隔层存在，但只是地质意义上的细分层研究的需要。不强求层内夹层厚度、面积，不考虑薄夹层封隔能力的影响。

（3）两个单砂层之间若超过 50% 的井钻遇稳定隔层，即上、下砂层之间粘连程度低于 50% 左右，就将它们作为两个单砂体。

为此，开发中后期又将涩北一号气田含气井段储层划分为 19 个砂层组、94 个小层、209 个砂体，其中 160 个含气砂体。涩北二号气田含气井段储层划分为 27 个砂层组、83 个小层、145 个砂体，其中 137 个含气砂体。台南气田含气井段储层划分为 27 个砂层组、68 个小层、102 个砂体，其中 87 个含气砂体。这样细化和深化了气田储层纵向分布地质认识，为长井段砂岩气田储量计算单元细分、复核评价奠定了基础，同时也为分层开发、储量挖潜提供了条件。

## 二、气砂体分类评价

为达到气砂体地质特征、开发条件认识的精准度，客观再现气砂体内幕非均质性等，奠定气田开发方案科学设计的基础，以各个气砂体的静态参数为研究对象，围绕含气面积、有效厚度、孔隙度、渗透率、泥质含量、含气饱和度等静态参数求取和计算、权重划分等进行研究，实现了对气砂体的分类评价。

具体而言，根据涩北气田实际情况，通常选用"权重"评价法。由于影响气砂体的因素很多，一个参数仅能从一个侧面反映其特征。因此，必须采用多项参数来综合评价气砂体。所以，对气砂体主要是根据储层的含气性、储层的发育程度、物性的优劣和储层内部的泥质成分、夹层的发育程度来评价，确定的评价参数为：气砂体储量、气砂体储量丰度，气砂体孔隙度、渗透率、泥质含量和夹层发育频数和夹层密度。

**1. 评价参数分数计算**

采用最大值标准化法计算每一个参数的评价分数。

对于孔隙度、渗透率、储量、储量丰度四项参数而言，值愈大，气砂体性能愈好，计算公式为：

$$E_i = X_i / X_{max} \tag{5-1}$$

对于泥质含量、夹层频数、夹层密度三项参数，其值愈小，气砂体性能愈好，评价公式为：

$$E_i = (X_{max} - X_i) / X_{max} \tag{5-2}$$

式中　$E_i$——第 $i$ 单元本项参数的评价得分值；

　　　$X_i$——第 $i$ 单元本项参数的实际值；

　　　$X_{max}$——所有单元中本项参数的最大值。

**2. 评价参数权系数确定**

计算每个参数的评价分值后，根据各参数在综合评价中所起作用的大小，给以不同的权系数。每个气砂体，权系数总值为1。

根据涩北气田储量大小、埋深、储层特性、储层非均质性等方面综合分析，确定每个参数的权系数，7个参数权系数见表5-2。

表5-2　气砂体评价参数权系数表

| 评价参数 | 权系数 | 评分方法 |
| --- | --- | --- |
| 气砂体储量 | 0.3 | $E_i = X_i / X_{max}$ |
| 储量丰度 | 0.2 | |
| 渗透率 | 0.2 | |
| 孔隙度 | 0.15 | |
| 泥质含量 | 0.05 | $E_i = (X_{max} - X_i) / X_{max}$ |
| 夹层密度 | 0.05 | |
| 夹层频数 | 0.05 | |

**3. 综合得分分类标准**

通过对以上参数进行标准规一化处理乘以各参数在评价中的权重来确定小层的综合得分。然后根据小层分值之间差异，考虑试气、产能等，确定出气砂体分类标准（表5-3）。

表 5-3 气砂体评价分类标准表

| 综合权衡分数 | 气砂体类型 |
|---|---|
| >0.55 | 一类 |
| 0.4~0.55 | 二类 |
| <0.4 | 三类 |

依据以上评价标准，可以从气砂体粗化拓展到对小层的评价。因此，根据气砂体类别的分布，纵向上可分为好气层段、较好气层段、一般气层段，综合评价认为，涩北气田深部开发层系一类气砂体多、储量大，为较好—好气层段；浅部开发层系尽管物性好，综合分数较大，但压实程度低，易出砂且气层分散、厚度小，评价为一般含气层段。

## 第二节 气砂体描述主要参数确定

### 一、主要静态参数研究与确定

在论述气砂体面积、有效厚度等主要静态参数确定原则的同时，以物性参数为重点，在对比常规测井解释计算方法的基础上，针对涩北气田储层特征，着重分析介绍了 LOGES 测井解释系统提出的渗透率、含气饱和度双孔隙度解释模型原理和计算方法。

**1. 含气面积**

由于气层分布井段长，若采用区域大分层作构造图，因作图标准层与气藏单元关系不够密切，加之标准层面处于气藏的不同部位，很难保证面积圈定精度。因此，选用 15 个砂层组的上覆泥岩底界作为辅助标准层。鉴于砂层组的划分原则，所选辅助标准层普遍具有沉积厚度较大、横向分布稳定、曲线特征明显、易于追踪对比的特点。

采用钻井资料并参考临近区域标准层的地震深度图形态，分别编制了两个构造 25 个辅助标准层构造图。所有气藏单元含气面积的圈定，均采用相应的辅助标准层构造图，保证了各单元含气面积的圈定精度。

虽然气藏分布主要受构造控制，但由于沉积水体较浅，尽管大多数储层横向分布非常稳定，但是沉积砂体横向和纵向的非均质性都较强，因而含气砂体在局部井区存在因物性变化而导致有效厚度增大或减小的情况，甚至反映出岩性变化对气水分布的控制作用。

因此，虽然原则上仍然采用构造气藏确定含气面积的方法（即以气水剖面综合确定的单元气水界面海拔在相应辅助标准层构造图上沿构造等高线初步圈定含气边界线），但单元含气边界的最终确定，还必须根据储层有效厚度的影响，对气藏边部出现异常的局部井区进行适当的调整，以使气砂体含气面积的圈定结果与其有效厚度的最低等值线形态保持一致。

**2. 有效厚度**

确定砂体有效厚度必须扣除夹层，而扣除夹层又必须依赖地区的测井响应特征及四性关系研究，根据合适的测井曲线来确定。

根据前面的研究结果，涩北气田的自然伽马、自然电位、电阻率对储层的分辨能力较好，其中自然伽马曲线的分辨率最高，自然电位次之，电阻率曲线只能作为参考。根据自然伽马的分层原则，一般选取曲线的半幅点作为层界面，对个别层自然伽马曲线半幅点与电阻率曲线有矛盾的应以电阻率曲线为准。

涩北气田除个别层段存在钙质砂岩夹层外，一般不存在物性干层，因此扣除夹层只需考虑岩性因素。在一个储层段内，当存在砂质泥岩或泥岩薄夹层时，由于夹层的泥质含量较高，虽然有与储层具有相近的孔隙度，但渗透性大大降低，反映在测井曲线上的特征就是自然伽马曲线有明显凸起，自然电位曲线一般也有明显负异常回幅，而电阻率曲线反映不明显，仅在高含气层段对夹层有一定程度的反映。但是根据图版，砂质泥岩或泥岩自然伽马相对值 IGR>0.53，用相关公式计算的泥质含量约 50%，因此扣除泥岩夹层时应以泥质含量大于等于 50%、IGR>0.53 为界，不能只要自然伽马曲线出现局部凸起就划分为夹层。扣除夹层的具体原则如下：

（1）储层段内自然伽马值明显增大，相对变化大于 0.53，对应测井计算泥质含量在 50%以上应作为夹层，以半幅点为界扣除；

（2）储层段内自然电位曲线负异常回幅明显，应作为夹层，以回幅的半幅点为界扣除；

（3）在利用自然伽马及自然电位曲线分别进行夹层扣除时，如所扣出的夹层深度有矛盾时，应考虑是否为两曲线的测井深度不匹配造成的，如果是，应只按其中的一条曲线作为夹层扣除的依据，否则按两个夹层进行扣除；

（4）夹层扣除的起扣厚度为 0.2m。

如图 5-1 所示，典型的自然伽马、自然电位曲线都有明显异常反映的夹层。1117.7~1119.2m 泥岩夹层非常明显。

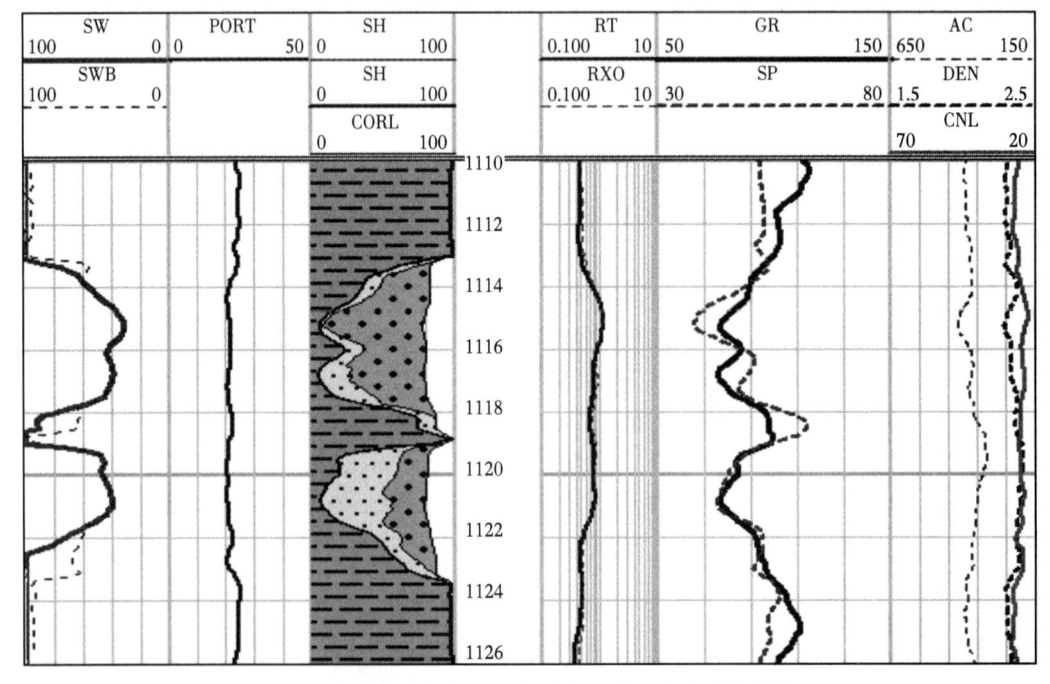

图 5-1 自然伽马与自然电位曲线一致反映夹层的曲线图

图 5-2 为自然伽马曲线与自然电位曲线反映夹层深度不一致的情况。1294.5~1295.2m 共 0.7m 为砂质泥岩夹层，对应的电阻率曲线呈低值，中子曲线呈高值。但是该夹层与自然电位曲线显示的夹层深度不一致，相差约 0.4m。该储层段为含气层，在夹层上下电阻率、自然电位、自然伽马曲线显示都是一致的，综合分析认为夹层深度差是由于深度不匹配造成的，应按自然伽马曲线确定夹层位置。

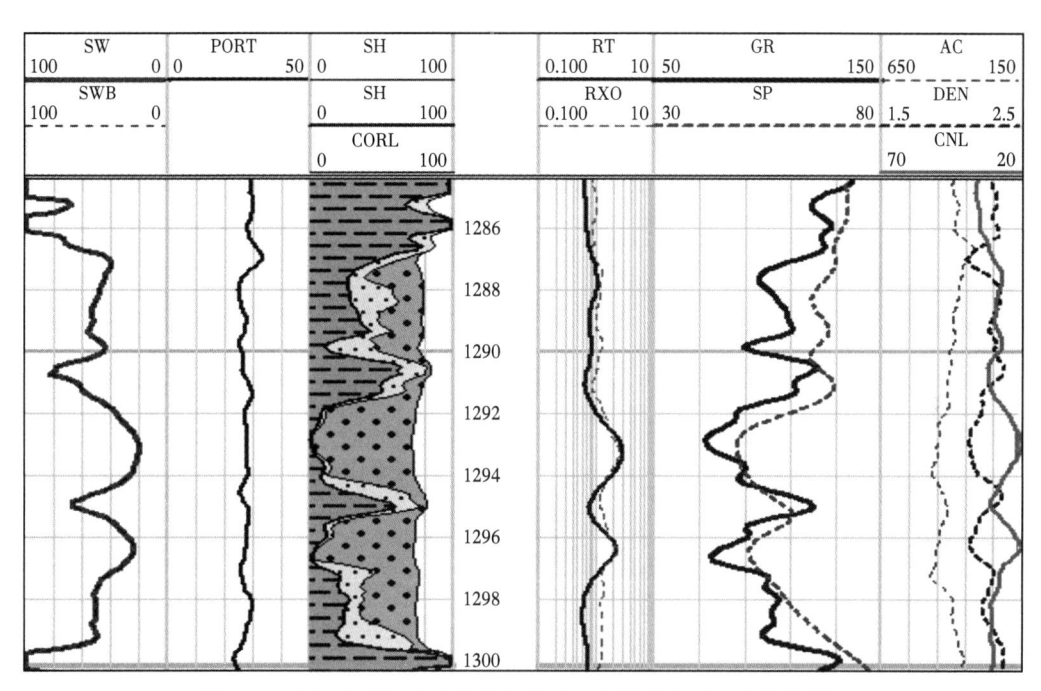

图 5-2 自然伽马与自然电位曲线反映夹层深度不一致的曲线图

对于气砂体平均有效厚度取值，是在作各个气砂体等厚图的基础上，根据在含气内边界内变化小，气—水过渡带上变化大的特征，在内边界以内按井点平均，过渡带上取面积加权。

计算及统计结果表明，涩北气田气砂体在纵向上厚度变化较大。在涩北一号气田 3 至 17 砂层组内，砂体内夹层频数、夹层密度变化较大，因此有效厚度变化也很大，表明气层赋存受沉积环境变化影响大。

**3. 孔隙度**

一般采用的是根据实验分析孔隙度与测井资料交会，拟合出一个孔隙度计算公式。利用单孔隙度测井曲线计算孔隙度首先必须对中子、密度和声波曲线进行标准化处理和压实校正。

1）常规计算方法分析

图 5-3 是利用涩北一号气田 380 块岩心分析孔隙度与中子测井值交会图，图 5-4 是实验分析孔隙度与声波时差的交会图，图 5-5 是实验分析孔隙度与补偿密度的交会图。这三张图中中子、密度和声波值均经过归一化处理和严格的岩心归位处理。

从这三张图分析来看，实验分析孔隙度（来自涩 3-15、涩试 2、涩 30 三口井）与任一条单孔隙度曲线都具有一定的正相关性，但大量的数据统计结果表明相关性都不高，其

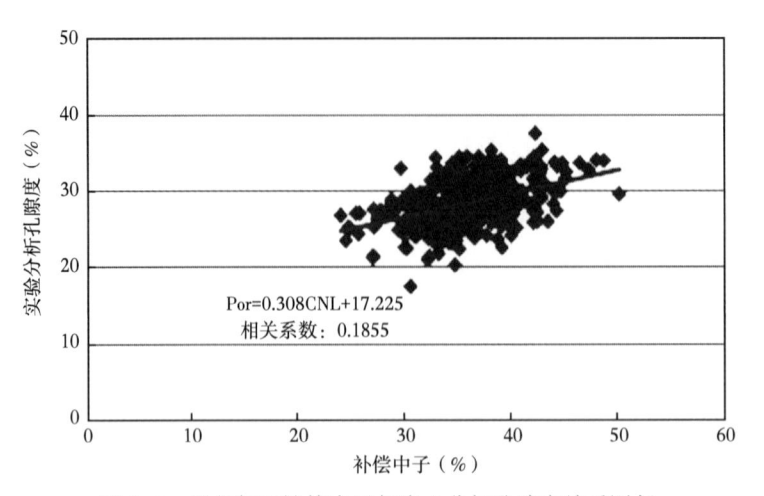

图 5-3 涩北气田补偿中子与岩心分析孔隙度关系图版

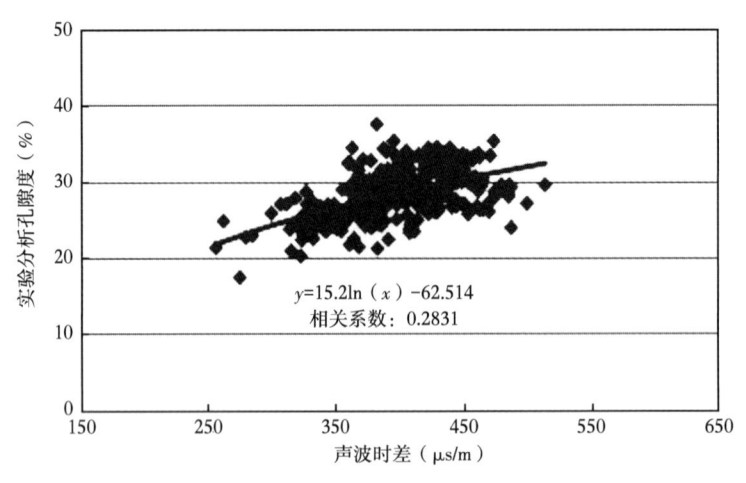

图 5-4 涩北气田声波时差测井与岩心分析孔隙度关系图版

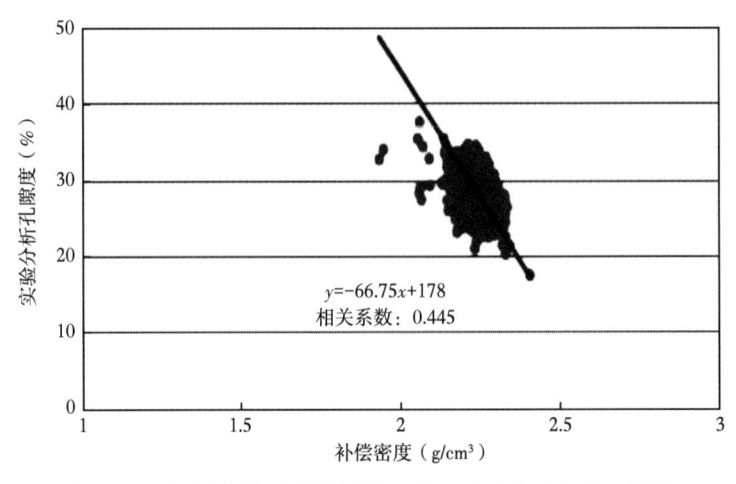

图 5-5 涩北气田补偿密度测井与岩心分析孔隙度关系图版

中补偿密度与实验分析孔隙度的相关性最高，也仅有 0.445，声波曲线次之，为 0.28，中子曲线仅有 0.19。相关性不高的原因在于以下两方面。

一是，涩北气田气层中以甲烷为主的干气，甲烷的含氢指数 HI 仅为 0.56，远低于淡水的含氢指数 1.0，因此对补偿中子测井的"挖掘效应"影响显著，这种影响很难通过校正予以消除，同时中子测井还要受泥岩中黏土矿物含氢量的影响，并不完全反映地层孔隙度的信息。因此补偿中子测井值与实验分析孔隙度之间就不会有好的相关性，简单地直接利用中子测井值计算孔隙度是行不通的。

二是，涩北气田地层欠压实，根据声波理论，声波传播时间对地层孔隙度的反映程度会降低。同时受含气的影响声波时差明显增大，增大幅度主要取决于地层含气饱和度。即使对声波曲线进行压实校正，在不知道地层含气饱和度的情况下也无法得到准确的地层声波时差值。因此声波时差与实验孔隙度之间的相关性也较低。

补偿密度测井避开了甲烷干气和高孔隙的影响，但相关系数也不超过 0.5。综上所述，在涩北气田不能用单孔隙度曲线拟合一个简单的公式来计算孔隙度。

2）中子—密度交会法解释原理

图 5-6 是 LOGES 测井评价系统对地层孔隙度采用两条孔隙度测井曲线（中子—密度和中子—声波）交会的方法来计算的原理图。图中 $W$、$Q$、$C$、$G$ 点分别代表纯水、纯石英、湿黏土点和干黏土点，$WQ$ 是纯砂岩线，$CQ$ 为湿泥岩线，$QG$ 为干泥岩线，$X$ 轴为补偿中子，$Y$ 轴为补偿密度，也可以采用声波作 $Y$ 轴。参加交会井段的测井数据分布在 $\Delta WQC$ 中。以线段 $QG$ 代表总孔隙度为 0 线，线段 $QC$ 代表有效孔隙度为 0 线，任一测井数据点距离线段 $QG$、$QC$ 的距离就分别代表该点的总孔隙度、有效孔隙度。

图 5-6 中以 $P$ 点代表某一个测井数据点。

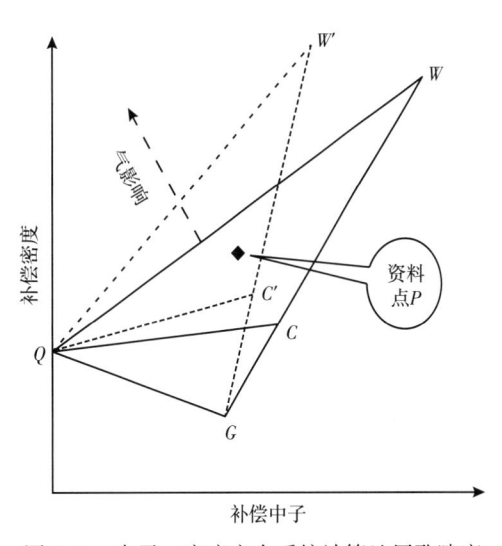

图 5-6 中子—密度交会系统计算地层孔隙度

如果该点对应的地层为水层，就可以用 $\Delta WQC$ 来计算有效孔隙度，用 $\Delta WQG$ 计算总孔隙度。如果地层含气，假设含气饱和度为 $S_g$，那么地层实际的流体点就不是 $W$，而是 $W'$，$W'$ 的位置取决于地层含气饱和度，需要确定，$W'$ 位置点坐标计算公式为：

$X$ 坐标：

$$\text{HI} = S_g \times \text{HI}_{\text{CH}_4} + (1 - S_g) \times \text{HI}_W \tag{5-3}$$

式中　$\text{HI}_{\text{CH}_4}$——纯甲烷干气的含氢指数，可以取 0.56；

$\text{HI}_W$——纯水的含氢指数，一般取 1.0。

$Y$ 坐标：

$$\rho_f = S_g \times \rho_{\text{CH}_4} + (1 - S_g) \times \rho_W \tag{5-4}$$

式中　$\rho_{\text{CH}_4}$——纯甲烷干气的密度，可取 0.25；

$\rho_W$——纯水的密度，可取 1.0。

地层含气饱和度是未知的，首先给定初始值 $S_{g0}$，利用式（5-3）、式（5-4）可以计算一个流体点 $W'$，得到一个新的 $\Delta W'QC'$，利用新的三角形计算 $P$ 点的孔隙度 $\phi$。将计算的 $\phi$ 值再代入式（5-3）、式（5-4）重新确定 $\Delta W'QC'$ 位置，这样反复迭代循环后得到一个最终的 $\Delta W'QC'$，它比较接近 $P$ 点地层的实际状况。该方法可以消除挖掘效应对中子测井的影响，得到地层真实孔隙度。

图 5-7 是利于中子—密度交会法计算的孔隙度与实验分析孔隙度交会图。

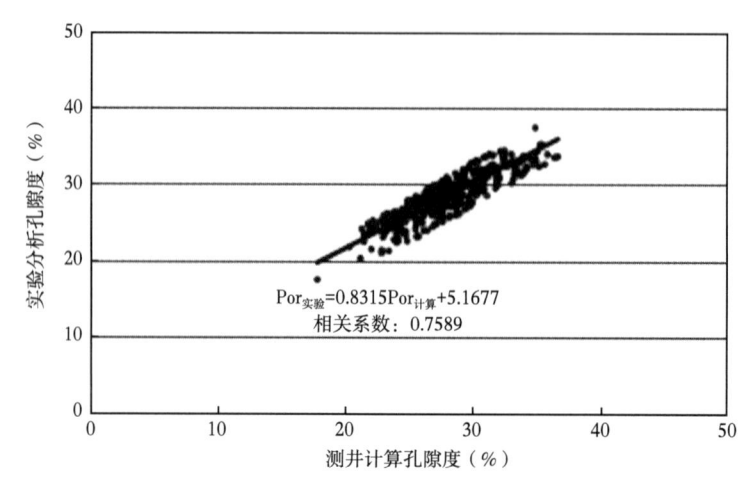

图 5-7　涩北气田计算孔隙度与岩心分析孔隙度关系图版

从图 5-7 可以看出，测井计算孔隙度与实验分析孔隙度十分接近，相关系数高达 0.76，见式（5-5）实际数据点主要分布在直线 $y=x$ 附近。相对误差为 4.4%，说明运用该方法计算的孔隙度符合气砂体精细描述要求。

$$\text{Por}_{实验} = 0.8315\text{Por}_{计算} + 5.1677 \tag{5-5}$$

3）孔隙度的覆压校正

利用测井资料计算的孔隙度应该代表地层条件下的孔隙度，因为测井资料是在地层条件下取得的，反映地层条件下的信息，而常规的物性实验测量的孔隙度是在实验室条件下，一般是在常压下进行的。如果把岩石系统看成是一个弹性介质，它在地层压力条件下的孔隙度与实验条件下的孔隙度有差别，必须对实验结果进行覆压校正后才能与测井计算孔隙度进行对比。

根据涩 3-15 井 16 块岩心在不同围压条件下测量的孔隙度、渗透率与常压下测量的孔隙度、渗透率对比结果，拟合出来的孔隙度相对误差与围压图版如图 5-8 所示。

从图 5-8 可以看出，随着压力的增大，测量的孔隙度与常压下孔隙度差别增大。孔隙度的相对变化值与围压大小存在较好的对数函数关系，拟合公式为：

$$\Delta\text{Por} = -0.0926 \times \ln(\Delta p) + 0.5185 \tag{5-6}$$

式中，$\Delta\text{Por}$ 为孔隙度校正值，$\Delta p$ 为样品深度位置的地层压力与实验压力差，样品深度的地层压力可根据涩北地区 FMT 测试结果获得，该区在统计 FMT 测试等资料建立经验公式的基础上，通常采用式（4-7）估算压力差 $\Delta p$：

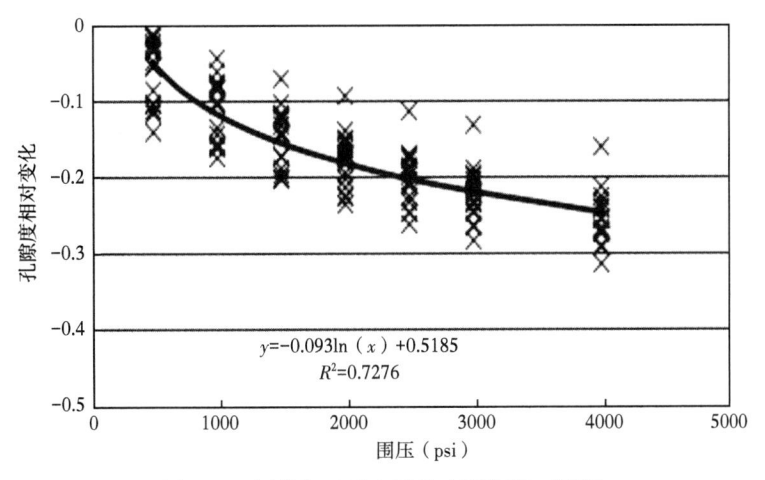

图 5-8　涩北气田岩心孔隙度覆压校正图版

$$\Delta p = \left(\frac{样品深度 - 261.26}{6.734} - 1\right) \times 14.7 \tag{5-7}$$

**4. 渗透率**

1）常规解释计算方法分析

图 5-9 是根据涩 3-15 井液氮冷冻取心后的实验渗透率与测井自然伽马关系图，图 5-10 是渗透率与测井孔隙度的关系图。

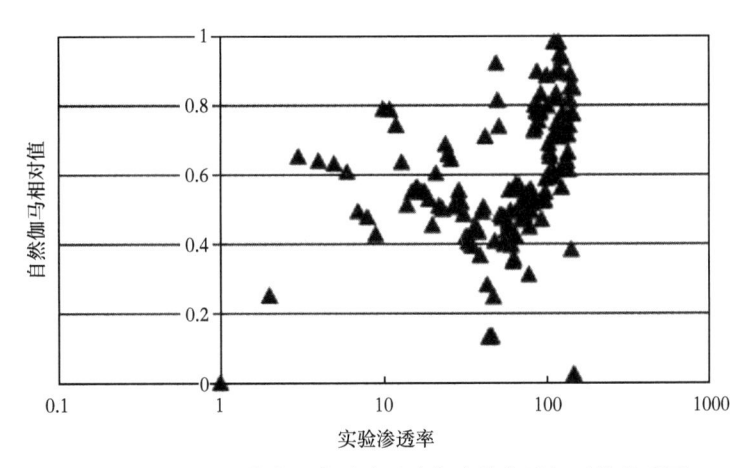

图 5-9　涩 3-15 井岩心实验渗透率与自然伽马相对值关系图

从这两张图可以看出，渗透率与孔隙度、泥质含量之间的相关性很差，尤其是泥质含量与渗透率的关系，甚至出现反相关，即随着泥质含量增加，渗透率也增加，这显然不符合地质规律。因此单纯地从孔隙度、泥质含量角度计算渗透率几乎是不可能的。

通过压汞资料的分析研究，渗透率与孔喉直径具有一定的相关性，用孔隙度和孔喉直径均值相结合求取渗透率效果较好。图 5-11 是利用压汞资料制作的渗透率计算图版，具体方程如下：

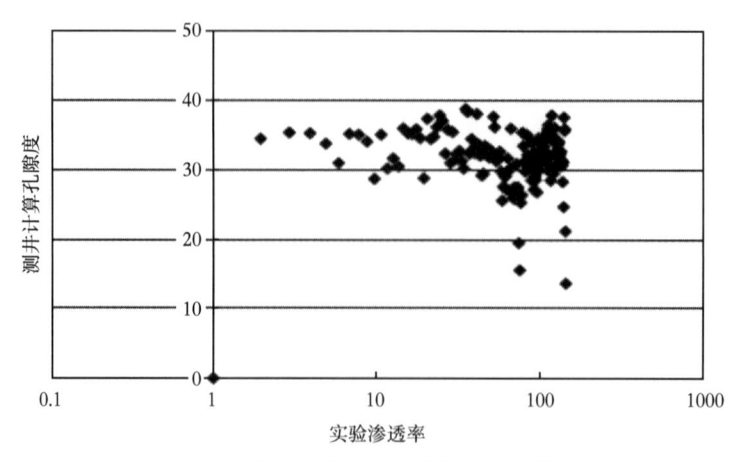

图 5-10　涩 3-15 井岩心实验渗透率与测井计算孔隙度关系

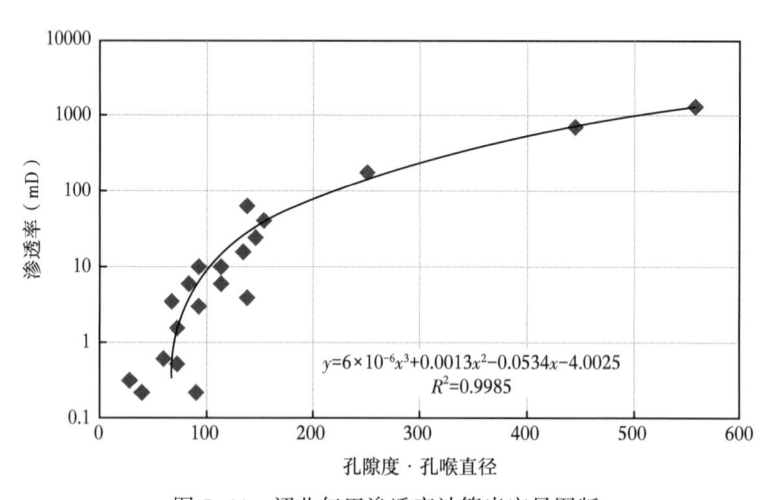

图 5-11　涩北气田渗透率计算半定量图版

$$\lg(K) = 6 \times 10^{-6} \times (\phi \times D)^3 + 0.0013(\phi \times D)^2 - 0.0534(\phi \times D) - 4.0025 \quad (5-8)$$

式中　$\phi$——地层孔隙度；

　　　$D$——孔喉直径。

上述图版只是一个半定量图版，因为实际解释过程中是不知道地层孔喉直径的。

2）双孔隙度模型法论述

LOGES 评价系统提供了另一种计算地层渗透率的方法，不仅针对砂岩储层，而且还要考虑到泥岩渗透率的计算，主要目的是既要进行产层产能分析，也要进行泥岩封闭性能的研究。渗透率是岩石中包括孔隙度、泥质、束缚水及孔隙几何形状多种地质参数的函数。孔隙度的不同，泥质含量的变化都直接影响到束缚水饱和度的变化。当地层孔隙度一定时，束缚水饱和度是渗透率计算的关键参数。根据双孔隙度模型，地层束缚水饱和度由纯岩石和泥质岩两部分组成，由于这两种饱和度采用不同方法分别计算，使得渗透率计算精度也随之提高。渗透率计算方程如下：

$$K = 0.136\frac{\phi_e^{4.4}}{S_{wb}^2} \tag{5-9}$$

前已述及（式4-17），式中，$S_{wb} = S_{wc} \times V_{sh} + (1 - V_{sh}) \times S_{wr}$。

图 5-12 是涩 3-15 井 LOGES 计算的渗透率、孔隙度与实验结果对比图。图中第一道为渗透率曲线，杆状线段表示渗透率实验值，对比可知，计算的渗透率与实验结果较吻合，基本保持一致。

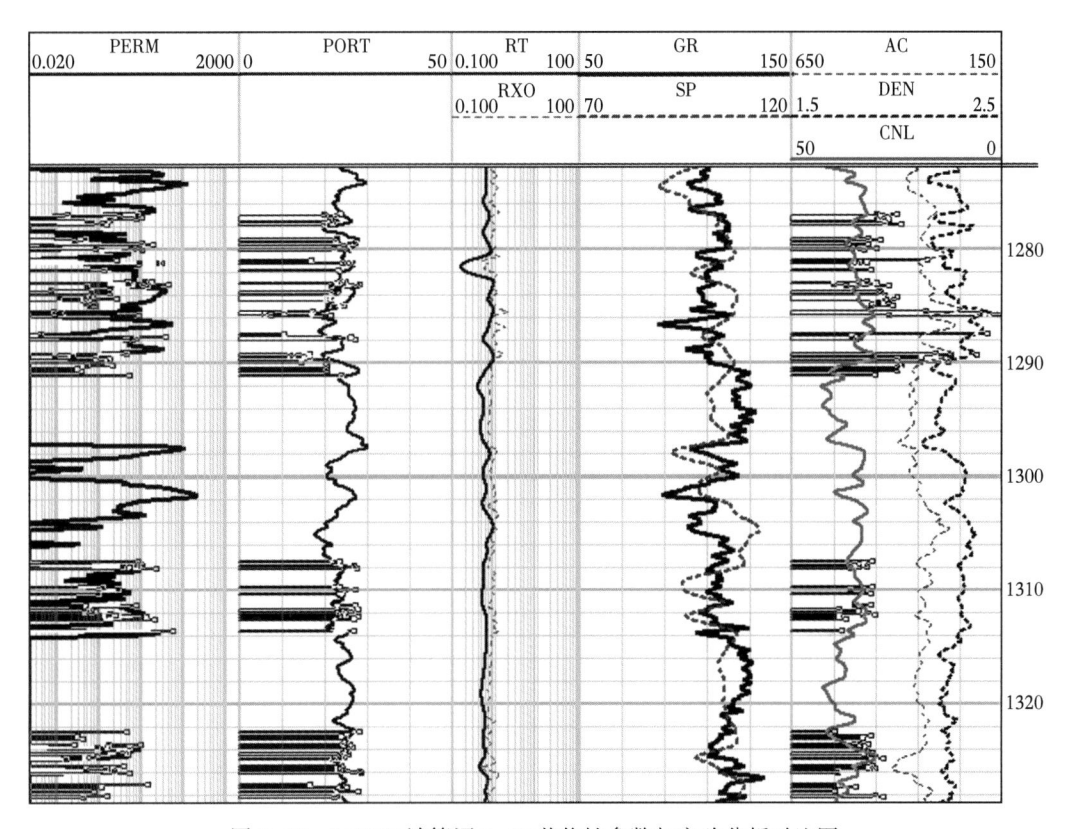

图 5-12　LOGES 计算涩 3-15 井物性参数与实验分析对比图

3）渗透率覆压校正

与孔隙度一样，实验渗透率也须进行覆压校正后才能换算到地层条件下。图 5-13 是渗透率相对变化与围压的关系图版。渗透率的相对变化与围压也存在较好的对数关系，拟合公式为：

$$\Delta K = -0.2218 \times \ln(\Delta p) + 0.8948 \tag{5-10}$$

### 5. 含气饱和度

1）地层水电阻率确定

地层水电阻率 $R_w$ 是影响含气饱和度的关键参数，它的确定可以依据地层水分析资料的结果进行换算。根据前人研究，涩北气田地层水电阻率值 $R_w$ 为 $0.022 \sim 0.036\Omega \cdot m$。但是随着层位不同，地层水矿化度有一定差异。

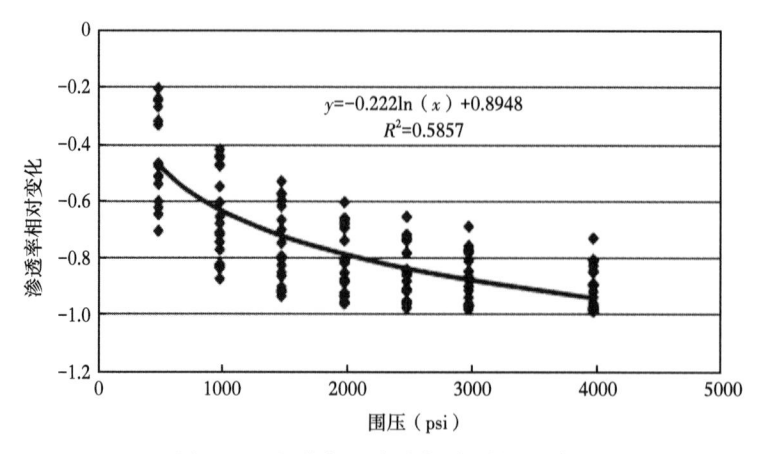

图 5-13 涩北气田渗透率覆压校正图版

涩北气田地层水密度多在 1.06~1.13g/cm³ 之间，总矿化度最大 230630mg/L，最小 22218mg/L，平均 128334mg/L，pH 值多在 6.5~7.5 之间，水型主要为 $CaCl_2$ 型，仅有少量的 $MgCl_2$ 型（表 5-4）。

表 5-4  各气层组地层水平均分析数据表

| 气层组 | 气田 | 水样个数 | 总矿化度（mg/L） | 地层水密度（g/cm³） | pH 值 | 水型 |
| --- | --- | --- | --- | --- | --- | --- |
| 零 | 涩北一号 | 1 | 174244 | 1.122 | 7.0 | $CaCl_2$ |
|  | 涩北二号 | 2 | 109479 | 1.073 | 7.6 | $CaCl_2$ |
| 一 | 涩北一号 | 5 | 132524 | 1.099 | 6.6 | $MgCl_2$ |
|  | 涩北二号 | 5 | 126111 | 1.077 | 7.2 | $CaCl_2$ |
| 二 | 涩北一号 | 10 | 149475 | 1.105 | 6.4 | $CaCl_2$ |
|  | 涩北二号 | 1 | 111662 | 1.082 | 7.5 | $CaCl_2$ |
| 三 | 涩北一号 | 21 | 101973 | 1.066 | 6.4 | $CaCl_2$ |
|  | 涩北二号 | 2 | 98238 | 1.074 | 7.4 | $CaCl_2$ |
| 四 | 涩北一号 | 12 | 140839 | 1.092 | 6.3 | $CaCl_3$ |

经转换，回归出涩北气田地层水电阻率与井深关系表示为（图 5-14）：

$$R_w = -0.0000208D + 0.0597; \quad R = 0.966 \text{（相关系数）}$$

2）岩电参数 $m$、$a$、$n$、$b$ 值的确定

（1）胶结指数 $m$、系数 $a$ 的确定。

$m$ 值是岩石孔隙结构对电性影响的重要表征参数。图 5-15 是涩试 2 井地层因素—孔隙度交会图，图中资料点分布较散，相关系数为 0.53，显示储层孔隙结构差异比较大，主要是储层的孔隙度变化不大，但岩样的组分、孔喉特征变化较大造成的。

对涩试 2 井岩电实验的 33 块样品进行分岩性统计，其中 22 块泥质粉砂岩的泥质含量平均值为 31.7%，碳酸盐岩含量介于 3%~10% 之间，平均为 7.9%，样品测定的 $m$ 值在

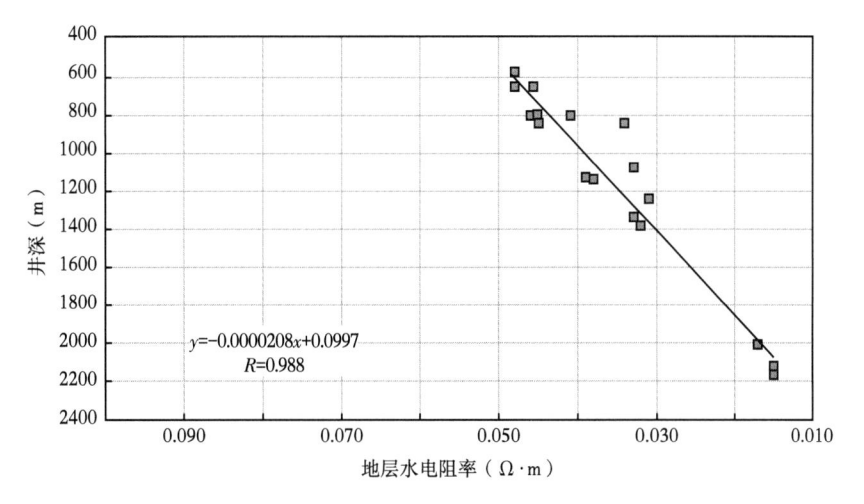

图 5-14 涩北气田地层水电阻率与井深关系图

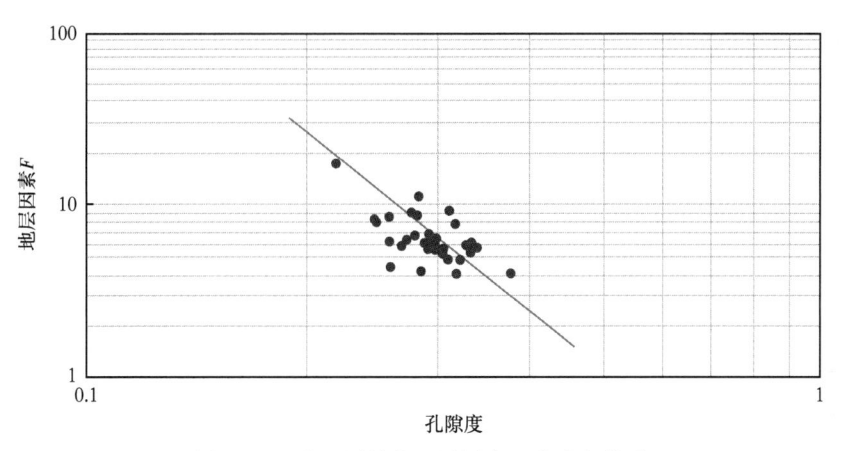

图 5-15 岩心测量的地层因素—孔隙度关系

1.30~1.58 之间,平均为 1.445;11 块钙质粉砂岩样品,平均泥质含量为 24.0%,平均钙质含量为 17.4%,测定的 $m$ 值为 1.47~1.76,$m$ 平均值为 1.63（图 5-16）。

可见,一般泥质粉细砂岩的 $m$ 值基本在 1.445 左右;而钙质砂岩的 $m$ 值达 1.63 左右,且与钙质含量变化关系比较明显。

测量结果表明,本区储层应分岩性选取岩电参数。以储层中黏土（泥质）、碳酸盐岩成分作为基本的控制因素,以泥质粉砂岩为主的储层,$m$ 采用 1.45;当泥质含量小于 24.0%,钙质含量大于 10%,$m$ 采用 1.63。

因为,地层因素 $F=a/\phi^m$,即 $F=1.0/\phi^{1.45}$,$a=1.0$

（2）饱和度指数 $n$、系数 $b$ 的确定。

采用气驱水实验,分析岩样的含水饱和度和电阻增大率关系,如图 5-17 所示,方程为:

$$I=1.0/S_w^{1.75} \qquad 即,n=1.75,b=1.0$$

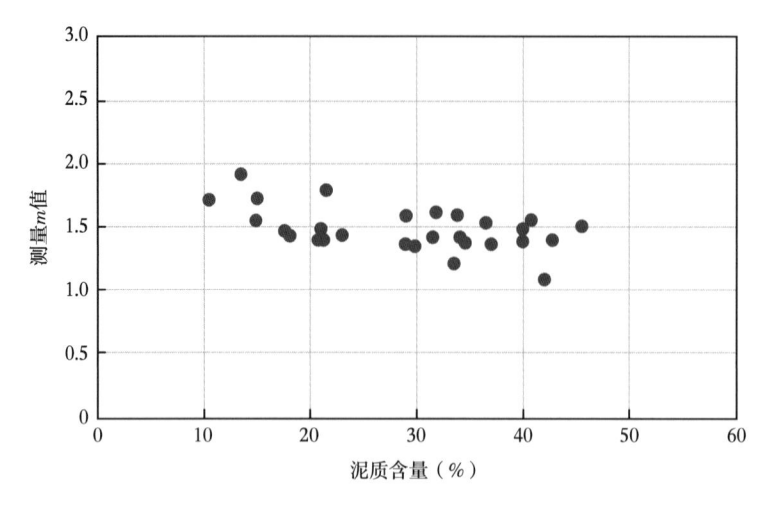

图 5-16　实验测量 $m$ 值与泥质含量关系

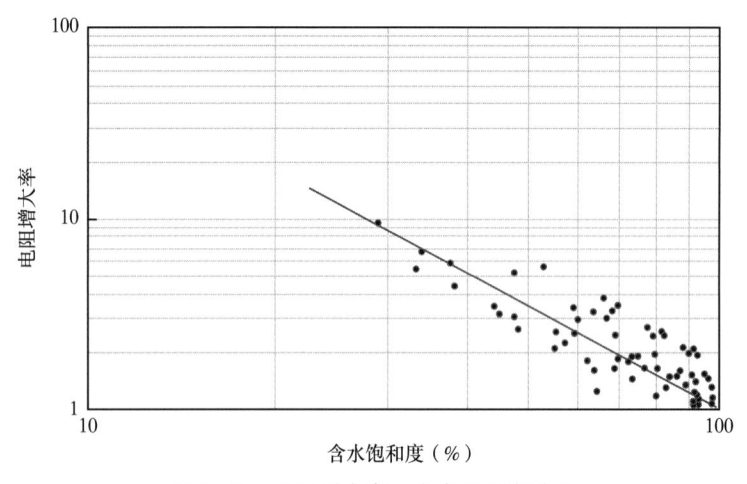

图 5-17　电阻增大率—含水饱和度关系

3）含气饱和度的确定

(1) 阿尔奇（Archie）公式法。

针对泥质含量少的相对纯的砂质一类气层，其公式含气饱和度计算见上一节的式（4-1）。涩北气田岩电实验测定和类比计算得到的岩电参数，$a$ 为 0.5~1.0。一般泥质粉细砂岩的 $m$ 值基本在 1.445 左右，而钙质砂岩的 $m$ 值达 1.63 左右，且与钙质含量关系密切。采用气驱水实验，分析岩样的含水饱和度和电阻率关系，求得 $n$ 为 1.75~2，$b=1.0$。

地层水电阻率 $R_w$ 是影响含气饱和度的关键参数，它的确定可以依据地层水分析资料的结果进行换算。根据前人研究，涩北气田地层水电阻率值 $R_w$ 为 0.022~0.036Ω·m。但是随着层位不同，地层水矿化度有一定差异。

但是阿尔奇公式是针对纯砂层提出来的，所以，针对涩北气田储层高含泥质的特点，采用把泥质部分完全校正掉的做法，如西门杜（Simendx）公式（5-11）：

$$S_g = 1 - \frac{0.4R_w}{\phi^2}\left(\sqrt{\left(\frac{V_{sh}}{R_{sh}}\right)^2 + \frac{5\phi^2}{R_t \times R_w}} - \frac{V_{sh}}{R_{sh}}\right) \tag{5-11}$$

式中 $V_{sh}$——泥质含量；

$R_{sh}$——泥岩电阻率。

这样可能会把泥岩部分的影响降低，导致含气饱和度偏高，因为西门杜公式是适用于地层水矿化度小于 30000mg/L 的地区，而涩北气田地层水矿化度普遍高于 100000mg/L，显然不能完全适用于涩北气田。

（2）双孔隙度模型法。

LOGES 评价软件采用双孔隙度模型计算含气饱和度，在正确计算总孔隙度 $\phi_t$ 和有效孔隙度 $\phi_e$ 以及岩石水电阻率 $R_w$、纯泥岩水电阻率 $R_{wc}$ 的基础上，即可进行含水饱和度计算。计算公式采用了双孔隙度模型所推导的饱和度公式计算，详见本书第四章第二节低阻气层测井定量解释部分。

（3）保压取心验证法。

如前所述，涩北储层受泥质含量高、地层水矿化度高的影响，应用阿尔奇公式和西门杜公式计算含气饱和度存在一定的局限性，因此创新了双孔隙度模型法，但是，理论方法只有通过地层温压条件下的岩心分析才能得到证实。为此，开展保压取心核准储层的真实气水饱和度，并研究束缚水、可动水赋存量，建立流体含量测井精细解释计算图版，修正理论计算值是非常必要的。

保压密闭取心技术是石油行业钻探取心领域最先进的技术之一，通过专用取心工具，使岩心从井筒提到地面后仍保持地下压力。岩心提到地面后，以液氮为冷冻剂采用低温技术冷冻岩心，确保岩心内的流体不散失，并在液氮的保护下，制备岩心样品，将制备好的样品装入特定不同流体收集装置中进行解冻缓融，收集岩心中释放出来的流体。并在缓融过程中采用不同的分析技术对岩心内的残余流体进行分析。

涩北气田开发早期，通过反复论证，在台南气田选择了处于原始状态下的未动用储层进行了保压取心，并且不同岩性、物性和孔隙特征的储层均兼顾在内，又兼顾不同深度和不同流体含量储层的原则下，保压取心在两口井 5 个层段上进行，共计进行了 10 次取心。

台 5-13 井在同一层段上，进行两次取心，累计进尺 9.0m，心长为 7.5m，该井取心平均收获率为 83.3%，密闭率 73.3%。台 6-28 井在 4 个层段上进行了 8 次取心，累计进尺 32.0m，累计岩心长 22.78m，平均收获率为 71.2%，密闭率 64.06%。两口井均达到收获率 50%、密闭率 50% 的技术指标要求。

①岩心流体饱和度确定。

保压取心能够收集密闭取心降压脱气散失的流体，即为可动流体。由该流体得到的饱和度可对密闭取心散失的流体进行校正。因此，在保压取心储层流体饱和度恢复时，对不同方法得到的流体要分别计算。保压取心主要以下几部分。

收集气饱和度：保压岩心冷冻缓融后在气体收集装置中收集到的天然气，根据气体各组分的临界参数及气态方程等相关资料，压缩到地层条件下再计算的含气饱和度。

校正气饱和度：由钻井液滤液侵入岩心时驱替出的气的饱和度，该饱和度是根据钻井液滤液侵入岩心量校正得到的。

气饱和度：是指岩心含气饱和度，即收集气饱和度与校正气饱和度之和。

收集水饱和度：是指保压岩心在气体收集过程中收集到水占岩心孔隙体积的百分数的水，该数据在密闭取心过程中无法得到。

残余水饱和度：保压岩心经过降压脱气后残留在岩心内的水的饱和度。

总水饱和度：是岩心的含水饱和度，即收集水饱和度与残余水饱和度之和。

气水总饱和度：就是在地层条件下气与水的总饱和度。

在上述饱和度中，通常把收集到的水饱和度与气饱和度之和称为可动流体饱和度。台南气田保压取心储层流体饱和度恢复，可得到两口井各层样品储层流体饱和度，保压效果较好的岩心气水总饱和度在90%以上，最大含气饱和度72.8%。表5-5为某小层的流体饱和度。

表5-5 台5-13井1-14小层保压取心流体饱和度数据表

| | 筒次 | 1 | | | 2 | | |
|---|---|---|---|---|---|---|---|
| | 类别 | 最大值 | 最小值 | 平均值 | 最大值 | 最小值 | 平均值 |
| 储层流体饱和度(%) | 气水总饱和度 | 97.61 | 90.78 | 94.58 | 98.9 | 91.08 | 94.16 |
| | 总水 | 90.39 | 41.96 | 68.69 | 97.61 | 76.3 | 90.06 |
| | 总气 | 53.95 | 3.1 | 25.89 | 19.28 | 0.69 | 4.11 |
| | 收集水 | 2.49 | 0.62 | 1.38 | 1.83 | 0.11 | 0.5 |
| | 残余水 | 89.48 | 40.56 | 67.31 | 97.17 | 74.98 | 89.56 |
| | 收集气 | 30.06 | 2.46 | 18.64 | 10.93 | 0.29 | 2.39 |
| | 校正气 | 27.75 | 0.43 | 7.25 | 17.36 | 0.25 | 1.71 |
| | 1-总水 | 58.04 | 9.61 | 31.31 | 23.7 | 2.39 | 9.94 |

在进行流体饱和度分析的同时，开展束缚水饱和度实验，采用高速离心法，分析岩心样品在不同驱动力条件的束缚水饱和度。实验样品是压实塑型样品，两口井共计完成28块样品实验。束缚水饱和度分布范围为：26.3%~61.1%，平均为44.9%。

根据取心情况，制作脱气校正图版，以台5-13井1-14号层为例，因为第一筒岩心含气丰度高，在脱气校正图版制作时，不考虑第二筒岩心样品。地面水饱和度相当于密闭取心含水饱和度，是保压岩心降压脱气后的水饱和度，也就是残余水饱和度，地下水饱和度是储层状态下含水饱和度。该筒岩心共计制作保压样品20块，其数据全部参与制作校正图版（图5-18）。

从图5-18（a）可以看到，岩心地面水饱和度$S_{w地面}$与储层水饱和度$S_{w储层}$呈很好的线性关系，回归方程为：

$$S_{w储层} = 1.3840 + 1.0804 S_{w地面}$$

同样，该筒岩心的20块样品均参与回归，绘制地面水饱和度$S_{w地面}$与储层气饱和度$S_{g储层}$关系曲线[图5-18（b）]，回归方程为：

$$S_{g储层} = 94.1346 - 1.1002 S_{w地面}$$

各取心层段脱气校正图版中气水地面地下饱和度相关关系在0.8以上，标准偏差很小，所以在密闭取心含水饱和度较准确的情况下，采用校正图版能够得到储层孔隙内较准确的气水含量。

(a) 地面水与储层水饱和度的关系

(b) 地面水与储层气饱和度的关系

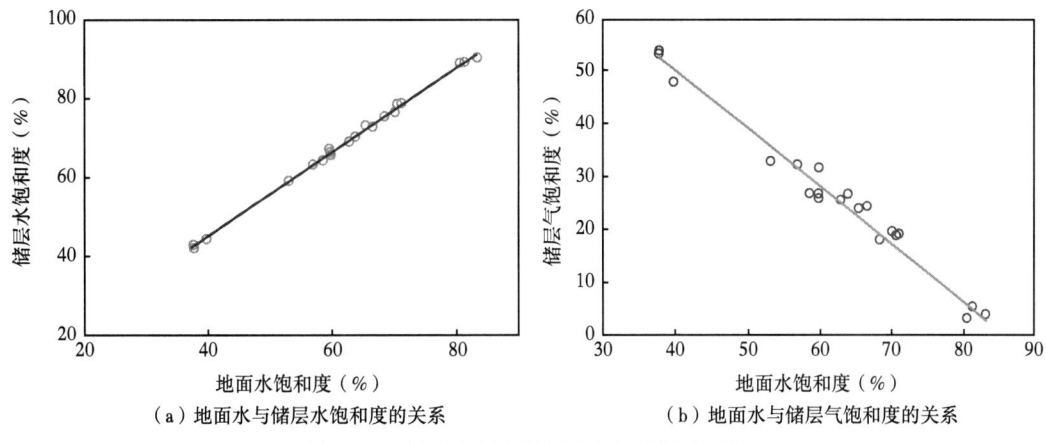

图 5-18 地面水与储层气水饱和度的关系图

②归位对应储层流体定性。

本次保压取心涉及 5 个层位，200 多块样品的分析结果表明，各层位具有不同的气水饱和度特征，储层性质差异大。

1-4 号层：在井段 1099.50~1103.00m（归位后深度，以下同）内，含水饱和度平均为 61.29%，含气饱和度平均为 38.71%，为差气层。在井段 1104.00~1108.00m 内是水层。

2-14 号层：在井段 1348.00~1351.00m 内，岩石物性好，岩性较均一，含气饱和度平均为 60.3%，是好气层。

3-2 号层：该井段 1445.82~1446.46m、1451.9~1452.455m，有效厚度为 0.58 m、0.42 m，可划分为差气层。

3-6 号层：含水饱和度在 90% 以上，为水层。

3-10-1 号层：在井段 1594.8~1597.4m，累计厚度为 1.42m，平均含水饱和度为 59.47%，该层位属于差气层。在井段 1598.5~1600.15m，累计厚度为 1.4m，平均含水饱和度为 41.26%。该层属于气层。

从以上的分析可以看到，3-10-1 号层，上部大多属于差层，而在 1598m 以后属于气层。

③与测井解释流体饱和度对比认识。

该分析定性结果与测井解释结果对比具有一定差距，而且不同层位差异不同。为了解二者区别，对保压取心与测井解释含气饱和度进行综合对比分析（表 5-6）。

表 5-6 储层保压岩心与测井解释饱和度对比表

| 小层号 | 早期测井解释结果 ||| 保压岩心分析结果 |||
|---|---|---|---|---|---|---|
| | $S_g$（%） | 厚度（m） | 结论 | $S_g$（%） | 厚度（m） | 结论 |
| 52 | 64.4 | 3.1 | 气层 | 31.1 | 3.1 | 差气层 |
| | — | 4.0 | — | 9.9 | 4.0 | 水层 |
| 70 | 80.1 | 3.0 | 气层 | 54.5 | 3.0 | 气层 |

续表

| 小层号 | 早期测井解释结果 |  |  | 保压岩心分析结果 |  |  |
|---|---|---|---|---|---|---|
|  | $S_g$（%） | 厚度（m） | 结论 | $S_g$（%） | 厚度（m） | 结论 |
|  | 75.8 | 0.8 | 气层 | 25.4 | 0.8 | 差气层 |
| 85 | — | 1.8 | — | 16.2 | 1.8 | 差气层 |
| 87 | 61.6 | 2.0 | 气水 | 13.1 | 2.0 | 差气层 |
|  | — | 4.0 | 水层 | 6.7 | 4.0 | 水层 |
| 103 | 71.6 | 2.6 | 气层 | 28.4 | 2.6 | 差气层 |
| 104 | 74.6 | 1.7 | 气层 | 49.1 | 1.7 | 气层 |

由表 5-6 可知，保压取心含气饱和度总体上小于测井解释饱和度。与早期测井解释结果对比，一类气层平均相差 17.89 个百分点，二类气层最大相差 25.72，最小相差 15.85，平均相差 20.79 个百分点；三类气层最大相差 37.58，最小相差 35.70，平均相差 36.64 个百分点。整体表现为好的气层相差较小，差的气层相差较大。

综上所述，台 5-13、台 6-28 井的保压取心岩心不仅取得接近地层条件下水饱和度，还得到了可信的气体饱和度。保压效果较好的层位总饱和度最高可达到 99%，平均在 95% 左右；气体饱和度最高可达到 70% 以上。而对于保压效果较差的层位，由于采用全直径的全岩分析方法，对流失的流体能够进行较准确的校正，能够正确地认识储层流体含量及分布状态。同时也证明，保压取心流体饱和度分析远好于密闭取心等其他取心方式。

通过采用孔渗、含气饱和度等参数对各层分类结果显示，各层位具有不同的气水饱和度分布规律，含气性好的一、二类气层与测井解释结果相差较小，而三类气层与测井解释结果相差较大。

同时也说明，在确定储层天然气饱和度时，应用阿尔奇公式和西门杜公式计算含气饱和度偏高的问题普遍存在，而运用创新的双孔隙度模型法对三类层的计算结果误差较大，对测井解释的误差不容忽视，采取类比和折中的方式，修正测井解释饱和度是必要的。在涩北气田开发调整方案编制过程中，天然气地质储量复算的含气饱和度参数进行了 10% 左右的修正（图 5-19），更趋近于客观实际。

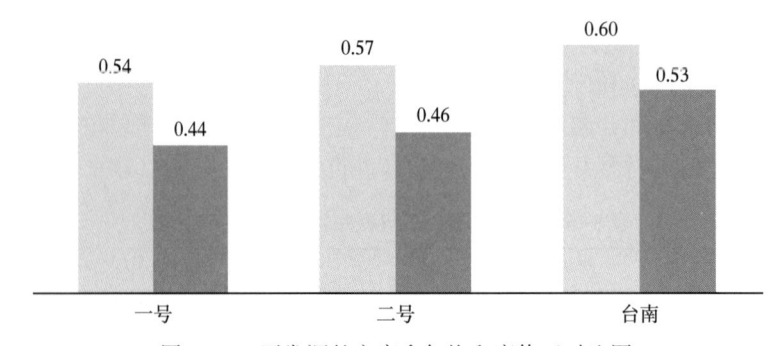

图 5-19 开发调整方案含气饱和度修正对比图

**6. 储量计算**

由于涩北气田是构造形态、储层发育都较稳定的层状气藏，储量计算应以每个气砂体为计算单元,因此在平面上不划分区块而整体计算,在纵向上以气砂体为计算单元,采用容积法计算气砂体储量。

计算公式:

$$G = 0.01 A \cdot h \cdot \phi (1 - S_{wi}) \frac{T_{sc} \cdot p_i}{p_{sc} \cdot T \cdot Z_i} \tag{5-12}$$

式中 $G$——气田的原始地质储量,$10^8 m^3$;

$A$——含气面积,$km^2$;

$H$——平均有效厚度,m;

$\phi$——平均有效孔隙度;

$S_{wi}$——平均原始含水饱和度;

$T$——气层温度,K;

$T_{sc}$——地面标准温度,K;

$p_{sc}$——地面标准压力,MPa;

$p_i$——气田的原始地层压力,MPa;

$Z_i$——原始气体偏差系数。

由于储量计算参数基本也是气砂体精细描述的参数,将气砂体描述参数计算结果及其对应的温压参数等代入容积法储量计算公式,即可求得各气砂体天然气储量的大小。以上气砂体精细描述的参数是建立地质模型的基础,因篇幅所限,本书对涩北气田地质建模不予论述。

## 二、主要动态参数与资料求取

气藏动态描述旨在研究认识气砂体的物性、产能、压力等静、动态参数随着天然气的采出,即开发的不断深入而变化的情况,包含了利用动态方法和生产动态数据对气藏物性及含气性的再认识,也包含了对气藏今后开发生产指标变化的预测。与气藏动态分析存在继承性和相关性,更是对气藏动态分析的深化。在此所探讨的是对各个气砂体如何进行开发指标计算和指标变化的动态跟踪分析,也是对气砂体的开发状况及其内部气水分布、压降、剩余储量等的描述技术,为气砂体(单个气藏)的均衡、高效开发,奠定调控、调整和挖潜的基础。

**1. 主要动态参数计算**

1)可动用地质储量

已动用地质储量是指在现有经济技术条件下,通过开发方案的实施,已完成基础井网一半以上的开发井钻井和开发设施建设,并已投入开采的储量。

可动用地质储量是指已开发地质储量中在现有工艺技术和现有井网开采方式不变的条件下,所有井投入生产直至天然气产量和波及范围内的地层压力降为废弃压力时,可以从气藏中流出的天然气总量。

2)产能

气井日产能:每月底倒数第二天的单井瞬时产量×24÷10000(单井日产气)。

年新建气田(藏)产能:指当年新建成的气田(藏)综合配套能力,等于新建单井日产能力之和乘以 330d。

$$PC_{in} = \sum PC_{nd} \times 330 \div 10000 \qquad (5\text{-}13)$$

年核减气田（藏）产能：指气田（藏）因地层压力下降等因素而引起的产能减少量，等于单井核减日产能力之和乘以 330d：

$$PC_{io} = \sum PC_{od} \times 330 \div 10000 \qquad (5\text{-}14)$$

年末气田（藏）产能：年末气田（藏）产能等于上年末气田产能加当年新建气田（藏）产能减当年核减气田（藏）产能：

$$PC_e = PC_{et} + PC_{in} - PC_{io} \qquad (5\text{-}15)$$

产能到位率：上年新建气田（藏）年产能在当年的实际产能与上年新建气田（藏）年产能之比，用百分数表示：

$$R_{qpp} = \frac{PC}{PC_{int}} \times 100\% \qquad (5\text{-}16)$$

产能贡献率：当年新建产能的实际产量与当年新建产能之比，用百分数表示：

$$R_{qc} = \frac{Q_{pre}}{PC_{in}} \times 100\% \qquad (5\text{-}17)$$

产能负荷因子：井口产气量与同期气田（藏）产能的比值：

$$F_{pl} = \frac{Q_{qwh}}{PC_e} \qquad (5\text{-}18)$$

3）平均单井日产气

指气田（开发层组）平均单井日产气能力，为避免重复计算和统一口径，规范气井平均单井日产气以气井日产能/正常生产井数计算为准。

4）年递减率

产能递减率：单位时间（月或年）的产能递减百分数。为了准确掌握气田的递减规律，为配产提供依据，特对递减率的计算统一规定。

综合递减率：未考虑新井产能的递减率。

$$D_C = \frac{PC_{et} - (PC_e - PC_{in})}{PC_{et}} \times 100\% \qquad (5\text{-}19)$$

自然递减率：未考虑新井产能和气井措施增产的递减率。

$$D_n = \frac{PC_{et} - (PC_e - PC_{in} - PC_d)}{PC_{et}} \times 100\% \qquad (5\text{-}20)$$

式中　$PC_{et}$——上年末核实日产能力，$10^4 m^3/d$；

$PC_e$——当年末核实日产能力（包括去年老井和今年新井的日产能力），$10^4 m^3/d$；

$PC_{in}$——当年新井日产能力，$10^4 m^3/d$；

$PC_d$——当年老井措施增产日产能力，$10^4 m^3/d$。

规定：递减符号为"+"，不递减为"-"。

5）水气比

气井正常生产时，每月产出 $1×10^4 m^3$ 气量的产水量：

$$E_{wg} = \frac{W_m}{Q_m} \tag{5-21}$$

式中 $E_{wg}$——水气比，$m^3/10^4 m^3$，个位数；

$Q_m$——月产气，$10^4 m^3$，2位小数；

$W_m$——月产水，$m^3$，个位数。

6）单位压降产气量

气田（藏）视地层压力每下降单位压力（1MPa）采出的井口气量：

$$G_{ppt} = \frac{Q_{gwh}}{\Delta p_t} \tag{5-22}$$

式中 $G_{ppt}$——单位压降产气量，$10^4 m^3/MPa$，2位小数；

$Q_{gwh}$——年采出井口气量，$10^8 m^3$，4位小数；

$\Delta p_t$——总压降，MPa，1位小数。

7）采气速度

地质储量采气速度：气田（藏）年井口产气量与已开发探明储量之比，用百分数表示：

$$v_g = \frac{Q_{gwh}}{G_{dp}} \times 100\% \tag{5-23}$$

可采储量采气速度：气田（藏）年井口产气量与已开发探明可采储量之比，用百分数表示：

$$v_{gG_R} = \frac{Q_{gwh}}{G_R} \times 100\% \tag{5-24}$$

剩余可采储量采气速度：气田（藏）年井口产气量与已开发探明剩余可采储量之比，用百分数表示：

$$v_{gG_{RR}} = \frac{Q_{gwh}}{G_{RR}} \times 100\% \tag{5-25}$$

8）采出程度

地质储量采出程度：气田（藏）累计井口产气量与已开发探明储量之比，用百分数表示：

$$R_g = \frac{G_{pwh}}{G_{dp}} \times 100\% \tag{5-26}$$

可采储量采出程度：气田（藏）累计井口产气量与已开发探明可采储量之比，用百分数表示：

$$R_{gG_R} = \frac{Q_{pwh}}{G_R} \times 100\% \tag{5-27}$$

9）储采比

上年底剩余可采储量与当年井口产量之比：

$$R/P = \frac{G_{RRt}}{Q_{gwh}} \times 100\% \tag{5-28}$$

**2. 主要动态描述资料求取**

1）气井生产资料

包括单井历年试采、生产压力测试、产出剖面测试、砂面测试、试井资料及产能测试解释、措施作业等数据资料汇总表。

2）气藏开发综合数据表

（1）指气藏（开发层组）历年储量、井数、产能、产气、产水、压力、递减率等数据。

（2）储量：开发地质储量、可采储量（剩余可采储量）、核实开发储量、动用核实储量、动用开发层组数及动用程度、动态储量等。

（3）井数：各类井的构成，其中包括：完钻井（直井、水平井井数）、生产井数（正常生产井、停躺井）、观察井、排水井、报废井。

（4）产能：新钻井数、投产新井、新建产能、累计建产规模、核实产能、核实日产能力。

（5）产气：月产气量、年产气量、累计产气量、日产水平、平均单井日产气量、采气速度、采出程度以及单井日产气量分级统计表、产量构成数据表等。

（6）产水：月产水量、年产水量、累计产水量、平均日产水量、月水气比、年综合水气比、累计水气比和产水井数、单井日产水量分级统计表等。

（7）压力：原始地层压力、目前平均地层压力、总压降、压降比、单位压降产气量、平均流压、生产压差等。

（8）措施类型与效果对比数据表：分类措施井数、有效井数、有效期、日增气量、年增气量、恢复产能等。

（9）气田分析常用曲线、图幅，主要包括静态图和生产动态有关的现状图、开发指标关系曲线等，用于掌握开发历程，寻找各开发指标变化的内在规律，预测气田开发动态。

3）开采现状图

包括日产气与产水平面图、压力平面图、主力开发层组气水边界平面图、主力层组历年压力变化剖面图、产出剖面图等，分开发层组、气田年度（半年）各编绘一次开采现状图。

4）开发曲线

（1）指单井采气曲线和气田（开发层组）的月度、年度开发曲线。

（2）单井采气曲线（七线图）指气井日度采气曲线和月度采气曲线，是气井的生产记录曲线，反映气井开采指标的变化过程，是开发指标与时间的关系曲线，包括气井工作制度、油压、套压、静压、流压、日产气量、日产水量。

（3）月度关系曲线：气田（开发层组）日产气、日产水、水气比、开井数、平均单井日产气、平均单井日产水等生产数据曲线。

（4）年度综合曲线：气藏（开发层组）历年钻井数、生产井数、新建产能、累计产能、核实产能、年产气量、水气比、地层压力、砂面上升速度、递减率、平均单井日产气、产量构成、采气速度、采出程度、动态储量、生产运行曲线等。

## 第三节 气藏水侵状况评价

水侵是影响气藏开发效果的重要原因。涩北气田构造幅度低、边水范围大、纵向层数多而薄、构造翼部气水层交互分布、气水关系复杂，同时，开发生产的不均衡性也使得气藏出水动态变化快、水侵规律复杂，需要实时开展气藏水侵状况评价，以指导气藏控水稳气等开发调整工作。

进入二次细分加密调整期以来，涩北气田出水加剧，水气比迅速上升，主力气藏边水入侵严重，且气藏平面水线推进极不均匀，导致部分气层内部被窜入的边水分割，气田采收率面临很大影响。另外，由于气藏水侵加剧，造成了气井产量大幅度下降，还加剧了气井出砂，仅靠对单井的排水采气工艺和堵水治理措施，已不能有效解决涩北气田水侵治理等问题。为提高气藏采收率，由过去的分气田、分开发层系、分开发层组进行水侵状况评价，逐步细化并趋近于分开发射孔单元、分小层、分气砂体的水侵程度描述研究，推动了气田由整体开发向精准、精细开发的转变，为剩余气潜力评价、提高采收率奠定挖潜基础。

### 一、水体评价

气藏边水与天然气处于同一水动力学系统中，气藏的采出程度、压力变化规律、气井的产水量、气藏内气水运动规律以及水侵量等，都与水体规模密切相关。因此，需要利用一系列的静、动态资料进行水体认识，为气藏水侵防控提供依据。

水侵特征评价主要考虑水体情况、连通情况两方面因素，包括水体大小、水体分布位置、水体能量、储层岩石性质、流体性质及水体与气层之间的连通性。水体活跃程度评价可通过静态的有效水体大小和动态的水侵常数来反映。

**1. 水侵常数**

地层水活跃程度指标一般采用水侵替换系数 $I$、水驱指数 $I_w$ 及水侵常数 $B$ 表示，将三个地层水活跃程度指标表达式、取值范围和与采出程度的关系汇总，见表5-7。

表5-7 地层水活跃程度指标汇总表

| 指标 | 指标表达式 | 指标取值范围 | 指标与采出程度关系 |
| --- | --- | --- | --- |
| 水侵替换系数 $I$ | $I=\dfrac{W_e-W_p B_w}{G_p B_{gi}}$ | 不活跃：0~0.15<br>次活跃：0.15~0.4<br>活跃：0.4~1 | $\dfrac{p/Z}{p_i/Z_i}=\dfrac{1-R}{1-R\cdot I}$ |

续表

| 指标 | 指标表达式 | 指标取值范围 | 指标与采出程度关系 |
| --- | --- | --- | --- |
| 水驱指数 $I_w$ | $I_w = \dfrac{W_e}{G_p B_g + W_p B_w}$ | 不活跃：0~0.1<br>次活跃：0.1~0.3<br>活跃：0.3~1 | $\dfrac{p/Z}{p_i/Z_i} = 1 - R(1 - I_w)$ |
| 水侵常数 $B$ | $R^B = \dfrac{W_e - W_p B_w}{G B_{gi}}$ | 不活跃：10~无穷大<br>次活跃：4~10<br>活跃：1~4 | $\dfrac{p/Z}{p_i/Z_i} = \dfrac{1-R}{1-R^B}$ |

式中　　$I_w$——水驱指数；

　　　　$W_e$——水侵量，$m^3$；

　　　　$G_p$——地质储量，$m^3$；

　　　　$W_p$——累计产水量 $m^3$；

　　　　$B_g$——气体体积系数；

　　　　$B_w$——水体积系数。

作出三种地层水活跃程度指标下相对拟压力与采出程度关系曲线（图5-20至图5-22），并加入涩北气田典型气藏实际生产数据，观察指标的吻合程度。

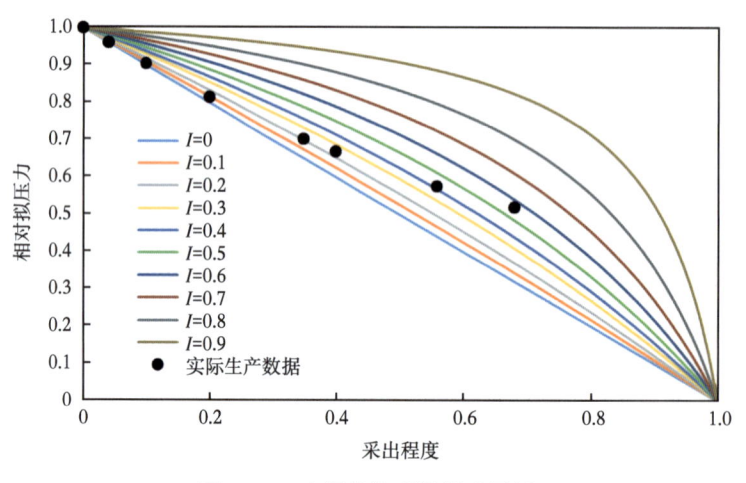

图5-20　水侵替换系数影响图版

通过比较三个标准与涩北气田典型气藏采出程度关系，发现仅有水侵常数不随气藏采出程度变化，指标稳定性好，所以，采用水侵常数作为地层水活跃程度的判别指标。

气藏在开发过程中其周边的水体活跃性是不断增强的，其主要原因是边水水体与气藏之间的连通性较好，随着气藏采出程度的增加压降幅度的增大，藏内外压差的增大，边水向气藏内部突进的可能性就越大，地层水对气藏能量就会有较大的补充作用。但对不同的气层，边水能量补充的特点不同，储量较大气层，边水推进较均匀；储量较小的气层，边水推进速度快慢不一。

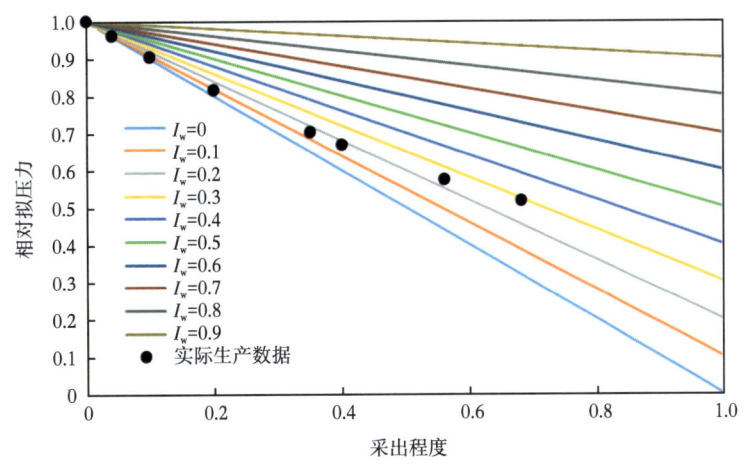

图 5-21　水驱指数影响图版

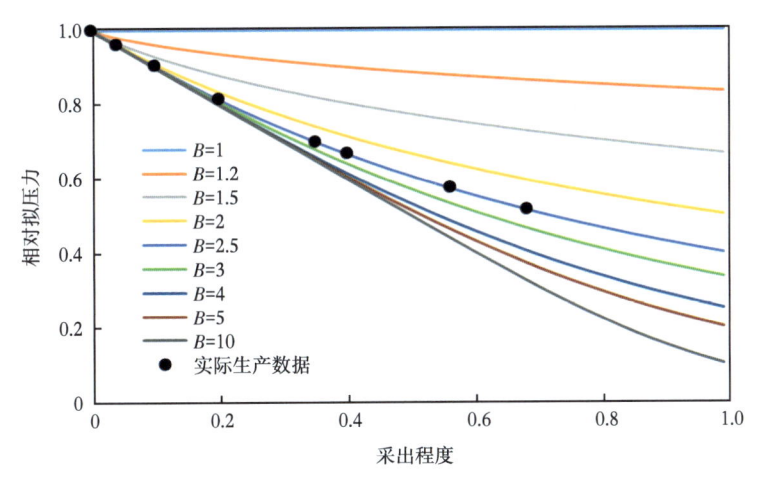

图 5-22　水侵常数影响图版

## 2. 水体大小

1）容积法

容积法计算的水体大小是以构造溢出点为外边界、气水过渡带内边界线为内边界之间静态水体的储量。相关计算参数的确定原则如下。

（1）含水面积。

对于一个水体储量评价单元来说，含水边界主要由两个边界构成：处于构造中、高部位的气水边界，即含水内边缘，以及构造圈闭边界，即气田构造溢出点所处海拔高程形成的背斜闭合边界，为含水的外边缘。

（2）有效厚度。

各水层的有效厚度取井点测井二次解释值的算术平均值。

（3）有效孔隙度。

采用含水范围内各井点测井二次解释的水层孔隙度算术平均值。

（4）含水饱和度。

气水界面以下的气水过渡带体积与边水水体体积相比要小得多,可以忽略不计。水层含水饱和度取为100%。

(5) 地层水体积系数。

地层水体积系数随温度增加而增加,随压力增加而减少,由于水的微可压缩性,地层水在地下与地面的体积相差无几。

通过式(5-29)进行计算:

$$V = AH\phi \tag{5-29}$$

式中 $V$——构造内圈闭水体大小,$m^3$;

$A$——水体面积,$m^2$;

$H$——储层厚度,m;

$\phi$——孔隙度,%。

2) 物质平衡法

根据水驱气藏物质平衡原理可知:在地层压力下降 $\Delta p$ 过程中,累计产出天然气和水在目前压力下的地下体积,应等于地层压力下降 $\Delta p$ 而引起的含气区天然气及岩石孔隙弹性膨胀量加上气藏外水体及相应岩石孔隙弹性膨胀量。

$$G_p B_g + W_p B_w = G B_{gi} C_t \Delta p_r + N_{ww} B_{wi} C_e \Delta p_w \tag{5-30}$$

式中 $B_{gi}$、$B_g$——原始、目前地层压力下天然气的体积系数;

$B_{wi}$、$B_w$——原始、目前地层压力下地层水的体积系数;

$G_p$、$W_p$——累计产气及产水量,$m^3$;

$G$——天然气地质储量,$m^3$;

$N_{ww}$——边水水体体积,$m^3$;

$C_t$、$C_e$——含气区及含水区综合压缩系数,$MPa^{-1}$;

$\Delta p_r$、$\Delta p_w$——气藏内地层平均压降、气藏外地层平均压降,MPa。

其中

$$C_t = (1-\phi) \times C_f + \phi \times [(1-S_{wc}) \times C_g + S_{wc} \times C_w]$$

$$C_e = (1-\phi) \times C_f + \phi \times S_{wc} \times C_w$$

静态容积法未包括构造溢出点以外的水体,而物质平衡法则包括了从层内水、气水过渡带到超过构造溢出点的整个连通区域的水体。静、动态法计算的边水体积有一定差距,说明该气田的边水活跃程度高,压力波及范围超过构造溢出点。

**3. 水体倍数**

气藏开采到某一时间点,累计产出的天然气和水的地下体积,基本上等于地质储量在地下的体积变化量、水侵量($W_e$)、岩石与束缚水的体积变化量的和。这可以得出水驱气藏的物质平衡方程:

$$G_p B_g + W_p B_w = G(B_g - B_{gi}) + W_e + G B_{gi} \left(\frac{C_w S_{wi} C_f}{S_{gi}}\right) \Delta p \tag{5-31}$$

式（5-31）两边同除以 $GB_{gi}$，$\dfrac{C_w S_{wi} + C_f}{S_{gi}}$ 用有效压缩系数 $C_e$ 代替，可得：

$$\frac{G_p B_g + W_p B_w}{GB_{gi}} = \frac{B_g}{B_{gi}} - 1 + \frac{W_e}{GB_{gi}} + C_e \Delta p \tag{5-32}$$

气体的状态方程为：

$$B_g = \frac{ZTp_0}{T_0 p} \tag{5-33}$$

$$B_{gi} = \frac{Z_i T p_0}{T_0 p_i} \tag{5-34}$$

将式（5-33）和式（5-34）带入式（5-32），整理得到：

$$\left(1 - \frac{G_p}{G}\right) \frac{p_i/Z_i}{p/Z} = -\frac{W_e}{GB_{gi}} - C_e \Delta p + \frac{W_p B_w}{GB_{gi}} + 1 \tag{5-35}$$

水侵量是水体在压力变化以后的体积变化量，可以表示为：

$$W_e = V_{pw}(C_w + C_f) \Delta p$$

水体倍数为水体体积与天然气含气体积的比，表示为：

$$n = \frac{V_{pw}}{GB_{gi}/S_{gi}}$$

将 $W_e$ 和 $n$ 代入式（5-35），得：

$$\left(1 - \frac{G_p}{G}\right) \frac{p_i/Z_i}{p/Z} = -\left(n \frac{C_w + C_f}{S_{gi}} + C_e\right) \Delta p + \frac{W_p B_w}{GB_{gi}} + 1 \tag{5-36}$$

式（5-36）等式左边相当于 $y$，把 $\Delta p$ 看作自变量，$\dfrac{W_p B_w}{GB_{gi}} + 1$ 为截距，$W_p$ 为 0 时，在纵轴上截距为 1，形成 $y = k\Delta p + b$ 的形式。其中，与水体倍数有关的 $-\left(n\dfrac{C_w + C_f}{S_{gi}} + C_e\right)$ 为斜率 $k$，对于有限水体，由于涉及整个水体的时间很短，$n$ 可以看作是一个与时间无关的常量；对于水体很大的气藏，水侵慢慢发生，在涉及到整个水体，动用整个水体能量之前，$n$ 应该是一个随着时间不断增加的变量，在整个水体能量动用之后，$n$ 值不变。

涩北一号气田平均水体倍数为 20.48，涩北二号气田平均水体倍数为 23.93，属于较强水侵气田，台南气田平均水体倍数为 40.37，属于强水侵气田。各气田分层组水体倍数计算结果如图 5-23 至图 5-25 所示。

## 二、水侵量

水侵量的大小直接对应气藏水侵强弱情况，明确水侵量的大小可以进一步了解地层水侵动态，为后期剩余气分布以及控水、治水提供数据基础。气藏水侵问题在气藏工程中具

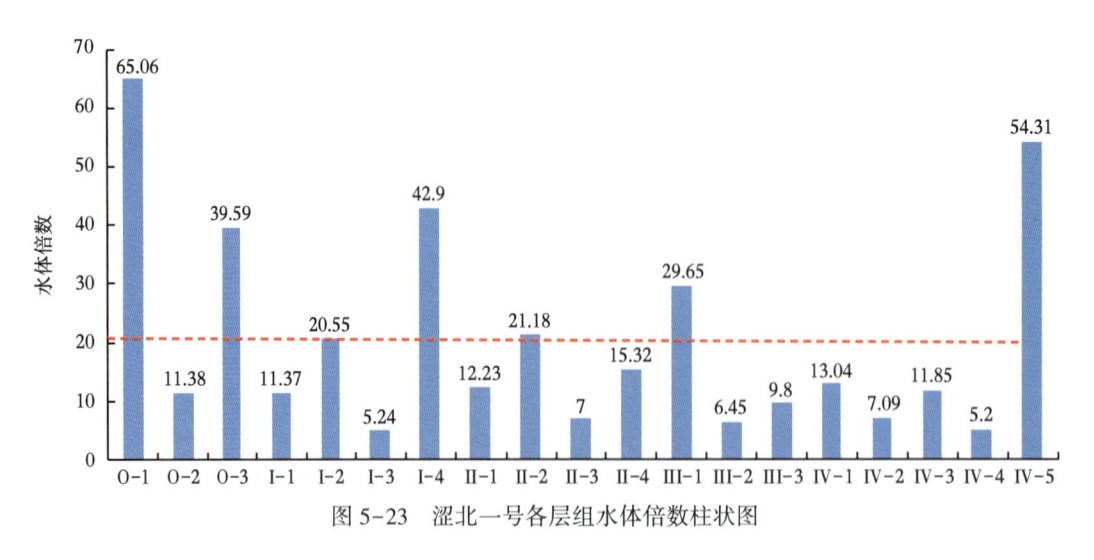

图 5-23 涩北一号各层组水体倍数柱状图

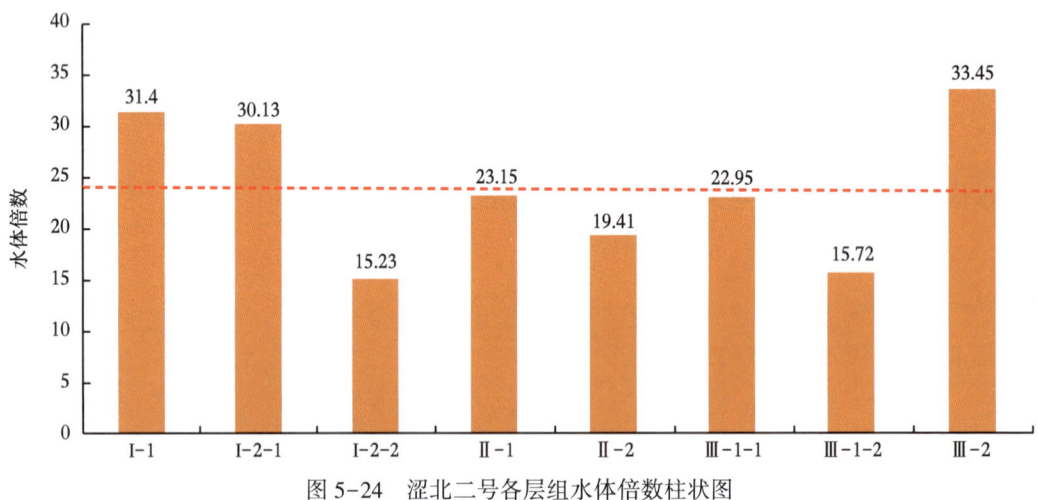

图 5-24 涩北二号各层组水体倍数柱状图

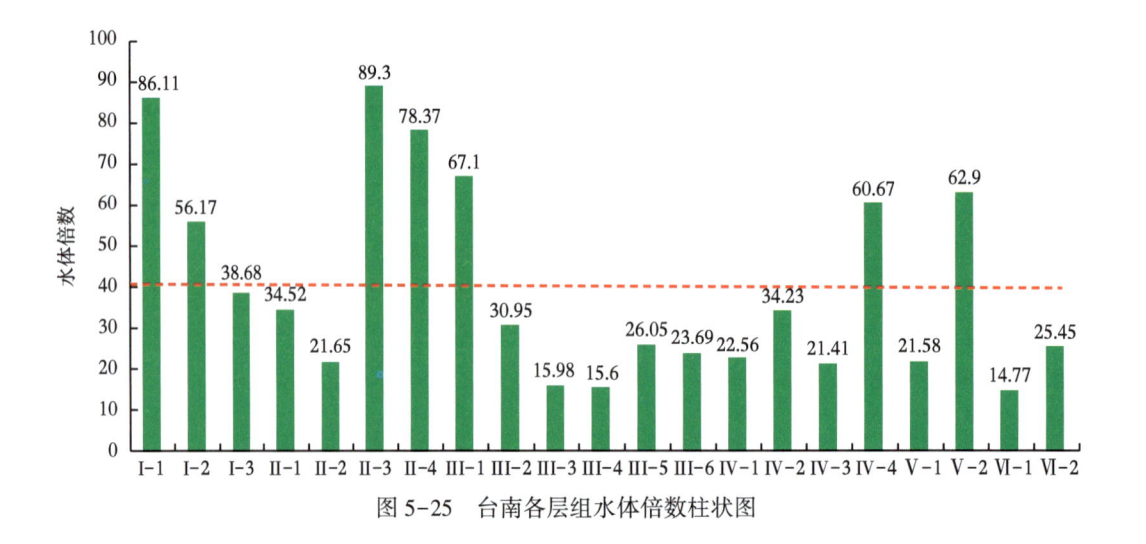

图 5-25 台南各层组水体倍数柱状图

有诸多的不确定性，主要是缺乏含水区所必须的数据，如孔隙度、渗透率、厚度和流体性质等，通常只有根据气藏数据进行的推断，而含水区的几何形状、大小、平面上的连续性等只能通过气藏动、静态资料及试算加以判断。

目前针对有水气藏水体能量及水侵量计算方法主要有三类：稳态流法、非稳态流法以及李传亮差值法。涩北气田运用的是生产数据拟合法，该方法是以涩北气田多层合采气井产量劈分方法为基础而建立的生产数据拟合法，经过生产数据的初值输入，利用最小二乘法，在目标参数范围内对实际值与理论值进行拟合寻找最优值，最后输出水侵常数。通过拟合涩北气田单井单层生产数据，实现对单井单层储量与水体活跃程度的评价。即根据建立的生产数据拟合法，经过初值输入，寻找最优值，最终输出动态储量 $G$ 和水侵常数 $B$。再根据张伦友提出的通过对不同类型、不同水侵常数气藏存水体积系数与采收率的曲线拟合关系，从而求得水侵量。

由水侵体积系数的表达式可知：

$$\omega = \frac{W_e - W_p B_w}{G B_{gi}} \quad (5-37)$$

式中 $W_e$——水侵量，$m^3$；

$W_p$——累计产水量，$m^3$；

$G$——动态储量，$m^3$；

$B_w$——水的体积系数；

$B_{gi}$——天然气的原始体积系数。

由水侵常数 $B$ 与采收率 $R$ 的关系（表5-7），建立和水侵体积系数 $\omega$ 关系：

$$\ln\omega = B\ln R \quad (5-38)$$

式中 $B$——水侵常数。

将式（5-37）代入式（5-38），可以得到水侵量 $W_e$ 的表达式：

$$W_e = R^B G B_{gi} + W_p B_w \quad (5-39)$$

式（5-39）中，各参数可由动态储量与水侵常数计算新方法求取。

对比水侵量计算的经典模型（稳态模型、非稳态模型和拟稳态模型）算法，主要的应用区别在于方法的假设条件、数据需求以及适用的水体类型，各个方法的不同用法和条件见表5-8。

表5-8 水侵量计算方法汇总表

| 方法 | | 需求数据 | 方法说明 |
|---|---|---|---|
| 稳态流法 | | 水体参数，地层压力 | 仅适用于天然水域和渗透率足够大的水驱气藏 |
| 非稳态法 | Van Everdingen-Hurst 法 | 水体参数，地层压力 | 针对径向流和直线流水侵方式，适用于无限大和有限大水体，计算精确，但需要进行压力叠加，计算较为复杂 |
| | Carter-Tracy 法 | 水体参数，地层压力 | 适用于无限大和有限大水体，不需进行压力叠加的一种算法 |
| 拟稳态流法 | | 水体参数，地层压力 | 以水侵量增量的形式代替压力叠加的近似算法，适用于有限大和无限大水体 |
| 生产数据拟合法 | | 生产数据，油套压力 | 计算方便，需求数据简单，可对单井单层的水侵量进行计算 |

除生产数据拟合法,其余方法计算水侵量均需要水体参数及气藏地层压力,由于这两大参数的获得需开展水层测试、全气藏关井等,实施难度大。就计算而言,稳态流属于理想化的方法,现场不适用;非稳态法计算较复杂。生产数据拟合法需求数据易于获得,且计算简便。因此选用生产数据拟合法进行涩北气田水侵量计算。

### 三、水侵速度

涩北气田由于各小层水体能量、采气速度、储层非均质性等影响,各方向水侵速度差异较大,分小层计算各方向水侵速度有利于掌握各小层不同方向的水侵形势。选取以往某一生产时段作为参考时段,以水侵面积作为研究对象,比较两个时间段水侵面积的变化,由此分析气藏各小层目前的水侵速度。如,使用2018年6月1日作为参考时段,将各小层2018年6月1日的水侵面积与目前水侵面积对比,求取各小层水侵速度。

$$v = \frac{(A_2 - A_1)}{(\sqrt{A_2/\pi} + \sqrt{A_1/\pi})\pi \Delta t} \tag{5-40}$$

式中 $v$——平均水侵速度,m/d;
$A_2$——目前水侵面积,$m^2$;
$A_1$——上一次计算水侵面积,$m^2$;
$\Delta t$——时间,d。

### 四、水侵面积

气藏水侵面积刻画是在气藏静态地质描述和储量复核的基础上,运用地层精细对比、气砂体分类评价、分层测试等资料成果,在多层合采气井进行产量劈分基础上,以出水层位研究为重点,落实每个单层的累计产气、产水及压降状况,复原气藏水侵过程,进而描述气藏水侵状况,圈定气藏水侵面积的方法,如图5-26所示。

**1. 气藏水侵面积确定步骤**

第一步,原始地质储量复核。以气藏精细描述为基础,准确确定各目的层的原始含气面积、有效厚度、含气饱和度等储层参数,复核各小层(砂体)的原始地质储量。

第二步,多层合采产量劈分。根据《涩北气田多层合采产气量劈分技术规范》将产量劈分到小层。

第三步,出水层位识别。针对水平井、动用单层的直井,根据气井生产情况,直接确定出水层位;针对多层合采井,根据最新的产气剖面资料,确定出水层位;针对无产气剖面资料的多层合采井,根据在该区域的新井解释成果确定出水层位;针对无产剖资料、区域无新井,根据该区域老井最新的PNN解释成果确定出水层位。

针对无产剖资料、区域无新井或测PNN老井的多层合采井,根据物质平衡原理,将已采出的气、液体体积还原至地下,并将计算所得层组各小层目前的水侵量还原至地下状态,最终根据物质平衡原理由原始含气饱和度得出目前剩余气饱和度,根据测井解释图版,含气饱和度≤45%为水层,即为出水层位。

$$S'_g = \frac{V'_g}{V'_g + V_w + V_w^0 + V_s - V_w^l} \tag{5-41}$$

# 第五章 气藏静、动态描述技术

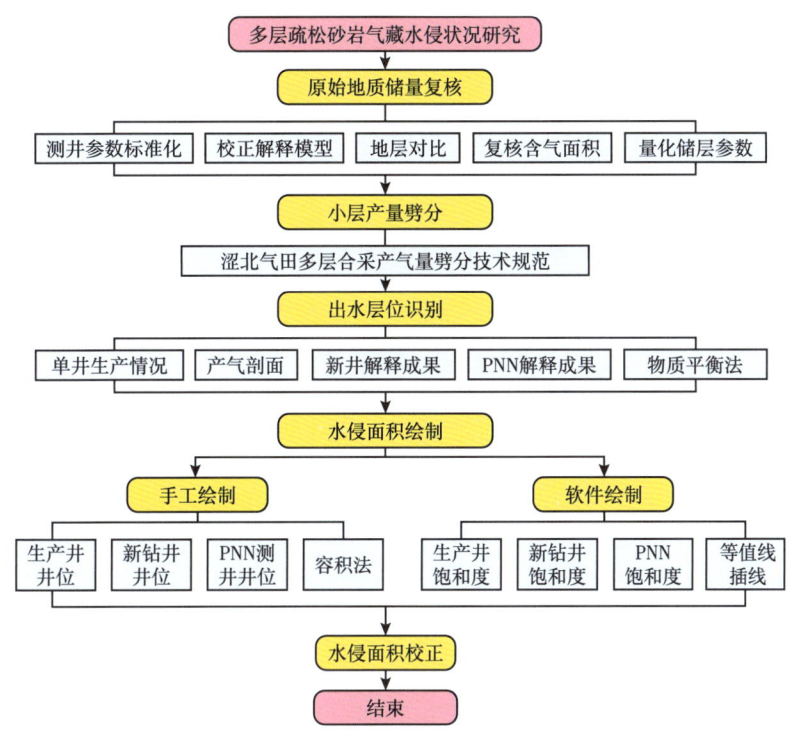

图 5-26 多层疏松砂岩气藏水侵状况研究技术路线图

$$V'_g = (G_B - G_1)B'_g \tag{5-42}$$

$$V_w = \frac{G_B B_g B_w (1 - S_g)}{B'_w S_g} \tag{5-43}$$

$$V_s = 0.05 V_w^1 \tag{5-44}$$

式中 $S'_g$——剩余气饱和度；
$S_g$——原始含气饱和度；
$V'_g$——剩余气对应地下体积，$m^3$；
$V_w$——原始水对应地下体积，$m^3$；
$V_w^0$——水侵量，$m^3$；
$V_s$——出砂量，$m^3$；
$V_w^1$——累计产水量，$m^3$；
$G_1$——累计产气量，$10^4 m^3$；
$G_B$——原始动态储量，$10^4 m^3$；
$B_g$——原始气体积系数；
$B_w$——原始水体积系数；
$B'_g$——目前气体积系数；
$B'_w$——目前水体积系数。

## 2. 气藏水侵面积图绘制原则

1) 手工绘制

（1）以生产井井位为基准的初步圈定。视气井出水情况初步确定水侵区域，在参考储量计算时圈定的含气面积基础上，水侵前缘确定原则是：出水井与纯气井间取井距的三分之一；积液井与纯气井间取井距的二分之一；水淹停躺井与纯气井间取井距的三分之二。

（2）以新钻井、PNN测井井位进行修订。在初步确定的水侵图上，投影新钻井、PNN测井井位及解释成果，核准水侵面积，如图5-27所示。

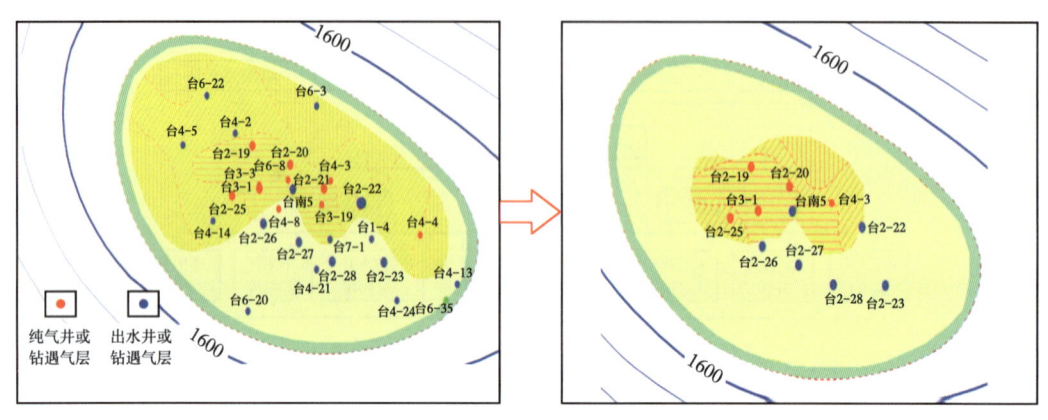

图5-27 核准水侵面积图（投影新钻井、PNN测井井位及解释成果）

（3）针对采出程度高、生产井未水侵的层组，在确定各小层目前剩余气储量、目前含气饱和度、目前地层压力等参数后，根据容积法反推目前的含气面积，从而确定水侵面积。

2) 软件绘制

（1）根据物质平衡法以含气饱和度为基准圈定。确定生产井目前的含气饱和度，见表5-9。

表5-9 台南气田1-12小层生产井含气饱和度计算表

| 井号 | 砂体 | 动态储量<br>（$10^8 m^3$） | 累计产气量<br>（$10^4 m^3$） | 累计产水量<br>（$10^4 m^3$） | 采出程度<br>（%） | 原始地层压力<br>（MPa） | 目前地层压力<br>（MPa） | 累计水侵量<br>（$10^4 m^3$） | 剩余含气饱和度<br>（%） | 备注 |
|---|---|---|---|---|---|---|---|---|---|---|
| 台2-25 | 1-12 | 0.71 | 2907 | 0.02 | 41.0% | 12.60 | 9.00 | 11.33 | 51.6% | |
| 台3-1 | | 0.79 | 3299 | 0.01 | 41.8% | 12.58 | 9.00 | 13.88 | 60.6% | |
| 台南5 | | 0.57 | 3691 | 0.31 | 64.6% | 12.62 | 9.00 | 28.26 | 38.2% | 出水 |
| 台2-21 | | 0.75 | 3172 | 0.09 | 42.0% | 12.64 | 9.00 | 12.69 | 51.2% | |
| 台2-19 | | 0.82 | 3527 | 0.01 | 43.0% | 12.52 | 8.70 | 13.10 | 51.8% | |
| 台2-22 | | 0.41 | 2555 | 0.09 | 62.5% | 12.55 | 9.32 | 20.08 | 42.0% | 出水 |
| 台2-20 | | 0.82 | 3560 | 0.04 | 43.6% | 12.57 | 8.70 | 13.04 | 51.1% | |
| 台2-26 | | 0.50 | 3217 | 0.70 | 63.8% | 12.69 | 9.00 | 24.72 | 31.2% | 出水 |
| 台2-27 | | 0.73 | 4130 | 0.00 | 56.7% | 12.46 | 9.00 | 27.92 | 38.7% | 出水 |
| 台2-23 | | 0.49 | 3664 | 0.82 | 74.0% | 12.54 | 9.00 | 32.00 | 21.7% | 出水 |
| 台2-28 | | 0.38 | 2804 | 0.38 | 73.5% | 12.53 | 9.00 | 24.16 | 22.5% | 出书 |

（2）确定新钻井、测 PNN 老井在目的层的含气饱和度，见表 5-10。

表 5-10　新钻井、测 PNN 老井在 1-12 小层解释含气饱和度统计表

| 井号 | 1-12 解释结论 | 含气饱和度（%） | 备注 |
|---|---|---|---|
| 台 7-1 | 含气水层 | 14.7 | 2014 |
| 台 6-8 | 气水同层 | 51.7 | 2014 |
| 台 6-35 | 气水同层 | 31.9 | 2015 |
| 台 6-22 | 气水同层 | 31.7 | 2015 |
| 台 6-20 | 含气水层 | 21.9 | 2015 |
| 台 3-3 | 气层 | 67.0 | 2015 |
| 台 4-8 | 气层 | 55.0 | 2014 |
| 台 3-19 | 气层 | 48.0 | 2014 |
| 台 4-21 | 气水同层 | 38.0 | 2014 |
| 台 4-2 | 含气水层 | 37.0 | 2015 |
| 台 4-4 | 气水同层 | 40.0 | 2015 |
| 台 4-14 | 含气水层 | 28.0 | 2015 |
| 台 4-5 | 含气水层 | 35.0 | 2015 |
| 台 4-24 | 含气水层 | 32.0 | 2015 |
| 台 4-13 | 含气水层 | 34.0 | 2015 |
| 台 4-3 | 气层 | 49.0 | 2015 |

（3）利用软件差值，自动绘制台南Ⅱ-2 层组 1-12 小层的水侵面积，如图 5-28 所示，并与手动绘制的进行对比，相互校正。

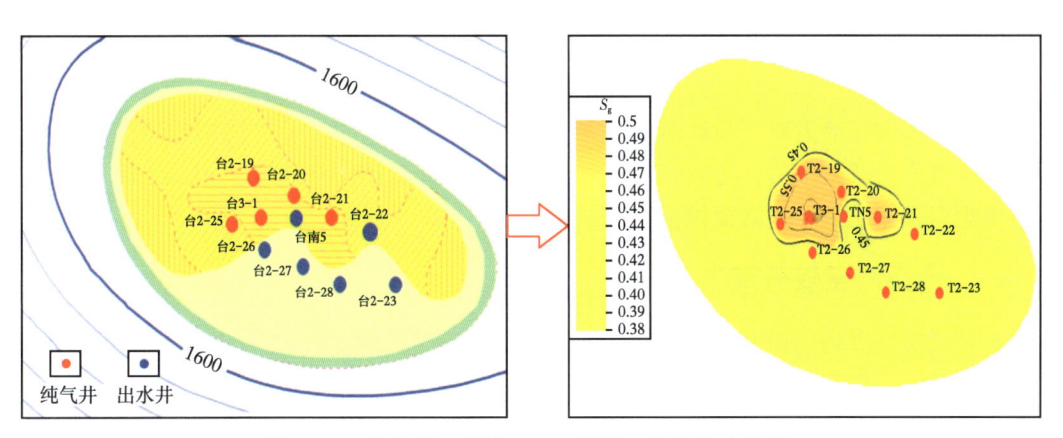

图 5-28　台南Ⅱ-2 层组 1-12 小层（软件自动绘制）

应用多层疏松砂岩气藏水侵状况技术方法，刻画了涩北气田小层水侵面积图。小层水侵图绘制完成以后，用实际图件计算水侵面积：

$$A_w = A_0 - A_1 \qquad (5\text{-}45)$$

式中 $A_w$——水侵面积，$km^2$；

$A_0$——原始含气面积，$km^2$；

$A_1$——未水侵含气面积，$km^2$。

在没有小层水侵图的情况下，可以应用原始含气面积、地层压力温度变化情况等参数根据以下公式进行计算：

$$A_w = A[1 - T_{sc} \times p_i/(p_{sc} \times T_i)] \qquad (5\text{-}46)$$

式中 $A_w$——水侵面积，$km^2$；

$A$——原始含气面积，$km^2$；

$T_{sc}$——原始地层温度，K；

$p_i$——地层压力变化值，MPa；

$p_{sc}$——原始地层压力，MPa；

$T_i$——当前地层温度，K。

水侵面积的刻画能够反映气藏边水推进状况，实时掌握气藏水侵动态，在气藏开发调整中可发挥较好作用。加强水侵规律的研究，尤其是一些存在高渗透条带的砂体呈现非均匀水侵特征，需要结合多种资料综合刻画气水边界变化情况，明确水侵面积与储量。对于水侵速度快、水淹程度高的砂体可以通过合理的排采对策防止和控制边水侵入的速度和非均匀性，改善开发效果。

## 第四节 分层采出状况评价

对于多层气藏，由于纵向上含气层数多，即使细分开发层系，多层合采仍是该类气田开发的主要技术之一。为了确定单砂体的产气量，标定单砂体的剩余储量，需要开展多层合采气井单砂体产量劈分工作。通过合理的产量劈分，寻找多层合采井的层间及层内潜力，以提高气井开发射孔单元内挖潜措施的有效性，为确定气田的挖潜方向提供更加充分的地质依据。

根据生产实际的需要，与科研密切结合，创新探索了适应涩北气田地质特征的长井段多层合采气产量劈分方法，持续开展多层合采气井层间动用特征研究，为最大限度地发挥气层潜力以及优化挖潜方案提供指导。

### 一、合采产量劈分基本方法

长井段多层砂岩气田开发过程中，如何认识地下各个气层（单个气砂体）的储量动用、采出程度、压降、水侵等状况，是动态分析最终目标。针对多层合采气井，特别是单层产出状况是动态分析研究的重点。目前一般常用的产量劈分方法有 KH 值劈分法、产出剖面测试法、单井 IPR 模型法及数值模拟法等。

**1. KH 值劈分法**

KH 值劈分法主要是利用气井产层的静态参数，即气层渗透率和有效厚度乘积作为产能系数，或以渗透率和有效厚度乘积除流体黏度作为流动系数，求得各层的相对产出百分数。该方法是国内油气田开发动态分析中，最普遍使用的传统产量劈分方法之一，优点是简便易行，缺点是未考虑层间干扰及压力动态变化，误差较大。现场应用及实践证明 KH 值法对储层非均质性较弱的砂岩油气藏，结果可信度较高、适用性较强；而对于储层非均质性较强、生产井段长、射孔层数多的砂泥薄互层气藏来说适用性较差。

**2. 产出剖面法**

产出剖面法主要利用生产测井方法取得生产井的产出剖面测试参数进行劈分计算，其优点是相对直接、有效和可靠，目前这一方式经过几十年的现场实践，大致经历了从对井下温度异常的测试到井下压力计、流量计和温度计组合测试到引进声波和放射性测试等三个大的发展阶段。其缺点是在实际生产中，现场测试工作量较大，不连续，投入成本高。

**3. 单井 IPR 模型法**

该方法主要是通过计算每个时间步长各小层的压力和流入动态进行产量劈分，基于流体 PVT、试井、测井、测试、射孔等数据，选择考虑层间流动摩阻损失的多层合采 IPR 模型，分别建立各单井的 IPR 曲线，根据产能测试数据进行拟合，计算各单层二项式产能方程系数，计算得到气井各层的产量贡献，包括各层的产气量、产水量、压力等。其优点是考虑了单层 IPR 和压力动态变化，同时可以考虑层间窜流对产量贡献的影响，劈分结果可靠，精度较高，缺点是流程相对复杂。

**4. 数值模拟法**

数值模拟法主要是以渗流力学为基础建立数值模型，开展气藏及单井产气、产水、压力等指标历史拟合，真实再现气藏生产历史，得到每口单井各层的产出及压力变化情况。该方法计算模型复杂，需要经过三维地质建模、历史拟合等过程，历史拟合精度受限因素较多，依赖于油气藏工程师的工作经验，历史拟合具有多解性，耗费人力与时机。

综上所述，气藏开发是复杂动态变化过程，单砂体的压力、生产能力、水侵情况都是不断变化的，简单的应用 KH 法、产气剖面法或者 IPR 模型法都有一定的局限性。KH 法只考虑了静态参数，而随着气藏开发的深入，出砂、出水的加剧，砂体的物性特征也在发生着变化，方法不确定性会增加。产气剖面法要求具有较多的、较高频次的测试工作量，保证每个开发阶段都有相应的产气剖面资料支撑产量劈分研究也是不现实的。单井 IPR 法是基于建立的气藏地质模型、PVT 模型以及试井等测试资料综合建立单井 IPR 模型，能够反映气层生产能力随着时间的动态变化特征，精度同样受控于相关资料的准确性，过程相对繁琐，对于气砂体较多、井数较多的气藏劈分工作量较大。

## 二、合采产量劈分技术内容

综合以上基本方法的优缺点，结合生产实际，以易于实现、确保精度为原则，针对涩北气田多层合采气井，确定了产量劈分的技术路线。

**1. 产量劈分的技术路线**

1）有少量产出剖面测试资料的合采气井

第一步，利用历年产出剖面测试资料，统计开发射孔单元内历年分层产量贡献率，计算分层平均贡献率和历年分层产量贡献占比的变化率。

第二步，这样在产出剖面的基础上，按单井的具体情况劈分，投产开始到第一次产出剖面测试之前，按第一次产出剖面结果进行劈分，多次产出剖面测试之间，每年产量劈分按邻近两次产出剖面之间线性插值得到,最后一次产出剖面测试至今,用最后一次产出剖面测试结果劈分。

2)未测产出剖面的多层合采气井

投产后一直未测产出剖面但同开发层组内同一射孔井段其他单井有产气剖面资料,按所建立的产气量劈分关系式计算分层产量贡献率进行劈分,如果关系式无法建立,就按统计的分年分层平均产量贡献率进行劈分。投产后一直未测产出剖面且同层组其他单井无产气剖面资料,可以按 KH 值法和单井 IPR 模型法进行劈分。单井 IPR 模型法首先要建立流体 PVT 模型,单砂体气藏解析模型,建立单井 IPR 曲线,根据产能测试数据进行拟合,计算单井各层二项式产能方程系数,最终计算得到砂体产量劈分结果。

3)有丰富产出剖面测试资料的合采气井

可以直接应用年度、季度或月度实测产出剖面测试资料计算生产测试时间段内的分层实际累计产量,分析分层分期贡献率,进而建立相关预测数学模型。

第一步,建立实测产出剖面分层贡献率与分层含气面积、厚度、泥质含量的函数关系,视各个气层的这三个参数为定值。

第二步,建立某年度分层贡献率的变化率与分层地层压降的关系,这里要先建立地层压降与分层渗透率、含气饱和度、气井临界携液产气量之前的含水量等这些中介变量的关系,再建立不同压降或不同采出程度条件下的分层贡献率。临界携液产气量对应的产水量为突变因子,作为线性方程的区间条件不予考虑。

第三步,运用分层贡献率的变化率预测未知年份某压降条件下分层产量贡献率和分层产气量。

由于单井生产测试井次的限制,具有丰富产出剖面测试资料的合采气井非常少。上述长井段多层合采气井产量劈分技术方法,目前虽然也借助了相关软件技术,但是,分层出水、出砂问题、产出剖面测试仪器精度问题、多变量影响因素问题等都会影响产量劈分的精度。为此,在有限的测试资料基础上,对分层产气量、产水量,直至分层采出程度和压降的理论技术方法还需要更多实践与探索。

**2. 产量劈分的方法内容**

1)参数选取

根据涩北气田地质特征,结合开发动态与多层合采产气井剖面测试资料,制订了如下参数选取原则。

(1)尽可能地将同一开发射孔单元的所有生产井统一进行产量劈分。

(2)将生产井不同时间、不同生产层位分开进行劈分。

(3)油套生产井按两口井进行计算处理。

(4)有产气剖面的按实际产气剖面测试结果,后期无测试数据的按其前一时间测试结果计算,在数据点较少的情况下,可不考虑应力敏感。

(5)所选取的有利参数为反映储层渗流能力的地层系数($Kh$)、反映气层含气能力的含气饱和度($S_g$)等二项,不利参数为岩性参数泥质含量($V_{sh}$)。

通过以上原则进行多层合采气井的产量劈分,摸清对各单层的采出气量认识,为调层补孔及开发调整方案制定提供更加充分的潜力依据。

对于地层系数、含气饱和度二项参数而言,其值越大,含气小层性能越好,分层产量

贡献越大。用本项分层参数值除以射孔单元内分层参数值之和,即:

$$E_i = \frac{X_i}{\sum_n X_n} \tag{5-47}$$

对于泥质含量（$V_{sh}$）而言,其值越小,含气小层性能越好,分层产量贡献越大。用本项参数值的倒数除以射孔单元内分层参数值倒数之和,即:

$$E_i = \frac{\frac{1}{X_i}}{\sum_n \frac{1}{X_n}} \tag{5-48}$$

按照生产措施、作业井史,逐一核实单井生产数据及实际射孔生产井段,确定出单井投产到固定时间内,生产过程中每个时间段对应的射孔生产井段,作为单井产量劈分的射孔生产井段数据。

2) 分层产量贡献率与测井参数关系建立

通过统计分析历年各气田各开发射孔单元的产出剖面的分层贡献率（$V_g$）,与测井解释的有关参数建立关系。

3) 分层产量贡献率计算关系式

给上述三项参数设置不同权重系数 $m_i$ 得到综合系数 $F$:

$$F = \sum_{i=1}^{3} E_i m_i \tag{5-49}$$

再与分层产量贡献率 $V_g$ 进行多参数线性拟合,观察不同权重系数的拟合效果,选取拟合相关系数最大时所设置的权重系数。得到拟合公式:

$$F = aV_g + b \tag{5-50}$$

反推分层产量贡献率公式:

$$V_g = \frac{F - b}{a} \tag{5-51}$$

式中　$V_g$——产量贡献率,%;

　　　$F$——综合系数,%;

　　　$a$,$b$——拟合直线斜率。

## 第五节　技术应用效果评价

气砂体划分、气砂体静态参数研究和气砂体分类评价是地质研究的常规工作,以及生产动态参数计算与资料求取等的技术方法相对固定,难度不大。而针对气藏或单砂体的水侵动态描述和多层合采气藏的单砂体采出程度评价影响因素较多,研究难度较高,虽然数值模拟方法能够充分考虑各类因素的影响，但是在生产现场由于各方面条件限制，气藏工程基础理论方法应用更为广泛。

## 一、气藏水侵描述应用实例

气田水侵指标可反映气藏水侵动态状况，随着气田采出程度的增加，边水水侵越来越严重，由初期的弱水驱气藏变为强水驱气藏，由于受储层非均质性的影响，在水体能量、水侵速度、水侵方向等方面表现出一定程度的非均匀性，通过层组间水驱动态指标对比分析，可为控水开发和开发调整提供依据。

**1. 水驱指数**

截至 2019 年 12 月，涩北气田水驱指数平均值为 0.34，平均每年上升 0.026。其中，涩北一号、涩北二号、台南气田水驱指数分别为 0.30、0.33、0.42。三大气田各小层水驱指数差异较大，分气田水驱指数超过 0.30 的强水驱小层分别为 16、23、10 个，占各气田小层总数的 22.5%、53.5%、21.7%，表现为水侵能量整体较强，如图 5-29、图 5-30 所示。

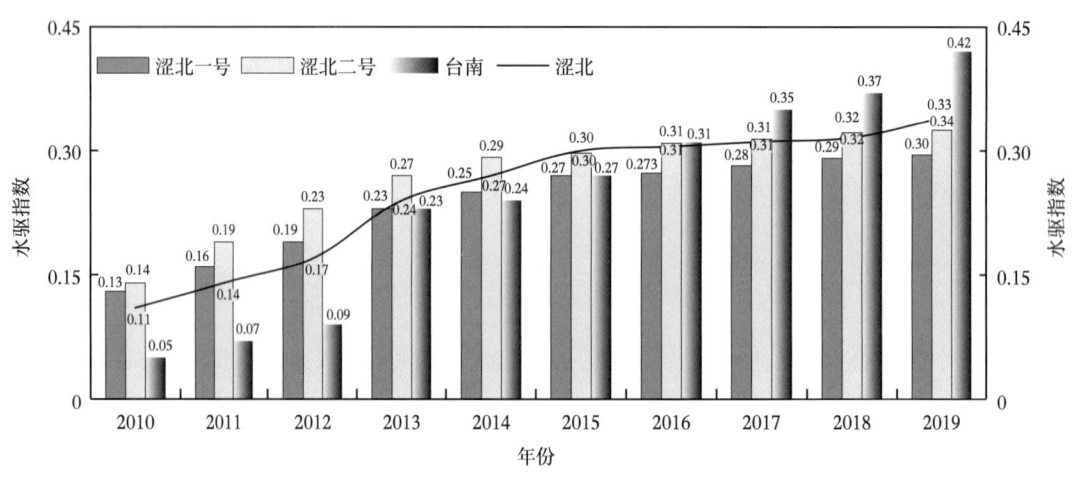

图 5-29 涩北气田历年水驱指数变化图

**2. 水侵速度**

2019 年，涩北气田水侵速度为 0.53m/d，涩北一号、涩北二号、台南气田水侵速度分别为 0.53m/d、0.45m/d、0.61m/d，台南气田水体能量最强，水侵速度最快，气田间水侵速度差异较大。各气田层组内气井见水前后边水推进速度差异较大，主要原因是储层非均质性影响，存在局部的高渗透带，致使气井见水后气井水相渗透率急剧上升，边水推进速度加快。如涩北一号的Ⅳ-1 层组气井出水前边水推进速度仅为 0.46m/d，出水后上升到 3.8m/d，远远高于未水侵层组。

以涩北一号气田为例，19 个开发层组，根据目前气水边界与原始气水边界，计算出较原始气水边界推进的平均距离，同时计算每个小层投产时间距目前的生产天数，即可得到目前各小层水侵速度，取平均得到每个层组水侵速度。各开发层组平均水侵速度为 0.53m/d，其中最快的是 Ⅱ-3 层组，水侵速度为 1.71m/d，最慢的为 O-2 层组，水侵速度为 0.04m/d，如图 5-31 所示。

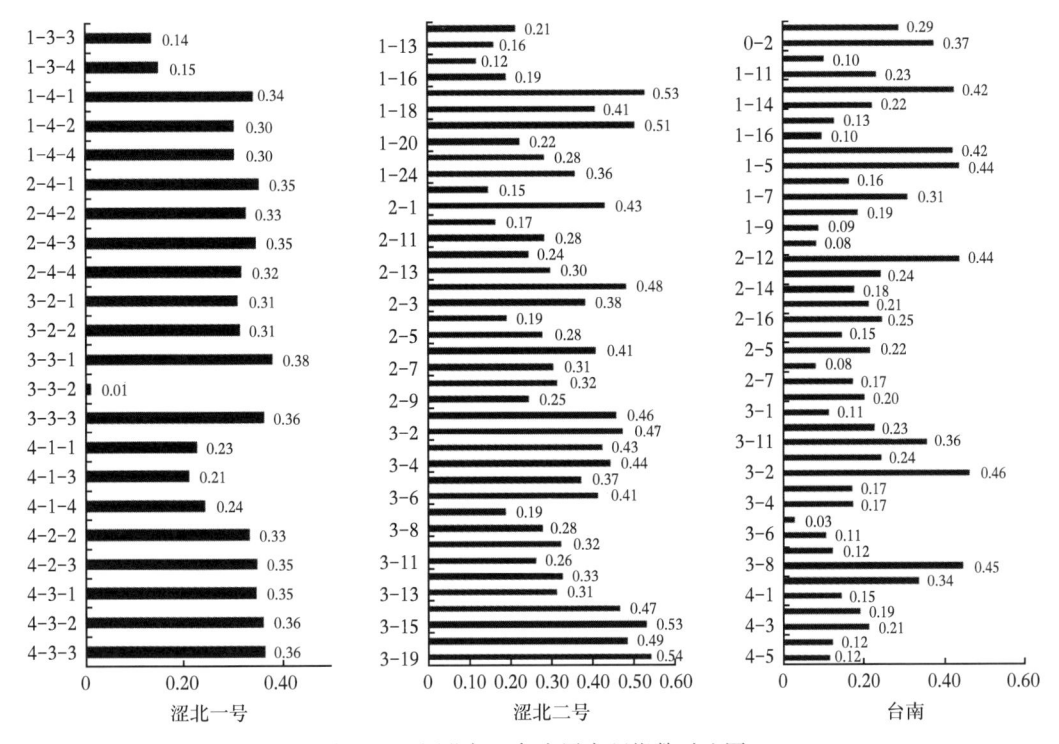

图 5-30 涩北气田各小层水驱指数对比图

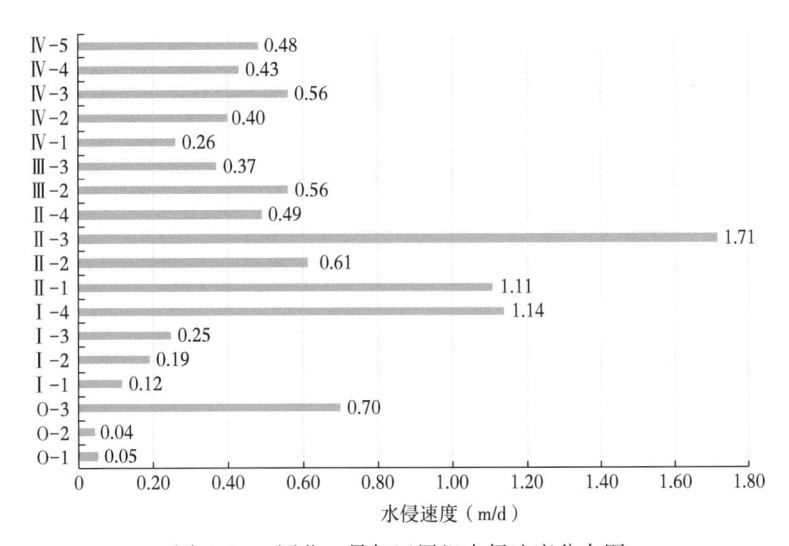

图 5-31 涩北一号气田层组水侵速度分布图

再对每个开发层组的 8 个方向进行评价,为后期准确预测水侵前缘提供数据支撑。从图 5-32 可以看出,涩北一号气田南翼水侵速度快于北翼,其中西南方向的水侵速度最快。

**3. 水侵面积**

各气田不同层组、不同方向上水侵能量各不相同,使得水侵方向不一致,边水水侵不

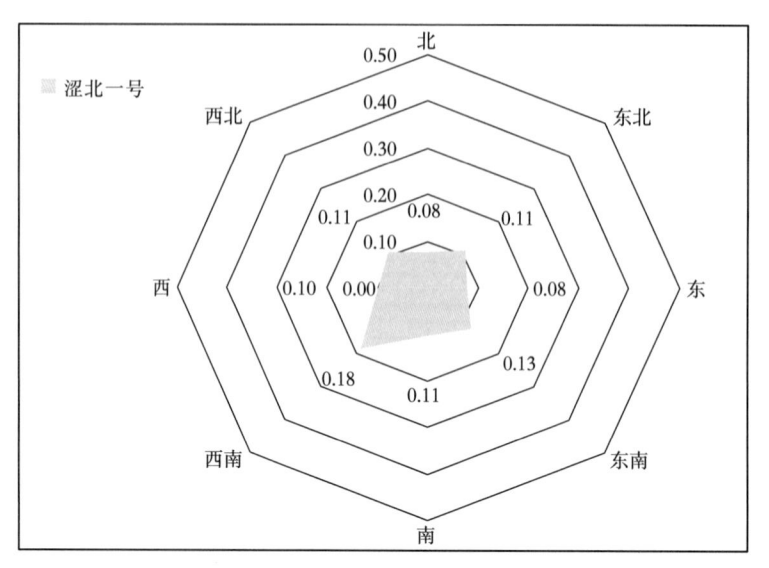

图 5-32　涩北一号各方向水侵速度雷达图

均衡推进，如图 5-33 所示。目前气田平均水侵面积占比为 61.9%，其中涩北一号、涩北二号、台南气田分别为 50.6%、58.5%、63.0%，现台南气田水侵最为严重。

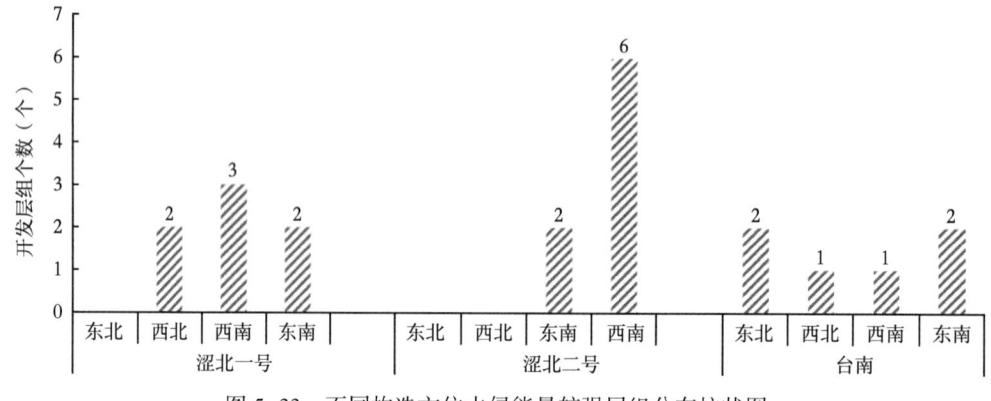

图 5-33　不同构造方位水侵能量较强层组分布柱状图

## 二、产量劈分技术应用实例

以台南气田Ⅵ-1 层组为例，该开发层组包含 4 个小层、发育 6 个气砂体，有效厚度 26m，气砂体储量 $174.11×10^8m^3$。共有生产井 61 口，包含 4 口水平井，57 口直井，其中 49 口直井为多层合采生产。分别应用产气剖面法和单井 IPR 模型法进行了产量劈分，见表 5-11。

从劈分结果看，产气剖面法更好地体现了分层产气结果，单井 IPR 模型法则考虑了单井小层 IPR 与压力变化动态过程，两种方法劈分整体相近，各有侧重，都能够用于分层采出程度和剩余储量标定。产出剖面资料更能够直观地反映分层产出情况，即剖面上分层动用的差异。

表5-11 台南气田Ⅵ-1层组产量劈分结果

| 砂体 | 地质储量 ($\times 10^8 m^3$) | 动态储量 ($\times 10^8 m^3$) | 产气剖面法劈分累计产气量 ($\times 10^8 m^3$) | 单井IPR法劈分累计产气量 ($\times 10^8 m^3$) |
| --- | --- | --- | --- | --- |
| 4-1 | 18.39 | 6.54 | 3.13 | 4.25 |
| 4-2 | 30.28 | 23.22 | 16.9 | 14.75 |
| 4-3-1 | 21.93 | 16.73 | 7.45 | 10.88 |
| 4-3-2 | 41.20 | 27.02 | 21.46 | 17.53 |
| 4-4-1 | 56.36 | 25.89 | 11.83 | 17.16 |
| 4-4-2 | 4.30 | 1.65 | 4.92 | 1.12 |
| 合计 | 172.5 | 101.05 | 65.69 | 65.69 |

在产量劈分的基础上，计算出单井在每个单层的累计产气量，再统计汇总多井的分层产量得出每个气砂体累计产气量，根据单砂体地质储量及单井控制的储量，得到各气田单砂体剩余储量及井控剩余储量，最终利用该结果绘制剩余储量丰度图，明确剩余储量潜力。进一步结合砂体水侵面积及砂体压力变化，可以综合刻画剩余储量分布特征，进而明确其影响因素及动用对策，指导气田调整产能部署。

总之，多层合采产量劈分研究，既是分层采出程度研究，也是剩余储量标定工作，对于客观认识气藏纵向动用差异，明确气藏开发调整潜力都具有重要作用。在开发实践中应用劈分结果开展的细分层系、开发调整等工作都取得了较好效果，减缓了层间矛盾，改善低动用层的开发效果。

水侵状况评价和产量劈分研究都属于气砂体开发动态描述的内容，运用理论分析法、经验分析法、模拟分析法、系统分析法、类比分析法都有其局限性，这些方法都支撑着现代油气藏数值模拟研究技术，针对涩北气田的数值模拟工作已有通论性专著论述。

# 第六章 开发指标优化调控技术

气藏开发指标是用来评价气田开发效果的标尺,是指示气田开发有无异常的晴雨表。它包括日产气量、年产气量、采气速度、井数、稳产时间、采收率等 74 个指标。为确保气田的平稳高效开发,要树立"在开发中保护、在保护中开发"理念。更需要确定气藏的静态指标、及时分析气藏的动态指标、适时调控气藏的生产指标,即要实时单井优化配产,又要适时气藏整体调整,最终力求实现气田在纵向、平面、区域上的合理开发、高效开发的目的。

## 第一节 开发指标异常判别技术

开发动态指标是气藏自身性能的反映,也是气藏开发质量和开发问题的反映。也如同汽车仪表盘显示的各项参数,是汽车性能、行驶异常的报警显示。气田的平稳高效开发,需要客观确定各气藏的静态指标,及时分析气藏的动态指标,适时调控气藏的生产指标,做好开发指标的预警和调控。

### 一、主要开发指标选取

石油天然气行业标准(SY/T 6170—2012)《气田开发主要生产技术指标及计算方法》中动、静态指标多达 74 个,这些指标并不便于实际现场生产者对气田开发状况、开发质量、开发问题的评价,必须根据矿场实际生产情况的需求,筛选出简明实用的气藏开发指标,力求开发管理简单化,能够体现气藏关键性的开发特征。遵循便于求取、便于分析、便于认识的基本原则,筛选出产气、压力、产水三类关键指标,见表 6-1。

表 6-1 涩北气田关键开发指标关联参数筛选表

| 主要指标 | 关联参数 | 单位 |
|---|---|---|
| 产气 | 采出程度 | % |
| | 综合递减率 | % |
| | 井口产能 | $10^4 m^3$ |
| | 井口产气量 | $10^4 m^3$ |
| 压力 | 压力下降幅度 | % |
| | 增压井数比 | % |
| | 地层压力系数 | |
| | 井口压力 | MPa |

续表

| 主要指标 | 关联参数 | 单位 |
|---|---|---|
| 产水 | 水驱指数 |  |
|  | 水侵速度 | m/d |
|  | 水气比 | $m^3/10^4 m^3$ |
|  | 井口产水量 | $m^3$ |

## 二、开发指标异常识别

不同类型气藏开发指标的正常取值范围和异常反映不同。就像不同类型的汽车驾驶手册上标注的参数和警示一样。针对不同类型气藏必须在开发方案编制时就根据《开发纲要》和不同《标准》确定合理的气藏开发指标取值范围。超过或未达到正常取值范围，指标即反映异常。

开发指标异常反映分为显性和隐性。并且，随着气藏开发地质认识的加深和开发条件的不断变化，开发指标的正常取值范围应适时修订，以指导气藏的开发调整。

**1. 产量指标**

从气藏角度确定合理产能必须考虑可采储量、稳产年限、驱动类型等；但是又与单井控制储量、单井产量、地层压力、储层物性、岩性等因素有关。综合多因素，从全气藏开发地质条件及生产需求的角度设计合理产量规模，界定合理范围，以此识别指标的异常表现，做到早发现、早防控。

《天然气开发管理纲要》中要求大型气田稳产10~15年，水驱气藏理论采气速度一般小于3%，按照涩北气田已动用探明地质储量计算出的年产规模应该为 $(69~83) \times 10^8 m^3$。《涩北气田开发方案》设计年产规模为 $70 \times 10^8 m^3$，采气速度为2.5%~2.8%，年递减率≤8%，单井平均日配产直井为 $(3.2~4.7) \times 10^4 m^3$，水平井为 $(6.5~13.4) \times 10^4 m^3$。产能规模和采气速度符合《天然气开发管理纲要》要求。

2010年涩北气田实际建成 $71.5 \times 10^8 m^3$ 年产规模后的十年稳产期内，气田年产量保持 $50 \times 10^8 m^3$ 以上，年均产气量达 $55.2 \times 10^8 m^3$，年均采气速度为2%，年综合递减率在8%~10%。产能、产量、采气速度、年综合递减率这四项显性开发指标表明，达到了方案设计要求，效益指标也达到了高效开发的标准。

气田十年稳产期内，单井平均日产气由 $4.2 \times 10^4 m^3$ 下降至目前 $1.66 \times 10^4 m^3$，年递减6%左右，也说明单井产量指标无明显异常。但是，从2010年建成 $71.5 \times 10^8 m^3$ 年产规模后的前三年（2011—2013年）又追加建产 $14 \times 10^8 m^3$，这期间气田产气量、产水量指标变化基本稳定；中间三年（2014—2017年）产水量开始持续上升，产气量出现递减；近三年（2018—2020年）补建产能 $14.85 \times 10^8 m^3$，产水量上升和产气量递减幅度增大。为弥补产能抵减，十年内累计补建产能近 $30 \times 10^8 m^3$，年均新建 $3 \times 10^8 m^3$；累计措施增气 $20 \times 10^8 m^3$，年均 $2 \times 10^8 m^3$。这些隐形开发生产指标的异常说明了基础井网对非均质气田储量控制程度有限，产量递减因素是近几年水侵的问题。

**2. 压力指标**

从气藏角度压降速率主要考虑的因素有地层压力、井口压力、外输压力、生产压差等。但是，压降速率又与稳产年限要求、采出程度、产层物性、岩性及气藏驱动能量等因素有关，同时还要兼顾均衡开采的要求，需要综合界定压降速率合理区间。

在《天然气开发管理纲要》中要求大型气田稳产10~15年，按照涩北气田平均原始地层压力13.3MPa计算，合理的年压降幅度≤0.8MPa左右。疏松砂岩气藏临界出砂压差为1MPa左右，保持1MPa的生产压差，压降速率和出砂程度均会缓解，按照开发射孔单元划分原则，同单元内各单层应具有统一压力系统，其压力下降应保持均衡。

依据年地层压降≤0.8MPa的合理区间，涩北气田实际地层压降相关的开发指标表现为：气田投入开发以来，平均地层压力下降至目前的7.11MPa，年压降幅度约为0.4MPa，在合理压降幅度范围。

但是，气田开发全过程中平均生产压差控制在0.9MPa的情况下，目前平均井口压力为4.0MPa，已接近外输启动压力，井筒压损在4.0MPa左右。所以，从井口压力等指标可以看出存在隐性异常，即气井出水造成的井筒积液严重。

### 3. 产水指标

首先，气藏水侵程度分析主要考虑的因素是气水边界位置、边水能量、储层非均质性、压降漏斗等。其次，气藏含水上升速度与累计采出程度、压降幅度相关，地层压降又受储层物性、孔隙结构等因素影响，所以，产水指标的合理区间确定应综合考虑，必须从气藏开发动态和气藏地质条件两方面界定。

从地质角度，气区地层平缓沉积稳定，各方向水动力能力不强，无高水势水压头，区域内无地下水及地表水资源，且地表水与地下水体相互封闭。从开发角度，气田开发早期水层试水测试资料分析表明，涩北一、二号气田测试平均日产水分别为$11.6m^3$、$9.85m^3$，为边水不活跃气藏，台南气田测试平均日产水≥$40m^3$，边水相对比较活跃。

由于边水体积、地层压力、储层有效渗透率、采气速度、储层应力敏感等对边水推进都会产生一定影响，但边水推进的距离是有限的。以涩北一号为例，早期利用数值模拟预测，在地下水体积为烃类体积的15倍、渗透率放大5倍（165mD）、采气速度5%的条件下，开采20年边水推进900~1300m，这表明在理想的稳定开发状态下，边水均衡推进，反映边水活跃程度不高，按照$13×10^8m^3$稳产16年，预计累计产水量为$6.66×10^4m^3$。

依据以上确定的合理区间，对比涩北气田实际产水指标，截至2019年底，涩北一号气田累计产水$181.7×10^4m^3$，累计水气比为$0.79m^3/10^4m^3$，涩北二号气田累计产水$246.2×10^4m^3$，累计水气比为$1.33m^3/10^4m^3$，台南气田累计产水$418.2×10^4m^3$，累计水气比为$1.53m^3/10^4m^3$，产水指标远超于早期的数模预测结果。

目前涩北一号、涩北二号、台南气田水驱指数分别为0.30、0.33、0.42，涩北三大气田平均水驱指数为0.34，平均水侵速度为0.46m/d，以此推算，气田近10年合计的边水推进距离为1679m，比数模预测距离高出一倍。

所以，含水变化从早期的隐性逐渐演化为显性指标。早期对涩北气田边水水体能量、水侵规律和水侵危害的认识是不足的。随着气田开发时间的延长，气藏水侵量、水侵速度快速加剧，油套压差、藏内外压差逐年变大，井间、层间压降差异变大，非均衡水侵的态势进一步恶化。实现异常开发指标的"早发现、早预防、早调控"也是实现气田高效开发的主要做法。

### 三、开发指标异常原因分析

产气、压力、产水三类相关参数是最敏感的气藏开发动态指标,地质条件是产气指标的基础,产气的优化调配是控制压降与出水的根本,出水和压降又影响气藏产能。因此,三大动态指标相互关联、相互影响、相互制约,而静态指标储量、孔渗、水体等又制约着开发动态指标。

涩北气田产气、压力、产水三类开发动态指标中,产水指标异常突出。主要表现为:目前水侵的小层共118个,73.7%的小层为局部水侵,且水侵方向不一,说明小层平面非均质性强、不同方位边界条件即边水能量不一;不同井区采出程度不一、压降幅度差异大、边水舌进、指进现象普遍,造成局部水淹的因素多,具体从以下几个角度分析。

从气田角度分析,目前涩北一号、涩北二号、台南气田平均单井日产水分别为 $2.35m^3$、$3.83m^3$、$25.6m^3$。三大气田储量基数相当、储层非均质性相当,但是,台南气田近10年来年产气量是涩北一号、涩北二号气田年产气量的总和,并且,台南气田水体能量比涩北一号、涩北二号气田大,所以产水指标的异常一般遵循"配产高、出水多"的规律。

从层组角度分析,在层组内各小层非均质程度相当的情况下,配产高、采气速度高、累计产气量高是造成层组快速水侵的原因。若层组内各小层非均质程度差异大,同样的开发条件下高渗透层是造成层组快速水侵的原因。若各小层间水体能量不同,强水驱的小层水侵快,水体能量是决定水侵的又一原因。同时,由于早期对各小层非均质性、物性、气水关系、气水压力系统等的认识不够,水侵防控对策考虑不周等也是造成水侵的原因。因此,引起气藏动态指标异常的主因是强采强驱,根源在于对地质认识的偏差。

总的来说,开发动态指标异常的识别及原因分析,关系到气藏的平稳高效开发,是气藏保护性开发的关键环节,应早发现、早预防、早调控。从地质角度,由于对地下水、砂的伤害认识不清,对地质及可动储量认识不够,对水体能量的评价不清,开发中可通过各类测试资料、深化认识气藏类型、储量复核、明确水侵规律、正确评价水体能量大小、调产降速、优化治理措施等办法解决地质认识不清等问题。通过开发指标的优化调控等技术,即单井的微观调整反映到气田宏观的变化,最终达到气田在区域、纵向、平面上的均衡开发的目标。

## 第二节 合理配产与优化调控技术

针对涩北气田各气藏各层组因采出程度不均衡,因压降不均衡等导致边水局部突进,气田间因采气速度不均衡导致个别气田开发形势变差,井与井之间因生产不均衡导致水淹停躺等问题。统筹考虑储量均衡动用、气藏内控外排、层组综合治水等方面,将均衡采气和均衡排水有效结合,控制气藏水侵速度,延缓递减,提高采收率。

### 一、调控原则与做法

以"两控一防"(控递减、控边水、防停躺)为目标,通过五个手段(单井合理配产、开关井优化、产量合理配置、措施工艺及月度对标),实现四个均衡(区域、纵向、平面、时间)。具体做法包括以下几点。

一是根据各气田实际生产能力，结合递减率、采气速度、出水、出砂的实际情况把年度产销任务分配到各气田。

二是以月度销售计划为基础，充分考虑场站检修、动态监测等工作，把月度产销任务分解到各气田，以确定各气田月度可供均衡采气调整的总气量。

三是在各气田月度可调整总气量的基础上，降低水侵快且采出程度高的层组的年产气量，提高未水侵且采出程度低的层组的年产气量，对各开发层组的产量进行优化调整，从而实现层组间均衡开采。

四是在平面上通过气井开关、合理配产、措施作业等手段，对未水侵的层组提高构造高部位气井产量，在高部位形成压力低值区，降低边部位气井的产量，从而在边部位形成高压阻水屏障，延缓边水推进速度；对已水侵的层组边部位出水气井通过合理配产、排水采气等手段使其能够正常携液生产，腰部位气井距离气水过渡带较近需降低产量生产，高部位未出水气井提高单井产量，也要考虑其开井时率，从而起到边部排水、腰部控水、高部弥补产能控递减的作用。

五是以细化分解到各区块、各月度、各层组的产量任务为基础，结合年度生产形势，分月度预测各区块、各层组的递减率，并逐月进行对标分析，借鉴指标变好层组的经验做法，对超标层组进行实时调产调控。

### 二、优化配产技术

从气井生产实际入手，以气藏均衡开发和控水、控砂、稳气为目的，采用产能试井分析方法、系统节点分析方法，结合气井生产动态主控因素，兼顾气井最小携液、控压差主动防砂原则，进行单井产量优化配置，建立涩北气田气井动态多因素合理配产模式。

首先，综合考虑地层能量最大化产量、临界出砂压差产量、临界携液流量等，确定气井合理配产区间。其次，对构造部位、采气速度、水侵、出砂、递减率等因素分别赋值，将配产区间划分为10等分并对应不同的分值，见表6-2和图6-1。

表6-2 涩北气田单井合理配产赋值评分表

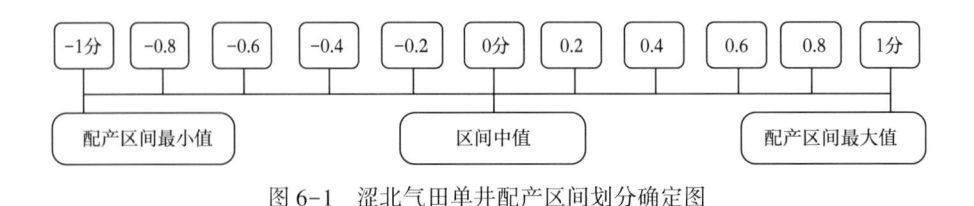

| 构造部位 | 分值 | 水侵情况 | 分值 | 出砂情况 | 分值 | 采气速度（%） | 分值 | 递减率（%） | 分值 |
|---|---|---|---|---|---|---|---|---|---|
| 高部 | 0.1 | 未水侵 | 0.3 | 轻微 | 0.2 | 小于层组平均值 | 0.1 | 小于层组平均值 | 0.3 |
| 腰部 | 0 | 近水侵 | 0 | 中等 | 0 | 等于层组平均值 | 0 | 等于层组平均值 | 0 |
| 边部 | -0.1 | 水侵 | -0.3 | 严重 | -0.2 | 大于层组平均值 | -0.1 | 大于层组平均值 | -0.3 |

图6-1 涩北气田单井配产区间划分确定图

根据综合得分确定合理产量，再应用节点分析方法落实不同外输压力对应的合理工作制度。

年初根据产量任务制定控标计划，各月在生产过程中进行月度指标跟踪对比。以上一年度年产量与递减率为基础，采用开井增量法预测下年度产能递减率，预测完成后根据各气田情况进行调整。

涩北气田产量调配主要根据气田实际生产情况，综合考虑场站检修、动态监测、月度产销计划安排，把年初下达的产量任务合理分配到各气田、各层组，既要保证完成全年生产任务又要实现指标可控，具体做法为。

首先，将产销任务分配到气田。根据涩北一号、涩北二号、台南气田三个区块的实际生产能力，考虑各气田储采比，把年度产销任务初步分配到各区块，初步确定产量任务时需参考负荷因子优化组合，通过产能递减预测分析，得出涩北气田年度产能递减率最低的一套组合数据，从而确定为各区块的合理产量。

其次，分配到月度。以气田年度各月实际销量为基础，结合场站检修、动态监测、各气田月产能，按照月实际供气能力把月度产量任务分配到各气田。

最后，落实到层组。以各气田已经确定的月度产量任务为基础，根据不同层组的产能进行初步分配并预测各层组的采气速度，之后遵循"降低递减率较高层组的采气速度，提高递减率较低层组的采气速度"的原则，对各层组的年度产量进行二次优化，优化后的数据则为最终各层组的年度产量。

### 三、均衡调控技术

以涩北气田均衡采气总体思路为基础，设置气田间、层组间、层组内开关井原则，依据原则进行开关井优化调整，从而实现区域、纵向、平面上的均衡生产。

**1. 气田间开关井调整**

根据各气田年度、月度的产销任务目标，结合现场各气田实际生产运行状况，实时安排各气田间的产量增减。

**2. 层组间开关井调整**

若层组需气井全开或全关，则层组间开关原则以边水水侵程度、递减率大小这两个指标为主来制定开关顺序，图6-2为层组间开关井顺序流程。

（1）以边水水侵情况作为开关井总体衡量标准，即已水侵层组先关后开，未水侵层组先开后关。

（2）若同为未水侵层组，依据递减率大小确定开关顺序。即递减率低的层组先开后关，反之亦然。

（3）若同为已水侵层组，水侵严重层组先关后开，如水侵程度相差不大，递减率高的层组先关后开，反之亦然。

**3. 层组内开关井调整**

为在层组内构造高部位形成压力低值区，构造边部位形成高压阻水屏障，以达到延缓边水推进速度、提高层组最终采收率的目的，制定层组内开关井原则时综合考虑了构造部位、边水推进方向、出水量大小、动态监测计划、平面压力分布等因素，图6-3为层组内开关井顺序流程。

（1）针对构造边部且出水类型为边水的这种情况：关井从构造腰部开始，逐级向构造高部位的气井推进，最后关边水影响气井甚至不关井；开井则先开边水影响气井，之后开

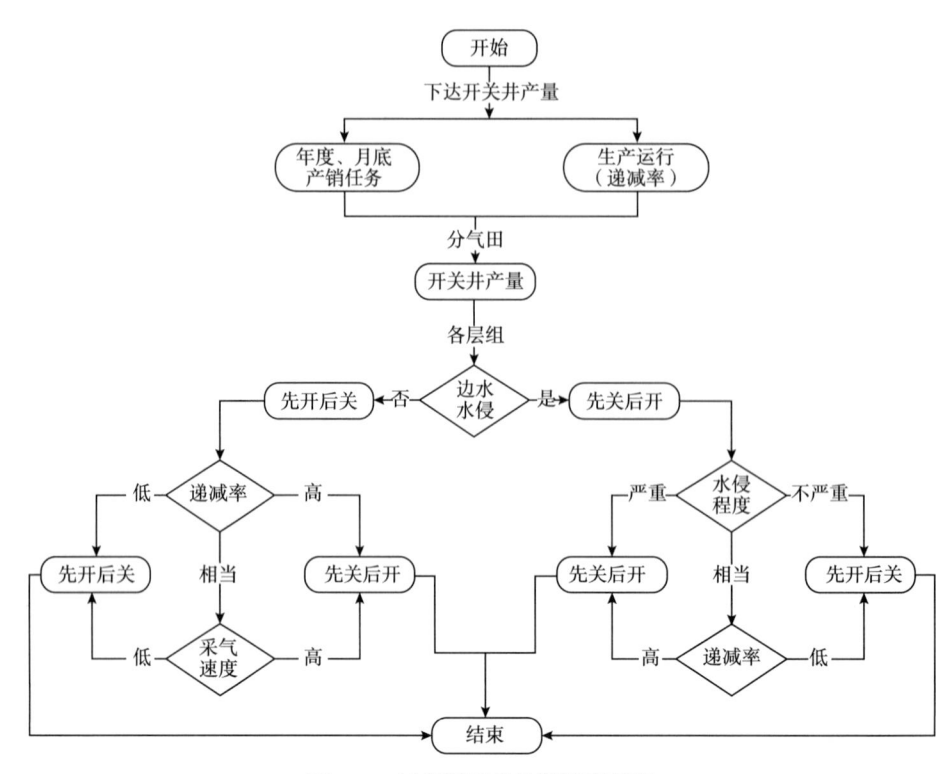

图 6-2　层组间开关井顺序流程图

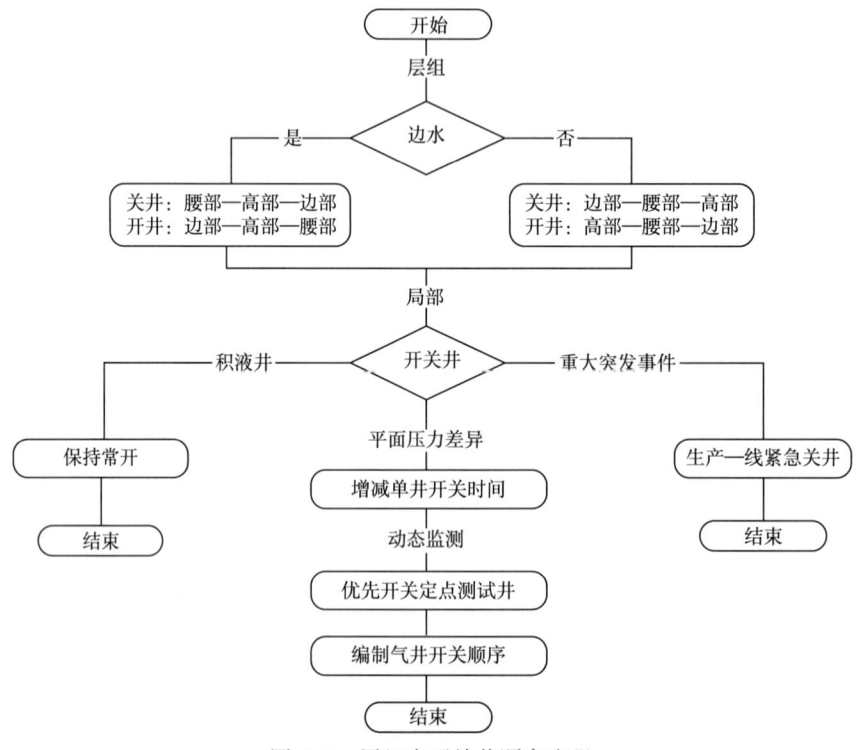

图 6-3　层组内开关井顺序流程

构造高部位气井，最后开构造腰部气井。

（2）针对出水类型为层内水的这种情况：关井从构造边部位气井开始，逐级向构造腰部的气井推进，直至构造高部位，开井与关井方式相反。

（3）针对积液井，尽可能保持气井常开生产，避免因关井导致气井停躺。

（4）在开关井过程中，如果气井开关后对其生产影响程度状况相当，则优先考虑定点测试井。

（5）针对"层组平面压力下降不均衡"这种情况，结合生产实际，对个别井进行适当的增减开关井时率。

（6）针对压缩机突然停机、安全等突发事件，生产一线可以紧急关井，避免灾害进一步扩大。

## 第三节　提高单产与调峰技术

在天然气产销运行过程中，不可避免地存在供气与用气的不平衡问题。供气方面，在气田开发过程中，既要保持气田均衡采气和气井平稳生产，又需要考虑地面集输装置安全、稳定运行，还要满足用户冬季用气高峰期的需求。因此，为达到供气与用气的平衡，采用适合的调峰供气手段，是气田安全供气的重要开发技术组成部分，也是开发指标优化调控的关键内容。

### 一、提高单井产量措施

提高单井产量是确保气田开发效益、保障冬季峰值供气安全的基础，涩北气田提高单井产量的有效技术措施主要有以下方面。

**1. 实施分层采气工艺**

1）油套分采

涩北气田含气井段长、气层层数多，层间干扰严重，采用油套分采技术是涩北气田开发初期提高气井产量、降低层间干扰的有效手段之一，该技术工艺简单、成本低，一口井可以当作两口井，可有效储备一定规模的调峰产量。2007年之前，共实施66口井，其中，油管平均产气量 $4.08\times10^4\mathrm{m}^3/\mathrm{d}$，套管平均产气量 $3.14\times10^4\mathrm{m}^3/\mathrm{d}$ 天，单井日产气 $7.22\times10^4\mathrm{m}^3/\mathrm{d}$，最长有效期超过4年，产量增加幅度较大。

2）分层采气

考虑到各个单层的差异性，通过分层采气，可以缓解层间矛盾，可使单层产量最大化。也利于分层控制生产压差而抑制地层出砂。为此，采用同心集成式三层分采工艺管柱和偏心投捞式三层分采工艺生产管柱现场实施9口井提产试验，气井三层分采后单井产量平均提高93.11%。

但是，随着疏松砂岩地层压降幅度增大，储层压敏性表现强烈，孔隙结构和岩石骨架的破坏，特别是地层出水加剧出砂等，井筒内积砂积液造成上述两项提产工艺分采管柱作业维护困难，甚至大修，并且井筒测试困难等。特别是开发后期，气井普遍出砂出水，停止了推广使用。

**2. 优选气井放大压差**

由于涩北气田不同类型气层的物性及储层岩石胶结程度存在较大差异，并非所有的气层、气井都严重出砂、出水。通过筛选，预备一批主要分布在气藏构造中、高部位的微量出砂、出水，且产量较为稳定、采出程度低的气井，在冬季调峰保供期间作为适度放大生产压差的调峰供气井。同时也要兼顾气井压降幅度和全气藏的均衡采气工作，在适当时间改变工作制度也要考虑保护性开发。

**3. 选层部署水平井**

涩北气田水平井实施的关键技术集中在目的层筛选、井眼轨迹、井型和完井方式上，通过不同储层类型、水平段长度、井型、井眼轨迹对产量的影响分析进行水平井优化设计，并制定水平井合理压差与产量、开关井控制、动态监测与管理措施，发挥了水平井提高单井产能的优势，在涩北气田开发早、中期应用水平井技术取得了很好的效果。

2005—2010 年，涩北气田水平井主要部署在含气面积大、储层厚度大、分布稳定、物性好的Ⅰ类气层上，水平井产量是直井产量的 2~3 倍，期间共钻水平井 51 口，日产量达 $600×10^4 m^3$，形成产能 $19.6×10^8 m^3$，为该气田平稳开发储备了调峰产能和多项新技术。2011 年在涩北气田一次细分加密扩能期结束之际，主要针对浅层、薄层和潜力区，又部署 20 余口水平井，气层钻遇率达到 85%，新建产能 $4×10^8 ~ 5×10^8 m^3$。

## 二、冬季保供调峰措施

通常，国内外利用储气库应对冬季下游用户的调峰保供，涩北气田试采开发 20 多年以来，在无储气库的情况下，在不影响气田平稳生产的前提下，主要采取加快新井投产进度、紧抓措施增气量、积极开展排水采气、启用低压集输气量、预防性开展冻堵井治理、加快投运采出水回注工程等保供措施。并根据下游峰值用气需求，遵循"均衡排采、供需平衡"的原则，有序通过备用井开井生产和放大压差等方式进行调峰。

**1. 主要调峰手段**

为确保冬季峰值供气和安全平稳生产，顺利完成生产销售任务。每年入秋后及早制定《天然气年度冬季保供方案》。结合动态监测任务，制定优化开关井管理，发挥措施增产作用，努力提高开井率等，实现保供目标。

**2. 调峰方案制定依据**

一是冬季天然气峰值需求预测；二是各类气井的开关井要求；三是气田产能现状及动态指标变化预测；四是气田动态监测计划完成情况；五是各项应急预案。

**3. 开关井原则**

（1）根据气田每日实际供气能力与日需产量之间的差值，结合动态监测计划，实施开关井。

（2）在安排动态监测工作量之后，如果气田供气能力与日需量之间仍有余量时，考虑气田均衡采气的需要，适度进行开关井操作。

（3）若气田日需求量增高时，先开实施均衡采气时关的气井，再开实施动态监测测试时关的气井。

**4. 保供具体措施**

（1）加快新井投产进度。按照产量优先原则，周密安排新投井的实施进度，计划新投井于当年 11 月底全部完钻，12 月初全部进站投产。

（2）紧抓措施增产气量。实施压裂防砂、调层补孔、连续油管冲砂等措施作业，恢复一定气量。

（3）积极开展排水采气。按照计划主动开展排水采气，其中包括泡沫排水采气、橇装气举、集中增压气举等，获取一定增气量。

（4）逐步投运压缩机。通过试验增加压缩机进气量，在保持各站当前最低进站压力不升高的情况下，分批次陆续增压外输，逐步投运压缩机，恢复一定气量。

（5）预防性开展冻堵井治理。对冬季冻堵井和集中气举阀组橇进行周期性注防控剂，以减少冻堵频率，确保气井稳定生产。

（6）加快投运采出水回注工程。加快投运采出水地面流程优化改造工程，以解决采出水处理问题，确保气田高产水井配套集中气举后陆续开井生产。

## 第四节 技术应用效果评价

### 一、差异化配产调控实施案例

**1. 气田产量调配**

例如，对涩北气田 2013 年、2014 年的产量进行调配，分气田按照计划及上一年生产任务运行情况，对各气田各层组进行产量任务调配。

1）涩北一号气田产量任务调配

2013 年计划生产天然气 $15.6 \times 10^8 m^3$，实际生产天然气 $14.8 \times 10^8 m^3$，少生产 $0.8 \times 10^8 m^3$，当年商品率 0.9003。同 2012 年相比，2013 年全年生产任务运行主要根据 2012 年底各层组采出程度进行产量任务调配，适当提高采出程度较低层组的开井时率，降低采出程度较高层组的采气速度。经过 2013 年全年运行，19 个层组中 14 个层组产量完成情况与计划值符合率较高，达到了 90%；剩余 5 个层组未完成计划产量，产量完成情况与计划值符合率平均仅有 64%。

2014 年计划生产天然气 $15.01 \times 10^8 m^3$，实际生产天然气 $13.65 \times 10^8 m^3$，少生产 $1.36 \times 10^8 m^3$，当年商品率 0.9118，产量完成情况与计划值符合率为 91%，主要原因是 2014 年下游用气量减少。2014 年生产运行过程中主要考虑各层组采出情况以及水侵现状，以延缓水侵、减少气井积液、避免气井停躺为目的，对各层组产量任务实时做出调整，导致部分层组欠产。

2）涩北二号气田产量任务调配

2013 年计划生产天然气 $15.9 \times 10^8 m^3$，实际生产天然气 $14.4 \times 10^8 m^3$，少生产 $1.5 \times 10^8 m^3$，当年商品率 0.9003。2013 年按照 2012 年底各层组采出程度不同，重点增加浅层组开井时率，提高采出程度，保护主力层组。经过 2013 年全年运行，9 个层组中 7 个层组产量与计划符合率较高，由于井口产量任务少完成了 $1.35 \times 10^8 m^3$，重点保护的 II-2 和 III-1-2 层组 2 个主力层组完成产量减少了 $1.5 \times 10^8 m^3$。

2014 年计划生产天然气 $13.8 \times 10^8 m^3$，实际生产天然气 $11.5 \times 10^8 m^3$，少生产 $2.3 \times$

$10^8m^3$，当年商品率0.9118。2014年综合考虑气田各层组采出程度、水侵现状以及递减率等因素，重点控制递减率较高层组的递减率，降低水侵层组开井时率，延缓边水推进。经过2014年全年运行，9个层组中仅有2个层组实际产量与计划相当，产量符合率较高，剩余5个层组在产量少贡献的情况下，各层组均处于欠产状态。主要原因在于2014年涩北二号气田下游用气量减少，夏季气井基本处于关井状态，井口产量减少了$2.1×10^8m^3$。

3）台南气田产量任务调配

2013年计划生产天然气$29.5×10^8m^3$，实际生产天然气$32×10^8m^3$，多生产$2.5×10^8m^3$。由于涩北一号、涩北二号欠产，台南气田超额完成任务，结合气田各层组的产能、水侵状况、出砂情况，根据均衡采气原则，保持整体水侵层组气井常开（Ⅳ-2、Ⅳ-3），提高部分未水侵层组的产量任务（Ⅳ-1、Ⅴ-1层组），提高含气面积小、储量基础小层组的采收率（Ⅳ-4、Ⅴ-2、Ⅵ-2层组）。

2014年计划生产天然气$27×10^8m^3$，实际生产天然$28.09×10^8m^3$，多生产$1.09×10^8m^3$。超出部分产量，保持整体水侵层组气井常开，提高部分未水侵层组的产量任务，适当提高浅层的产量任务。总体上各层组实际产量任务与计划的符合率较匹配。

**2. 气井合理配产**

对139口井合理配产，103口未积液井配产调整后年递减率为5.5%，相较于调整前下降1.8个百分点，气井整体生产稳定，见表6-3。36口积液井配产后，井筒流态得以改善，平均单井日产气增加$0.2×10^4m^3$，平均单井日产水增加$1.1m^3$，平均生产压差增加0.2MPa，平均持液降低1%，年递减率降低10%。

**表6-3 涩北气田103口未积液井合理配产实施前后对比表**

| 气田名称 | 井数 | 调整前 生产压差（MPa） | 调整前 日产气量（$10^4m^3$） | 调整后 生产压差（MPa） | 调整后 日产气量（$10^4m^3$） | 调整前 年递减率（%） | 调整后 年递减率（%） |
|---|---|---|---|---|---|---|---|
| 涩北一号 | 56 | 0.73 | 133.3 | 0.83 | 151.2 | 7.6 | 4.1 |
| 涩北二号 | 33 | 0.59 | 79.4 | 0.85 | 90.5 | 7.1 | 6.6 |
| 台南气田 | 14 | 0.65 | 77.9 | 0.71 | 80.3 | 7.2 | 4.2 |
| 涩北气田 | 103 | 0.67 | 290.6 | 0.82 | 322 | 7.3 | 5.5 |

**3. 开关井优化**

涩北气田实施均衡排采以来，按照开关井优化调整原则，结合产销任务、场站检修任务、动态监测任务等进行调整，做好层组内、层组间及气田间的开关井计划，力争实现区域均衡、纵向均衡及气田间均衡；但是由于生产运行等各方面不可预测因素的影响，导致实际开关井调控与计划调控有所差异。

以涩北一号气田2014年调控情况为例说明。计划对7个层组，67口井，$130×10^4m^3$产能重点进行调控，见表6-4。实际调控过程中，7个层组井数调控符合率总体为70.15%，原因是水侵层组边部气井出水严重，关井易导致气井停躺，须保持气井常开生产，若除去因此类原因无法调整的气井，井数调控符合率达到95%；实际调控井次累计103井次，产能累计$270.67×10^4m^3$，已满足层组均衡采气调控需求，详见表6-5。

表6-4 涩北一号气田2014年计划重点调控层组情况汇总

| 气田 | 层组 | 总井数（口） | 日产能（$10^4m^3$） | 递减率（%） | 采气速度（%） | 采出程度（%） | 年水气比（$m^3/10^6m^3$） | 压降比（%） |
|---|---|---|---|---|---|---|---|---|
| 涩北一号 | O-1 | 2 | 1.80 | 14.24 | 1.26 | 2.09 | 60.34 | 13.97 |
| | I-4 | 20 | 37.92 | 12.21 | 2.11 | 17.60 | 131.04 | 22.65 |
| | II-1 | 8 | 17.24 | 12.91 | 1.86 | 4.12 | 161.63 | 20.35 |
| | II-4 | 21 | 37.39 | 12.40 | 1.30 | 19.49 | 153.99 | 31.92 |
| | IV-3 | 11 | 29.11 | 16.95 | 2.10 | 22.00 | 93.51 | 43.61 |
| | IV-4 | 3 | 4.10 | 64.65 | 2.25 | 13.83 | 659.48 | 25.11 |
| | IV-5 | 2 | 2.38 | 32.77 | 1.53 | 26.12 | 1367.93 | 25.41 |
| 合计 | | 67 | 129.94 | — | — | — | — | — |

表6-5 涩北一号气田2014年重点调控层组工作量对比表

| 层组 | 计划调控井数（口） | 实际调控井数（口） | 符合率（%） | 备注 实际调控产能（$10^4m^3$） | 备注 实际调控井次（次） |
|---|---|---|---|---|---|
| O-1 | 2 | 1 | 50.0 | 1.66 | 2 |
| I-4 | 20 | 14 | 70.0 | 61.29 | 30 |
| II-1 | 8 | 6 | 75.0 | 59.89 | 17 |
| II-4 | 21 | 13 | 61.9 | 47.6 | 20 |
| IV-3 | 11 | 10 | 90.9 | 95.02 | 31 |
| IV-4 | 3 | 1 | 33.3 | 2.62 | 1 |
| IV-5 | 2 | 2 | 100.0 | 2.59 | 2 |
| 合计 | 67 | 47 | 70.1 | 270.67 | 103 |

## 二、优化配产调控效果跟踪评价

### 1. 平面上压力分布趋于合理

2013—2014年对气田开发指标优化调控技术的应用，涩北气田（一号6个层组、二号7个层组、台南6个层组）共计19个层组平面压力逐渐趋于合理，边部位形成了高压阻水屏障，使构造边部水侵情况得以缓解。

### 2. 井筒积液得以控制

实施均衡采气后，出水较多气井保持常开状态，以利于气井携液，降低了积液井数量，平均积液高度保持平稳（215m左右），在采出程度逐渐增大的情况下，气井井筒平均积液高度与2012、2013年基本持平。同时，积液井通过合理配产后平均单井日产气增加$0.2 \times 10^4 m^3$，平均单井日产水增加$1.1m^3$，平均生产压差增加0.2MPa，井筒携液流畅。

### 3. 水侵增势逐渐减缓

通过均衡排水采气方案的实施，涩北气田2014年水驱指数为0.27，增幅为0.02，为2013年（增幅0.04）的一半，并且2014年涩北气田水侵速度增幅为0.04m/d，是

2013年增幅的五分之一,由此可见边水水侵的趋势得到了有效控制。

**4. 水侵形态趋于均衡**

均衡采气实施前,涩北气田28个小层中有20个边水推进不均衡、突进情况较为严重,均衡采气实施后,边水突进得以控制,均衡推进的小层个数不断上升。2014年底,边水呈不均衡推进的小层所占比例由原来的71%降至31%。

**5. 递减总体得以控制**

通过加大均衡采气实施力度,产能递减率总体控制在8%以内,气井完好率控制在94%以上。2014年重点实施均衡采气的26个层组中有15个层组递减率较2013年同期平均降低10.0%,产量少递减$42.38×10^4m^3$,相当于降低了气田2.26%递减率。

但是,其中的11个层组由于出水严重,导致积液井、问题井较多,递减率较2013年同期不减反增,使得调控无效。

# 第七章　调补产能挖潜部署技术

涩北气田纵向上含气井段跨度超过千米，每一个气层都具有独立的气水系统，且大部分气层气水边界不一致，层间存在较大的非均质性，各层的渗透率、含气饱和度、泥质含量不同，离边水的距离不同，相邻隔层的厚度也不相同，这些差异都导致气藏在投产后，对压力变化的响应以及出水量各不相同，从而造成各合采层对井的贡献随着开采时间和生产状态而发生变化，造成涩北气田气井在生产中存在明显的层间干扰，同时由于各层投产的先后顺序不同，导致各层的采出程度和压降程度也存在差异，又加剧了层间非均质性，造成多层合采时存在较为严重的层间干扰；并且，储层层间具有较强的非均质性，导致了各产层储量动用程度存在差异、采出程度呈现不均衡性。为减缓层间矛盾，提高储量的控制程度及单井产能，实现气藏的均衡开采，气田有必要进行分层开发，通过细分开发单元挖掘气田潜力。

涩北气田平面上各小层非均质程度主要为中等—强，且存在明显的差异。通过对压力恢复探边测试资料的分析，涩北气田井间岩性边界反应明显，造成同层不同气井间的生产动态差异较大，同层相邻气井的动态储量与产量递减规律存在较大的差异。为了便于地面集输等，涩北气田采用规则井网开发，受气藏平面非均质性强的影响，同层系同一开发单元各井钻遇储层的泥质含量及物性差异大、各井生产过程中出水出砂状况存在差异，产量和生产压差也不同，井间的采出程度、压降也不均衡。因此，各小层仍存在井网未控制的局部区域，可通过加密井网，提高气藏储量动用程度，消减非均衡开采，实现井间接替稳产。

## 第一节　开发层系细分

### 一、多层合采层间干扰评价

气井投产时，多层同时射孔或由于固井水泥环失效，形成层与层之间相互窜流等，对气井的整体产量便产生了干扰。其原因是各层的压力系统不统一，高压层中的流体有可能倒灌到低压层中。还有，各层的渗透率、含气饱和度、泥质含量不同，离边水的距离不同，相邻隔层的厚度也不相同，多层射孔投产后，造成各采层对井的贡献不同。并且，产出剖面测试表明，随着开采时间的不同，各层的生产状态也发生变化，分层跟踪测试困难。特别是各层产出的先后顺序也有差异，导致各层的采出程度和压降程度也存在差异，加剧了层间非均质性和开采的非均衡性，严重影响着气田的精细开发。可通过以下加以分析说明。

**1. 地层压力差异**

利用RFT测试资料，在原方案的开发层系、层组划分基础上，分气田对同一开发层组内的单砂体的目前地层压力进行对比。如：涩北一号气田I-1开发层组各单砂体地层压力差异较为明显，其1-1-2a砂体静压为5.88MPa，1-1-5c砂体静压为7.55MPa，同一开发层组内地层压力相差 1.67MPa，如图 7-1 所示。

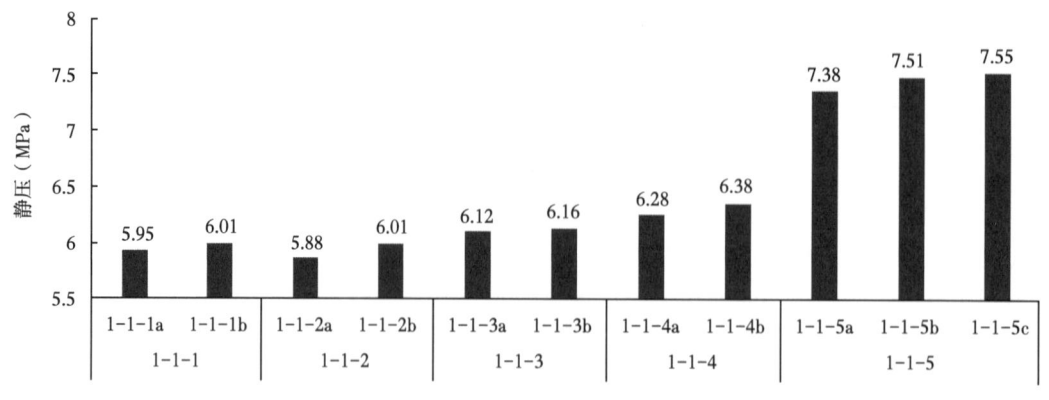

图 7-1 涩北一号气田 I-1 层组各砂体目前静压对比图

涩北二号气田 II-2 开发层组各单砂体地层压力差异也较为明显，其 2-4-9b 砂体静压为 5.02MPa，2-4-10b 砂体静压为 7.07MPa，层组内地层压力差异 2.05MPa，如图 7-2 所示。

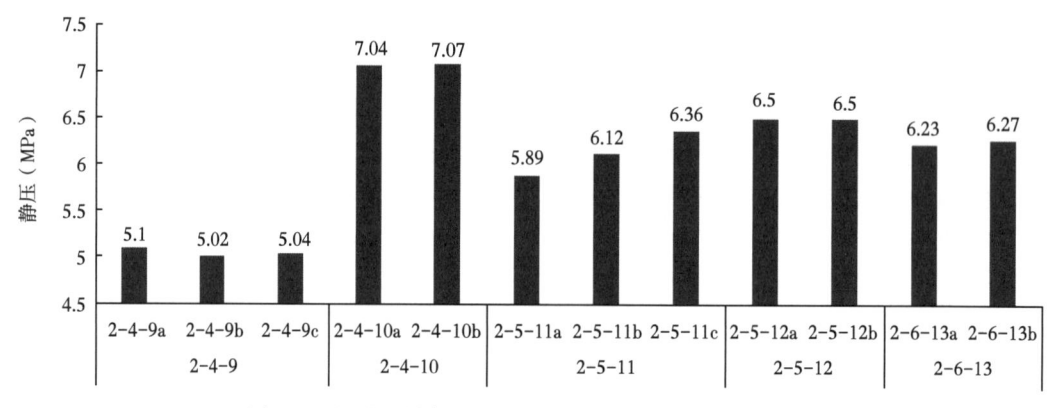

图 7-2 涩北二号气田 II-2 层组各砂体目前静压对比图

台南气田 III-3 开发层组各单砂体地层压力差异较为明显，其 2-7-3 砂体静压为 12.07MPa，2-11-1 砂体静压为 13.92MPa，层组内地层压力差异 1.85MPa，如图 7-3 所示。

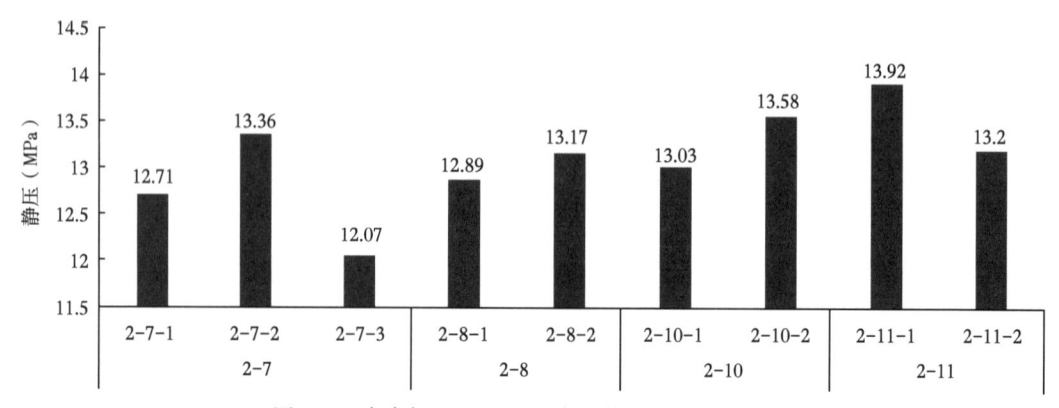

图 7-3 台南气田 III-3 层组各砂体目前静压对比图

综合来看，经目前 RFT 测试显示，同开发层组间各小层动用不均，表现出地层压力差异较为明显，各层差异在 1.67~2.05MPa 之间，最大 2.05MPa。

**2. 合采井分层产出变化**

统计产出剖面监测 473 井次资料，发现动用不均衡井占比 90.5%，且随着开发时间变化，各小层贡献占比发生变化。以台南气田台 6-6 井为例，该井 2007 年投产，射孔 4-1、4-2、4-3 三个小层，2013、2018 年两次产剖测试显示，主力小层由 4-3 转变为 4-2 小层。主要原因为 4-3 小层一类储量占比相对高，为 29.69%，开发初期产出贡献大，随着压力下降，4-2 小层贡献变大，如图 7-4 所示。

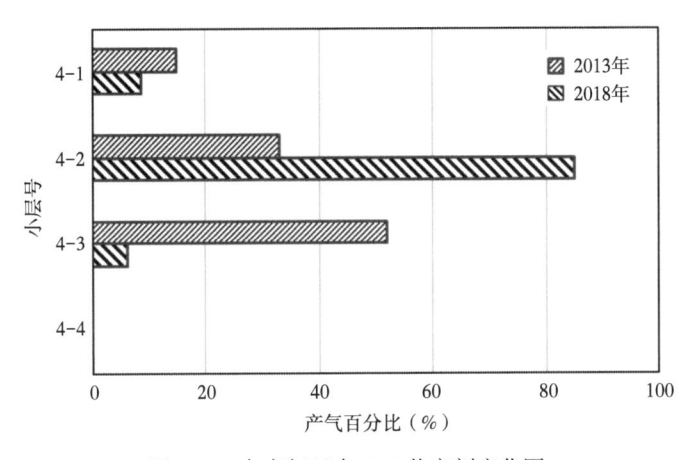

图 7-4 台南气田台 6-6 井产剖变化图

运用各层产量数据通过层间产能变异系数计算公式计算历年层间产能变异系数。

$$CV = \frac{\sqrt{\frac{1}{N}\sum_{i=0}^{N}(Q_{sci} - \overline{Q}_{sc})^2}}{\overline{Q}_{sc}} \tag{7-1}$$

式中　CV——层间产能变异系数；

　　　$Q_{sci}$——各层产量；

　　　$Q_{sc}$——各层平均产量；

　　　N——小层数。

从涩北三大气田历年产能变异系数图可以看出，随着开发时间增加，层间产能变异系数由 0.33 增加至 1.01，层间贡献差异有所增大，如图 7-5 所示。

**3. 分层与合采产出差异**

利用 2016—2019 年开展的分层测压数据，计算单层生产产量之和与合采产量，对比发现，各井分层产量之和均大于合采产量，产量差异幅度为 15%~80%，见表 7-1。造成这一差异性的原因是多层合采时各小层物性差异越大，合采时储层物性相对较差的层越受抑制。以涩 2-26 井为例，该井为一、二、三类层组合动用，产层物性相差较大，分采后产量由原合采的日产 $1.5×10^4 m^3$ 提高到 $2.7×10^4 m^3$，产量增幅达到 80%。

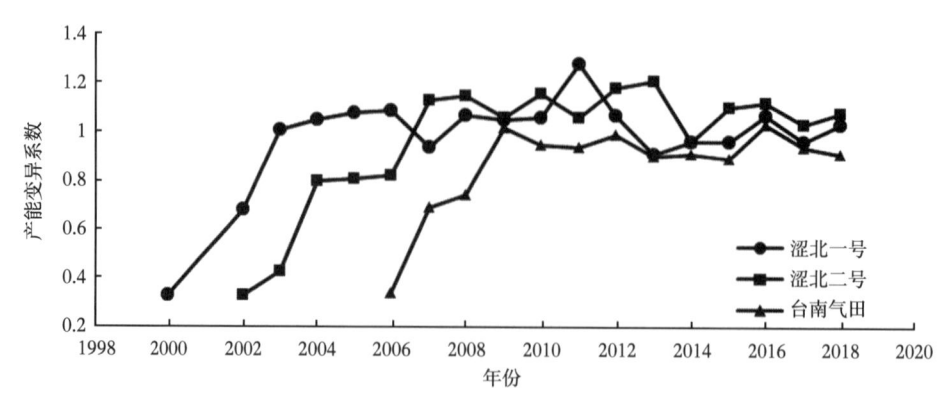

图 7-5 涩北气田历年平均层间产能变异系数

表 7-1 涩北气田分采产量与合采产量对比表

| 井号 | 测试年份 | 合采产量 ($10^4 m^3/d$) | 分采产量 ($10^4 m^3/d$) | 产量增幅 (%) |
|---|---|---|---|---|
| 涩 3-39 | 2016 | 2.8 | 3.2 | 14.29 |
| 涩 2-24 | 2016 | 3.1 | 3.5 | 12.90 |
| 涩 3-40 | 2017 | 1.3 | 1.9 | 46.15 |
| 涩 3-42 | 2017 | 2.8 | 3.4 | 21.43 |
| 涩 2-31 | 2017 | 1.9 | 2.4 | 26.32 |
| 涩 2-60 | 2017 | 1.9 | 2.5 | 31.58 |
| 涩 2-26 | 2017 | 1.5 | 2.7 | 80.00 |
| 涩 2-53 | 2018 | 2.2 | 3.1 | 40.91 |
| 涩 3-70 | 2018 | 0.8 | 1.3 | 62.50 |
| 涩 R70-2 | 2018 | 3.3 | 3.8 | 15.15 |
| 涩 1-61 | 2019 | 1.7 | 2.1 | 23.50 |
| 涩 1-62 | 2019 | 1.7 | 2.7 | 58.80 |

综上所述，原开发方案开发单元的划分都无法避免多层合采，必然存在一定的层间干扰和分层储量动用、采出程度不均与不充分的问题，为了达到提高储量动用程度、实现均衡开发、持续稳产的目的，必须推进精细开发、分层开发工作，涩北气田有细分开发单元的潜力和必要性。因此，在充分认识储层分布特点以及储量规模条件下，对目前的开发单元进一步细分后部署新井开发，即可提高贡献差的单层储量的动用程度，又可以实现层间接替弥补产能，为确保气田稳产和提高气田整体开发水平奠定了基础。

## 二、开发单元划分历程

以涩北一号气田为例，1995—2003 年试采评价阶段，在 1995 年编制了《涩北一号气田试验区开发方案》以指导试采评价工作，在此阶段确定涩北气田开发层系的划分原则，将涩北一号气田划分为4套开发层系12个开发层组,其中零气层组和四气层组暂时合并为一套开发层系,见表7-2。

表7-2 《涩北一号气田试验区开发方案》开发单元划分表

| 气层组 | 开发层系 | 开发层组 | 气层分布井段（m） | 井段长（m） | 层数（个） | 厚度（m） | 叠合面积（km²） | 地质储量（10⁸m³） |
|---|---|---|---|---|---|---|---|---|
| 零 | Ⅳ | 12 | 543.2~561.4 | 18.2 | 3 | 4.9 | 15.4 | 5.57 |
| 一 | Ⅰ | 11 | 714.0~749.6 | 35.6 | 2 | 4 | 14.3 | 4.7 |
|  |  | 10 | 780.0~796.6 | 16.6 | 3 | 3.9 | 14.3 | 5.5 |
|  |  | 9 | 813.0~837.2 | 24.0 | 2 | 5.6 | 14.3 | 6.2 |
|  |  | 8 | 876.9~886.0 | 9.1 | 2 | 3.8 | 14.3 | 5.8 |
| 二 | Ⅱ | 7 | 1022.9~1054.6 | 31.1 | 4 | 10.5 | 22.0 | 42.67 |
| 三 | Ⅲ | 6 | 1174.0~1230.7 | 56.7 | 4 | 9.5 | 11.1 | 13.1 |
|  |  | 5 | 1255.0~1289.6 | 34.7 | 5 | 9.0 | 11.0 | 15.85 |
|  |  | 4 | 1310.0~1333.6 | 23.6 | 5 | 9.6 | 28.7 | 47.24 |
| 四 | Ⅳ | 3 | 1367.7~1384.6 | 16.9 | 2 | 4.9 | 10.0 | 8.22 |
|  |  | 2 | 1446.3~1473.3 | 25.0 | 4 | 8.0 | 5.9 | 6.59 |
|  |  | 1 | 1515.8~1518.5 | 2.7 | 1 | 2.7 | 1.6 | 0.62 |
| 合计 |  |  | 543.2~1518.5 | 975.3 | 37 | 76.4 | 28.7 | 162.01 |

随着涩北气田天然气勘探增储工作的持续提升,气田试采开发也全面启动,分别编制了涩北三大气田开发实施方案。为高效开发气田,充分发挥各气层潜力,在此开发阶段又对气田开发层系进行了两次划分。在气田开发实施方案中,将涩北一号气田由《试采方案》中的4套开发层系,划分为了5套开发层系13个开发层组,这13个开发层组的跨度从36m到94m不等,储量规模最小的仅$6.56 \times 10^8 m^3$,最大为$202.03 \times 10^8 m^3$,气层数2~11个,见表7-3。

表7-3 《涩北一号气田开发实施方案》开发单元划分表

| 开发层系 | 储量单元 | 射孔单元 | 有效厚度（m） | 含气面积（km²） | 地质储量（10⁸m³） | 跨度（m） | 气层数（个） | 压力区间（MPa） | 隔层厚度（m） |
|---|---|---|---|---|---|---|---|---|---|
| 零 | 0-1 | 0-Ⅰ | 3.0 | 12.6 | 6.56 | 36 | 5 | 4.92~5.24 | 32.3（33） |
|  | 0-2 |  | 2.9 |  |  |  |  |  |  |
|  | 0-3 | 0-Ⅱ | 6.5 | 23.7 | 22.5 | 58 | 3 | 5.75~6.42 | 11.5（12.9） |
|  | 0-4 |  | 2.9 |  |  |  |  |  |  |
|  | 0-5 | 0-Ⅲ | 5.0 | 31 | 36.12 | 67 | 6 | 6.79~7.34 | 16.8（26.6） |
|  | 0-6 |  | 4.9 |  |  |  |  |  |  |
|  | 合计 |  |  |  | 65.18 |  |  |  |  |

续表

| 开发层系 | 储量单元 | 射孔单元 | 有效厚度(m) | 含气面积(km²) | 地质储量(10⁸m³) | 跨度(m) | 气层数(个) | 压力区间(MPa) | 隔层厚度(m) |
|---|---|---|---|---|---|---|---|---|---|
| 一 | 1-1 | 1-Ⅰ | 7.5 | 25.6 | 49.1 | 69 | 8 | 7.82~8.41 | 6.9 (8.7) |
| | 1-2 | | 6.6 | | | | | | |
| | 1-3 | 1-Ⅱ | 8.3 | 37 | 82.16 | 72 | 7 | 8.88~9.31 | 6.5 (8.3) |
| | 1-4 | | 7.3 | | | | | | |
| | 1-5 | 1-Ⅲ | 5.9 | 27 | 54.08 | 94 | 9 | 9.73~10.33 | 30.7 (50.7) |
| | 1-6 | | 5.4 | | | | | | |
| | 1-7 | | 3.2 | | | | | | |
| | 合计 | | | | 185.34 | | | | |
| 二 | 2-1 | 2-Ⅰ | 8.8 | 25 | 56.8 | 57 | 5 | 11.38~11.65 | 7.6 (19.7) |
| | 2-2 | | 5.1 | | | | | | |
| | 2-3 | 2-Ⅱ | 14.3 | 34.8 | 197.03 | 91 | 8 | 12.29~13.28 | 33.5 (41.3) |
| | 2-4 | | 7.2 | | | | | | |
| | 2-5 | | 4.9 | | | | | | |
| | 合计 | | | | 253.83 | | | | |
| 三 | 3-1 | 3-Ⅰ | 4.2 | 21 | 40.62 | 43 | 3 | 13.53~13.82 | 24.8 (36.9) |
| | 3-2 | | 5.5 | | | | | | |
| | 3-3 | 3-Ⅱ | 12.8 | 45 | 175.18 | 85 | 6 | 14.74~15.18 | 7.1 (17.4) |
| | 3-4 | | 6.3 | | | | | | |
| | 合计 | | | | 215.80 | | | | |
| 四 | 3-5 | 4-Ⅰ | 17.2 | 43.4 | 202.03 | 78 | 11 | 15.89 | 11.9 (21.1) |
| | 4-1 | 4-Ⅱ | 14.1 | 15.7 | 56.72 | 45 | 4 | 16.94 | 11.7 (19.9) |
| | 4-2 | 4-Ⅲ | 8.5 | 5.0 | 11.71 | 81 | 2 | 18.22 | |
| | 合计 | | | | 270.46 | | | | |
| 总计 | | | | | 990.61 | | | | |

2007年为了顺应国内天然气峰值调配的需要，编制《涩北气田100亿立方米扩能方案》时，在对储层分布特点以及储量规模再认识的基础上，再次进行开发层系与射孔单元划分。涩北一号气田划分为5套开发层系19个开发层组，划分结果见表7-4。

表7-4 《涩北一号气田32亿立方米产能开发方案》开发单元划分表

| 开发层系 | 开发层组 | 小层号 | 隔层厚度(m) | 跨度(m) | 含气面积(km²) | 地质储量(10⁸m³) |
|---|---|---|---|---|---|---|
| O | O-1 | 0-1-1~0-1-6 | 19 | 35 | 3.4~16.2 | 5.43 |
| | O-2 | 0-2-1~0-2-5 | 7 | 58 | 4.8~19.9 | 9.39 |
| | O-3 | 0-3-1~0-3-5 | 9 | 65 | 11.5~20.3 | 31.96 |

续表

| 开发层系 | 开发层组 | 小层号 | 隔层厚度(m) | 跨度(m) | 含气面积(km²) | 地质储量($10^8$m³) |
|---|---|---|---|---|---|---|
| 一 | Ⅰ-1 | 1-1-1~1-1-5 | 9 | 50 | 13.8~20.6 | 25.05 |
| | Ⅰ-2 | 1-2-1~1-2-4 | 6 | 17 | 7.4~26.8 | 32.68 |
| | Ⅰ-3 | 1-3-1~1-3-4 | 10 | 55 | 12.4~18.7 | 49.32 |
| | Ⅰ-4 | 1-4-1~1-4-6 | 9 | 97 | 7.4~23.6 | 50.42 |
| 二 | Ⅱ-1 | 2-1-2~2-2-1 | 7 | 40 | 6.5~21.2 | 30.09 |
| | Ⅱ-2 | 2-2-2~2-2-4 | 8 | 35 | 10.2~13.6 | 36.14 |
| | Ⅱ-3 | 2-3-1~2-3-4 | 9 | 50 | 14.2~38.5 | 116.60 |
| | Ⅱ-4 | 2-4-1~2-4-4 | 15 | 35 | 22.7~36.3 | 86.73 |
| 三 | Ⅲ-1 | 3-1-1~3-1-4 | 22 | 43 | 10.9~21.1 | 60.53 |
| | Ⅲ-2 | 3-2-1~3-2-3 | 9 | 29 | 14.3~37.8 | 97.50 |
| | Ⅲ-3 | 3-3-1~3-3-4 | 12 | 46 | 12.9~25.4 | 101.87 |
| 四 | Ⅳ-1 | 4-1-1~4-1-4 | 4 | 46 | 23.6~39.3 | 154.95 |
| | Ⅳ-2 | 4-2-1~4-2-6 | 5 | 60 | 1.4~14.5 | 40.85 |
| | Ⅳ-3 | 4-3-1~4-3-3 | 4 | 35 | 9.8~12.9 | 44.94 |
| | Ⅳ-4 | 4-4-1~4-4-6 | 9 | 58 | 1.2~6.2 | 10.36 |
| | Ⅳ-5 | 4-5-1~4-5-6 | \ | 68 | 0.6~4.6 | 5.78 |
| 平均 | | | 9 | 48 | | 990.61 |

涩北气田 $50\times10^8$m³ 年产规模已持续稳产十年，目前气田已逐步进入稳产末期，随着地层压力逐年下降、边水不断推进，气田开发矛盾也是逐年加剧，原开发单元划分适应性变差，为进一步改善开采效果、延长气藏稳产期，最大限度地提高最终采收率，2019年启动了《涩北气田开发调整方案》编制工作。在此方案中，在地质特征深化认识的基础上，为减缓层间矛盾，提高气藏储量动用程度，再次对三大气田开发层系进行了细分。

### 三、开发单元细分技术

**1. 隔层状况评价**

统计涩北三大气田各层组小层间隔层发育状况，认为层组间、小层间广泛分布隔层。以涩北二号为例，层组内各小层间的隔层厚度最厚达11m，平均厚约4m，如图7-6所示。小层内单砂体间隔层一般厚度大于2m，具有较好的封隔性，且RFT测试显示小层间压差可达2MPa以上，证明隔层可以有效分隔各小层。这样，有一定厚度且稳定分布的泥岩隔层，为开发单元的进一步细分奠定了基础。

岩心分析表明，涩北气田隔层的泥质含量约为50%~70%，按照泥质含量与排驱压力的回归统计关系式，其排驱压力约为2.76~5.36MPa，这是发生隔层突破的必要条件。层间压差若大于2.76MPa，有可能发生层窜。

对隔层封隔能力的定量评价应用的是隔层厚度和隔层垂向渗透率两个评价指标，厚度是越大越好，垂向渗透率越小越好，其权重系数都取的是0.5。首先分别对隔层厚度和垂

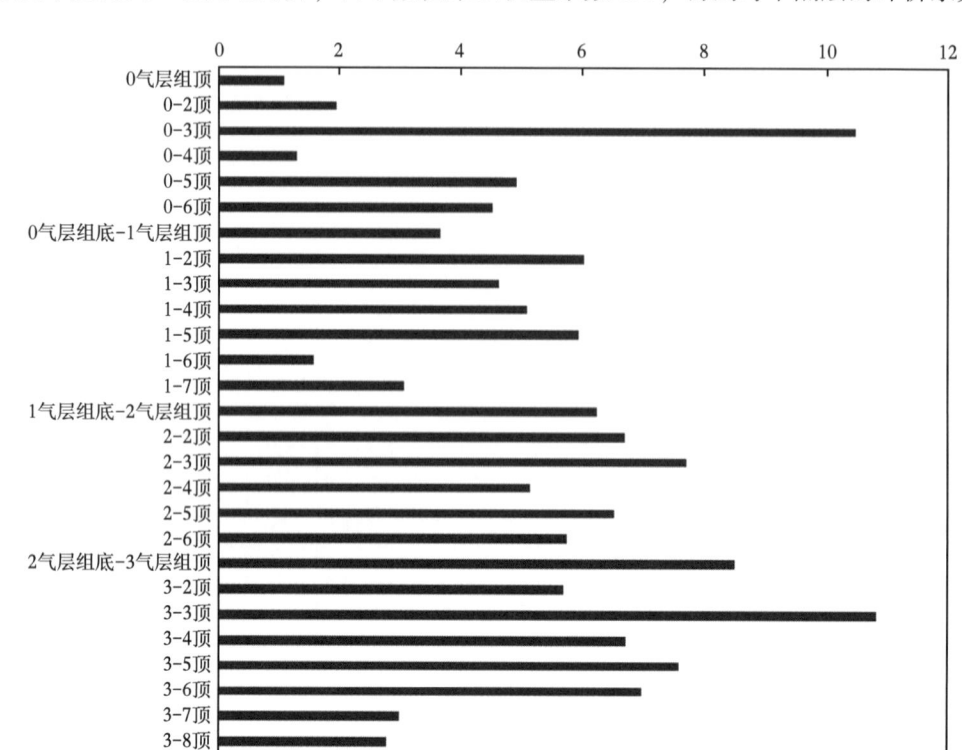

向渗透率进行归一化处理计算，两个数值乘以权重系数 0.5，得到每个隔层的评价系数。

图 7-6　涩北二号气田层组间隔层平均厚度

**2. 开发单元细分标准**

由于涩北气田纵向薄互层众多，受单层储量、产能限制，不可能一口井仅射开一个单气层生产，这也是不经济的。为此，合采是必然的，细分开发单元也仅仅是合采井段内单层数量的优化配置。并且，针对进入开发中后期的涩北气田，随着气田开发工作的不断深入，根据气藏剩余储量分布特征，结合各单层的地质特点，基于纵向压力分布、水侵程度、储层非均质性等因素对气井产能的影响，评价不同单层组合的层间干扰程度，再细分涩北气田的开发射孔单元是应该全面考虑的问题。

1）单元细分标准的建立

考虑纵向压力分布、水侵程度、储层非均质性等因素，通过定义产能比（$Q_1/Q_2$）的不同区间作为判断干扰程度的标准，涩北气田产能预测公式推导如下。

首先根据已知涩北气田各小层水驱指数反算水侵量。

$$I_w = \frac{W_e}{G_p B_g + W_p B_w} \quad (7-2)$$

将计算所得的水侵量代入含水饱和度计算公式中，计算各小层含水饱和度。

$$S_w = S_{wi} + \frac{W_e}{AH\phi(1 - S_{wi})} \quad (7-3)$$

式中　$S_w$——含水饱和度，%；

　　　$S_{wi}$——原始含水饱和度，%；

　　　$A$——含气面积，m²；

　　　$H$——储层厚度，m；

　　　$\phi$——孔隙度，%。

根据涩北一号、涩北二号和台南气田岩石相对渗透率实验数据，拟合相对气相渗透率公式，涩北一号、涩北二号气田公式为式（7-4），台南气田公式为式（7-5）。将各小层平均含水饱和度代入相对气相渗透率表达式，计算各小层相对气相渗透率。

$$K_{rg} = (1 - S_w + S_{wi}) \times [1 - (S_w - S_{wi})^{0.3} S_w^{2.5}]^{5.2} \tag{7-4}$$

$$K_{rg} = (1 - S_w + S_{wi}) \times [1 - (S_w - S_{wi})^{0.21} S_w^{0.5}]^{3.5} \tag{7-5}$$

式中　$K_{rg}$——相对气相渗透率。

气相渗透率即为相对气相渗透率与岩石渗透率的乘积。

$$K_g = K_{rg} \times K \tag{7-6}$$

式中　$K_g$——气体渗透率，mD；

　　　$K$——岩石渗透率，mD。

代入产能方程计算公式，即可得到各小层产能预测结果。

$$Q = \frac{\pi K_g h T_{sc} Z_{sc} (p_e^2 - p_{wf}^2)}{p_{sc} T_i Z_i \mu_g \ln(\frac{r_e}{r_w})} \tag{7-7}$$

式中　$Q$——产能，m³/d；

　　　$T_i$——原始地层温度，K；

　　　$T_{sc}$——地面温度，K；

　　　$p_e$——地层外边界压力，MPa；

　　　$p_{wf}$——井底流压，MPa；

　　　$p_{sc}$——地面压力，MPa；

　　　$Z_i$——原始条件下的气体偏差因子；

　　　$Z_{sc}$——地面条件下的气体偏差因子；

　　　$\mu_g$——气体黏度，mPa·s；

　　　$r_e$——油井外边界半径，m；

　　　$r_w$——油管半径，m。

产能比（$Q_1/Q_2$）为两个小层间的产能之比，小层间的产能相差越小，产能比越趋近于1；小层间的产能相差越大，产能比越趋近于∞，以产能比为参考依据的判断标准见表7-5。均质、较均质、非均质开采的产能比区间分别为1~3、3~6与>6。

表7-5　利用产能比细分开发射孔单元标准表

| 类别 | 均质层 | 较均质层 | 非均质层 |
| --- | --- | --- | --- |
| 产能比 | 1~3 | 3~6 | >6 |

2）建立层间干扰图版

考虑不同物性单层合采的实际情况，绘制不同储层物性、压差、水侵程度的产能比图版，以方便进行开发射孔单元细分时直观、快速、准确地判别射孔单元内产能比水平。

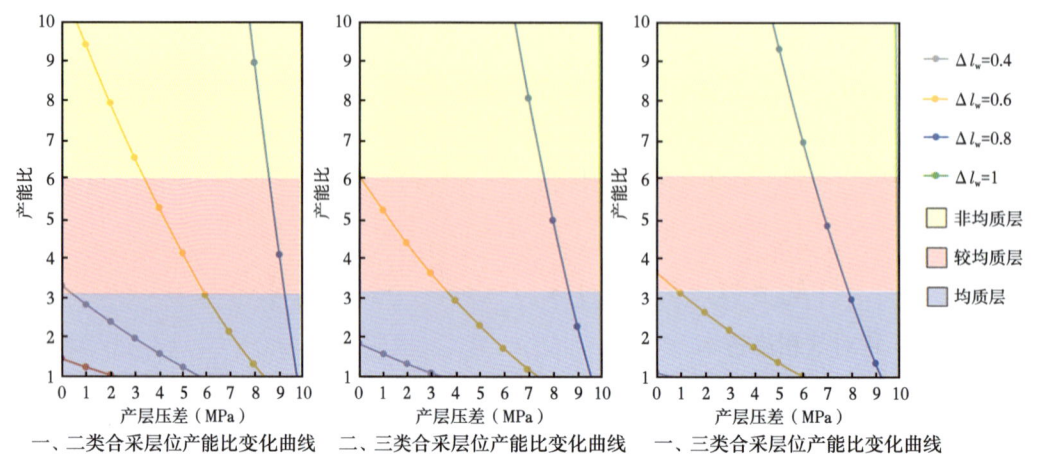

一、二类合采层位产能比变化曲线　　二、三类合采层位产能比变化曲线　　一、三类合采层位产能比变化曲线

图 7-7　不同水驱指数合采气层产能比图版

## 四、开发单元细分结果

综合考虑细分单元内气砂体面积个数、储量、有效厚度、跨度及隔层评价系数等 6 项主要参数，按照开发层组的划分原则，将原 64 个开发层组细分为 131 个开发单元，各开发单元地质储量均值 $18.9 \times 10^8 m^3$，跨度 22.9m，有效厚度 8.4m。其中涩北一号气田由 5 套开发层系 19 套开发层组细分为 43 个开发射孔单元，涩北二号气田由 4 套开发层系 20 套开发层组细分为 38 个开发射孔单元，台南气田由 7 套开发层系 25 套开发层组细分为 50 个开发射孔单元，见表 7-6。

表 7-6　涩北气田纵向开发射孔单元细分对比表

| 气田 | 细分前 开发层组（个） | 细分后 开发射孔单元（个） | 地质储量（$10^8 m^3$）范围 | 平均值 | 跨度（m）范围 | 平均值 | 厚度（m）范围 | 平均值 | 隔层评价系数 范围 | 平均值 |
|---|---|---|---|---|---|---|---|---|---|---|
| 一号 | 19 | 43 | 1.3~82.7 | 20.4 | 9.9~47.7 | 25.3 | 4.2~18.2 | 9.1 | 0.17~0.96 | 0.53 |
| 二号 | 20 | 38 | 1.3~65.0 | 17.5 | 12.0~46.7 | 25.3 | 4.1~19.5 | 10 | 0.23~0.85 | 0.59 |
| 台南 | 50 | 50 | 0.7~84.4 | 18.7 | 5.4~69.9 | 18.1 | 1.7~13.9 | 6.1 | 0.17~0.94 | 0.48 |
| 合计 | 64 | 131 | 0.7~84.4 | 18.9 | 5.4~69.9 | 22.9 | 1.7~18.2 | 8.4 | 0.17~0.96 | 0.53 |

## 第二节　井网加密调整

### 一、井网加密数值模拟评价

#### 1. 加密机理模型建立

结合台南气田实际地质模型，选取Ⅳ-2层组3-2小层做井网加密机理模拟研究，该小层地质储量为 $19.14×10^8m^3$。模型采用角点网格系统，平面上网格步长 50m×50m，划分 216×108 个网格，纵向上网格划分为5层，其中有效气层2个，隔夹层3个，模型地质储量为 $18.51×10^8m^3$，相对误差 3.29%，具体模型的基础参数见表 7-7，数值模拟中平面网格分布等如图 7-8、图 7-9 所示。

表 7-7　井网加密模型基础参数统计表

| 原始地层压力（MPa） | 17.1 | 岩石压缩系数（$MPa^{-1}$） | 0.0005 |
| --- | --- | --- | --- |
| 地层水黏度（mPa·s） | 0.5 | 地层水密度（$g/cm^3$） | 1.066 |
| 地层水压缩系数（$MPa^{-1}$） | 0.0004 | 地层水体积系数 | 1.001 |
| 气体相对密度 | 0.6 | 模型计算储量（$10^8m^3$） | 18.51 |

该模型共设计两套井网。基础井网采用现涩北气田井网部署模式，即顶密边疏。13口气井，井距为 350~450m，定气量生产，单井日产气量为 $1.37×10^4m^3$。加密井网，即在基础井网基础上，再加密部署8口井，井距为 200~350m，加密井日产气量 $1.37×10^4m^3$。预测期为 20 年。

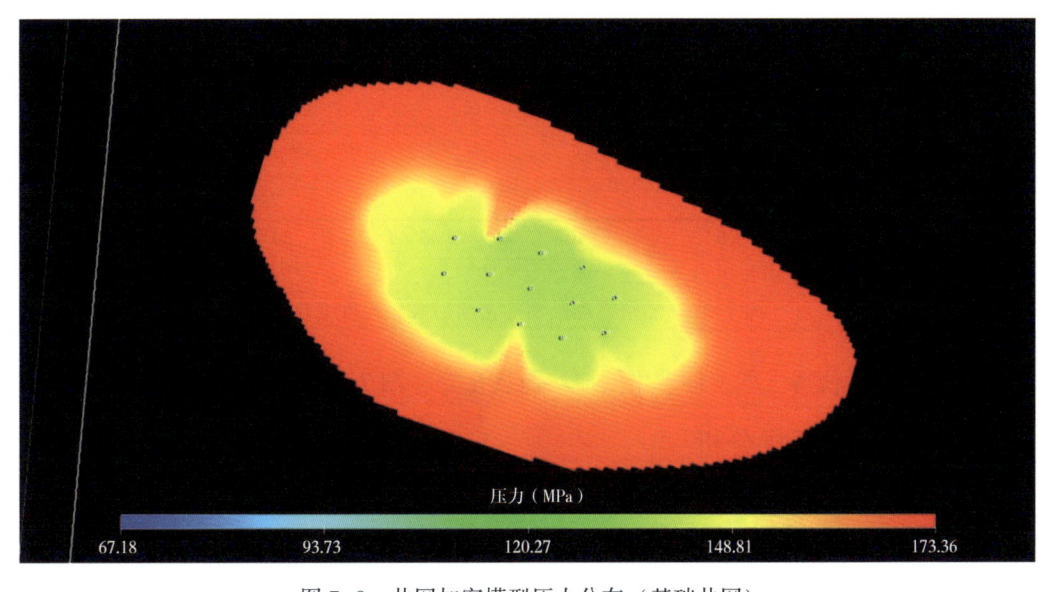

图 7-8　井网加密模型压力分布（基础井网）

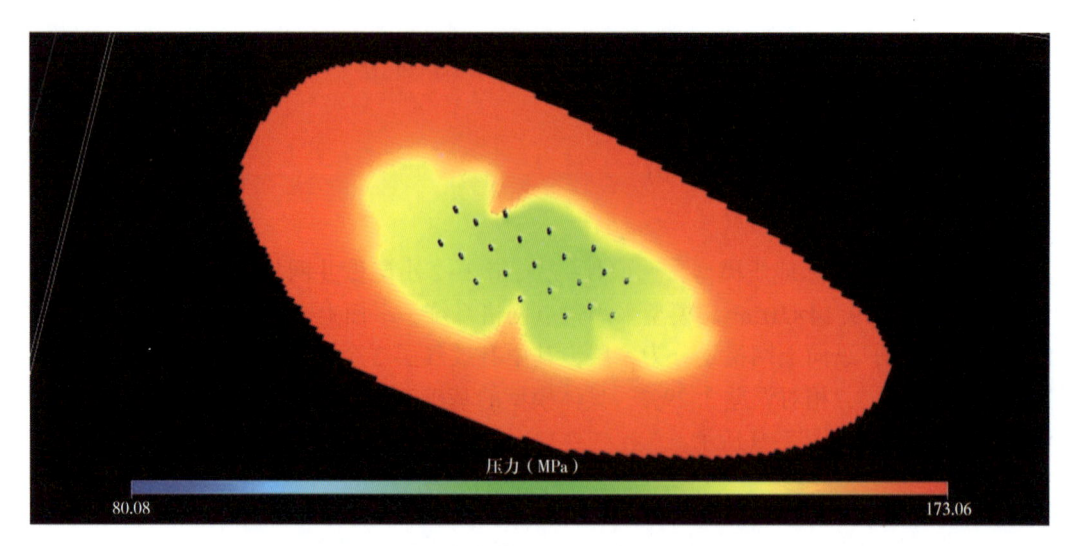

图 7-9　井网加密模型压力分布（加密井网）

### 2. 井网加密对提高采收率的评价

通过模拟井网加密前后的开发指标对比，加密井网可使非均质气藏储量控制程度和动用程度得到进一步提高，气藏的采气速度也有所提高，使得气藏开采时间缩短，加密生产13年，采收率可达53.32%，不加密生产17年，采收率为49.14%，总体看，加密提高了气藏的采收率，如图7-10所示。

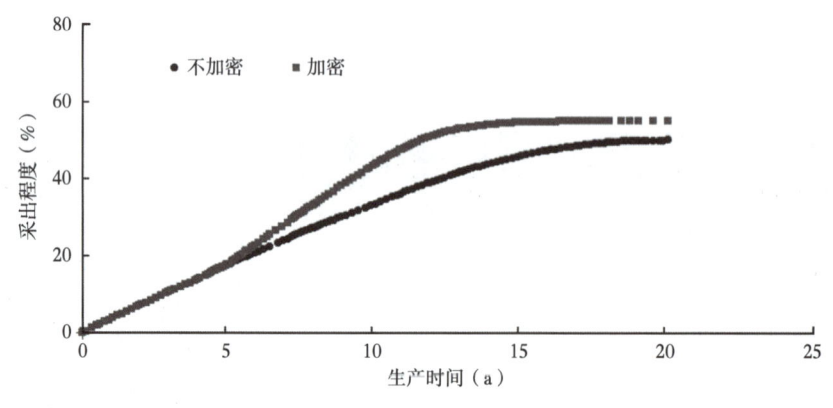

图 7-10　加密机理模型加密前后采出程度变化

同时，加密后使得气藏整体动用更加均衡且充分（图7-11、图7-12）。

## 二、加密井间干扰分析

### 1. 探边测试资料分析

统计涩北气田近年来开展压力恢复试井解释的资料，探边测试气井共计54口，解释泄流半径在102~334m之间，其中，涩北一号、涩北二号、台南气田的平均泄流半径分别为192m、198m、253m，说明涩北气田的合理井距应该在400m左右，台南气田由于部分砂体含气面积小，动用井少，泄流半径稍大，泄流半径统计数据见表7-8。

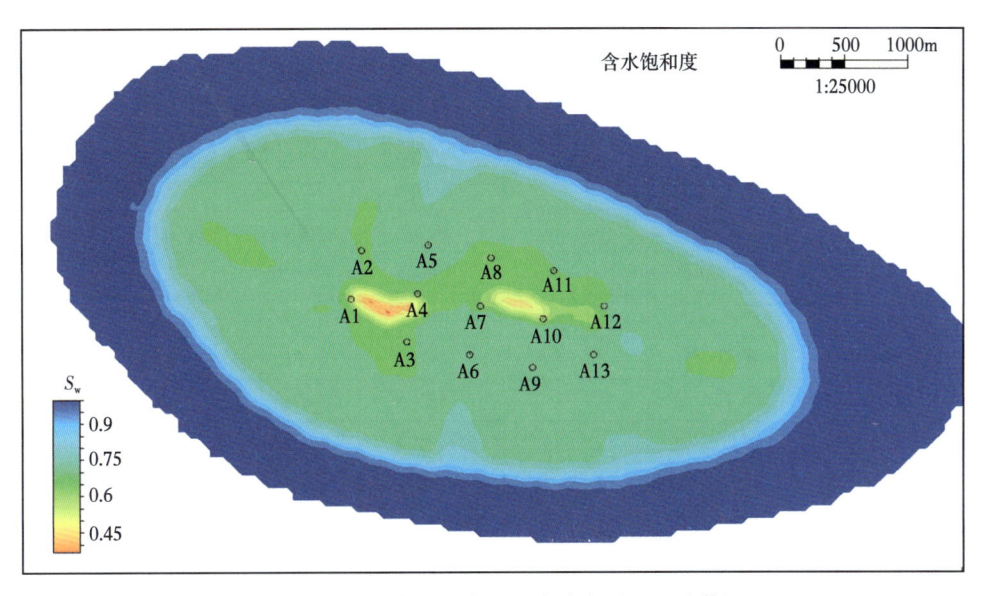

图7-11 加密机理模型预测期末含水饱和度分布图（基础井网：350~450m）

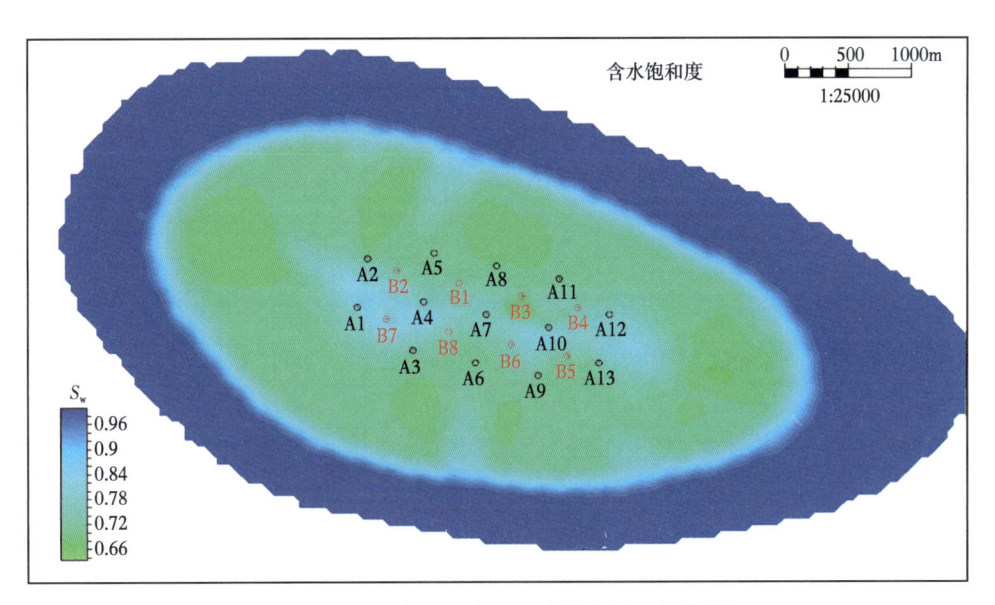

图7-12 加密机理模型预测期末含水饱和度分布图（加密井网：200~350m）

表7-8 涩北气田压力恢复测试解释结果统计表

| 序号 | 井号 | 气田 | 开发层组 | 渗透率（mD） | 地层系数 $Kh$ | 表皮系数 $S$ | 泄流半径（m） |
|---|---|---|---|---|---|---|---|
| 1 | 涩H0-8 | 涩北一号 | 0-2 | 12.125 | 35.1625 | -0.3423 | 154.7 |
| 2 | 涩1-3 | 涩北一号 | Ⅰ-4 | 30.5652 | 204.7868 | -2.3997 | 260.5 |
| 3 | 涩4-22 | 涩北一号 | Ⅳ-1 | 40.3573 | 407.6086 | -7 | 138.1 |
| 4 | 涩3-4 | 涩北一号 | Ⅳ-1 | 76.5079 |  | 3.5822 | 220.6 |

续表

| 序号 | 井号 | 气田 | 开发层组 | 渗透率（mD） | 地层系数 Kh | 表皮系数 S | 泄流半径（m） |
|---|---|---|---|---|---|---|---|
| 5 | 涩3-4 | 涩北一号 | IV-1 | 18.2835 | 351.043 | -3.2557 | 202.0 |
| 6 | 涩4-12 | 涩北一号 |  | 42.0868 | 525.5982 | -3.5384 | 176.0 |
| 一号平均 |  |  |  | 36.7 | 304.8 |  | 192 |
| 7 | 涩4-3-1 | 涩北二号 | I-1 | 18.8085 | 464.054 | -3.3995 | 216.0 |
| 8 | 涩4-3-1 | 涩北二号 | I-1 | 12.1 | 307 | -2.06 | 213.0 |
| 9 | 涩7-5-1 | 涩北二号 | I-1 | 22.9 | 362 | 1.46 | 201.0 |
| 10 | 涩9-5-1 | 涩北二号 | I-1 | 177 | 754 | -0.62 | 271.0 |
| 11 | 涩R33-1 | 涩北二号 | I-2-2 | 21.3322 | 121.5934 | -3.3006 | 187.2 |
| 12 | 涩R37-1 | 涩北二号 | I-2-2 | 10.5531 | 86.2613 | 6.1075 | 150.0 |
| 13 | 涩R45-1 | 涩北二号 | I-2-2 | 82.2558 | 500.2353 | -0.2416 | 200.6 |
| 14 | 涩6-1-2 | 涩北二号 | II-1 | 13.5661 | 267.2521 | -4.8108 | 155.2 |
| 15 | 涩8-5-2 | 涩北二号 | II-1 | 14.6267 | 187.4537 | -4.3019 | 234.6 |
| 16 | 涩9-6-2 | 涩北二号 | II-2 | 3.132 | 0.037 | -1.555 | 216.1 |
| 17 | 涩R26-2 | 涩北二号 | II-2 | 10.8882 | 116.5307 | -2.8167 | 134.0 |
| 18 | 涩9-3-4 | 涩北二号 | III-3 | 41.08 | 0.342172 | -0.9343 | 203.0 |
| 二号平均 |  |  |  | 35.7 | 263.9 | — | 198 |
| 19 | 台H2-1 | 台南 | 1-17 | 11.68 | 88.74 | -0.33 | 265.0 |
| 20 | 台H2-2 | 台南 | 1-17 | 11.01 | 89.1 | -1.94 | 282.0 |
| 21 | 台H2-3 | 台南 | 1-17 | 38.25 | 312.71 | 3.73 | 303.0 |
| 22 | 台H4-8 | 台南 | 2-17 | 395.68 | 1400.7 | -1.823 | 232.9 |
| 23 | 台H4-16 | 台南 | 3-1 | 440 | 1810 | -3.15 | 334.0 |
| 24 | 台H2-3 | 台南 | 1-17-1 | 35.12 | 284.47 | 3.63 | 297.0 |
| 25 | 台H3-11 | 台南 | 2-14-3 | 52.056 | 124.9344 | 2.81 | 165.3 |
| 26 | 台1-5 | 台南 | I-2 | 58.8 | 364.56 | 19.5 | 261.0 |
| 27 | 台2-1 | 台南 | II-1 | 22.8441 | 141.6334 | -1.13 | 172.0 |
| 28 | 台2-18 | 台南 | II-1 | 23.7085 | 128.0258 | -1.1902 | 172.5 |
| 29 | 台2-3 | 台南 | II-1 | 42.1 | 308 | -6.84 | 295.0 |
| 30 | 台2-4 | 台南 | II-1 | 50.88 | 288.76 | -1.11 | 265.0 |
| 31 | 台2-5 | 台南 | II-1 | 42.01 | 340.25 | -2.52 | 283.0 |
| 32 | 台2-5 | 台南 | II-1 | 20.8 | 168.48 | -0.831 | 237.0 |
| 33 | 台2-8 | 台南 | II-1 | 24.05 | 108.2 | 75.38 | 252.0 |
| 34 | 台3-2 | 台南 | II-1 | 61.5154 | 344.4863 | 2.8858 | 204.2 |
| 35 | 台2-27 | 台南 | II-2 | 5.4673 | 36.0842 | -5.4138 | 251.0 |
| 36 | 台3-4 | 台南 | III-2 | 123.0763 | 541.5357 | -3.0397 | 273.0 |
| 37 | 台4-22 | 台南 | IV-1 | 176.143 | 686.9574 | -6.4254 | 313.9 |

续表

| 序号 | 井号 | 气田 | 开发层组 | 渗透率（mD） | 地层系数 $Kh$ | 表皮系数 $S$ | 泄流半径（m） |
|---|---|---|---|---|---|---|---|
| 38 | 台4-23 | 台南 | Ⅳ-1 | 102.403 | 808.983 | -1.5535 | 290.7 |
| 39 | 台4-9 | 台南 | Ⅳ-1 | 132.33 | 1124.81 | -1.57 | 300.0 |
| 40 | 台H4-1 | 台南 | Ⅳ-1 | 79.96 | 239.88 | -6.92 | 173.3 |
| 41 | 台H4-10 | 台南 | Ⅳ-1 | 77.81 | 622.48 | -4.41 | 265.0 |
| 42 | 台H4-10 | 台南 | Ⅳ-1 | 77.52 | 620.16 | -4.99 | 285.0 |
| 43 | 台H5-7 | 台南 | Ⅳ-1 | 136.91 | 1026.83 | -0.59 | 199.0 |
| 44 | 台4-19 | 台南 | Ⅳ-2 | 31.8819 | 77.5305 | -2.9509 | 217.6 |
| 45 | 台4-20 | 台南 | Ⅳ-2 | 125 | 1100 | -3.0955 | 310.0 |
| 46 | 台5-11 | 台南 | Ⅴ-1 | 219.6805 | 1471.86 | -2.6232 | 302.0 |
| 47 | 台5-12 | 台南 | Ⅴ-1 | 155.0731 | 1132.034 | -1.5766 | 321.8 |
| 48 | 台5-14 | 台南 | Ⅴ-1 | 395.127 | 2884.426 | -8 | 246.5 |
| 49 | 台5-4 | 台南 | Ⅴ-1 | 91.7 | 458 | -2.74 | 144.0 |
| 50 | 台6-15 | 台南 | Ⅵ-1 | 29.2821 | 345.5289 | -0.0975 | 216.5 |
| 51 | 台6-3 | 台南 | Ⅵ-1 | 14.5718 | 62.6587 | -2.8792 | 151.0 |
| 52 | 台H1-5 | 台南 | Ⅰ-3 | 29.2622 | 196.0567 | 7.9416 | 317.2 |
| 53 | 台6-1 | 台南 | Ⅳ-1 | 217.35 | 586.85 |  | 180.0 |
| 54 | 台H4-16 | 台南 | Ⅳ-3 | 124.929 | 540.9423 | -2.3794 | 334.0 |
| 台南平均 |  |  |  | 102.1 | 579.6 | — | 253 |
| 涩北平均 |  |  |  |  |  |  | 234 |

**2. 井间干扰测试分析**

2019年在涩北一号气田开展了两个井组小井距干扰试验。这两组干扰试验评价认为，井距小于400m时，有的邻井受到的干扰较为明显，而有的邻井并没有受到干扰。存在渗透率小于50mD时，井距变小，邻井或受到干扰也不受干扰的矛盾，而渗透率变大（50~100mD）时，井距变大，也存在邻井或受到干扰也不受干扰的矛盾。这说明层内非均质性极强，存在渗流屏障和高渗透通道，气藏平面渗透率分布认识还有待加强，同时也说明存在剩余气封闭区，加密井网可以提高这些区带的储量动用程度。

涩1-103井组：涩1-103与涩1-143井相距275.37m，涩1-143井受到明显干扰，影响产量$0.48×10^4m^3$；而涩1-103与涩1-145井相距373.5m未见干扰。该井组渗透率分布如图7-13所示，干扰测试邻井压力变化曲线如图7-14、图7-15所示。

涩1-104井组：涩1-104与涩1-144井相距367m，涩1-144井受到明显干扰，影响产量$0.34×10^4m^3$；涩1-104与涩1-142井相距257m，涩1-142井未见干扰。该井组渗透率分布如图7-16所示，干扰测试邻井压力变化曲线如图7-17、图7-18所示。

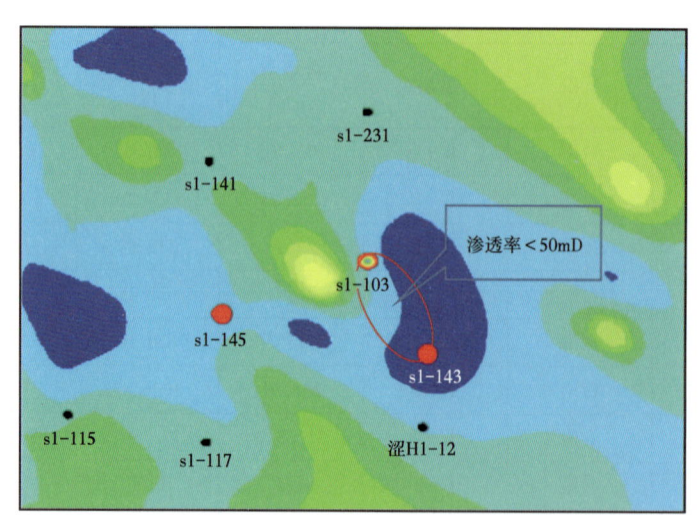

图 7-13　涩 1-103 井组位置及 1-3-1c 砂体渗透率分布图

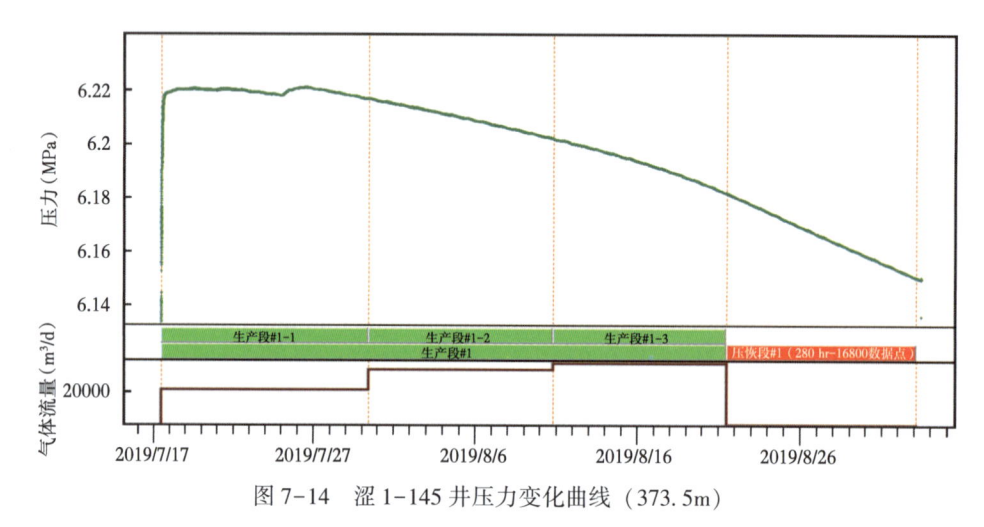

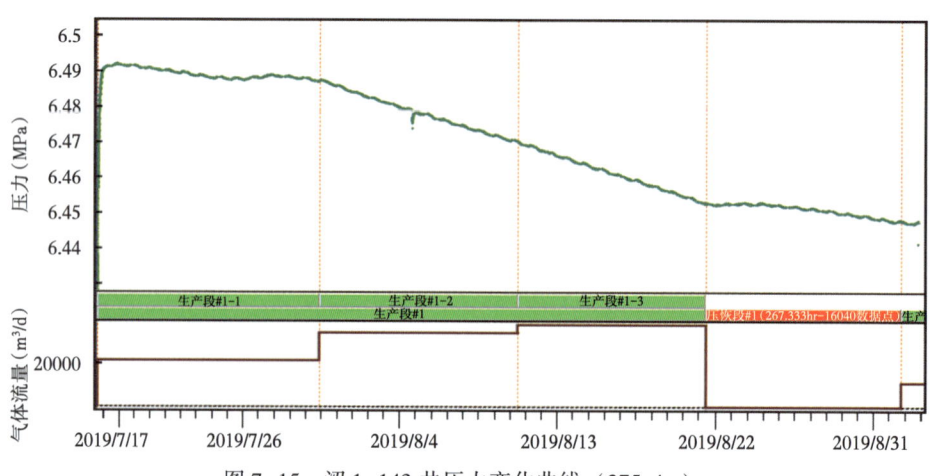

图 7-14　涩 1-145 井压力变化曲线（373.5m）

图 7-15　涩 1-143 井压力变化曲线（275.4m）

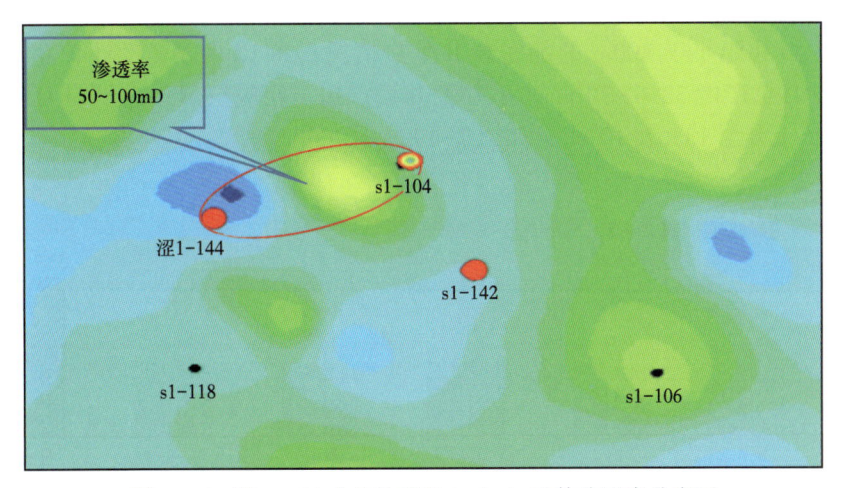

图 7-16　涩 1-104 井组位置及 1-3-4a 砂体渗透率分布图

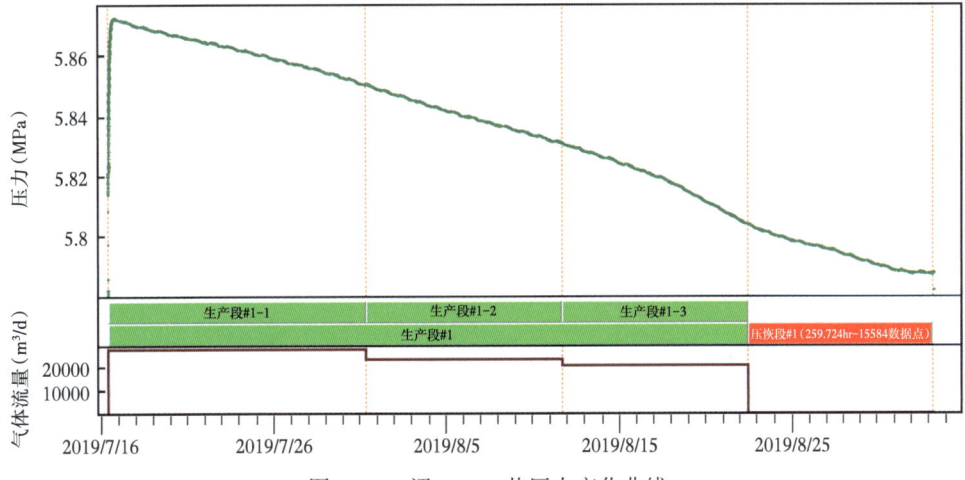

图 7-17　涩 1-144 井压力变化曲线

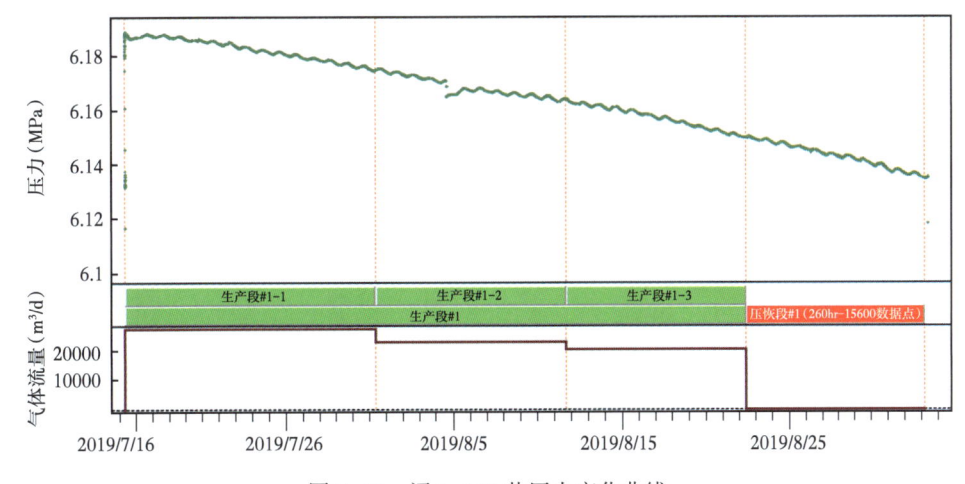

图 7-18　涩 1-142 井压力变化曲线

141

### 3. 加密井投产效果分析

追踪 28 口井距小于 400m 的加密新井生产情况，28 口井方案设计日总产能 $31.8 \times 10^4 m^3$，实际日总产能 $32.4 \times 10^4 m^3$。小井距井投产后，相应层组动态储量有所增加，由 $120.9 \times 10^8 m^3$ 上升至 $133.7 \times 10^8 m^3$，如图 7-19 所示。

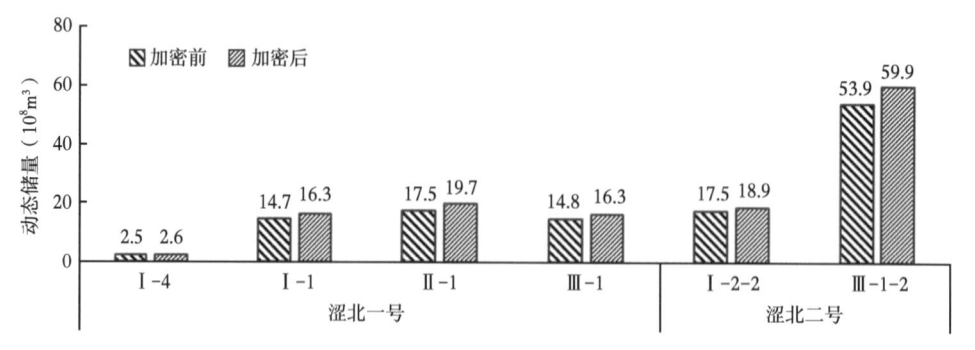

图 7-19 涩北气田井网加密层组动态储量变化对比图（<400m）

加密新井对部分邻近老井有一定干扰，但是占比较少，共计 8 口老井受干扰明显，平均干扰井距 325m，干扰累计影响日产量 $2.9 \times 10^4 m^3$，老井年递减率由 5.4% 上升至 9.9%（图 7-20、图 7-21）。

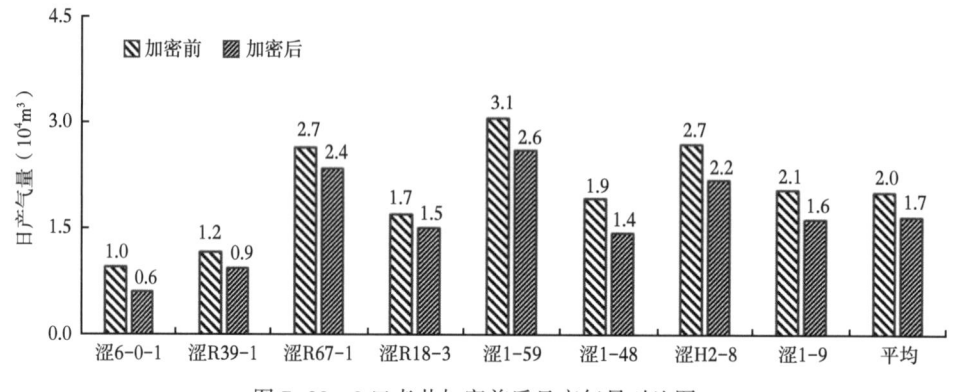

图 7-20 8 口老井加密前后日产气量对比图

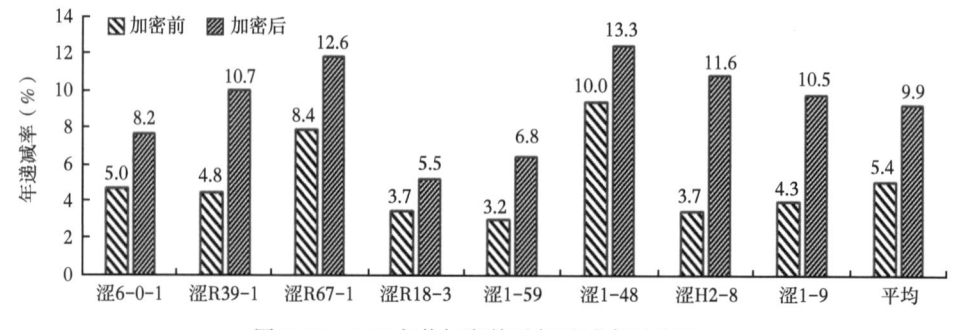

图 7-21 8 口老井加密前后年递减率对比图

追踪10口井距小于400m的调层井生产情况,其中,共计5口井的邻近老井存在明显干扰,如图7-22所示,影响产量$2.1×10^4m^3$,干扰井主要分布在Ⅰ、Ⅱ类储层。其余5口井主要分布在Ⅲ类储层,物性相对较差,未对邻近老井造成明显的干扰。

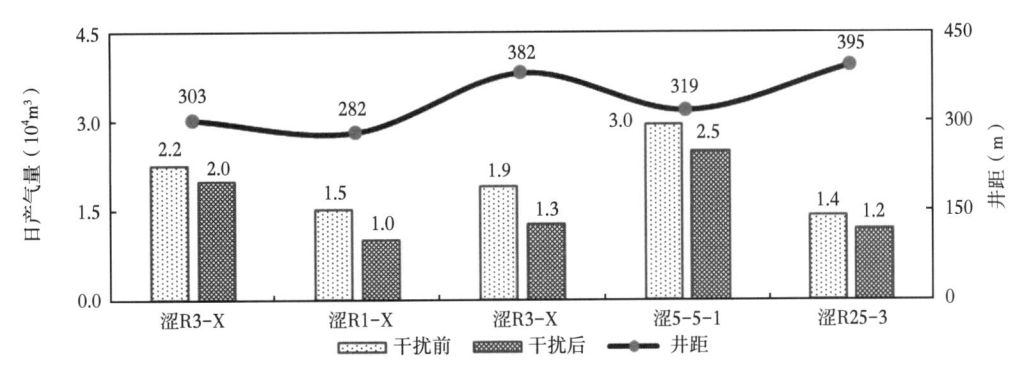

图7-22 涩北气田调层井加密前后日产气量变化(井距<400m)

追踪177口井距400~500m的生产井,主要分布在涩北气田32个开发层组,其中,涩北一号、涩北二号、台南气田分别为10、11、11个层组,如图7-23、图7-24所示,分别占各气田的52.6%、55%、45.8%。统计各井邻近老井的生产情况,均未见到明显的井间干扰。

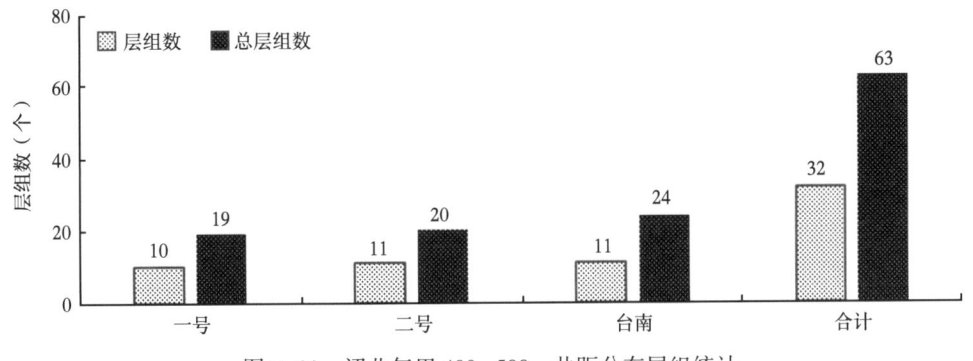

图7-23 涩北气田400~500m井距分布层组统计

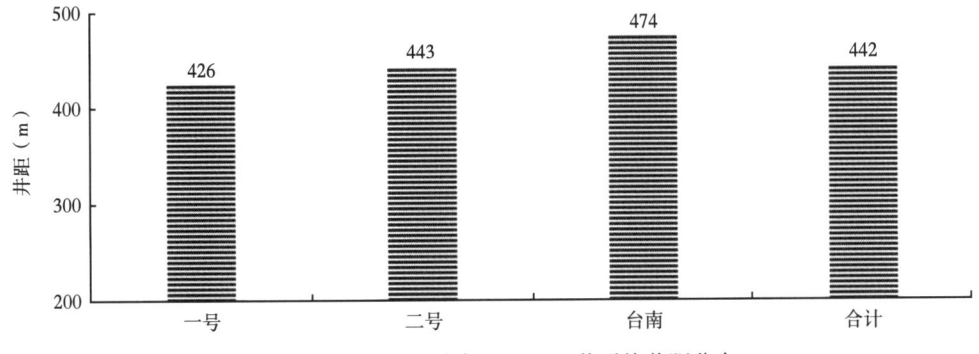

图7-24 涩北三大气田177口井平均井距分布

例如：涩 H2-11 与涩 2-89 井距 412m，涩 2-89 井于 2020 年 4 月 23 日投产，邻近老井涩 H2-11 并未受其干扰，日产气量较为稳定，如图 7-25 所示。涩 R32-0 与涩 R46-0 井距 436m，涩 R46-0 井于 2020 年 4 月 11 日投产，新井投产前涩 R32-0 井日产气 $1.8 \times 10^4 m^3$，日产水 $1.47m^3$，投产后涩 R32-0 井日产气 $1.76 \times 10^4 m^3$，日产水 $1.66m^3$，前后产量较为稳定，未受影响，如图 7-26 所示。

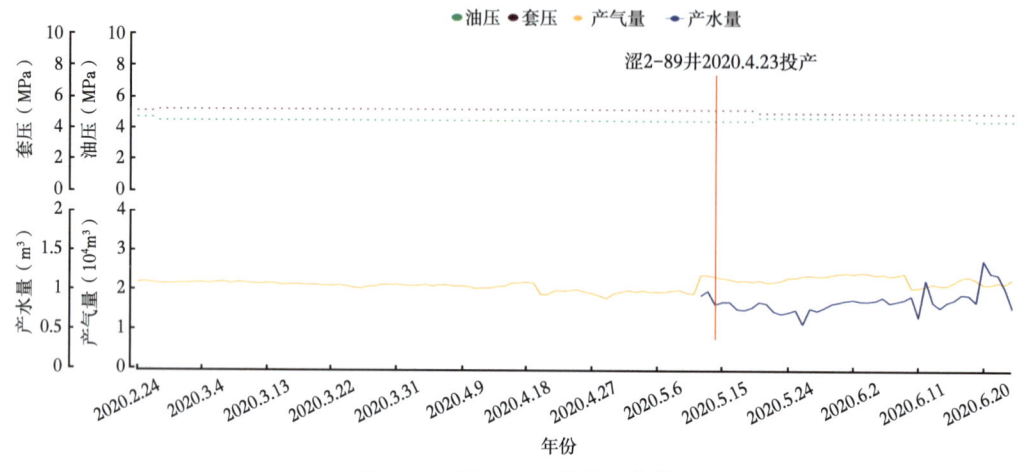

图 7-25　涩 H2-11 井生产曲线

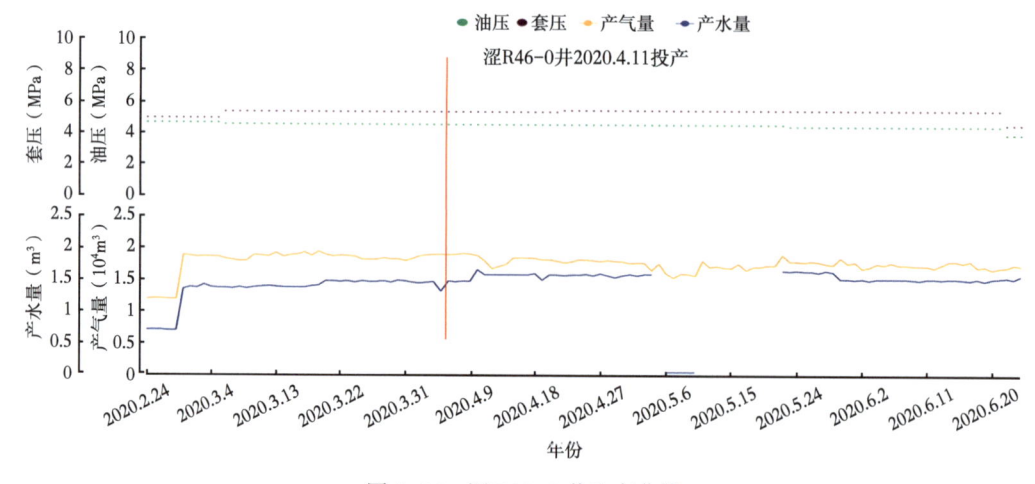

图 7-26　涩 R32-0 井生产曲线

### 三、加密极限井距确定

**1. 技术极限井距确定**

以井网加密后井区动态储量增加趋势分析为手段，确定涩北气田技术极限井距。统计各气田加密井网井距与控制动态储量增幅的关系，可以看出，随着井网井距的减小，井区动态储量的增幅逐渐减小，直至变为 0，所以涩北一号、涩北二号、台南气田的技术极限井距分别为：330m、300m、370m，气田平均技术极限井距为 330m，各气田完善井距与动态储量增幅关系如图 7-27、图 7-28、图 7-29 所示。

图 7-27 涩北一号完善井距与动储增幅关系

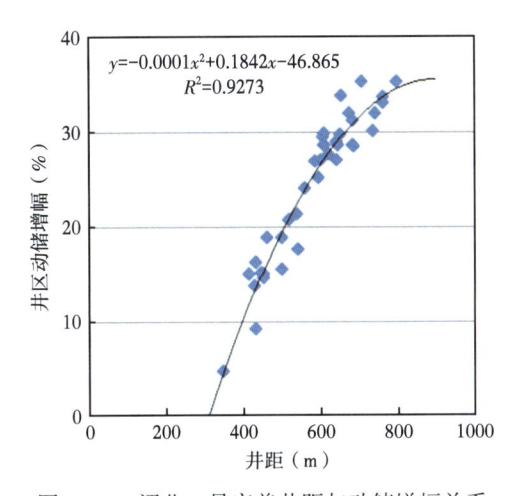

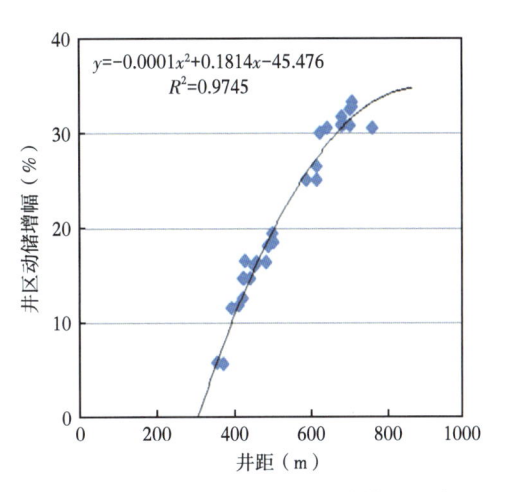

图 7-28 涩北二号完善井距与动储增幅关系

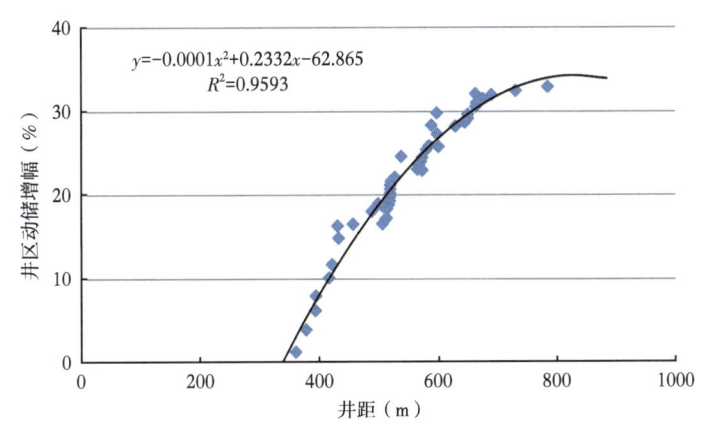

图 7-29 台南完善井距与动储增幅关系

## 2. 经济极限井距确定

单井控制经济极限可采储量指单井控制的可采储量全部采出，并全部销售之后，所得收入恰好全部用来弥补开发所需的投入以及开发的各项税收。

计算单井经济极限井控储量公式：

$$G_{sg} = \frac{C + tP}{A_G} \quad (7-8)$$

式中 $G_{sg}$——单井经济极限可采储量，$10^8 m^3$；

$A_G$——天然气售价，元/$m^3$；

$C$——单井钻井和油建合计费用，元/m；

$P$——单井年平均采气操作费用，元/a；

$t$——开采年限，15 年。

按照公式计算气田开发单元的单井经济极限可采储量，涩北一号气田 43 个开发单元分别为（0.10~0.14）×10$^8$m$^3$，平均为 0.12×10$^8$m$^3$，涩北二号气田 38 个开发单元分别为（0.09~0.13）×10$^8$m$^3$，平均为 0.11×10$^8$m$^3$，台南气田 50 个开发单元分别为（0.16~0.19）×10$^8$m$^3$，平均为 0.18×10$^8$m$^3$。

经济极限井距，是指在一定的开发及地质条件下，当单井控制可采储量的价值等于气田建设和采气单井投入费用时的平均井距。如果以经济极限井距开采，气田在评价期内的总投资等于总产值，气田开发不能获得任何经济效益。

计算经济极限井距公式：

$$d = 2\sqrt{G_{sg} \times \frac{A \times S_p}{G \times R_{sg}}/\pi} \tag{7-9}$$

式中 $A$——布井面积，m$^2$；

$S_p$——布井面积/含气面积，弱边水气藏取值为 0.5；

$G_{sg}$——单井经济极限可采储量，m$^3$；

$R_{sg}$——采收率，%；

$d$——经济极限井距，m。

测算结果显示，涩北一号气田 43 个射孔单元的平均经济极限井距为 192~990m，平均 390m。涩北二号气田 38 个射孔单元的平均经济极限井距为 206~997m，平均 425m。台南气田 50 个射孔单元的平均经济极限井距为 175~1021m，平均 442m。为了实现效益开采，实际布井的井距须大于经济极限井距。

综上所述，通过井网加密数值模拟分析、井间干扰程度分析等，加密井网气藏储量动用将更加均衡充分，井距小于 400m 时对邻井造成干扰存在不确定性，主要受储层物性影响，Ⅲ类储层不易受井间干扰；追踪 177 口井距为 400~500m 的井，未见明显井间干扰；气田技术经济极限井距为 330~419m。所以，通过多方面的论证，涩北气田开发井井距由 800~1000m 缩小到 400m 左右是可行的，部署加密井为涩北气田找到了井间接替和弥补递减的挖潜方向。

## 第三节 低品质储量动用

低品质储量是指在储层物性条件差的Ⅲ—Ⅳ类气层储量，甚至不能依靠自身能量而需通过人工辅助外加能量手段而采出获得的那部分储量。涩北气田低品质储量类型主要是高泥质薄差层、超低阻气层、气水同层等，这些储量在过去的气田开发过程中没有专门进行针对性的系统评价和措施增产试验，随着Ⅰ—Ⅱ类气层优质储量的开采殆尽，必然对低品质储量进行措施开发动用。目前在涩北气田已经逐步展开此项工作，新的技术探索初见成效，详见第十章。

### 一、低品质储量分布特征

涩北气田低品质储量具有"低、小、散"的地质特征，即储量品质低、单砂体储量规模小、储量空间分布零散。在开发动态上表现为"低、快、短"的动态特征，即单井产量低、产量和压力递减快、稳产期短。目前气田内部大量低品质储层采出程度总体较低，随着气藏内优质资源的减少，这部分低品质储量所占分量日益突出，将是气田挖潜的重要资源。

低品质储量在三大气田均有分布，平面上，在气砂体不同井区呈不规则片、条带状或土豆状分布，纵向上，低品质储量连续性差，在各层层组均有分布，与优质储量间互发育；在多数小层中，以高泥质薄互层夹杂在旋回韵律层的顶底部。

## 二、低品质储量动用技术

低品质储量能否动用不但取决于气藏储层地质条件，更加依赖于开发技术水平和经济投入。随着工艺技术、经济条件的进步，部分低品质难采储量是可以转换为可动用储量的，主要技术内容包括以下三方面。

(1) 储层改造技术，提高储层动用效率。

低品质储量的可动用性对于储层改造技术有很强的依赖性，部分低品质储量在自然条件下达不到工业产能，但通过储层改造压裂技术可使低品质难采储量得以开发。压裂改造目的主要为改善储层低导流能力，扩大气井供气范围，充分提高单井天然气产能，提高低品质难采储量的动用程度。目前对于涩北气田低品质储层，压裂技术就是提高天然气产能的主要增产稳产措施。

(2) 多层合采、加密部署，提高储量动用程度。

通过产出剖面测试，针对动用程度差的低品质三类气层进行统计，对于纵向上相对集中、平面上分布稳定，且有一定储量规模的单层可以归结为一个开发单元，利用一套专门的井网开发动用。如上所述，在长井段、多层间互分布的背景下达到细分开发层系、增补多套井网动用的目的。

针对纵向和平面分布零散的低品质储量单层、单砂体开发往往难以达到商业开发价值，但是采用老井调层补孔、分层压裂合采、局部加密部署等方式可提高低品质储量动用程度。如台南浅层纵向上发育3套15个气砂体，储层具有低压、低渗透的特点，储层品质差，单砂体储量规模小，单层开发单井井控储量低于经济极限储量，实施多层合采、多层压裂，可提高单井控制储量，既节约了投资成本又提高了储量动用程度。

(3) 完善气藏采收率提高技术，保障低品质储量的经济开发。

低品质储量的开发不仅单井控制储量低，产量低，而且产量、压力递减快，气藏开发后期都面临低压开采、井筒积液等影响采收率的问题，因此，要促进低品质储层的开发不仅需要改造储层以提高产量，还需配套低压开采、增压开采、排水采气等工艺技术，才能促进低品质储量的进一步动用，实现经济开发。

## 第四节　技术应用效果评价

### 一、层系细分实例分析

以涩北一号气田一层系为例：该层系包含4个开发层组19个含气小层，从各个小层的生产情况看，2017年以前各小层采出程度在0.17%~37.6%之间，采气速度在0.5%~3.2%之间，各小层动用存在不均衡性，分析涩北一号I-1至I-4层组的层间干扰情况，各层组最大产能比为3.29~3.58，说明Ⅰ-1至Ⅰ-4层组内各小层间干扰明显，2017年，将涩北一号Ⅰ-1至Ⅰ-4开发层组，依据层间干扰图版进行细分调整，由原4个开发层组细分为10个开发射孔单元，细分后各开发射孔单元最大产能比为1~1.89，见表7-9。

表7-9　涩北一号Ⅰ-1—Ⅰ-4层组细分单元调整表

| 开发层组 | Ⅰ-1 | | | Ⅰ-2 | | Ⅰ-3 | | Ⅰ-4 | | |
|---|---|---|---|---|---|---|---|---|---|---|
| 层组最大产能比（$Q_{max}/Q_{min}$） | 3.58 | | | 3.37 | | 3.58 | | 3.29 | | |
| 开发射孔单元 | Ⅰ-1-1 | Ⅰ-1-2 | Ⅰ-1-3 | Ⅰ-2-1 | Ⅰ-2-2 | Ⅰ-3-1 | Ⅰ-3-2 | Ⅰ-4-1 | Ⅰ-4-2 | Ⅰ-4-3 |
| 最大产能比（$Q_{max}/Q_{min}$） | 1.22 | 1.78 | 1 | 1.16 | 1.48 | 1.44 | 1.89 | 1.57 | 1.13 | 1.04 |

细分后完善井网在各开发射孔单元部署实施调整井97口，通过层组层间变异系数变化判定层组层间干扰实际变化情况。绘制2010—2019年涩北一号Ⅰ-1—Ⅰ-4层组层间变异系数变化图，可以看到细分后层间产能变异系数由0.66~0.92降低至0.16~0.59，说明层组层间干扰明显降低，如图7-30所示。

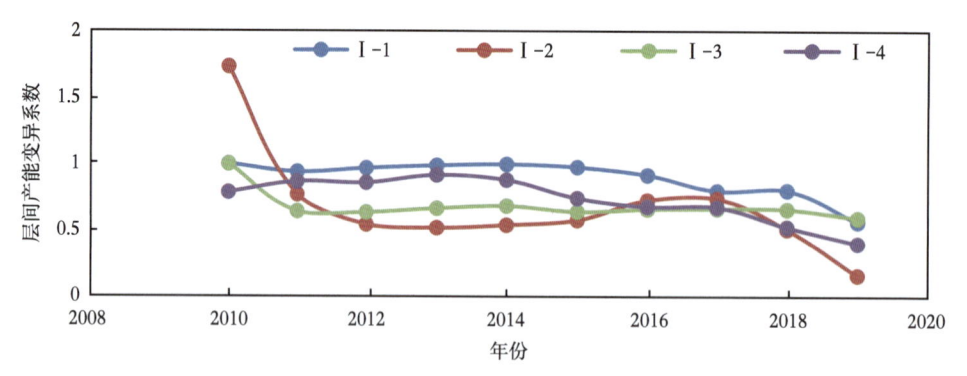

图7-30　涩北一号Ⅰ-1—Ⅰ-4层组层间变异系数变化图

观察2016—2019年各小层的各项生产指标，发现层组细分后各开发射孔单元采气速度明显上升，层组内各小层得到较好动用，生产稳定，各开发射孔单元日产气量明显增大，且日产水量保持在合理的范围内。

通过对比涩北一号气田一开发层系四个开发层组细分前后的开发效果认为，针对层间主要矛盾进行细分可以有效改善开发效果，如图7-31所示。

图7-31　涩北一号Ⅰ-1—Ⅰ-4层组细分后开发单元采气速度对比图

## 二、井网加密调整实例分析

以涩北一号气田Ⅱ-3开发层组为例：该层组共包含4个含气小层8个气砂体，见表7-10，纵向跨度为58.76m，单层平均厚度5.62m，叠合面积32.67km²。

**表7-10 涩北一号气田Ⅱ-3开发层组砂体地质参数**

| 小层 | 砂体 | 含气面积（km²） | 厚度（m） | 孔隙度（%） | 含气饱和度（%） | 渗透率（mD） | 泥质含量（%） |
|---|---|---|---|---|---|---|---|
| 2-3-1 | 2-3-1a | 29.7 | 1.9 | 29.5 | 50.3 | 12.8 | 34.1 |
|  | 2-3-1b | 32.7 | 3.3 | 30.8 | 65.3 | 39.6 | 24.3 |
| 2-3-2 | 2-3-2a | 20.8 | 2.9 | 29.4 | 48.0 | 14.2 | 32.4 |
|  | 2-3-2b | 20.9 | 1.9 | 30.8 | 52.8 | 27.7 | 29.2 |
| 2-3-3 | 2-3-3a | 23.4 | 3.2 | 28.9 | 51.1 | 13.7 | 31.2 |
|  | 2-3-3b | 23.5 | 3.0 | 28.8 | 49.7 | 16.4 | 29.2 |
| 2-3-4 | 2-3-4a | 14.9 | 3.8 | 26.9 | 43.2 | 7.7 | 34.1 |
|  | 2-3-4b | 14.9 | 2.6 | 27.9 | 39.9 | 7.7 | 37.6 |

该层组以直井开发，采用"顶密边稀"的布井方式，2016年之前共有生产井11口，平均井距800m，2016年之后在纵向细分的基础上通过井网加密调整部署30口井，平均井距600m，优化调整部署如图7-32所示。

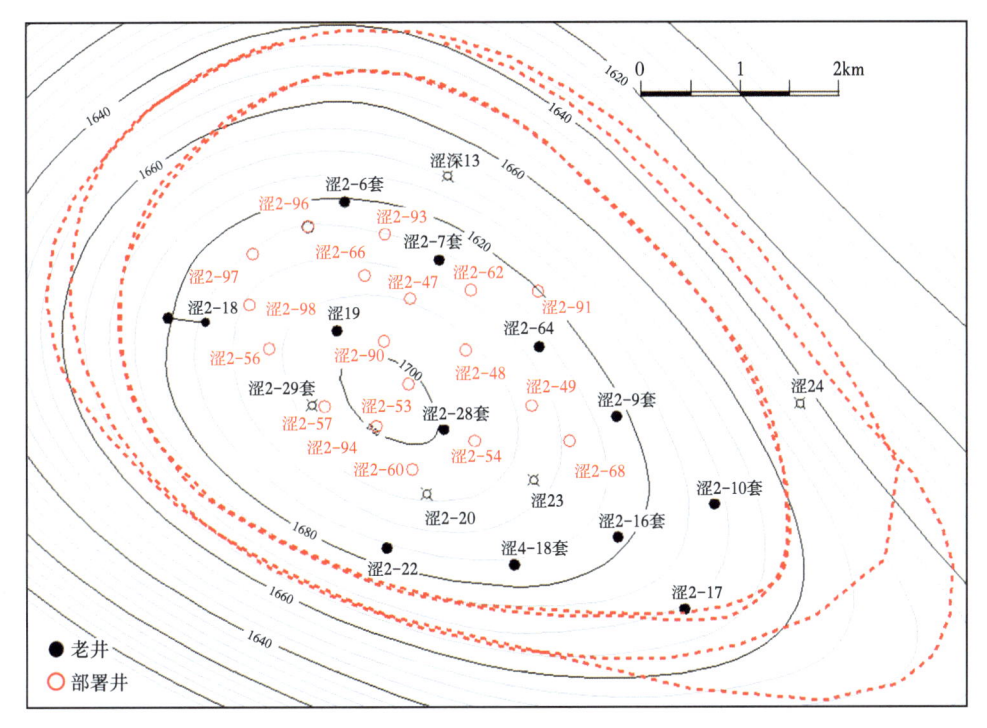

图7-32 涩北一号气田Ⅱ-3层组2-3-1开发单元井位分布图

该层组完善井网前后动静比由 36.5% 提高至 50%，各小层完善井网后动态储量均有增加，平均增幅 27.1%，各小层动储增幅统计见表 7-11。

表 7-11  涩北一号气田 2-3-1 小层井网完善前后动储增幅情况表

| 小层 | 井距（m） 加密前 | 井距（m） 加密后 | 动态储量（$10^8 m^3$） 加密前 | 动态储量（$10^8 m^3$） 加密后 | 动态储量增幅（%） |
| --- | --- | --- | --- | --- | --- |
| 2-3-1 | 930 | 491 | 17.71 | 21.19 | 16.4 |
| 2-3-2 | 850 | 503 | 4.56 | 9.75 | 53.3 |
| 2-3-3 | 858 | 538 | 12.99 | 14.96 | 13.1 |
| 2-3-4 | 747 | 510 | 0.65 | 3.37 | 80.6 |
| 合计/平均 | 846 | 510 | 35.92 | 49.27 | 27.1 |

### 三、低品质储量动用实例分析

以台南气田 2-18 小层为例：该小层包含 2 个气砂体，属于低渗透层。利用台 1-4 试采，射孔后不产气、不产水，压裂后平均日产量 $3.2 \times 10^4 m^3$。后期在该层部署井 10 口，目前该层累计产量 $3.1 \times 10^8 m^3$。通过压裂改善了储层渗透性，使低品质储量得到了动用，为涩北气田低品质储量挖潜动用提供了借鉴（图 7-33、图 7-34）。

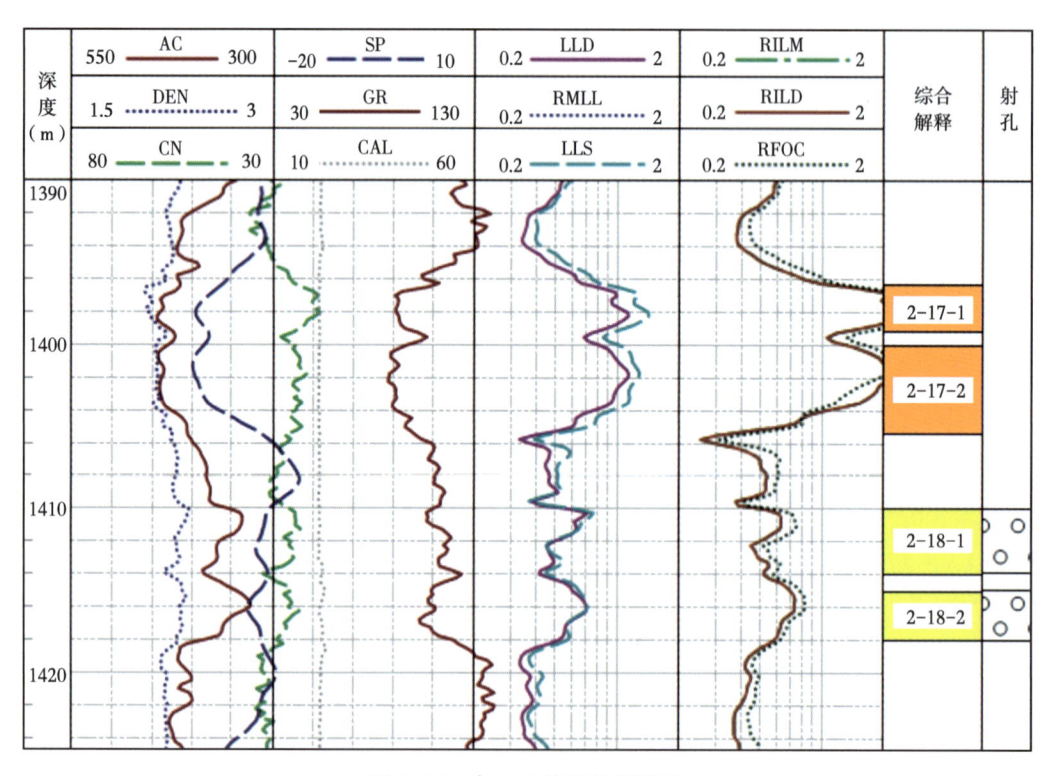

图 7-33  台 1-4 井测井解释图

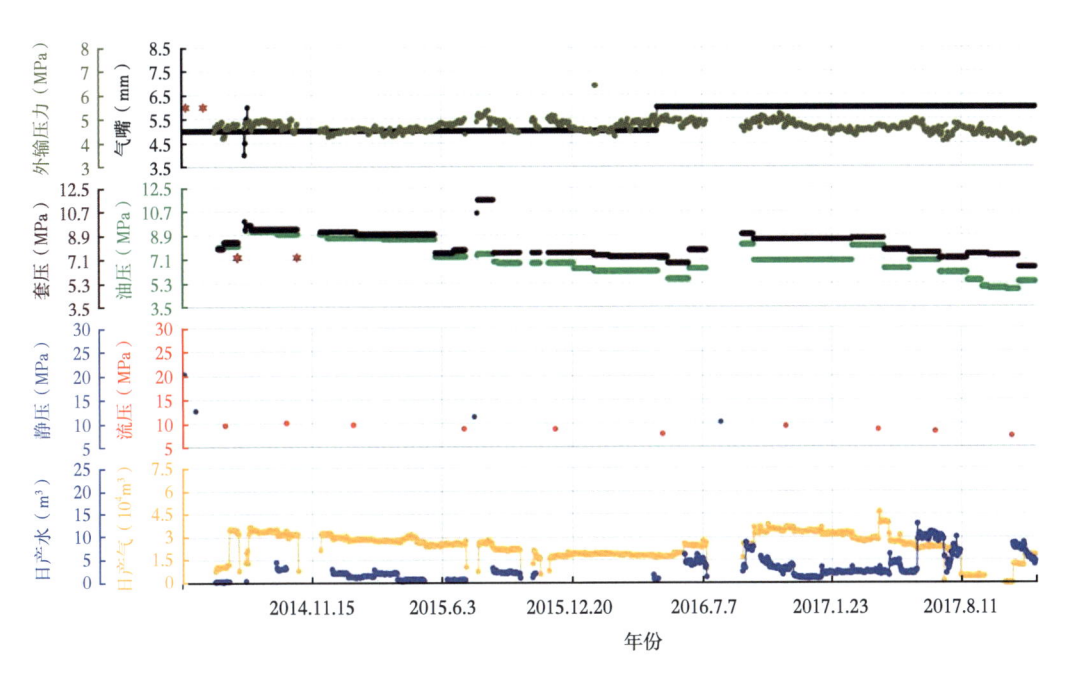

图 7-34　台 1-4 井 2-18 小层压裂改造后生产曲线

# 第八章 综合防控水技术

水驱气藏因地层水活跃程度的不同开发效果和采收率差异较大。如果气藏水体大，能量强，则活跃的地层水通常在气藏开采初期（采出程度<20%），部分气井开始大量出水甚至水淹，气井的减产、停产造成气藏稳产难。并且，受"水锁"影响形成"封闭气"，单向水侵、水窜切割气藏，局部卡断、绕流可形成封闭气，水窜封隔带可形成死气区。甚至，地层水堵塞气通道降低储层渗透率、水侵可降低生产压差，提高了气藏废弃压力，或使含气饱和度降低等。

调研国内外水驱气藏开发经验和方法，基本上是对已发生水侵的气藏或水淹的气井采取降低采气速度、封堵调层、排水采气等补救措施。并且，多在水侵气藏范围内出水气井的单井点上实施局部的治水工艺措施，主要技术方法是实施常规的机械堵水（打桥塞、加隔板、封隔器等）和化学堵水（注水泥、凝胶等堵水剂）。还有优选管柱、泡沫排水、柱塞气举等排水采气工艺。

水驱气藏投入开发后，根据局部水侵状况进行开发调控抑制水侵也是常见的方法，比如研究出水机理，分析气藏水体能量，预测水侵活动规律，实现提前预警，并根据水侵区构造位置的不同实施气井差异化管理，边部和腰部气井控制采气速度，高部位气井保持采气速度和生产压差，以减缓边、底水侵入。国内学者也提出了水侵不活跃气藏采用控制边部区域气井生产压差，裂缝—孔隙型边水活跃气藏早期边部排水，裂缝—孔洞型底水气藏早期高渗透区气水界面以下层段排水，缝洞发育型多裂缝系统水侵活跃气藏早期低部位区域排水和高部位控制开采速度等不同的途径和方法。

但是，从全气藏开发部署的角度采取整体布控防治水侵的技术方法还很少涉及，特别是水驱气藏开发早期在部署和完善开发井网的过程中就同时考虑部署控水井的案例还没有，在来水方位利用老井强排泄压，或用高分子聚合物黏稠液建立阻水屏障仍然不多见。

文献表明，水驱气藏采收率较纯气驱气藏的采收率有很大程度降低，活跃水驱气藏，其废弃相对压力通常≥0.5，采收率为40%~60%；而不活跃或无水气藏，其废弃相对压力通常≥0.05，采收率可达70%~90%。可见，将活跃的水驱气藏调控为不活跃的水驱，或使不活跃的水驱继续保持温和驱替，探索和推广先期控水技术，控制地层水的活跃程度是实现水驱气藏高效开发的最佳途径。

涩北气田多年的开发开采，出水导致气井停产的问题愈加严重，随着地层压力下降、出水量增加、出砂加剧，此前主要依赖的治水方式包括泡沫排水采气、氮气气举、集中气举等排水采气工艺适应性逐渐变差，同时边部强排、分层堵水等治水方式效果甚微。

目前采取单井携液排水、调堵和全气藏整体治水方式相结合基本满足了气田在出水加剧的形势下平稳生产的需要。特别是气藏整体治水的前提是对于储层水侵方向、水侵速度、水侵量以及单井出水规律有明确的认识，在此基础上优化治水技术方案，提高了内控外排、排堵结合、砂水同治的实施效果。

# 第一节 气井出水来源判别技术

## 一、气井出水的多种来源

涩北气田是典型的边水驱气田,气井出水多以边水为主,但是还有其他类型的地层水来源,结合气井产量及出水特征,将气井的出水类型分为以下几类:

(1) 工作液返排:钻井过程中,钻井液滤液侵入地层,气井投产后,井底压力降低,钻井液滤液随气体流出地层,进入井筒;此外,各种措施作业时,压裂液等工作液也会侵入地层,开井后,在压差的作用下从地层返排。

(2) 层内水:可分为凝析水、原生层内水和次生层内水。由于含气丰度或泥岩层阻隔等,在气藏原始地层条件下以层内可动水的形式聚集在储层低部位孔隙内,在通常情况下由于未与气井底部连通而不参与流动,但当层内压差达到临界值时,将形成一定的连通通道,层内可动水开始产出;另一方面,由于疏松砂岩的结构变形和束缚水的膨胀,在气藏压力下降到一定程度之后,储层岩石的部分束缚水形成了层内次生可动水,并随气一起产出。

(3) 层间水:在气藏构造翼部或边部,纵向上气层和水层呈现间互分布的特点,当固井质量差或水泥环失效后,水层和气层间相互沟通,造成层间水窜入气层。还有,当射开气水同层采出天然气时,水便一同被采出。

(4) 边水:当边水推进或指进到井底,就会造成气井出水。

## 二、不同来源的出水特征

同一开发层组内的井与井之间、同井的不同开采阶段之间,主要出水来源都可能存在差异,井口产出水可能同时来自多种水源。各类水源的出水量和出水规模都不同,对气藏开发的影响也不同,有针对性地开展不同水源的出水特征分析,判别气井的出水水源,是研究水侵特征和采取有效的调整对策的基础。

**1. 工作液**

工作液返排出现在气井投产初期或是措施作业后,持续时间较短,水量不大,工作液返排的总量与工作液的漏失量有关,但由于工作液在地层内的滞留量很难确定,因此,实际工作中难以确定工作液的返排量,只能根据经验大致估算工作液返排的时间阶段。

**2. 层内水**

1) 原生层内可动水

涩北气田的整体成藏期较晚,充气不足,储层内存在大量的原生层内水,或以层内水层的形式存在,测井解释为气水同层或含水气层,或由于非均质的泥岩段封隔成位置不确定的层内小水体。原生层内可动水的出水特征表现为:开井即见水(气水同层),或开采一段时间后才出水(封闭小水体),出水量适中,水气比波动在 $0.50\text{m}^3/10^4\text{m}^3$ 左右,但水气比稳定或增长缓慢,甚至可能波动下降。

2) 次生层内可动水

次生层内可动水是指由于储层结构变形和束缚水的膨胀,在气藏压力下降到一定程度之后,储层岩石的部分束缚水形成了层内次生可动水,随着气井一起产出。束缚水的存在位置主要是岩石颗粒表面、死孔隙和细小的喉颈部位。疏松砂岩储层在受到压实作用后，储集空间发生收缩，由于气、水的压缩系数不一样，流动能力也存在很大的差距，地层流体重新分布后，气水的相对比例将发生变化，部分束缚水将变为可动。次生层内可动水的出水特征表现为：气井开采一段时间且有一定压降后才出水，出水量很少，水气比稳定。

### 3. 层间水

开采过程中，尽管在正常情况下不会在泥质隔层上射孔，但由于隔层和储层之间亏空速度的差异产生了层间压差，当压差突破隔层的临界流动条件，隔层内的水就会克服其毛细管阻力进入储层，然后再在储层内压力梯度的作用下进入井筒。主力产层的气井见水，很大程度上就是隔层和相邻未动用水层的水窜，表现为远离气水边界的气井却大量产水，并且出水量突然上升。

### 4. 边水

气井在出边水之前，会产生较少的凝析水，也有可能产生层内水或层间水等，但总体水量通常比较小，相对比较稳定，气井一旦出边水后，产水量和水气比迅速上升，导致气井产量递减加速，出边水的气井基本位于离气水边界较近的低部位，气井见水的顺序由低部位向高部位，由边界向中心出现。

边水能量不同，到气井的距离不同，气井与边水的连通性也存在差异，这些因素都将导致层间和井间见水规律的差异性。特别的，由于涩北气田的气井大部分是多层合采，各个层的见水时间、出水量等都存在差异，导致出水层在射开层中所占的比例随开采阶段不同，这些会增加出水动态分析的难度。

## 三、出水的不同来源识别

涩北气田气井出水的不同来源识别技术是在深入分析气田目前的水源种类、各种水源出水特点，结合气井所处的构造位置、产层测井解释、产出剖面测试、生产动态数据、试井、水分析、固井质量等资料的基础上建立的综合识别方法。依据各种水源判别过程中对现有资料依存程度或参考价值建立评价表，见表8-1。

表8-1 出水来源识别资料依存度评价表

| 水源<br>判断资料 | 边水 | 凝析水 | 层内水 | 层间水 | 工作液 |
|---|---|---|---|---|---|
| 构造位置 | ★★★ |  |  | ★★ |  |
| 测井解释 |  | ★ | ★★★ | ★★★ |  |
| 剖面测试 | ★★ | ★ | ★★★ | ★★★ |  |
| 生产数据 | ★★★ | ★★★ | ★★★ | ★★★ | ★★★ |
| 水分析 | ★ | ★★★ | ★ | ★ | ★★★ |
| 固井资料 |  |  | ★ | ★★★ | ★ |
| 试井测试 | ★ |  |  |  |  |

注：★★★——主要依存；★★——依存；★——参考。

各种水源的判断流程（图8-1）如下。

（1）按照出水量和水气比的大小大致分为五类，即：产水量、水气比迅速上升类；水气比小于 $0.05m^3/10^4m^3$ 类；缓慢上升类；波动跳跃类和下降类；大致确定五种生产动态类型对应的出水水源。然后根据这五种类型结合各种资料进行仔细甄别。

(2) 对于产水量、水气比迅速上升类，要进一步判断是否为边水，首先核对该井的位置是否位于气藏边部，其次核对周围邻井是否已经证实出边水，再核对出水后产出剖面是否出大量水，必要时核对试井径向流段的压力反应特征，最终确定是否为边水。

(3) 水气比小于 $0.1m^3/10^4m^3$ 类，判断是否为凝析水比较简单，要求生产水气比接近理论凝析水气比即可，同时需要进一步核对不同时期水样的矿化度，凝析水的矿化度一般低于 10000mg/L。

(4) 对于产水量、水气比缓慢上升类，进一步判断是否为层内水，首先查阅产出剖面是否出水，再核对生产的小层内测井解释有无水层、含水层，最终确定是否为层内水。

(5) 对于产水量、水气比波动跳跃类，可能存在着两种水源，第一种类型是层间水，应核对产层的邻层测井解释是否为水层或含水层，另外核对产出剖面是否出水，以确定为层间水。

(6) 对于产水量和水气比短期下降类，判断是否为工作液的返排，应核对出水的时间是否为投产初期或者措施作业结束后进行确认。

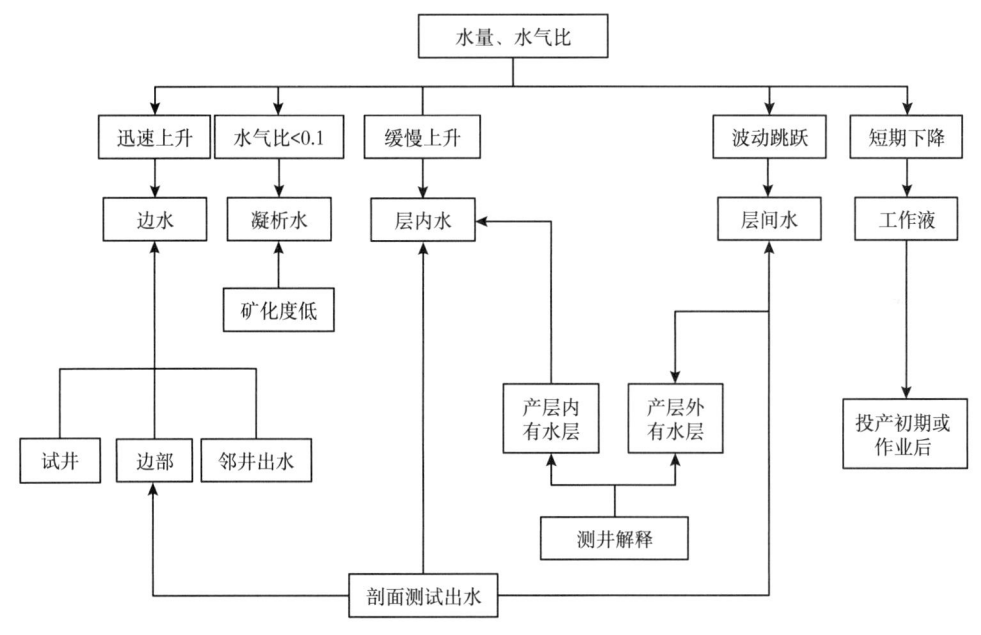

图 8-1 涩北气田气井出水不同来源判别流程图

气井出水过程中，水源不是一成不变的，可能是一个动态的过程，主要表现在两个方面。

(1) 同一口气井，出水类型往往不止一种，凝析水伴随着天然气采出，在每口气井中都会产出。另外层内水、层间水、边水等都可能同时产出，这里所指的出水类型是指占主导分量的，特别是对气田开发和气井生产影响较大的水源。

(2) 同一口气井，不同开发时期，出水来源可能不同，表现在开发初期，气井远离气水边界，几乎都不出边水，而由于部分气井在完井过程中井底积液未排彻底，会返排出部分工作液，开发过程中，随着生产压差、气层与水层压差的加大，可能会产生层内水和层间水，分析认为离气水边界较近的气井，还会产出边水，使得出水来源更加复杂化。

凝析水水量小，持续时间长，对气井的生产影响小，工作液返排持续时间短，仅在较短时间内有较小的影响；层内水、层间水很难进行准确区分和判断，但其产水量和持续时间等特征一致，即产水规律性不强，产水量差异较大，介于凝析水和边水之间，对气藏开发会造成一定的影响。而边水则是气田气水主要矛盾，产水量大，出水规律性强，出水后对气藏危害大。

通过研究，涩北气田水源类型以边水为主。目前，气田共有出水井 872 口，其中涩北一号、二号、台南分别为 303、288、281 口，边水型出水井分别为 198、214、254 口，各占出水总井数的 65.3%、74.3%、90.4%。

## 第二节　排水采气主体技术

经过多年艰辛探索，逐步淘汰了"砂敏低效"的排水采气工艺，该工艺由"十一五"以优化管柱为主，发展到"十三五"以高抗盐泡排、集中增压气举为主的主体排采技术系列。排水方式由"间歇"向"连续"转变，如图 8-2 所示。

图 8-2　涩北气田气井排水采气工艺技术历程图

针对出水治理问题，通过气藏水侵、储层出砂、出水机理研究，结合水侵规律和工艺适应性分析结果，从堵水材料、排水工具、工艺设计、气藏治水等方面开展试验，进行了探索性的尝试，也取得了较好的效果。

近年来共实施了优化管柱排水采气 31 口井、泡沫排水采气 742 口井、气举排水采气 130 口井，形成了以优化管柱为基础，以泡排、气举为主体，以封堵调层为补充的治水工艺技术系列，并经过涩北气田增压气举排水采气试验，获取了关键气举参数，确定了橇装气举、井间互联气举逐渐向集中增压气举过渡的强排水工艺。因为优化管柱技术非常成熟，在此仅介绍具有涩北气田特色的实用排水采气工艺技术。

### 一、高矿化度地层水泡排技术

涩北三大气田地层水的水型主要为 $CaCl_2$ 型，地层水矿化度高，其中涩北一号气田地层水总矿化度平均值为 140102mg/L，平均密度为 1.115g/cm³，pH 值变化范围在 5.0~7.1 之间，平均电阻率为 0.052Ω·m；涩北二号气田地层水总矿化度平均值为 137968mg/L，平均密度为 1.075 g/cm³，pH 值变化范围在 7.0~8.0 之间，平均电阻率为 0.037Ω·m；

台南气田地层水总矿化度平均值为161544mg/L，平均密度为1.134g/cm³，pH值变化范围在5.0~6.0之间，平均电阻率为0.029Ω·m。

**1. 泡排剂的研制原则**

（1）泡沫携液量大，即液体返出程度高；

（2）起泡能力强，或鼓泡高度大，一般以模拟流态法为准；

（3）泡沫稳定性适中，若稳定性差，则有可能达不到将水带出地面的目的；反之，若稳定性过强，则将会给地面消泡及分离带来困难。

**2. 泡排剂的研制**

根据涩北气田储层物性、流体性质及地层水物性特点，委托某公司研制出了适合涩北气田的CKQP-1和CKQP-2型起泡剂，并开展了大量室内实验和现场试验。

1）罗氏泡沫高度实验

按QB385标准装置测定罗氏泡沫高度（包括起始泡沫高度及3min后的泡沫高度）。起始泡高反映泡排剂的静态起泡能力，3min后罗氏管内的泡沫高度反映泡沫的稳定性。实验表明：（1）CKQP-1在涩北一号气田的起泡能力和泡沫稳定性较好；（2）CKQP-2在涩北二号气田、台南气田的起泡能力和泡沫稳定性较好。

2）动态带水实验

利用动态泡沫测定仪评价一定时间内泡沫携带出的液体的体积，泡沫携液量越大，泡沫的性能也就越好，则泡排剂的携水能力越强，助排能力就越好。通过实验可以得出，CKQP-1、CKQP-2在70℃条件下，在涩北一号气田、涩北二号气田中的动态带水能力均较强。对于台南气田，CKQP-2在3‰浓度下有很强的携液能力。

3）表面张力实验

按SH/T 1156-1999《表面活性剂表面张力测定》方法的要求，针对涩北三大气田的不同地层水样，对CKQP-1及CKQP-2型起泡剂进行了表面张力测定。实验表明，该系列起泡剂在涩北一号、涩北二号及台南气田地层水样中表面张力较低，其起泡能力较强，能够满足涩北气田泡沫排水采气的需求。

4）配伍性实验

将涩北三大气田的地层水样加热至70℃后，分别加入浓度为3‰~5‰CKQP-1和CKQP-2型起泡剂，搅拌均匀后置于85℃恒温水浴中48h，观察是否有沉淀现象。通过实验CKQP-1、CKQP-2型起泡剂与涩北三大气田的地层水样均无沉淀产生，表明这两种起泡剂均与涩北气田地层水的配伍性良好。

5）消泡剂用量实验

实验表明，针对涩北三大气田的地层水样起泡剂与消泡剂的用量比例为1:1。

以上实验表明，3‰的CKQP-1型起泡剂较适合在涩北一号气田进行应用，且具有泡沫稳定、反应时间快、带水能力强的特点，长期使用不会产生沉淀造成井下堵塞。而3‰的CKQP-2型起泡剂则更适合在涩北二号气田、台南气田应用。

## 二、多泥砂积液井气举采气技术

气举排水采气工艺是在气井本身的能量不足以实现连续自喷排液时，借助外来高压气源，通过向井筒内注入高压气体的方法来降低井内注气点至地面的液体密度，使被举升井连续或间歇生产的排水采气工艺。

多泥砂气井需要的启动压力越高，气源压缩机的出口压力等级越高，相应的地面投资增加，从经济的角度考虑，启动压力较高的气井采用气举阀接替举升，降低气井的启动压力，从而降低压缩机的压力等级，提高设备的有效利用率。涩北气田常用气举工艺有以下几类。

一是，橇装气举。为解决地层压力低的气井井下作业施工后工作液的返排问题，开展了利用高压气源进行气举返排和诱喷作业。气举返排和诱喷分为三种方法：油管连接邻井高压气源、井间互联流程返输站内高压气源、高压氮气车组提供高压氮气气源。

为进一步开展气举作业、解决工作液返排问题和井筒积液排液问题，利用橇装式天然气增压机，但由于橇装式天然气增压机分离系统对砂、水的处理效果差，设备不稳定，容易停机等问题均未达到试验预期效果。之后在原设备的基础上，对砂、水处理分离装置进行改进；对动力设备由气驱改为柴油驱，提高了设备的稳定性和安全性。

经过多年的探索、总结，不断加强气举工艺论证，优化工艺参数设计等，实现了连续气举，且最长连续作业时间超过了10天。形成了间歇气举和连续气举，无阀气举和有阀气举，开式气举和半闭式气举，橇装气举、井间互联气举和集中增压气举相结合的气举技术系列。气举井数及日恢复产能有大幅提升。

二是，井间互联气举。井间互联工艺流程是将高压井的气源通过互联管线引入低压积液井，从而实现连续气举排液。

三是，集中增压气举。集中增压气举工艺是在涩北气田面临"积液日益严重，水淹井逐年增多，泡排、橇装压缩机气举无法满足气田排水需求"等问题时，提出的一种"一对多"的气举排水采气新模式。

**1. 气举工艺参数的确定**

1）气举管柱确定

考虑预留沉砂口袋，油管下深小于1200m。在气藏埋深较浅的条件下，首选光油管气举。光油管气举不需要在油管上安装气举阀，减少气井占产时间，省去井下配套气举工具和修井作业费用，而且在较低的启动压力下，注气点能降低至管脚，最大限度排出井底积液。对极个别启动压力特别高的气井，考虑在油管上安装气举阀接替举升排液。

光油管气举的注气压力确定需要考虑两种举升状态：首先是气井正常生产排液需要的注气压力——工作压力；其次是考虑在气井积液最严重状态，井底压力与地层压力平衡，气井关停后重启的注气压力——启动压力。

2）气举地面注气压力确定

即气井在正常生产状态下，为了携带地层产出水，将高压气体经环空从管脚注入油管需要的套压。当注气压力较小时，环空高压气体无法通过管脚进气，进气量为零，随着注气压力的增加，当压力增加到一定值后，即管脚处的注气压力高于油管压力，气体开始注入，注气压力越高，注气量越大。由于是管脚进气，当注气压力大于管脚处流动压力后，注气压力对注气量的影响较小。

假设井底流压与地层压力平衡，气井不供气，气井达到最大积液高度。此时需要的注气压力即气井的启动压力。气井需要的启动压力越高，压缩机的出口压力等级越高，相应的地面投资增加，从经济的角度考虑，启动压力较高的气井采用气举阀接替举升，降低气井的启动压力，从而降低压缩机的压力等级，提高设备的有效利用率。

3）单井注气量确定

通过现场注气量的调配，实践证实拟注气排液井排液注气量单井平均为 $1.3×10^4m^3/d$，由于采用的是间断式气举排液方式，多井同时注气的概率比较小，考虑系统的稳定性，压缩机的日供给高压处理气能力满足每口井 $1.35×10^4m^3$。由于管径越小临界携液气量越小，管径变化导致井筒管损发生变化。更换小油管气举注气量分析认为，单井临界携液气量标准确定的注气量由原来的 $1.35×10^4m^3/d$ 可降低到 $1.0×10^4m^3/d$。考虑到产量较小和含泥砂较多的积液，同样的产量和井口油压，大油管的管损要大于小油管，但两者的绝对压力差不大，注气压力对管径不敏感，因此积液井注气量在 $≥1.0×10^4m^3/d$。

4）气举布阀设计

由于工作压力主要由注气点深度的流动油管压力决定，流压越高，需要的注气压力越高，而管脚处的油管压力又由井底流压和井口油压决定，随着开采时间的延长，气井的产能下降，井底流压和井口油压在逐年降低，所以在注气点位置的油管压力也在不断降低，那么需要的注气压力也将呈下降趋势。所以，考虑到积液中含泥砂和气举阀堵塞的问题，光油管气举成为主要的工艺措施。为此，对井筒积液液面和地层压力的监测对光油管的下深需要适时调整。

**2. 连续气举工艺流程**

涩北气田采用无人值守运行模式，井口流程越简单越好，仅需具备注气、截断和放空功能，井口安装单流阀防止回流；注气管线地面部分要做保温。必须考虑配气工艺流程的要求：

（1）从主供气管线上接支管线，给配气间供气，支管线必须安装切断供气控制闸门；

（2）在配气间安装配气阀组，实现支管线给单井供气，单井供气管线有调压阀和流量调节阀控制注气量，调节阀前后应有截止阀切断供气；

（3）配气间应配套有放空管线，实现主管线和单井供气管线放空；

（4）单井供气管线调节阀前后加装伴热带，预防可能出现的冻堵；

（5）配气间应配套甲醇泵，并为每条单井供气管线增加甲醇加注口，在冬天减缓冻堵情况的发生。

由于涩北气田特殊地质条件，虽然从井网部署、射孔层位选择和单井配产等多方面采取了防水、控水措施，但气井普遍见水，由于产出水来源的不同，气井产水量存在较大差异。在排水采气工艺选择上，为降低井筒积液高度，采取过螺杆泵、抽油泵、电潜泵等井下机械式助排工艺，均因地层出砂卡泵或堵塞而放弃，随着出水气井井数和出水量的增加，高压气井的大幅减少，橇装气举和井间互联气举也不能满足全区气井带水平稳生产的需要，集中增压连续气举技术已成为当前保持气井携液生产的主体排水采气工艺技术。

## 第三节 气藏水侵调控技术

以涩北气田单井排水采气工艺技术为手段，立足气藏整体考虑，在气水运动规律和气水分布动态特征研究基础上，实施对水的"立体监控"，将藏内控水、藏内排水、藏外强排统筹考虑。边水的推进速度主要取决于采气速度，同时受气藏储层非均质性的影响，各砂体、各方向边水推进的速度不一致，制定水侵调控治理方案必须统筹考虑，以气水动态分布描述为基础，以气藏均衡开采为根本，做到气藏内外控排结合，地下排采和地面分离处理结合、治水与控砂相结合，最终落实到单井上，由于各单井的出水特征不同，应根据不同的出水特征，结合"防、控、堵、排"的主要技术手段，细排调配工作量，最终达到控制水侵速度，延缓递减，提高采收率的目的。

针对动用时间短、采出程度低的气藏，以其边水水体评价作为重点，在摸清气水关系、水驱能量和水体分布的基础上，确定气藏水侵的主控因素，预测水侵方位、水侵时间及水侵量。及早进行水侵危害评估，明确易发生边水指进的水侵区带，制定气藏早期水侵调控专项技术方案，提前利用老井或部署调控水井实施排采泄压等调控水措施，消减边水的活跃程度，减缓边水对气藏开发的侵害。

## 一、边水活跃程度主控因素分析

### 1. 地质因素

边水水域受岩性、构造等地质条件控制，以地下的隔水边界及水流系统之间的分水界面为界，往往涉及很大深度，表现为立体的集水空间，这为水体纵向泄排提供了条件。

水驱气藏边水如果本身属于高压水层，气藏地层倾角越缓，边水越容易从边部位向高部位的气藏内部侵入；若水头开启，为具有自由水面的潜水且供水稳定，水头落差越大，水体能量越大，即水侵的源供（补给水源）条件越优势，在重力作用下水体的能量就会越强；而埋藏并充满两个稳定隔层之间的含水层（层间水），通常不具有自由水面，而是在静水压力的作用下，以气水交替的形式进行运动。

前人研究表明，气藏生产水气比变化特征同相对高渗透带渗透率与储层平均渗透率比值有关，比值越大气井见水后水气比上升越快（图8-3），反之，比值越小水气比上升越缓，说明碎屑岩储层高渗透条带是水侵的主要通道。

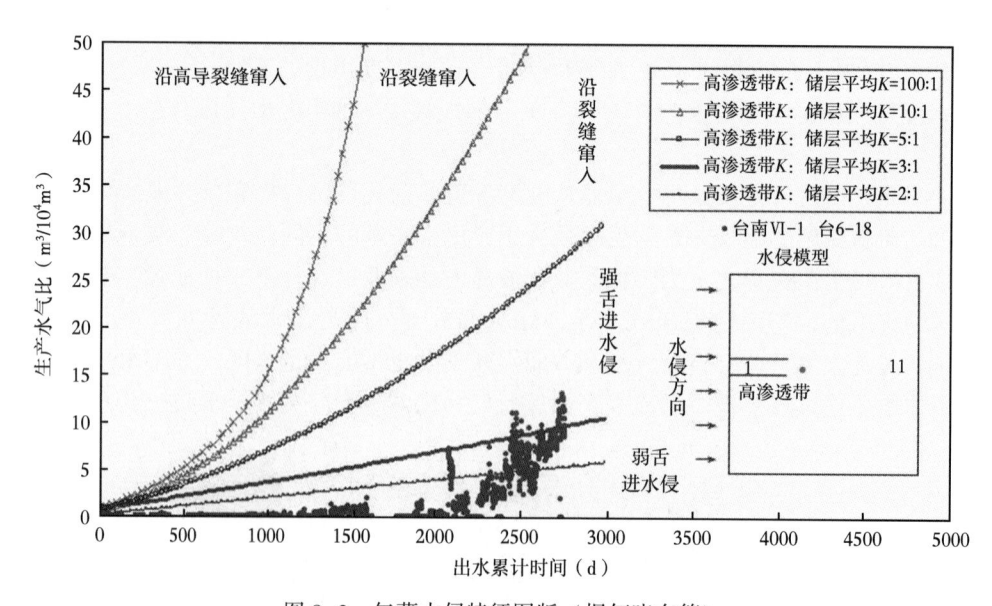

图8-3 气藏水侵特征图版（据何晓东等）

**2. 开发因素**

水驱气田投入开发后如果对气藏不同区带的气水关系、水体能量、活跃程度认识不清，低估地层水水侵危害程度或防控措施不当、不及时；对气藏与水体的沟通状况认识不清；气田开发配产指标安排不合理，使局部井区采气速度过快、采出程度过高，造成水体区域与采气井区压差过大，引起地层水向低压采气区的流动，地层水开始活跃，造成边水指进或底水锥进。

## 二、气藏水侵调控技术关键环节

（1）对水体的正确认识是制定有效调控水方案的关键。对气藏的边水进行精细地质描述研究，认识气水分布，正确评价水体大小、能量及与气藏的接触关系，并对气藏平面相带变化、储层非均质性、泥质遮挡条件、不同井区的渗透率、含水饱和度、水侵方向等进行评价认识，圈定侵入水源头，预测水侵区带。

（2）在圈定和预测源头或来水方向与位置的基础上，根据水体类型、大小和来水量等制定调控水井网、井距，重点在来水方向的高渗透侵入区带上确定调控水井，以排采泄压为主，以诱导转向为辅，消减地层水的侵入能量或改变水侵方向。

（3）针对每一口调控井（或兼采气排水双重功能），在整体水侵调控方案的指导下，分气藏分水侵带制定单井排采量，优选排采工艺。若水侵气藏纵向上有邻近的压力亏空层位，可实施地层水的邻层转储，即诱导水侵层的水通过井筒向亏空层位倒灌泄压，以达到诱导水侵方向偏离气藏的目的。

（4）水驱气藏最终采收率还随初始地层压力、水层渗透率、水体大小和残余气饱和度的增大而减小。影响水驱气藏采收率的主要可控因素是采气速度，所以，采气速度的合理调控也是减缓水侵，减少边、底水指进或锥进的主要手段。因此，在水驱气藏开发过程中，在对气水关系和水体性质正确认识的基础上，开展数值模拟研究，预测水侵过程，再把优化配产、调控压差、控制采速、均衡采气贯穿于整个气田精细开发管理之中，避免局部井区出现强采和压降漏斗的形成，减少边、底水突进。"预防为主，控排为先"是水驱气藏实现高效开发的关键。

## 三、水侵调控井部署和功能确定

边水调控井的合理部署和排堵功能的确定是保证气藏边水水侵调控方案高效实施的基础，为此应严格按照以下工作步骤和设计原则进行研究论证。

**1. 高渗透条带与水侵方向的确定**

储层的高渗透条带是造成水侵指进（舌进）的主要原因。从岩心及测井资料入手，研究高渗透条带的分布范围，结合沉积相及生产动态对高渗透条带进行识别与预测，为水侵高渗透条带的治理及控采井网的建立提供依据。高渗透条带形成与发展的影响因素有：沉积作用、岩石胶结作用、流体黏度和开采过程，起关键作用的是岩石胶结程度。高渗透条带识别难度大，通常采用岩心分析法、沉积微相法、测井曲线特征、生产动态分析法，并且需要多井多资料多方法综合判别与预测，相互验证判识高渗透条带的空间分布[9]。

处于气水边界附近的气井若含水持续上升，甚至水淹，说明该井区正在发生水侵，若其邻近气井不同时间段内陆续发生含水持续上升，可根据各井见水时间的不同，判断来水方向。综合储层沉积微相图、储层二维或三维地质模型、储层微细构造及裂缝分布图、储层岩相古地理图、储层泥质含量及非均质性评价图、气藏采出程度及压降图等判断和预测气藏储层水侵条带与方向。

**2. 控采对应关系的建立**

边、底水的渗流侵入受储层渗透性控制，渗透率高的储层泄水能力较强，渗透性好的井点产气状况也好，并且见水后产水量也较大。说明随着气藏天然气采出程度的增大，地层压力的降低，亏空的气藏针对边、底部等外围地层水的吸吮能力变强，易发生水侵水淹。所以，通过小层精细对比、沉积微相研究、储层特征分析、四性关系解释、物性及流动单元划分，结合气藏实际开采特征，明确气水运动规律、气水对应关系，认清泄水水域与采气井区的控、采地质条件，先期提出控、采参数调整意见，部署和完善控、采井网，确定控水稳气措施，尽早建立有效排、堵、疏综合控采井组和系统。

**3. 调控水井部署原则与方法**

树立在水驱气藏开发早期，部署"控、采井网"实施超前调控水，降低边、底水活跃程度，延缓水侵的理念。根据气藏水侵早期的特征表现，基本可以确定水侵的方向、方位和源头，并且气田开发早期正处于上产、稳产阶段，有投资、成本低、效益好，部署一批调控水井，开展边、底水的排、堵、疏等，进行气藏水侵早期防控，是提高水驱气藏开发效果和采收率的关键。调控水井部署原则主要考虑以下几方面。

（1）调控水井尽可能在气藏发生水侵时间不长，且能够表现出水侵方向的早期部署。

（2）调控水井必须部署在边、底水的侵入路线的高渗透条带上，尽可能位于侵入水的上游，进行阻排水。

（3）尽可能利用气藏边部的水淹停产井、低产气井等老井，通过老井排水，还可采出部分水淹区的剩余气。

（4）利用数值模拟技术优化不同类型调控水井部署方案，力求气藏调控水效果最好、稳产期最长、最经济。

**4. 调控水井井型与功能的确定**

根据水驱气藏构造不同部位气水关系、水体特征、水侵状况、水侵预测情况和藏内保护的需要，在各个水侵区域调控水井所采取的调控水工艺措施和所发挥的作用及功能是不同的，调控水井排采等工艺侧重点和功能总体可分为以下两种。

（1）针对一个水侵的单层边水气藏，调控水井在水侵指进（舌进）的来水方向上尽可能选择水平井的井型部署，可提高采水量以达到强排水泄压的目的。水平井的水平段必须垂直于水侵指进的方向，这样不仅可提高采水量，也便于建立人工阻隔拦截水侵来水，并诱导或疏导来水改变侵入方向而减缓指进（舌进）。

（2）针对多层叠置水侵气藏，调控水井尽可能部署直井，便于多层排水泄压，同时，也可以利用井筒实现水侵气藏地层水垂向泄流转蓄到下部邻近压力亏空的废弃气藏或干层内。

**5. 水体能量及排采量的确定**

通常，边水能量的确定主要依靠试气过程中射开水层的产水量、压力等资料进行评价，往往在气藏不同部位、不同井区气水关系不同，边水的压力和产量也差异较大。为此，在充分利用水层测试资料的基础上，本着"提早建立调控水井网，制定水侵防控方案"的理念，应针对水驱气藏强化水体测试资料的求取，进一步评价和认识边、底水能量。与此同时，利用水驱气藏试采、开发过程中所获取的生产动态监测资料对水体进行深入评价，并通过分析气井含水上升趋势和气藏出水规律，推算水域内水体能量的变化，计算单位压降泄水量、水侵速度及水侵量，进而得到控水井的排采量。

水驱气藏水侵量的计算可以运用李传亮教授根据物质平衡理论"储罐模型"特性所提出的从气藏生产指示曲线直接计算得到。也可运用王怒涛教授结合数值反演法建立的最优化数学模型求取。这两种方法避免了先求取水体大小等不容易确定的与水体有关的参数才能计算水侵量的弊端。

### 四、气藏水侵调控主要做法

**1. 藏内控水**

就是根据气藏储层地质认识，针对各井区产层的物性特征，采取差异化配产的方式，进行产量调配，防止高渗透条带上的气井配产高、采气速度高、采出程度高而形成压降漏斗，引起局部边水突进而破坏边水逐渐推进的均衡性。特别是对已经发生局部水淹的气藏，采取针对局部压降水淹区开展降产稳压或针对局部采出程度低压力高的井区采取提产泄压，以平衡各井区的压降，力求促使边水水侵前沿保持平稳推进，减小因局部边水指进、突进造成的非均衡水侵危害。

就开发层组内各个单层而言，也需要进行分层差异化配产，以防止个别含气面积小、水侵速度快的小层过早水淹而影响其他小层的正常产气。

**2. 藏内排水**

采气井若积液少以间歇泡排为主，中等积液井以间歇气举+泡排为主，严重积液井以集中增压气举+井间互联为主。以临界携液流量比（$R_q$）为工艺选择的参考值，工艺类型逐步由泡排向气举过渡（表8-2）。

表8-2 气井不同积液程度调控排水采气工艺对应表

| $R_q$ 取值范围 | | 相应措施 | 诊断结果 |
| --- | --- | --- | --- |
| $0.8 \leq R_q < 1$ | | 间歇泡排 | 轻微积液 |
| $0.6 \leq R_q < 0.8$ | | 间歇气举+间歇泡排 | 中等积液 |
| $R_q < 0.6$ | $0.3 \leq R_q < 0.6$ | 井间互联+间歇气举为主，间歇泡排或连续泡排辅助 | 中等积液 |
| | $0 \leq R_q < 0.3$ | 集中增压+井间互联为主，间歇气举为辅 | 严重积液 |

注：$R_q$=产气量/临界携液流量

根据涩北气田气井临界携液模型优选，选择李闽临界流量模型来进行积液预测，李闽携液模型通用公式如下：

临界流速：
$$V_g = 2.5 \left[ \frac{\sigma(\rho_L - \rho_g)}{\rho_g^2} \right]^{\frac{1}{4}} \tag{8-1}$$

临界流量：
$$q_{sc} = 2.5 \times 10^4 \times \frac{pAV_g}{TZ} \tag{8-2}$$

式中 $V_g$——临界流速，m/s；

$q_{sc}$——临界流量，$10^4 \text{m}^3/\text{d}$；

$A$——油管截面积，$\text{cm}^2$；

$p$——油管流压（井底或任意点的压力），MPa；

$T$——油管流温（井底或任意点的温度），K；

$Z$——$p$ 和 $T$ 条件下的气体偏差系数；

$\rho_L$、$\rho_g$——分别表示液体、气体密度，$\text{g/cm}^3$；

$\sigma$——界面张力，mN/m。

资料缺乏时，以下数据供参考：对水，$\sigma_w = 60 \text{mN/m}$；对凝析油，$\sigma_o = 20 \text{mN/m}$。

**3. 边部强排**

在水侵前缘开展主动排水，减弱边水水体能量，减缓边水推进速度。方案设计主要是采取集中增压气举工艺流程，以满足单点、整体强排的条件，根据集中增压气举方案，重点选择水侵严重的层组开展整体强排。即针对边水水侵严重的开发层组，利用其构造边部积液水淹井实施强排水措施工艺，提高排水量来降低边水能量和向气藏中部不均衡窜进速度，减缓边水对构造高部位气井的侵害。

边部强排主要针对气田开发过程中采出程度相对较高的层组，选择强排层组的主要依据是水侵程度较为严重，水侵速度快，水驱指数大，表现为强水驱气藏特点的，在气藏削弱地层水的能量或改变水侵方向，控制或调整地层水侵入的速度和水侵路线，延缓气藏水淹时间。技术的关键环节主要包括以下几方面。

（1）强排层组的确定。

气藏水侵程度较高，基本上处于全面水侵的层组，采出程度较高，气藏边部气井均水淹停躺，对气藏外围开展强排提供强排井位。水驱指数大于 0.3，属于强水驱，在强排水的过程中单井呈现排水量大，产水量较为持续。

（2）强排方式的确定。

①单点强排：单点强排试验，设计排水量 $50 \text{m}^3$，气井均处于构造东南翼，该区域水体能量强，水侵速度快。

②整体强排：随着气田集中增压气举逐步配套完善，利用集中增压气举井逐步完善对气田主力层组边外强排，排水井设置相对均衡，抑制边水突进，整体控制水侵速度。

## 第四节　技术应用效果评价

### 一、泡沫排水采气工艺效果评价

2011—2016 年，规模推广应用泡沫排水采气工艺 742 口井 5730 井次，平均有效率 90%，日增产气平均提高 21%，累计增气 $35000 \times 10^4 \text{m}^3$，投入产出比达到 1:6.5。泡排工艺对轻微和中等积液井的作业覆盖率达到了 100%，基本维持了这部分井的携液生产，达到了恢复气井产能、提高气井携液能力的目的，延长了气井的自喷期，成为涩北气田主体排水采气技术，见表 7-3。

表 8-3 历年泡沫排水采气效果表

| 年份 | 井数（口） | 井次 | 有效率（%） | 施工前 日产气（$10^4 m^3$） | 施工前 日产水（$m^3$） | 施工后 日产气（$10^4 m^3$） | 施工后 日产水（$m^3$） | 累计增气（$10^4 m^3$） | 累计增排水（$m^3$） |
|---|---|---|---|---|---|---|---|---|---|
| 2011 | 19 | 75 | 92 | 1.03 | 3.7 | 1.27 | 5.5 | 654.0 | 6000 |
| 2012 | 54 | 259 | 94 | 1.01 | 6.7 | 1.49 | 8.4 | 4130.6 | 22000 |
| 2013 | 92 | 517 | 92 | 1.58 | 7.4 | 2.06 | 11.2 | 4219.1 | 33000 |
| 2014 | 160 | 1312 | 86 | 1.62 | 8.8 | 1.86 | 11.6 | 10044.5 | 92000 |
| 2015 | 202 | 1775 | 91 | 1.67 | 8.5 | 1.86 | 11.5 | 10258.1 | 159000 |
| 2016 | 215 | 1792 | 91 | 1.53 | 11.4 | 1.69 | 13.0 | 5838.3 | 70000 |
| 合计/平均 | 742 | 5730 | 90 | 1.41 | 7.8 | 1.70 | 10.2 | 35144.5 | 381000 |

## 二、气举排水采气工艺效果评价

### 1. 橇装气举

2014—2016年共开展气举井110口155井次，平均有效率53.76%，日恢复产能55.3×$10^4 m^3$，累计增产气量7735×$10^4 m^3$，累计排水9.1×$10^4 m^3$。气举时除产层物性差、油管漏、砂埋产层等因素外均能有效排出井筒积液，为水淹井的治理提供了有效的技术手段，表8-4为2014—2016年涩北气田部分气井的气举情况统计。

表 8-4 涩北气田部分橇装设备气举井的情况统计

| 序号 | 井号 | 停躺/积液时间 | 运行时间（h） | 气举时日排水量（$m^3$） | 累计增气（$10^4 m^3$） | 累计排水（$m^3$） |
|---|---|---|---|---|---|---|
| 1 | 涩 4-4 | 2014.7 | 440.5 | 11 | 0 | 256.48 |
| 2 | 涩 R48-3 | 2014.12 | 195 | 36 | 18.11 | 978.96 |
| 3 | 涩 R40-3 | 2015.5 | 140 | 36 | 138.53 | 5183.92 |
| 4 | 台 3-6 | 2014.11 | 238.5 | 90 | 1.27 | 889.81 |
| 7 | 涩 1-7-2（1） | 2014.12 | 147 | 48 | 55.62 | 2918.88 |
| 8 | 涩 1-7-2（2） | 2015.8 | 70.5 | 68 | 16.8 | 702.01 |
| 9 | 涩 3-13 | 2014.6 | 4.5 | 1.5 | 47.21 | 158.21 |
| 10 | 涩 4-55 | 2014.5 | 235.5 | 71 | 723.7 | 5714.1 |
| 11 | 台 H3-19 | 2015.7 | 4 | 27 | 153.2 | 337.6 |
| 12 | 台 4J-2（2） | 2015.9 | 180 | 67 | 159.82 | 4080.1 |
| 13 | 台 4J-2（3） | 2015.1 | 350 | 104 | 0 | 940.8 |
| 14 | 涩 4-2-4 | 2013.2 | 317 | 25 | 14.82 | 433.57 |
| 15 | 涩 4-37 | 2014.5 | 46.6 | 21 | 52.5 | 94.55 |
| 16 | 台 H2-3 | 2015.6 | 207 | 110 | 50.6 | 1970.71 |
| 17 | 涩 R41-3（1） | 2015.5 | 102 | 40 | 8.84 | 366.32 |
| 18 | 涩 R41-3（2） | 2015.8 | 129 | 45 | 2.1 | 201 |
| 19 | 台 H4-14（2） | 2015.9 | 22 | 12 | 0 | 8.92 |
| 20 | 台 H4-14（3） | 2015.9 | 40.5 | 18 | 0.26 | 15.28 |
| 21 | 涩 4-19 | 2015.6 | 91.5 | 4.5 | 31.3 | 30 |

续表

| 序号 | 井号 | 停躺/积液时间 | 运行时间（h） | 气举时日排水量（m³） | 累计增气（10⁴m³） | 累计排水（m³） |
|---|---|---|---|---|---|---|
| 22 | 涩3-18（1） | 2015.4 | 221 | 32 | 3.1 | 300.7 |
| 23 | 涩3-18（2） | 2015.4 | 75.5 | 23 | 0 | 0 |
| 24 | 台6-13 | 2015.9 | 111 | 21 | 0 | 0 |
| 25 | 涩3-1-3 | 2015.1 | 64 | 20 | 0.98 | 24.12 |
| 26 | 台试3 | 2015.9 | 270 | 133 | 8.6 | 1432.27 |
| 27 | 台3-10 | 2015.6 | 8.5 | 18 | 406.3 | 250.8 |
| 28 | 涩3-7 | 2015.12 | 23 | 2 | 7.7 | 55.1 |
| 29 | 涩1-22 | 2015.12 | 43 | 5 | 2.3 | 9.9 |
| 30 | 台H3-12 | 2015.12 | 25.5 | 2 | 1.2 | 4 |

## 2. 井间互联气举

台南气田Ⅴ-1层组3-9小层具有埋藏深、地层压力高的特点，可用气源井共14口，平均单井日产气$9.85\times10^4m^3$，平均单井日产水$2.0m^3$，目前地层压力11.8MPa，井口油压9.45MPa，套压10.4MPa。利用该高压气源的井间互联试验于2016年5月投运，试验井10口，目前有效井8口，日增产气$7.5\times10^4m^3$，日产水$254.8m^3$，见表8-5。

表8-5 台南气田第一批井间互联气源及气举井情况表

| 序号 | 气源井 | 井号 | 流压（MPa） | 静压（MPa） | 油压（MPa） | 套压（MPa） | 计算工作压力（MPa） | 计算启动压力（MPa） | 注气压力情况 | 气举前生产情况 | 气举日增产气（10⁴m³） | 气举时日产水（m³） |
|---|---|---|---|---|---|---|---|---|---|---|---|---|
| 1 | 台H5-3（气源压力10.1MPa） | 台4-10 | 10.35 | 11.14 | 5.04 | 8.8 | <10.35 | <10.35 | 满足 | 停产 | 0.65 | 23 |
| 2 | | 台2-28 | 8.78 | 9.24 | 5.7 | 8.4 | <8.78 | <9.24 | 满足 | 停产 | 1.68 | 51 |
| 3 | | 台3-18 | 9.93 | 11.55 | 5.1 | 6.5 | <9.93 | <9.93 | 满足 | 需泡排维持 | 0.65 | 11 |
| 4 | | 台3-16 | 9.29 | 11.56 | 6.06 | 8.2 | <9.29 | <9.29 | 满足 | 需泡排维持 | 0.29 | 36 |
| 5 | | 台5-16 | — | 12.77 | 4.5 | 7 | | <12.77 | 启动压力不足 | 停产 | 0.93 | 1.8 |
| 6 | 台H5-1（气源压力10.6MPa） | 台5-7 | 9.06 | 9.62 | — | | <8.65 | <8.65 | 满足 | 水淹停产 | — | — |
| 7 | | 台H1-7 | 7.96 | 8.93 | 7.0 | 8.2 | <7.96 | <7.96 | 满足 | 需泡排维持 | 0.79 | 9 |
| 8 | | 台H1-10 | 8.56 | 8.99 | 6.5 | — | <8.56 | <8.56 | 满足 | 需泡排维持 | 0.66 | 2 |
| 9 | | 台H2-1 | 10.9 | 11.6 | 4.9 | 10.3 | <10.9 | <11.6 | 启动压力不足 | 停产 | 1.85 | 121 |
| 10 | | 台H2-2 | 10.4 | 12.24 | 0.8 | — | <10.4 | <12.24 | 启动压力不够 | 水淹停产 | — | — |
| 合计 | | | | | | | | | | | 7.5 | 254.8 |

井间互联气举工艺具有一定的局限性，气源井供气能力有限，井口压力下降快，导致启动压力、工作压力不够。对于启动压力高的井采用氮气车辅助启动，平稳后导入井间互联流程；对于工作压力较高的井下入气举阀气举。井间互联气举工艺流程简单、效果显著，受气源井压力降低的影响，可作为整体治水的过渡性工艺。

**3. 集中增压气举**

涩北气田集中增压气举试验于2016年11月底投运，共实施20口井，现场试验取得显著效果。2018年11月一期建成投运，目前10台压缩机，最大日处理能力$320×10^4m^3$，截至2020年6月集中增压气举井数263口，年累计增产气预计$4.1×10^8m^3$，如图8-4所示。所以，对受出水影响较大的积液气井进行集中增压气举排水采气，维持了气田的稳定生产。

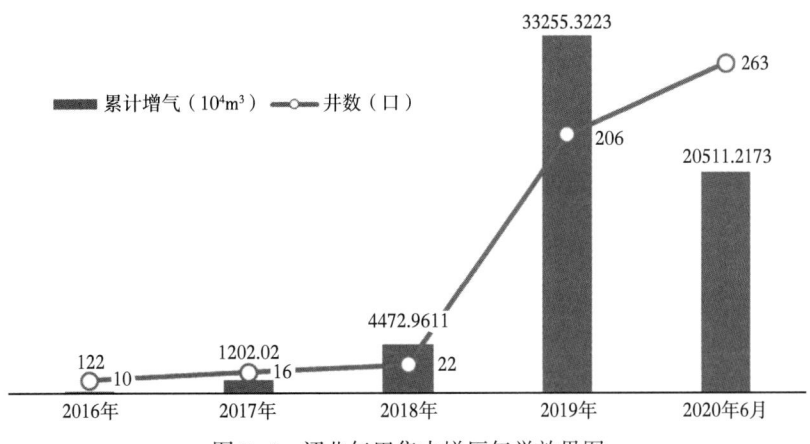

图8-4 涩北气田集中增压气举效果图

### 三、气藏水侵调控技术应用实例

优选水侵面积大、问题井较多、产水量高、递减快的5个典型层组，涉及$142.3×10^8m^3$天然气地质储量，平均水侵面积占比80%，开展水侵调控试验，实施边部水侵强排调控井69口、腰部排控监测井49口，按照日水侵量等于日排水量的原则，设计平均单井日排水量。调控前日产量$313×10^4m^3$，单井日产水$9.83m^3$、递减率21.8%，见表8-6。

表8-6 涩北气田典型水侵层组（计划调控）开发指标统计表

| 序号 | 气田 | 层组 | 储量（$10^8m^3$） | 总井数（口） | 停产井（口） | 平均单井日产水（$m^3$） | 2018年水气比（$m^3/10^4m^3$） | 2018年递减率（%） | 水驱指数 | 水侵状况 |
|---|---|---|---|---|---|---|---|---|---|---|
| 1 | 一号 | Ⅳ-1 | 154.9 | 32 | 7 | 0.95 | 0.47 | 15.69 | 0.28 | 局部水侵 |
| 2 | 二号 | Ⅲ-1-2 | 124.2 | 47 | 5 | 6.45 | 6.14 | 18.60 | 0.31 | 局部水侵 |
| 3 | 台南 | Ⅳ-1 | 99.3 | 37 | 5 | 13.46 | 4.08 | 39.42 | 0.30 | 整体水侵 |
| 4 | 台南 | Ⅴ-1 | 139.0 | 29 | 2 | 9.40 | 2.11 | 16.17 | 0.32 | 整体水侵 |
| 5 |  | Ⅵ-1 | 194.0 | 48 | 10 | 18.90 | 8.26 | 19.15 | 0.34 | 整体水侵 |
| 平均 |  |  | 142.3 | 193 | 29 | 9.83 | 4.21 | 21.81 | 0.31 |  |

涩北一号Ⅳ-1、二号Ⅲ-1-2层组分别在主水侵通道边部设计强排水侵调控井10口、12口，腰部排控监测井10口、10口，平均单井日排水分别为41m³、29m³。

台南Ⅳ-1、Ⅴ-1、Ⅵ-1层组分别计强排水侵调控井14、10、24口，腰部调控监测井12口、7口、10口，平均单井日排水量分别为56m³、71m³、69m³。

边部排水井69口，日排水量2421m³，5个层组实施后日产量由313×10⁴m³降至290×10⁴m³，平均递减率由同期7.86%降至4.81%，水淹停产井未增加，见表8-7。

表8-7 涩北气田典型水侵层组强排调控效果对比统计表

| 气田 | 层组 | 实际 |||| 2019年1—7月 ||| 2020年1—7月 ||| 变化 ||| 效果 |
|---|---|---|---|---|---|---|---|---|---|---|---|---|---|---|---|
| ||| 强排井（口）| 设计日排水量（m³）| 平均日排水量（m³）| 差值（m³）| 停产井（口）| 递减率（%）| 水气比（m³/10⁴m³）| 停产井（口）| 递减率（%）| 水气比（m³/10⁴m³）| 停产井（口）| 递减率（%）| 水气比（m³/10⁴m³）||
| 一号 | Ⅳ-1 | 10 | 41 | 11 | -30 | 5 | 4.82 | 1.16 | 5 | 8.80 | 1.71 | 0 | +3.98 | 0.55 | 差 |
| 二号 | Ⅲ-1-2 | 12 | 29 | 25 | -4 | 7 | 0.34 | 6.90 | 7 | -12.8 | 7.82 | 0 | -13.2 | 0.92 | 较好 |
| 台南 | Ⅳ-1 | 14 | 56 | 23 | -33 | 7 | 9.47 | 1.69 | 14 | 5.04 | 3.31 | +7 | -4.43 | 1.62 | 较好 |
|  | Ⅴ-1 | 10 | 71 | 57 | -14 | 11 | 9.51 | 2.01 | 7 | 23.65 | 5.78 | -4 | +14.1 | 3.77 | 差 |
|  | Ⅵ-1 | 24 | 69 | 49 | -20 | 15 | 15.16 | 6.26 | 11 | -0.63 | 11.25 | -4 | -15.8 | 4.99 | 较好 |
| 平均 || 69 | 53 | 33 | -20.2 | 45 | 7.86 | 3.60 | 44 | 4.81 | 5.97 | -1 | -3.05 | 2.37 ||

再以台南气田Ⅵ-1层组为例，如图8-5和图8-6所示。该层组4-2小层整体水侵，在边部利用15口井，日排水量703m³。

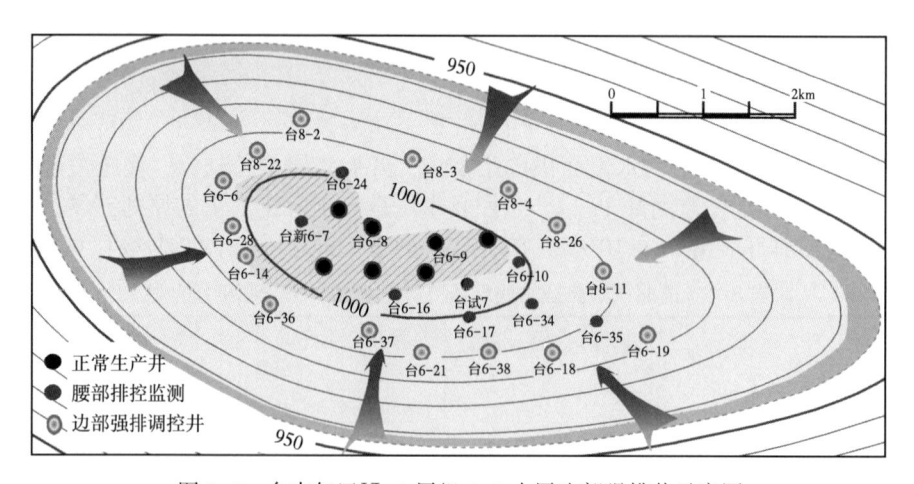

图8-5 台南气田Ⅵ-1层组4-2小层边部强排井示意图

通过边部15口井的强排，边水水侵调控效果明显，4-2小层日产能保持在68.65×10⁴m³，未发生递减，其中边部强排水侵调控井日产气由9.04×10⁴m³增至10.4×10⁴m³，基本稳定，腰部调控监测井日产气由18.3×10⁴m³增至18.9×10⁴m³，生产平稳，如图8-7所示。

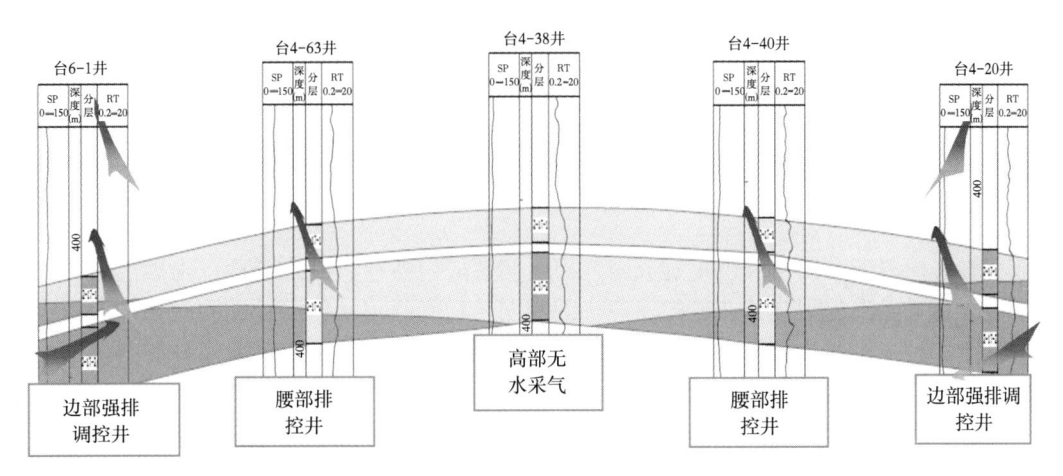

图 8-6　台南气田Ⅵ-1层组4-2小层水侵调控剖面图

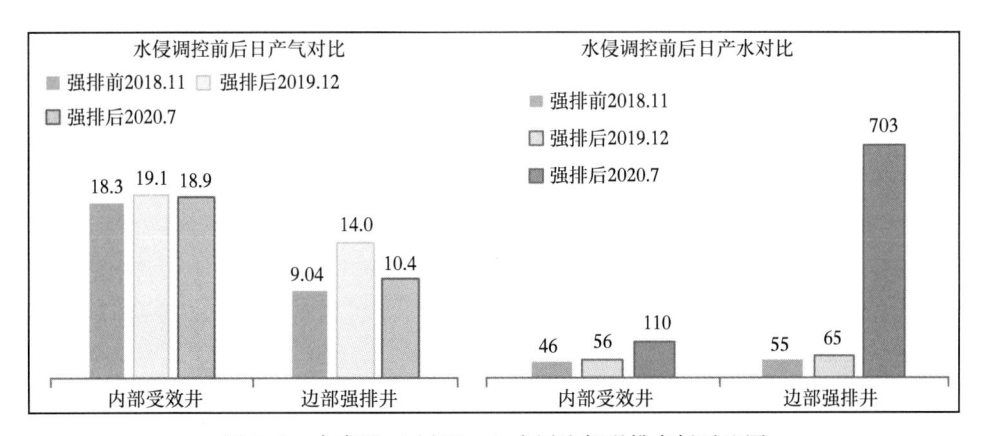

图 8-7　台南Ⅵ-1层组4-2小层边部强排水侵对比图

针对涩北三大气田，加大主水侵通道排水量，水侵速度降低，外部强排调控井带水生产，内部生产井力求无水稳定生产，2020年6月递减率由同期6.89%降至2.48%。水侵调控见效气藏12个，涉及水侵储量$1417×10^8m^3$，日产能$670×10^4m^3$。

# 第九章　综合防治砂工艺技术

涩北气田属于第四系浅层生物成因气田，储层成岩性差、胶结疏松、出砂严重，气井控压生产，大大限制了气井产能的发挥。因为储层具有强水敏、强碱敏和较强的酸敏、压力敏感性，投产作业等容易引起储层伤害出砂，即便是控压差生产，大部分气井仍存在出砂现象，只是出砂程度不同而已。

防砂工艺主要技术难点表现在地层砂颗粒细（平均粒度 0.04~0.07 mm），单一机械挡砂类工艺适应性差；砂泥岩、薄互层、气水层间互交互分布，分层防砂难，防砂井段长；储层黏土含量高，化学固砂难以保证固砂剂的准确定位和固结后的胶结强度，且有效期受地层温度影响大，对地层有一定的伤害；低温井防砂，导致焦化和中高温化学固砂法难以应用；气井见水后出水加剧出砂，地层压力下降后地层骨架破坏，防砂难度逐年加大。

## 第一节　地面节流与防冲蚀

气井出砂对集输流程的影响和破坏主要表现在：一是，消减金属管件壁厚，造成安全隐患；二是刺坏处理设备，增加生产成本，如刺损排污阀门、采气树阀门、刺损丝堵及阀组流程；三是刺坏集输管线，造成气井停产，如刺坏采气管线、井场和集气站放空管线，刺坏集气站排污管线和弯头；四是，积砂堵塞流体通道，影响正常生产，如：造成井下测试设备无法正常下井，管线的流通通道变小产量降低，阀门无法正常开启和关闭造成流程切换困难，阀门在关闭后存在泄漏造成设备刺坏，分离器积砂有效工作空间变小效率降低等。

### 一、集输阀件砂蚀预防技术

**1. 直角节流器耐冲蚀技术**

以往主要采用直角针式节流器［图 9-1（a）］，当产量为 $5\times10^4\mathrm{m}^3$ 天然气井在通过 $\phi6\mathrm{mm}$ 气嘴节流时气流速度达到 150m/s，气体中的砂在高速气流的带动下对钢材质的直角针式节流器形成冲刷，造成钢制气嘴刺坏，严重者造成阀体的刺穿。

根据气嘴容易刺坏的现象，对节流气嘴进行改进，试验采用高强度超耐磨的陶瓷材料制作的节流气嘴。经过现场对比试验，高强度超耐磨的陶瓷气嘴的使用寿命是普通陶瓷材料和金属材料气嘴的几十倍乃至上百倍。再次针对直角针式节流器不易拆卸、阀体容易刺穿的现象进行了改进，研制发明了 ZJL90×65A-100/25 型特制节流器［图 9-1（b）］，节流器上设有安全泄压孔，可保证气嘴或其他零部件更换时的安全、轻松、简单便捷。

特制节流器内部元件拆卸简单，便于检查内部结构的使用情况，减轻工人劳动强度，检查气嘴用时 8~10min，一人可以完成；法兰式结构便于安装，花栏内壁、气嘴均采用陶瓷材料，具有抗冲刷和耐磨特性，延长设备使用寿命。

（a）直角针式节流器　　　　　（b）特制节流器

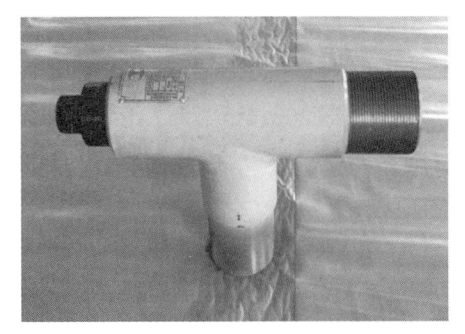

图 9-1　不同节流器实物图

### 2. 节流、抗冲蚀双作用技术

原集气站分离器的排污是集气站采气工按时巡查，手动进行排污，随着气田产量的增加，气井出水随之增加，分离器的排污次数也相应增加，集气站采气工的劳动强度亦日益增加，特别是在出水量大的气井在单井计量时，排污次数更加频繁。在实际生产中出现了以下两个问题。

（1）由于操作不当和操作频繁，分离器排污阀因刺坏而需要更换次数日渐增加，生产运行成本急剧增加。

（2）巡查不及时，分离器出现冒顶现象，分离器内污水就会随着天然气进入集气干线和脱水总站，造成了集气干线运行效率降低，脱水总站分离器及三甘醇脱水装置负荷增加。

针对涩北气田分离器排污现状，开展了多种方案的排污试验，力求解决分离器排污阀刺漏问题和分离器自动排污问题，定位在排污阀的改进上。

首先改进阀芯。根据阀芯要求高抗冲刷的特性，选用高强度超耐磨陶瓷材料，增加阀门的防冲刷能力。再次排污阀直通式改为直角式，阀芯位于阀门的垂直安装段，避免阀门排污时水流对变向弯头的冲刷。采用节流元件式设计，降低排污时污水对管线的冲蚀。经过近两年的先导性试验，终于自主研制出节流、抗冲蚀双作用排污阀，如图 9-2 所示。

阀芯采用高强度、耐磨的陶瓷材质，增强了阀芯抗冲蚀性，使排污阀平均使用寿命由原先的 45 天上升至 1 年以上，节约了生产成本；主要元件采用可拆卸式结构便于随时进行检查和更换损坏的元件；电动执行机构与分离器液位实行联锁，实现自动排污，减轻了工人的劳动强度，也为涩北气田实行无人值守提供了可靠的保证。

图 9-2　节流、抗冲蚀双作用排污阀

## 二、集输管件砂损预防技术

**1. 弯头曲率半径优化技术**

高速流动的天然气中所携带的固体颗粒会导致管道严重的磨蚀,而弯头的磨损是管道系统失效的主要表现形式。研究证明,在天然气输送过程中影响弯头磨损的主要因素有流速、含砂量、含砂成分、弯头的材料和几何尺寸。在天然气流速、气体中含砂量、含砂成分、弯头的材料都一样的先决条件下,弯头几何尺寸的影响较为突出。根据传统气力输送理论,天然气在经过变向管件时是贴着外侧内壁流动,曲率半径越大就越接近于直管输送,相应的磨损和压力损失最小。经过诸多实验证实,大直径弯头比小直径弯头的耐磨性要好。结合现场安装条件,将井口至集气站节流前弯头的曲率半径由原先的1.5m增大至2.5m,有效降低天然气输送过程中砂粒对弯头部位的磨损和压力损失。

**2. 排污管线管径优化技术**

根据《天然气管道材料磨损特性测试》实验得出以下结论:(1)相同材质钢管的磨损量随着流速的增加而增大;(2)相同材质钢管的磨损量在同一流速下随着管径的增大而减小(图9-3)。

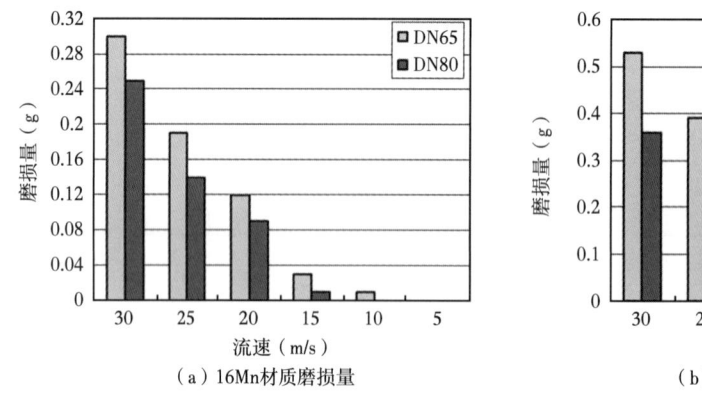

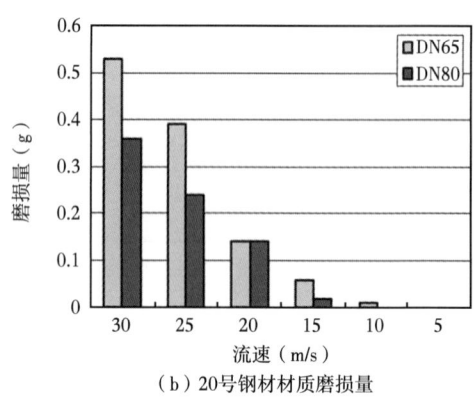

(a)16Mn材质磨损量

(b)20号钢材质磨损量

图9-3 不同材质不同流速下的磨损量测试结果

根据上面两点结论:在工程建设时将排污支管管径由DN50增大至DN65,排污总管由DN65增大至DN150,通过增大管径降低流体流速的方式,有效减轻分离器排污时含砂污水对钢管的磨蚀,提高了集输系统的安全运行系数。

**3. 管道材料材质优选技术**

根据《天然气管道材料磨损特性测试》实验得出以下结论:在同一流速同一管径下,钢管的磨损率随着钢管材质的提高而降低。经过经济技术对比,管线采用20号钢,管件采用抗磨损效果较好的16Mn钢材,对于排污系统中关键弯头和三通采用内衬陶瓷结构,有效降低排污时含砂污水对管件的冲蚀(图9-4)。

**4. 采气管线管径优化技术**

单井集气以前建设的采气管线管径统一为DN76,自2008年开始根据不同层系天然气气井的压力不一致、产量不一致的特点,优化选择采气管线的规格(DN114、DN89、

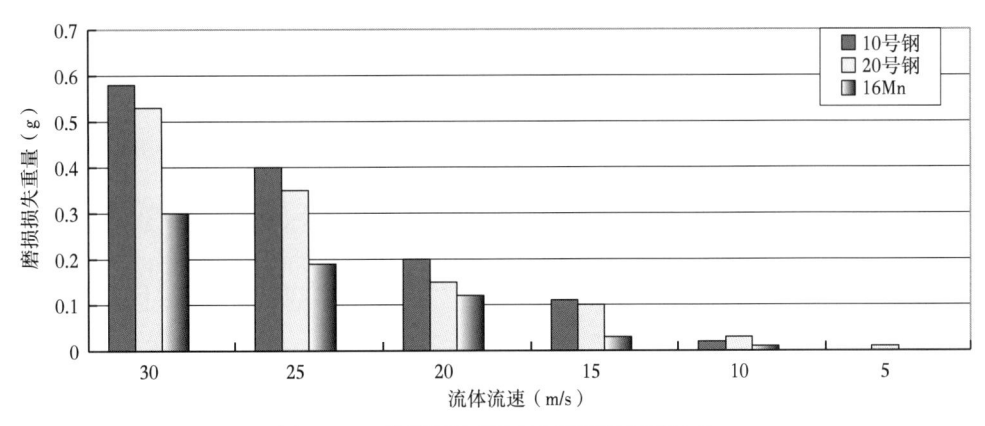

图9-4　不同材质不同流速磨损量测试结果

DN76、DN60），在节约建设投资的同时，对于部分低产井来讲，相应增大了采气管线内天然气的流动速度，进而加强采气管线内天然气的携液和携砂能力（表9-1、图9-5）。

表9-1　管径优化对比结果

| 优化前 | | 优化后 | | 每千米节约钢材（t） |
| --- | --- | --- | --- | --- |
| 管径（mm） | 壁厚（mm） | 管径（mm） | 壁厚（mm） | |
| 76 | 8 | 60 | 6 | 5.41 |
| 76 | 8 | 76 | 6 | 3.05 |
| 76 | 8 | 89 | 8 | −2.56 |

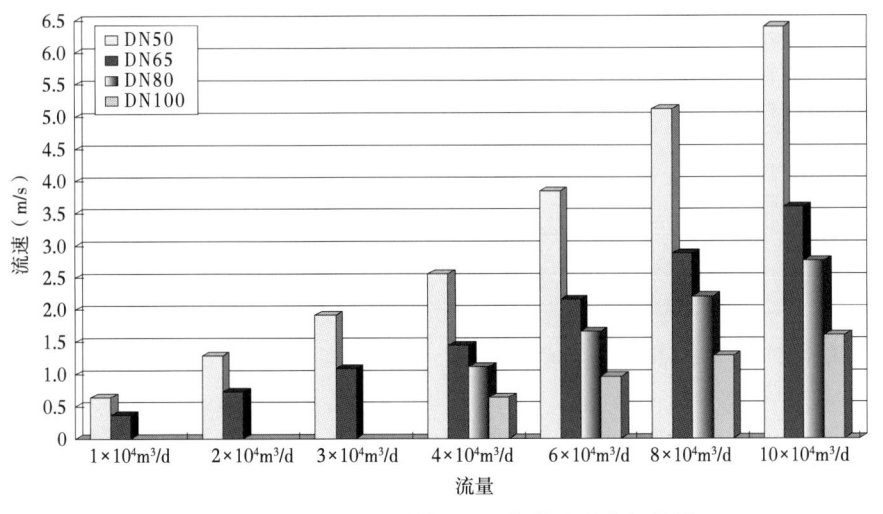

图9-5　不同产量不同管径下的气体流速分析结果

## 第二节 储层防砂工艺技术

气井在生产过程中出砂,不仅给地面集输系统带来很多危害,也给气井本身带来很大危害,首先是地层出砂造成井筒积砂,沉砂过高会填埋产层,还会造成井下工具砂卡失效与打捞困难。其次是地层出砂可造成井壁失稳、坍塌,引起套管挤损、固井水泥环失效和层间互窜等。

### 一、压裂充填增产与防砂机理

压裂充填是通过水力压裂产生短的、高导流能力的人工裂缝,然后用砾石充填,具备了压裂和传统砾石充填防砂的优点。高渗透地层压裂充填防砂是20世纪90年代迅速发展起来的一种防砂技术,达到传统工艺所不能达到的使气井既高产又控制出砂的最佳效果。

**1. 压裂前后地层流体流动特征**

压裂前均质地层流体进入井筒的流动为径向流,压裂后地层流体的流动为两种模式,先是地层内部向裂缝面流动的线性流,然后是流体沿裂缝直接进入井筒(图9-6),形成双线性流模式。

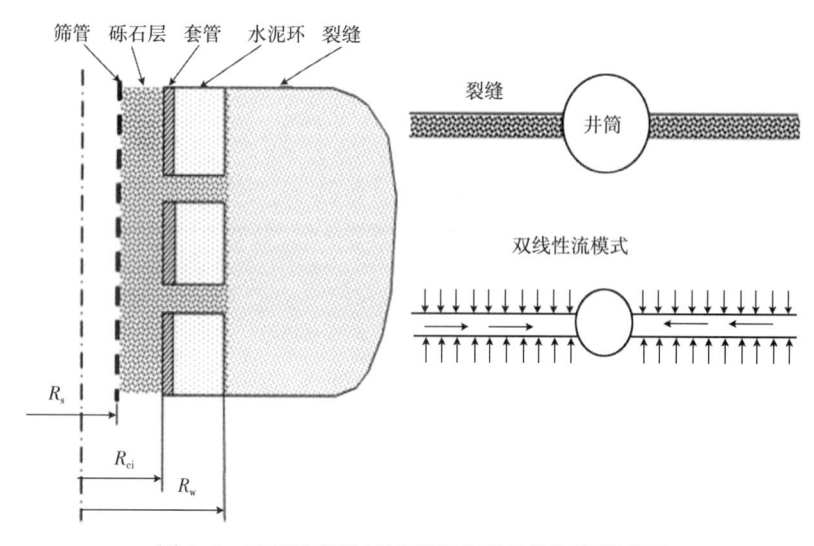

图9-6 疏松砂岩储层压裂防砂石双线性流模式图

**2. 水力裂缝可以避免和缓解岩石的破坏**

具有极高导流能力的压裂裂缝,将地层流体由原来的径向流转变成双线性流,在一定程度上降低了生产压差和大幅度降低流动压力梯度,从而缓解或避免岩石骨架的破坏,也就缓解了出砂趋势和程度。

**3. 裂缝可以降低流动冲刷携带砂粒的能力**

流体对颗粒的冲刷与携带能力,主要取决于其流速,流速越大对地层的冲刷作用越厉害,出砂就越严重,由裂缝而产生的双线性流模式及巨大的裂缝表面积,可以发挥良好的分流作用,使压后流速大幅降低,从而降低了对地层微粒的冲刷和携带作用,大大减轻出砂程度。

**4. 裂缝内充填的砾石对地层砂粒有阻挡作用**

作用原理与常规砾石充填类似，裂缝内充填砾石对地层砂粒有阻挡作用，可以使用树脂敷膜砂、纤维在井底缝口段封口，以提高对地层砂的阻挡能力。

## 二、压裂充填防砂的工艺创新

涩北气田目前所采用的储层防砂工艺主要有割缝筛管压裂充填防砂和人工井壁压裂充填防砂工艺两种。前者为筛管类，后者为无筛管类，两种工艺均为压裂充填类的防砂工艺，如图9-7所示。

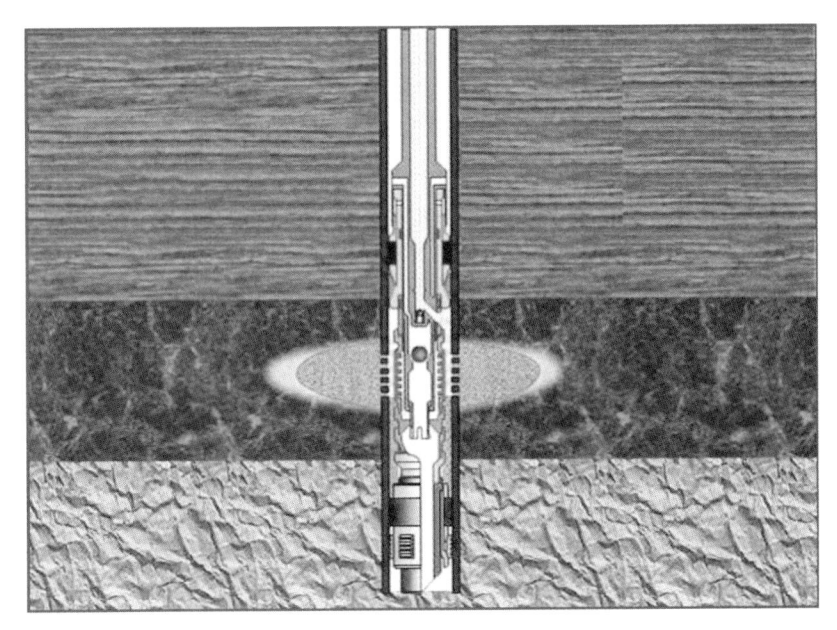

图9-7　压裂充填防砂工艺示意图

**1. 割缝筛管压裂充填防砂工艺**

割缝筛管压裂充填防砂后井筒留有筛管。该工艺是在高压一次充填防砂和端部脱砂防砂工艺基础上，结合涩北气田储层物性变化，不断优化和改进而发展起来的一种压裂充填防砂工艺技术。也可以说是压裂和砾石充填两种技术相结合的复杂作业，既要在地层内充填支撑裂缝的砂粒又要在筛套环空进行砾石充填。适用于井底有污染、地层松软、出砂严重的气井。该技术综合利用了裂缝泄流面积大的低流速抑砂作用、裂缝的解堵导流作用和割缝筛管砾石充填的双重挡砂防砂作用，防砂效果好，增气显著，缺点是施工复杂，后期易造成大修（图9-8）。

割缝筛管压裂充填防砂主要工艺原理是在目的井段下入等径等离子激光割缝筛管，以大排量、高砂比、大砂量的充填方式对目的层进行压裂和填砂，形成连续、均匀、密实、稳定的高渗透多级挡砂屏障（割缝筛管、割缝管与油套环空、近井地带及地层深部充填砾石），改善地层导流能力，达到既防砂又增产的目的。

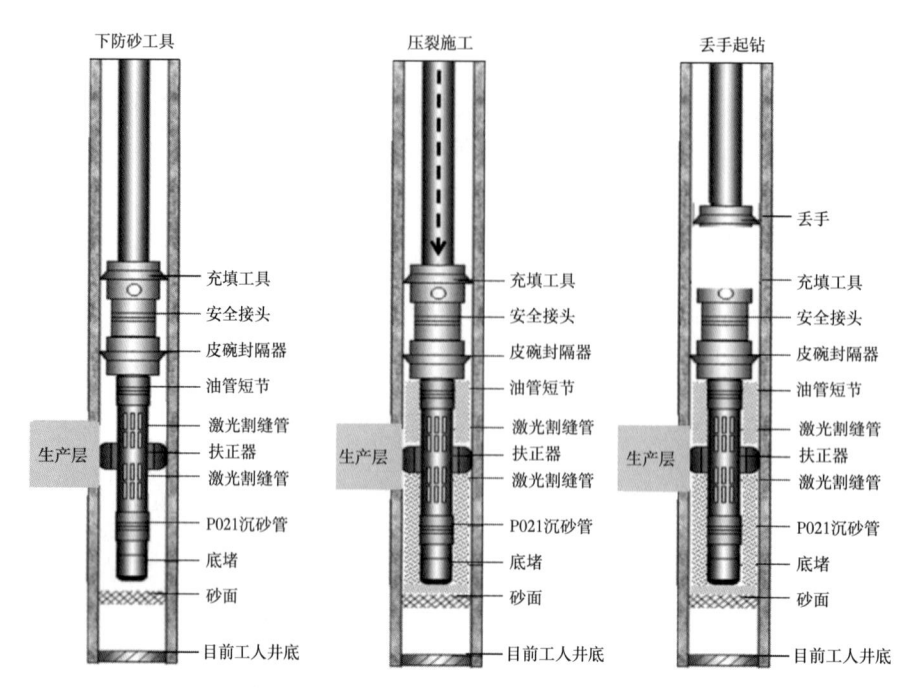

图 9-8　割缝筛管压裂充填防砂施工工艺图

## 2. 人工井壁压裂充填防砂工艺

人工井壁压裂充填防砂后井筒没有筛管。是一种在一定粒径的石英砂（陶粒）颗粒材料表面分别涂裹一层高分子聚合物，形成 A、B 两种组分，常温下呈松散状，颗粒间互不粘结，施工时将 A、B 两种组分混合均匀，采用携砂液将颗粒携带至井下出砂层位，利用颗粒释放出来的胶结剂与固化剂相互作用而固结，形成具有一定强度和渗透率的人工井壁，从而达到控制地层出砂的目的。

该方法适用于大量出砂的气井。其优点为：（1）通过高压向地层亏空带注入高渗透涂料砂并固结，形成坚固的人工井壁，可以完全阻止地层砂运移；（2）井筒内不留下任何机械装置，十分有利于后期补救性防砂或处理作业；（3）对于机械防砂难以防控的泥质粉细砂层在较短的井段内具有良好的防砂效果；（4）特别适用于气井中后期，地层严重出砂的气井和对含水的出砂气井的防砂。不足之处为：目前施工井段以小于 20m 为宜，若太长可能材料在纵向剖面上分布不均导致防砂失败。其次，材料固结强度不稳定，质量有待提高，如图 9-9 所示。

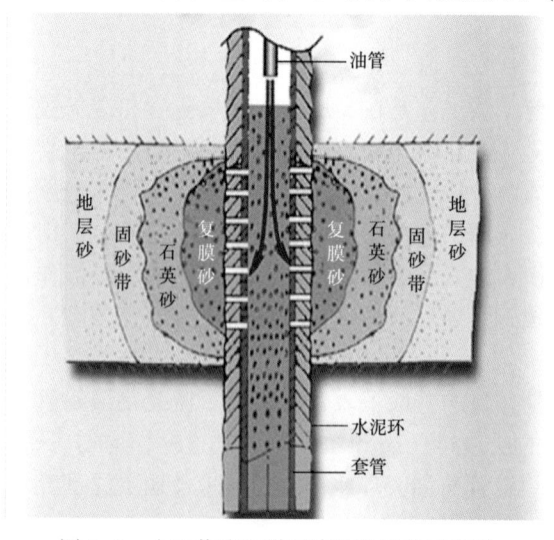

图 9-9　人工井壁压裂充填防砂工艺示意图

## 三、防砂措施工艺设计方法

**1. 选井原则**

涩北气田气层分布井段长,具有"薄、多、散、杂"特点,气水关系复杂,气层水层间互;储层岩性疏松,胶结差,胶结物以泥质为主,储层岩石强度低,出砂可能性高;此外,出水常导致气井出砂加重;因此防砂井选井、选层显得尤为重要。

根据前期压裂充填防砂井效果情况,结合中高渗透层压裂充填工艺增产机理和实施经验,制定防砂井井、层确定方法及原则如下。

首先,要对裸眼井测井、套管井测井、岩心不稳定试井的资料进行评价,对气井进行分析,对完井效率和气井动态进行预测。在此基础上,对作业层段、射孔层段和工艺技术作出优化选择。其中包括:

(1)气藏枯竭状况和实施压裂充填防砂作业的经济性;
(2)地层伤害较深,酸化处理成本较高,地层对酸或其他活性液敏感,酸化效果较差;
(3)气藏渗透率、地层总厚度、有效厚度及分布、流体连通情况;
(4)地层的岩石力学性质;
(5)砾石充填的效果较差,地层出砂的可能性;
(6)完井的整体考虑,作业时对完井管柱及井下工具的要求和可能造成的损害及压裂设备对完井段的长度限制。

其次,尽量考虑以下储层特性的井及层位:

(1)高渗透率储层,典型钻井完井污染,有细粒和砂的运移问题;
(2)严重的近井地带污染储层;
(3)低渗透储层,需要增强裂缝导流能力以提高产量;
(4)弱固结储层,在生产过程中产生剪切破坏,导致出砂,产能降低;
(5)为保证防砂效果,储层跨度尽可能在60m以下,有效厚度尽可能保持在30m以下,以保证防砂效果,若跨度大于60m可考虑分层防砂;
(6)对施工层段内或层附近含有水层的井不宜采用压裂充填防砂,实施该技术仅有的限制条件是气层与水层的界面问题。

**2. 工艺参数设计**

1)地层砂特性分析

目前最常用的地层砂特性分析方法是累积质量分布曲线法(半对数坐标系)和对数概率曲线法(双对数坐标系)。累积质量分布曲线法就是得到粒径与累积质量百分数的关系曲线作为筛析曲线,它基本反映地层砂的特性,地层砂的下列指标可作为选择充填砾石尺寸的依据。

(1)粒度中值 $d_{50}$:粒度中值即半对数累积质量百分数曲线上累积质量50%对应的砂粒直径。

(2)分选系数 $F$:分选系数反映地层砂的分选程度,$F=\sqrt{\dfrac{d_{25}}{d_{75}}}$。

(3) 均匀系数 $C$：均匀系数反映地层砂的均匀程度，$C=\dfrac{d_{40}}{d_{90}}$；当 $C \leqslant 5$ 时为均匀砂，$10 \geqslant C > 5$ 时为不均匀砂，当 $C > 10$ 时为极不均匀砂。

(4) 几何尺寸标准偏差系数 $\delta$：在半对数坐标系的累积质量百分数曲线中，可由几何尺寸标准偏差系数确定地层砂的均匀程度：$\delta=\dfrac{d_{84.1}}{d_{50}}$，当 $\delta$ 接近于 1 时为均匀砂，接近于 0.1 时为极不均匀砂。

上述表达式中，$d_{25}$ 和 $d_{75}$ 分别为筛析曲线上累积质量 25% 和 75% 相对应的砂粒直径，其他依此类推。在半对数累积质量百分数筛析曲线上，$d_{10}$、$d_{25}$、$d_{40}$、$d_{50}$、$d_{70}$、$d_{75}$、$d_{84.1}$、$d_{90}$ 为粒度分析的计算参数，可以在曲线上直接读出或用线性插值的方法得到。

2) 充填砾石尺寸优选

首先使用若干种常规砾石尺寸设计方法，根据地层砂特性分析结果分别进行砾石尺寸设计，对常规方法计算得到的砾石尺寸分别进行砾石充填结构模拟，计算求取孔隙度、渗透率和平均孔喉等参数，在此基础上计算砾石充填后气井射孔炮眼砾石层压降，表征砾石尺寸对气井产能的影响，并预测地层砂的侵入情况，最好综合考虑砾石充填后的产能和砂侵两个相反的方面，优选出既不影响产能又不会造成严重砂侵的砾石尺寸。

(1) 常规砾石尺寸选择方法。

目前常用的常规砾石尺寸选择方法为 Saucier 方法、Tausch 和 Corley 方法、Schwartz 方法和 DePriester 方法。

Saucier 方法是目前普遍使用的砾石尺寸选择方法，它建立在完全挡砂机理之上，选用砾石的粒度中值为防砂井地层砂粒度中值的 5～6 倍，此时砾石充填带的有效渗透率/地层渗透率最大（图 9-10），Saucier 方法公式可表示为：

$$D_{50} = (5 \sim 6) d_{50} \tag{9-1}$$

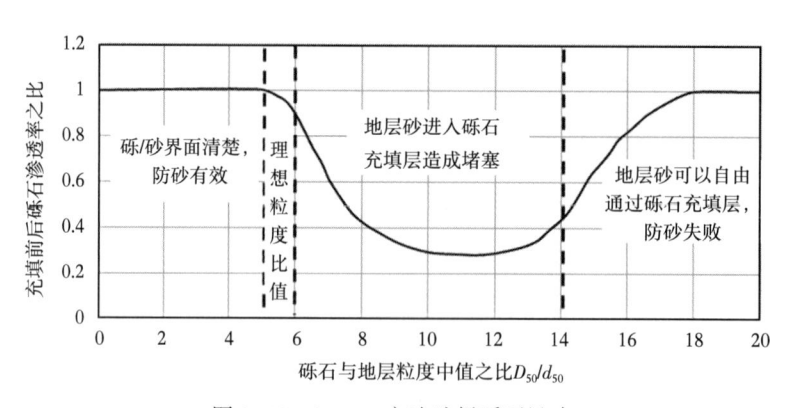

图 9-10 Saucier 方法选择砾石尺寸

DePriester 方法可以有效地防止地层砂侵入砾石充填层。先在半对数筛析曲线上找出 $d_{50}$ 和 $d_{90}$ 对应的两点，从 $d_{50}$ 点向左平移，求出 $D_{50} \leqslant 8 d_{50}$ 的点 $C$，然后从 $d_{90}$ 点向左平移，求出 $D_{90} \leqslant 12 d_{90}$ 的点 $D$，最后通过 $C$，$D$ 两点画出充填砾石的分布曲线，得到 $D_{10}/d_9 \geqslant 3$，过 $C$、$D$ 两点得到的直线范围便为充填砾石的尺寸范围（图 9-11）。

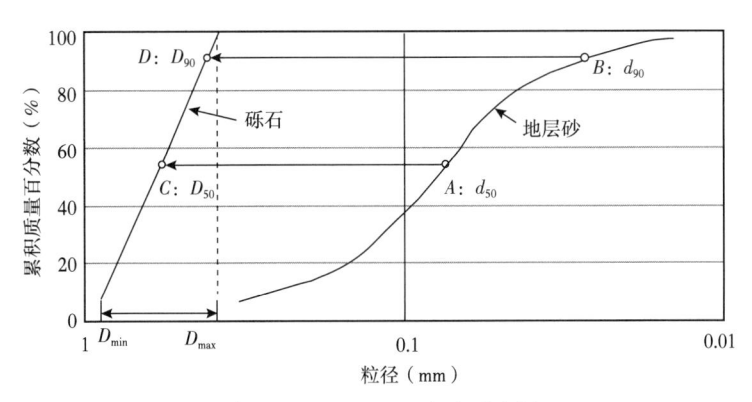

图 9-11 DePriester 方法示意图

Schwartz 方法考虑地层砂的均匀程度和流体通过筛缝的流速，来确定充填砾石的尺寸，通过计算流体通过缝眼的流速 $V$ 和地层砂均匀系数 $C$，根据 $C$ 和 $V$ 的参考值选择设计准则（表 9-2）。

表 9-2 Schwartz 方法设计准则

| 选择条件 | 设计点 | 设计准则 |
| --- | --- | --- |
| $C<5$，$V\leq0.015\text{m/s}$ | $d_{10}$ | $D_{10}=6d_{10}$ |
| $5\leq C\leq10$，$V>0.015\text{m/s}$ | $d_{40}$ | $D_{40}=6d_{40}$ |
| $C>10$，$V>0.03\text{m/s}$ | $d_{70}$ | $D_{70}=6d_{70}$ |

根据上述准则，找到 $d_{10}$、$d_{40}$ 或 $d_{70}$ 在曲线上对应的点 $A$，平移 $A$ 点得到 6 倍于砂粒直径的点 $B$，过点 $B$ 做一条直线，要求该直线满足 $D_{40}/D_{90}\leq1.5$；外延直线至 0 和 100%，得到的直线段对应的粒度范围即设计的砾石尺寸范围（图 9-12）。

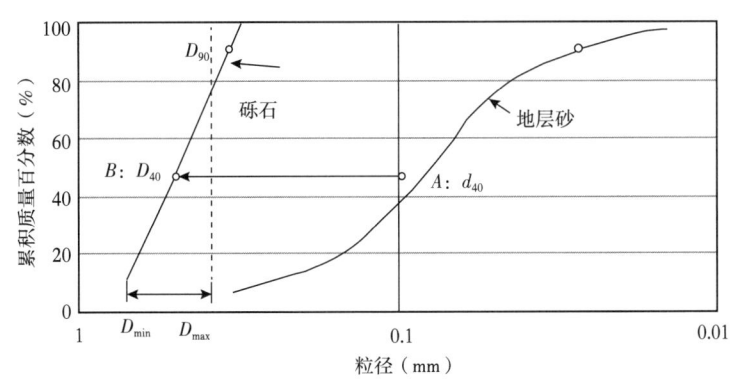

图 9-12 Schwartz 方法示意图

（2）充填砾石炮眼压降梯度计算。

砾石充填炮眼中的压降反映砾石层对气井产能的影响，充填炮眼压降越小，表示产能越高，反之表示产能越低，砾石层对产能影响较大，压降计算公式如下：

$$p_o^2 - p_i^2 = A \cdot q_{sc} + B \cdot q_{sc}^2 \tag{9-2}$$

$$A = \frac{2\mu_g}{S_D H_p K_f \pi r_p^2} \frac{p_{sc} Z T}{Z_{sc} T_{sc}} \cdot L \tag{9-3}$$

$$B = 3.4844 \times 10^{-3} \frac{2\beta_g \gamma_g Z T}{\pi^2 r_p^4 S_D^2 H_p^2} \left( \frac{p_{sc}}{Z_{sc} T_{sc}} \right)^2 \cdot L \tag{9-4}$$

式中　$p_o$、$p_i$——孔眼外端与内端的压力，Pa；

　　　$p_{sc}$——标准状况压力，$p_{sc}=101325\text{Pa}$；

　　　$T_{sc}$——标准状况温度，$T_{sc}=293.15\text{K}$；

　　　$Z_{sc}$——标准状况下天然气的压缩因子，需根据天然气相对密度计算；

　　　$T$——气层温度，K；

　　　$\mu_g$——天然气地下黏度，Pa·s；

　　　$Z$——地层条件下天然气压缩因子；

　　　$K_f$——气层有效渗透率，$m^2$；

　　　$H_p$——气层厚度，m；

（3）地层砂侵入砾石层特性。

由于地层砂较细，一般随着生产的继续，地层砂会不同程度地侵入砾石层，使砾石层渗透率严重降低或直接穿透砾石层导致防砂失效。通过对地层砂侵入砾石层大量的实验研究，结果表明地层砂侵入砾石层的程度与砾砂比GSR（砾石与地层砂的中值之比）有关，即：

GSR≤5：无地层砂侵入；

5<GSR≤6：基本无地层砂侵入；

6<GSR≤8：地层砂轻微侵入砾石层，侵入厚度较小；

10<GSR≤15：地层砂随生产时间逐渐侵入砾石孔隙，并在其中运移；

GSR≤15：地层砂可以自由侵入并通过砾石层，不起挡砂作用。

仅从挡砂效果的角度考虑，砾砂比越小挡砂效果越好，根据上述结果，要使砾石层起到挡砂效果，砾砂比至少要小于8。

（4）砾石尺寸优选方法。

砾石层的渗透率不能太低，否则会降低气井产能，同时砾石层的渗透率又不能太高，渗透率高孔隙度大，孔喉半径增加，地层产出的细砂容易侵入到砾石层中，形成砾石层堵塞降低渗透率，严重影响产能。因此砾石尺寸选择的目的是选出合理的砾石尺寸范围，渗透率不能太低而地层砂又不易侵入，根据上述原则，砾石尺寸优选的程序如图9-13所示。

**3. 施工参数设计**

1）压裂液摩阻计算

层流时$Re<2000$）幂律压裂液在圆管中流动的摩阻压降：

$$\Delta p_t = (0.333)(1.647)^n \frac{L \cdot K_p q^n}{d^{1+3n}} \tag{9-5}$$

式中　$L$——计算管段长度，m；

　　　$K_p$——稠度系数；

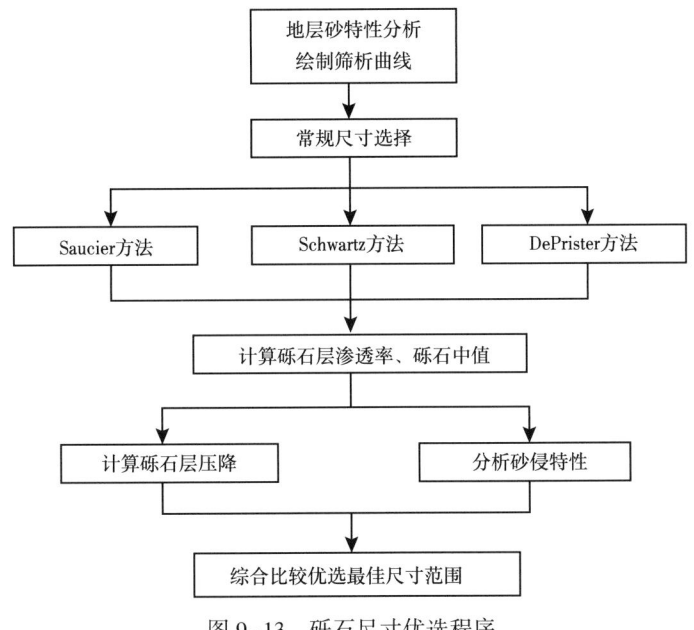

图 9-13 砾石尺寸优选程序

$n$——幂律指数;

$q$——流体在圆管中的流量，$m^3/s$；

$d$——圆管内径，m；

$\Delta p_t$——幂律流体在圆管中的摩阻压降，Pa。

对恒定流量，射孔孔眼的摩阻计算公式如下：

$$\Delta p_p = \frac{B \cdot \rho_1 \cdot q_p^2}{d_p^4} \tag{9-6}$$

式中 $B$——比例常数（$B = 0.20 \sim 0.50$）；

$q_p$——通过射孔孔眼的流量，$m^3/s$；

$d_p$——射孔孔眼直径，m；

$\Delta p_p$——幂律流体通过孔眼的摩阻，Pa。

幂律液体流经裂缝的摩阻计算式为：

$$\Delta p_f = (0.167)(80.85)^n L_f \cdot K_f \cdot w_f^{-2n-1} \cdot \left(\frac{q_f}{H_f}\right)^n \tag{9-7}$$

$$K_f = K \cdot \left(\frac{2n+1}{3n}\right)^n \tag{9-8}$$

式中 $K_f$——缝流幂律液稠度系数，$Pa \cdot s^n$；

$H_f$——裂缝高度，m；

$w_f$——裂缝平均宽度，cm；

$L_f$——裂缝单翼长度，m；

$q_f$——单翼裂缝内流量，m³/s。

2）压裂液滤失计算

受压裂液黏度控制的滤失系数 $C_I$：

$$C_I = 5.4 \times 10^{-3} \left(\frac{K\Delta p\phi}{\mu_f}\right)^{1/2} \tag{9-9}$$

式中 $C_I$——受压裂液黏度控制的滤失系数，m/min$^{-0.5}$；
  $K$——垂直于裂缝壁面的渗透率，D；
  $\Delta p$——裂缝内外压力差，kPa；
  $\mu_f$——裂缝内压裂液黏度，mPa·s；
  $\phi$——地层孔隙度。

受储层岩石和流体压缩性控制的滤失系数 $C_{II}$ 为：

$$C_{II} = 4.3 \times 10^{-3} \Delta p \left(\frac{KC_f\phi}{\mu_f}\right)^{1/2} \tag{9-10}$$

具有造壁性压裂液滤失系数 $C_{III}$ 为：

$$C_{III} = \frac{0.005m}{A} \tag{9-11}$$

式中 $C_f$——油藏综合压缩系数，(kPa)$^{-1}$；
  $m$——滤失试验中得到的直线斜率；
  $A$——实验中的岩心断面面积，m²。

实际计算中 $C_{III}$ 通过实验得到，总滤失系数：

$$C = \frac{C_I C_{II} C_{III}}{C_I C_{II} + C_I C_{III} + C_{II} C_{III}} \tag{9-12}$$

3）脱砂时间计算

计算缝长与时间关系的吉尔兹玛方程为：

$$L_f = \frac{1}{2\pi} \frac{Q\sqrt{t}}{H_f C} \tag{9-13}$$

$$w_f = 0.135 \cdot \left(\frac{\mu_f Q L_f^2}{GH_f}\right)^{0.25} \tag{9-14}$$

$$G = \frac{E}{2(1+v)} \tag{9-15}$$

根据上式，达到缝长 $L_f$ 所需的时间即为脱砂时间 $T_{so}$：

$$T_{so} = \left(\frac{2\pi H_f L_f C}{Q}\right)^2 \tag{9-16}$$

若不进行关于裂缝长度的优化，压裂充填的裂缝半长应该在 15~30m 左右，实际现场

施工测量得到的缝长一般为9~15m左右,根据PKN模型计算此时裂缝中的压力分布:

$$p_f(x) = p_c + \alpha\left[\left(\frac{1}{60}\right)\frac{\mu_f Q L_f E^3}{H_f^4(1-\upsilon^2)^3}\right]^{1/4} \qquad (9\text{-}17)$$

脱砂时刻$T_{so}$的压裂液效率$E_{so}$为:

$$E_{so} = \frac{0.01 \cdot w_f}{0.01 \cdot w_f + 2V_{sp} + \sqrt{8T_{so}} \cdot C} \qquad (9\text{-}18)$$

式中 $w_f$——脱砂时刻$T_{so}$的缝宽,m;

$V_{sp}$——压裂液的初滤失量,m³/m²。

4)脱砂前的携砂液量和前置液量计算

从开始泵注到达到要求的缝长$L_f$所需要的总液量:

$$V_{so} = Q \cdot T_{so} \qquad (9\text{-}19)$$

前置液体积比定义为前置液量与$T_{so}$时刻泵入的总液量的比值。

$$PF = (1 - E_{so})^2 + SF \qquad (9\text{-}20)$$

$$V_{pad} = V_{so} \cdot PF \qquad (9\text{-}21)$$

式中 $V_{so}$——从开始泵注到达到要求的缝长$L_f$所需要的总液量,m³;

$SF$——安全因子,对于高效率压裂液,$SF$取0.05左右,对于低效率压裂液,$SF$取值更小;

$V_{pad}$——脱砂时刻总液量中的前置液量,m³;

$PF$——前置液体积比。

5)低含砂浓度的注入开始时刻和脱砂终止时刻

对于恒定的泵注排量,开始泵注低含砂浓度砂浆的开始时间$T_{ts}$为:

$$T_{ts} = T_{so} \cdot PF = T_{so} \cdot [(1 - E_{so})^2 + SF]$$

一般脱砂时间在10min左右,则脱砂终止时间$T_{tso}$为:

$$T_{tso} = T_{so} + 10$$

6)脱砂终止时刻的压裂液效率

脱砂终止时的裂缝体积:

$$V_f = 2w_f H_f L_f$$

携砂液滤失的裂缝面积:

$$A_L = 4H_f L_f$$

脱砂开始$T_{so}$到脱砂终止$T_{tso}$之间压裂液的滤失量为:

$$\Delta V_L = \frac{C}{\sqrt{T_{tso} - T_{so}}} \cdot SF \cdot (T_{tso} - T_{so})$$

此期间裂缝体积的变化：

$$\Delta V_f = Q(T_{tso}-T_{so}) - \Delta V_L$$

$T_{tso}$ 时刻对应的压裂液效率：

$$E_{tso} = \frac{Q \cdot T_{so} \cdot E_{so} + \Delta V_f}{Q \cdot T_{tso}} \tag{9-22}$$

式中 $V_f$——脱砂终止时的裂缝体积，$m^3$；

$\Delta V_L$——脱砂开始 $T_{so}$ 到脱砂终止 $T_{tso}$ 之间压裂液的滤失量，$m^3$；

$\Delta V_f$——脱砂开始 $T_{so}$ 到脱砂终止 $T_{tso}$ 之间的裂缝体积变化，$m^3$；

$E_{tso}$——$T_{tso}$ 时刻对应的压裂液效率。

7）泵注携砂液的开始时间及加砂浓度

主力携砂液的开始泵注时间为：

$$T_{ms} = T_{tso} \cdot [(1-E_{tso})^2 + SF] \tag{9-23}$$

主力携砂液加砂浓度变化：

$$G_s(t) = C_{smax} \cdot (\bar{t})^{\alpha} \tag{9-24}$$

$$\alpha = 1 - E_{tso} - \frac{F_D}{E_{tso}} \tag{9-25}$$

$$\bar{t} = \frac{T - T_{ms}}{T_{tso} - T_{ms}} \tag{9-26}$$

式中 $T_{ms}$——泵注主力携砂液的开始时间，min；

$F_D$——压裂液的状态因数，通常取 $F_D \leq SF$；

$C_s$——$T$ 时刻的含砂浓度，$kg/m^3$；

$C_{smax}$——能泵入的最高含砂浓度，$kg/m^3$。

8）加砂总量与铺砂浓度

低含砂浓度时的加砂量：

$$V_1 = 119.83(T_{ms} - T_{t6}) \cdot Q \tag{9-27}$$

逐步提高含砂浓度时的加砂量：

$$V_2 = \frac{Q(T_{tso} - T_{ms} \cdot C_{smax})}{1-\alpha} \tag{9-28}$$

总加砂量：

$$V_{sand} = V_1 + V_2 \tag{9-29}$$

裂缝壁面上的平均铺砂浓度：

$$C_P = \frac{V_{sand}}{2H_f L_f} \tag{9-30}$$

最终支撑缝宽：

$$w_{\text{fo}} = \frac{C_{\text{p}}}{(1-\phi_{\text{p}})\rho_{\text{p}}} \tag{9-31}$$

式中 $V_1$——低含砂浓度时的加砂量，kg；

$V_2$——逐步提高浓度时的加砂量，kg；

$V_{\text{sand}}$——总加砂量，kg；

$C_{\text{p}}$——裂缝壁面上的平均铺砂浓度，kg/m²；

$\rho_{\text{p}}$——支撑剂颗粒密度，kg/m³；

$\phi_{\text{p}}$——支撑剂充填层孔隙度；

$w_{\text{fo}}$——最终支撑缝宽，m。

## 第三节　井筒冲砂清砂工艺

地层防砂工艺成本高，实施效果并不是绝对有效的。并且随着气田开发的不断深入，气井出水严重又加剧了出砂，不可能每口井都实施防砂工艺，这就需要高效的冲砂工艺清除井筒内积蓄的填埋产层的沉砂，来恢复气井产能。由于常规修井冲砂作业工序繁杂、难度大、周期长、成本高，且容易造成压井液对产层的污染伤害，使修井的效果及经济效益受到极大的影响。为此，涩北气田广泛采用了不需压井的连续油管冲砂工艺，这一工艺可带压且连续冲砂，对地层的伤害小，可实现安全、高效作业。

### 一、连续油管冲砂工艺原理与流程

针对涩北气田地层压力系数低、冲砂液易发生漏失的问题，开展连续油管冲砂试验攻关，研发了冲砂力更强、上返力更强、冲砂角度更全面的旋转冲砂喷头和靠屏蔽暂堵作用来降低漏失的低滤失冲砂液体系，自主创新涩北气田连续油管氮气泡沫冲砂工艺技术。

**1. 连续油管冲砂工艺原理**

该工艺自2005年在涩北气田实施以来，通过不断的摸索试验、冲砂液优化、工艺改进，真正实现了欠平衡作业，在保护储层、恢复气井产能方面发挥了重要作用，已成为涩北气田井筒清砂不可或缺的重要手段。

连续油管冲砂就是在带压环境下通过连续油管车把连续油管下入井筒内，并在泵车或水泥车的配合下向井内打入冲砂介质，将沉积于井筒内的砂粒、残液或其他碎屑冲洗出地面，以达到恢复气井正常生产的一种作业方法，避免了压井液对产层的污染，使气井的开采潜能和产量得以最大保护，工艺流程如图9-14所示。

工艺特点：（1）连续油管冲砂作业是在欠平衡条件下利用冲砂介质进行冲砂作业的，因此避免了压井液对产层的影响，达到保护储层的目的；（2）采用连续油管冲砂作业，既可缩短作业周期又能节约成本。

**2. 连续油管冲砂工艺流程**

目前，采用连续油管冲砂的主要方式有正冲、反冲、正反冲三种方式，正冲是指冲砂液通过连续油管泵入井中，通过端部所接的冲砂工具产生高速射流冲散砂堵，同时冲洗完的砂屑和冲砂介质则通过连续油管和油管的环形空间返至地面。在采取正冲方式进行冲砂

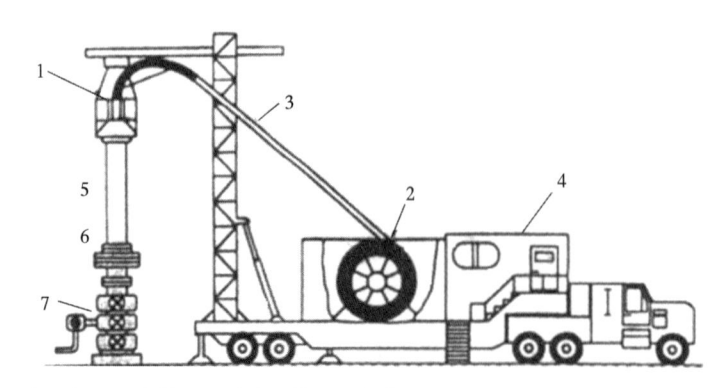

1—注入头；2—滚筒；3—连续油管；4—操作间；5—防喷管；6—防喷器；7—井口

图 9-14　连续油管冲砂工艺施工流程图

时应注意连续油管在下放时不能过快，以免管端插入砂中引起憋压。另外，在停止循环前必须保证井内较长时间的循环，以便把井内已冲起的砂粒带到地面，否则容易造成连续油管砂卡的事故。正冲适用于井下带有封隔器或油套无法连通的井中，其施工特点是对井底的冲击力大，回压小，但由于连续油管与油管之间的环空面积较大，造成了冲砂液上返速度小，携砂能力低，因此在采取正冲方式时必须对施工排量进行准确的设计。

反冲是指冲砂液由油管和连续油管间的环空泵入，而冲起的砂屑和冲砂液则通过连续油管返出。与正冲不同的是反冲对井底的冲击力小，液流的上返速度较大，携砂能力强。但是，反冲存在 2 个问题：

（1）连续油管的内壁会受到冲砂液的冲蚀，严重的会引起连续油管失效；

（2）这种方式的冲砂作业对地层产生很大的回压，无法达到欠平衡的效果。

正反冲结合了正冲和反冲的优点，先利用正冲将堵砂冲散处悬浮状态，然后迅速改为反冲将砂子携带出来。通过这种方法可以提高冲砂效率。

通过对各种冲砂方式优缺点的对比、分析，涩北气田气井冲砂采用正冲冲砂方式。冲砂方式如图 9-15 所示。

正冲　　　　　　反冲　　　　　　正反冲

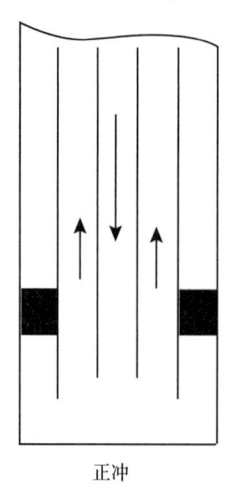

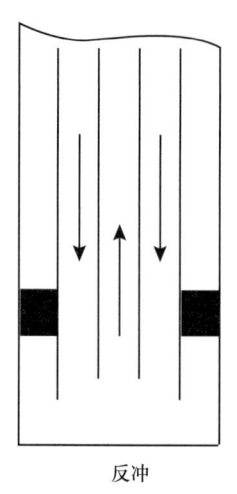

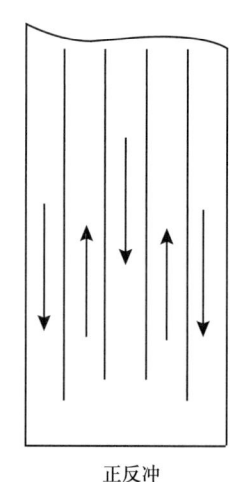

图 9-15　连续油管作业冲砂方式图

**3. 连续油管冲砂工艺施工过程**

（1）检查采气树阀门及各连接部位，确保采气树完好。

（2）根据地层压力系数优化泡沫密度、施工压力及施工排量（根据涩北气田不同井深、地层压力系数、产量等相关资料，结合设备性能和安全要求，摸索出最佳施工参数为：排量控制在 0.15~0.20m³/min，泵压控制在 15~25MPa，泡沫密度为压力系数的 70%~80%）。配泡沫冲砂液。摆放车辆，安装连续油管车注入头、防喷器、绷绳。

（3）连接连续油管车地面管线，关闭采气树生产阀门，用水泥车试压 30MPa，稳压 15min，若无压降，则试压合格。

（4）连接制氮车地面管线（氮气车启动、施工准备），试压 25MPa，稳压 15min，不刺不漏，试压合格。

（5）缓慢下放油管，并密切关注悬重的变化情况。探砂面，在砂面位置上提下放 3 次，确定并记录砂面位置并记录，上提管柱 50m。严禁不停车记录数据。

（6）边下连续油管边小排量冲洗，先建立欠平衡循环（利用泡沫膨胀降低液柱压力），在接近砂面前逐渐增大泡沫密度（0.6~0.7g/cm³），清洗砂桥。接近砂面后，泡沫密度及排量增大，增强泡沫携砂能力，密切观察放喷口，若返出量降低，及时降低泡沫密度（增大氮气流量，减小配液流量），从而防止地层漏失和储层伤害。

（7）冲砂至人工井底后，冲砂结束。

（8）制氮车通过连续油管注氮气气举，由防喷管线排完井筒内冲砂介质，气举施工完成，制氮车组停车。

（9）起出连续油管，关闭测试阀门，拆水泥车管线。

（10）拆注入头，防喷器，绷绳，收尾。

## 二、泡沫冲砂液性质确定

**1. 泡沫冲砂液基本性质**

1）基本概念

（1）泡沫质量：是指在一定的压力和温度条件下，单位体积泡沫中含有的气体体积，即泡沫中的气体体积含量，以百分比或比值来量度，常用 Γ 表示。其关系式：

$$\Gamma = \frac{V_G}{V_G + V_L} = \frac{V_G}{V_F} \tag{9-32}$$

式中　Γ——泡沫质量；

　　　$V_G$——气体体积，m³；

　　　$V_L$——液体体积，m³；

　　　$V_F$——泡沫体积，m³。

（2）液体滞留量：是与泡沫质量相对应的一个概念，指在一定的压力和温度条件下，单位体积泡沫中含有的液体体积，即泡沫中的液体体积含量，常用 $H_L$ 表示，其关系式如下：

$$H_L = \frac{V_L}{V_G + V_L} = \frac{V_L}{V_F} \tag{9-33}$$

显然，液体滞留量和泡沫质量的关系为：

$$H_L + \Gamma = 1 \tag{9-34}$$

（3）充气度：是指泡沫在大气条件下气体的体积与液体的体积之比，常用 $\alpha$ 表示，其关系式如下：

$$\alpha = V_G^0/V_L \tag{9-35}$$

式中  $V_G^0$——在大气条件下气体体积，$m^3$。

（4）泡沫倍数值：是指在大气条件下泡沫的体积与液体的体积之比，用 $K_F$ 表示，其关系式如下：

$$K_F = V_F^0/V_L \tag{9-36}$$

很显然，泡沫倍数值和充气度的关系为：

$$K_F = \alpha + 1 \tag{9-37}$$

可见，在描述不同气液比例的两相泡沫时，只需要两个参数。在地表制备泡沫时，多用充气度 $\alpha$；在研究井内泡沫的流变性、携砂性时，多用泡沫质量参数 $\Gamma$。在地表条件下，泡沫质量与充气度具有以下关系：

$$\alpha = \frac{\Gamma}{1-\Gamma} \tag{9-38}$$

2）泡沫的流变性

由空气和泡沫基液形成的分散体系就是泡沫，其中液体是连续相，气体是不连续相。而泡沫基液一般由水、发泡剂和稳泡剂按一定比例配制而成。泡沫生成条件必须包括具有一定配比的发泡剂、液体等组分，以及发泡装置。当气体进入混有发泡剂的水溶液中，通过发泡装置分散成小气泡，被水溶液包围的同时，气泡界面的活性剂亲水基朝向液相，疏水剂伸向气体内部，按规律排列成界膜，此时泡沫由于浮力上升，当溢出界面时，活性剂分子再次定向，于是形成了双层活性剂水膜结构的泡沫壁，使泡沫具有一定的稳定性能。

泡沫流体属于一种较复杂的非牛顿流体，影响其流变性的因素很多，国内外不同的研究者提出了不同的模式来说明其特性。

（1）Mitchell 根据泡沫质量把泡沫流体分成四个区域，第一为气泡分散区，泡沫质量范围为 0~0.54，此时泡沫为牛顿流型；第二为气泡干扰区，泡沫质量范围为 0.54~0.74；第三区泡沫质量范围为 0.74~0.96，此时气泡由于堆积发生完全变形，泡沫流体为宾汉塑性流型；第四为零区，泡沫质量大于 0.96，此时气泡破碎形成雾。

（2）Wenderff 等人发现泡沫表现为假塑性。当剪切速率在 90~420$s^{-1}$ 时，泡沫服从 Ostwald de Waele 幂律模型，在处理数据时他们发现，该流变模式从统计规律的角度看要优于宾汉模式，并得出结论，泡沫在低剪切速率时为假塑性流体，在高剪切速率时为宾汉塑性流体。

（3）Sanghani 和 Ikoku 模拟井眼的实际情况，用同轴环状黏度计对泡沫流体的流变性进行了研究。研究使用的泡沫是通过同时注入空气和起泡剂水溶液，然后通过橡胶盘管泡沫发生器产生的。

从该研究中得出以下结论：

①泡沫流体在管壁剪切速率低于1000s$^{-1}$时为幂律假塑性流体。

②对于固定的泡沫质量，其有效黏度随剪切速率的增加而降低。

③在低剪切速率下，有效黏度随泡沫质量增加而增加，在低剪切速率下增加明显。

④在剪切速率（低于500s$^{-1}$）和固定泡沫质量的条件下，有效黏度比高剪切速率下下降更快。

根据 Sanghani 和 Ikoku 的实验数据可以得到以下两点：

①泡沫流体的黏度在泡沫质量高于 0.98 时会急剧降低，因而在这个区域内出现较差的携带能力，在冲砂洗井作业时不能使泡沫质量大于 0.98。

②泡沫质量在 0.65~0.98 时流变指数从 0.187 至 0.326。这就意味着该区域内泡沫流体为层流流动。根据这一点，由于泡沫的低密度和高黏度以及其高携带能力，几乎所有的泡沫钻井和洗井作业都可以在层流范围内成功地实现（如果井底泡沫质量不低于 0.55）。

（4）泡沫质量的大小直接影响到泡沫的流变性，表 9-3 为广义流变模型下的 Ostwald de Waele 幂律假塑性模型在不同泡沫质量时泡沫流变参数的变化规律，表中的公式是由 Sanghani 和 Ikoku 的实验数据通过回归分析而得到。

表 9-3 泡沫质量与广义流体稠度系数流变指数关系表

| 泡沫质量 | 广义流体稠度系数（Pa·s$^n$） | 流变指数 |
| --- | --- | --- |
| 96%<Γ≤98% | $K_a' = 4.529$ | $n = 0.326$ |
| 92%<Γ≤96% | $K_a' = 5.880$ | $n = 0.290$ |
| 75%<Γ≤92% | $K_a' = 34.330\Gamma - 20.732$ | $n = 0.7734 - 0.643\Gamma$ |
| 65%<Γ≤75% | $K_a' = 2.538 + 1.302\Gamma$ | $n = 0.295$ |

对于冲砂洗井用泡沫，泡沫质量在 0.55~0.96 范围内，在不同的条件下，宾汉塑性模型、幂律假塑性模型和屈服值幂律模型都可用于计算泡沫的流变性，其中的屈服值幂律模型更能反应其流变特性。用泡沫质量相同的泡沫，通过同一水平圆管在常温和较低压差条件下，做系统流动试验。对不断改变压差所测得的相应流量，假设不考虑其他影响因素，可以发现表观黏度是随着剪切速率的增加而降低的，特别是在低剪切速率范围内变化幅度较大。这是因为泡沫呈球形多面体。流动时受剪切应力的作用，迫使球状改变为有利于流动的扁平状或棒状，以减少流动阻力。研究表明，当泡沫质量范围为 0.65~0.98 时，幂律指数在 0.187~0.326 之间变化，这就意味着如果井底泡沫质量不低于 0.55，几乎所有泡沫循环作业都可以在层流状态进行。根据流体力学的理论，较高黏度的流体可使其具有稳定层流的流动趋势，这对于携带井底砂粒是极为有利的。

3）泡沫流体的黏度

Einstein 用数学方法处理分散体系的流变性，并用能量平衡方程推导出泡沫黏度 $\mu_F$，该方程适用于泡沫质量为 0~45%。

$$\mu_F = \mu_L(1.0 + 2.5\Gamma) \tag{9-39}$$

式中 $\mu_L$——泡沫液相黏度，mPa·s；

$\mu_F$——泡沫黏度，mPa·s。

4) 泡沫流体的稳定性

泡沫是气体和液体混合而成的多孔膜状分散体系，其中液体是连续相，气体是分散相，有时又把分散相称为内相，把连续相称为外相。为了确定这种混合体系中相的状态，最常用的方法是米切尔法，即以常温常压下的泡沫质量 $\Gamma$（表示泡沫体系中气体体积与泡沫总体积之比）来描述。实验研究表明，当 $\Gamma$ 为 0~0.54 时，混合体系为充气液体，表现为牛顿流体；当 $\Gamma$ 为 0.54~0.96 时为泡沫（其中 $\Gamma$ 为 0.7~0.96 时为稳定泡沫），表现为宾汉塑性流体；当 $\Gamma$>96.0 时，泡沫变成雾。

根据经验，纯液体不能形成稳定性很高的泡沫，能形成稳定泡沫的液体必须有两个以上的组分。表面活性剂水溶液是典型的易产生泡沫的体系。在提高采收率技术中所用的发泡剂通常由起泡剂、稳泡剂以及助剂等组成。

泡沫以其独特的性能在钻井、酸化压裂、调剖驱油等石油开发和油田化学领域受到日益广泛的应用。泡沫形成的第一个条件是降低表面张力和增加表面弹性。较大的弹性趋于产生更稳定的气泡，若由弹性产生的恢复力不是足够大，则由于重力和毛细管力的作用，不能形成持续的泡沫，即只能是短暂的泡沫。决定泡沫稳定性的重要因素还包括气泡尺寸、液体黏度和气体—液体之间的密度差。同时更稳定的泡沫还需要附加的稳定技术。泡沫稳定性是泡沫应用中最受重视的性能。在提高采收率的应用中，泡沫的稳定性是决定泡沫驱油效率的关键因素。就其本质而言，泡沫是一种热力学不稳定体系，但是可以采取某些措施，改变一些条件，使其存在时间长一些，以满足应用要求。这就必须了解泡沫的衰变机理和影响泡沫稳定性的因素，达到控制泡沫稳定性的目的。

**2. 泡沫稳定性影响因素及保持方法**

1) 泡沫稳定性的影响因素

泡沫稳定性的含义是泡沫存在"寿命"的长短；换言之，是指生成泡沫的持久性，表示消泡的难易程度。泡沫稳定性受两个过程控制：液膜变薄过程和聚并过程（液膜破裂）。在液膜变薄过程中，两个或更多的气泡遇到一起，分割气泡的液膜变薄，但实际上气泡并没有相互接触，总的表面积并没有变化。在聚并过程中，两个或更多的气泡融合在一起形成一个更大的气泡，薄的液膜破裂，减小了总的表面积。泡沫的稳定性取决于泡沫的衰变过程和液膜的机械强度，所以凡是影响这两个方面的因素都会影响泡沫的稳定性。

(1) 体系组成的影响。

起泡剂和稳泡剂的类型和浓度都会影响泡沫的稳定性。对于稳定性，用非离子表面活性剂制成的泡沫，其稳定性低于阴离子表面活性剂制成的泡沫。当表面活性剂的浓度增大时，泡沫稳定性增大。良好的起泡剂或稳泡剂在吸附层内必须有较强的相互作用，同时亲水基团要有较强的水化能力。前者使膜有较高的机械强度，后者可提高液膜的表面黏度。

(2) 泡沫性质的影响。

①起泡溶液的表面张力：随着泡沫的生成，液体表面积增大，表面能增高。根据 Gibbs 原理，体系总是趋向于较低的表面能状态。低表面张力可使泡沫体系能量降低，有利于泡沫的稳定。但液体的表面张力并不是泡沫稳定性的主要影响因素，只有当表面有一定的强度并能形成多面体的泡沫时，低的表面张力才有助于泡沫的稳定。

②表面黏度：表面黏度是指液体表面单分子层内的黏度。这种黏度主要是表面活性分子在其表面单分子层内的亲水基间相互作用及水化作用而产生的，随着表面黏度的增大，

排水速率逐渐减小，在表面黏度达到最大值时，排水速率最小。可以认为泡沫的稳定性取决于膜的排水速率，排水速率则受表面黏度的控制。所以泡沫膜的表面黏度控制着泡沫的稳定性。表面黏度大的，泡沫寿命长。

③溶液黏度：起泡剂溶液黏度的增加，既使泡沫内液体不易流失，液膜变薄的速度变缓，又使气体在液膜中的溶解度降低，从而使稳定性增加。但液相黏度仅为辅助因素，若不形成表面膜，液相黏度再大，也不能形成稳定泡沫。因此，若体系中既有增高液相黏度的物质，又有增高表面黏度的物质时，泡沫的稳定性可大大提高。

④Gibbs表面弹性和Marangoni效应：泡沫受到冲击时，泡膜局部变薄，变薄处表面积增加，表面吸附的起泡剂分子密度减小，表面张力增大；在形成的表面张力梯度作用下，起泡剂分子沿表面扩张并拖带着相当量的表面下的溶液，使局部变薄的液膜变厚并恢复到原来的厚度，此时表面张力复原，这种现象叫表面弹性或Gibbs弹性。表面活性剂分子向着局部变薄的泡膜扩散恢复到原来的表面张力，需要一定的时间，这就是Marangoni效应。

⑤液膜的表面电荷（分离压力）：离子型表面活性剂的泡膜中，凡不能中和表面活性剂同侧的吸附电荷，而在泡膜中形成扩散层。当膜厚度变得近于扩散层厚度时，泡膜两侧吸附电荷产生的斥力（分离压力）阻止膜的变薄，有利于泡沫的稳定性。这种分离压力可因溶液中电解质浓度的增加而显著减弱，多价离子影响特别显著，膜薄化速度加快，泡沫易破裂。

(3) 外界因素的影响。

①压力：泡沫在不同压力下稳定性不同，压力越大，泡沫越稳定。地层条件下的高压力就有利于泡沫的稳定。所以在地面压力条件下形成的稳定泡沫在地层条件下将会更加稳定。

②温度：泡沫稳定性随温度增高而下降。在低温和高温下泡沫的衰变过程不同，低温下，泡沫排液使泡膜达到一定厚度时，就呈现亚稳状态，其衰变机理主要是气体扩散；高温下，泡沫破灭由泡沫柱顶端开始，泡沫体积随时间增长有规律地减小，这是因为最上面的泡膜上侧总是向上面凸的，这种弯曲膜对蒸发作用很敏感，温度越高蒸发越快，膜变薄到一定厚度时就自行破灭。因此多数泡沫在高温下是不稳定的，但有少数泡却随温度增高而稳定性增加，原因是起泡剂溶解度随温度增高而增大。

2) 提高泡沫稳定性的方法

影响泡沫稳定性的因素颇多，理论研究还很不成熟，不少问题还存在着争议，目前主要靠经验和实验结果来配制稳定的泡沫。要获得稳定泡沫，可以采用加稳泡剂的方法。稳泡剂按作用机理可分为如下两类。

(1) 稳泡剂作为一种活性物质加入起泡液中，通过协同作用增强表面吸附分子间的相互作用，使表面吸附膜强度增大以提高泡沫的稳定性。常用的稳泡剂有硬脂酸胺、月桂醇、月桂酰二乙醇胺、十二烷基二甲胺氧化物等。

(2) 稳泡剂的加入可以提高泡沫原液的液相黏度，并能形成弹性薄膜，因而可以明显延长泡沫的半衰期。常用的增黏剂有CMC、XC、HPAM、可溶性淀粉和合成龙胶等。

### 三、冲砂液摩阻确定

**1. 泡沫悬浮性和携砂能力**

泡沫的悬浮性和携岩能力是作业施工中具有重要作用的一种性能。悬浮性能是指当流体处于静止状态时对固体颗粒悬浮的能力，主要受流体静切力的影响。携岩能力指的是流体在循环过程把固体颗粒从井底或任何井段带到地面或从地面带到井内任何位置的能力，主要受流体动切力和黏度的影响。钻屑或砂粒的一般颗粒体积比气泡要大许多倍，砂粒基本上都被气泡承托着，砂粒的下沉只有在气泡发生变形或砂粒挤出一条通道时才会出现。由于砂粒的重量不足以使气泡变形或者大于气相与液相之间的界面张力使气泡移动。因此，泡沫对砂粒的悬浮能力是很强的。据有关研究人员测定，砂粒在泡沫中的沉降速度极小，泡沫的悬浮能力比水或冻胶液的悬浮能力大 10~100 倍。直径为 0.5~0.8mm 的压裂砂在泡沫质量参数为 70%~80% 的泡沫中，自然沉降速仅为 $(0.3~0.6) \times 10^{-5} m/s$，即近似于零，因此砂粒在高质量的泡沫中沉降速度可忽略不计，这对其优越的携岩能力无疑是极为重要的。

**2. 泡沫的滤失性能**

泡沫滤失性与泡沫本身稳定及滤失到地层滤液多少有直接关系。泡沫具有很好的防滤失作用，在相同的条件下，其滤失情况比清水和交联冻胶要小许多。泡沫滤失量小或滤失系数低主要是因为泡沫本身特殊的结构造成的。泡沫气相与液相间有界面张力，当泡沫流体进入储层前后泡沫形态有很大变化，进入微细孔隙时，需要有较大的能量以克服表面张力和气泡的变形。从动态滤失试验的数据可说明这一问题，当岩心渗透率低于 1mD 时，泡沫通过岩心后完全破坏，变成气相和液相。随着岩心渗透率的增加，泡沫成分有进一步的增加。当渗透率达到 70mD 时，测量到渗滤过来的流体都是泡沫。这意味着高渗透介质中，气泡变形很小，或根本不发生变形，以致对滤失控制较小。

影响滤失性的因素有以下几点。

（1）岩心试样的渗透率对泡沫滤失影响最大，当岩样渗透率增加两个数量级，滤失系数增加一个数量级。

（2）泡沫黏度对滤失亦有重要的影响。随着液相增稠剂的增加，液相黏度不断增加，泡沫滤失系数明显下降。

（3）泡沫中增稠剂有造壁性，对滤失系数也有一定的影响，尤其泡沫质量及压差等一些参数发生变化，影响则更为明显。

（4）温度对滤失系数也有明显的影响。随着温度增加，滤失量缓慢下降。此外泡沫的结构、气泡的分布对滤失量有一定的影响，表面活性剂类型影响不大。

目前普遍认为，泡沫的衰变机理是：泡沫中液体的流失；气体透过液膜扩散。两者均与泡沫性质和液膜与 Plateau 边界间的相互作用有直接关系。

**3. 摩阻计算**

由于实际液体都具有黏性，流体在流动时必然要损失一部分压力，这部分损失的压力称为摩阻，无论从地面泵注设备到井底砂面还是从井底砂面到返出井口，流体（冲砂液）都在地面设备及冲砂管柱（或井内管柱）中存在因摩阻或局部损失而引起压力损失，从而对冲砂液压力产生一定的影响。

实验研究表明泡沫摩阻压降梯度随着泡沫排量、泡沫质量、砂子粒径的增加而增加，随着起泡剂浓度的增加而降低，最大携砂浓度随着泡沫排量、泡沫质量的增加而增加，随着起泡剂浓度、砂子粒径的增加而降低。

$$\Delta p = \Delta p_{沿程} + \Delta p_{局部} \tag{9-40}$$

式中 $\Delta p_{沿程}$——沿程压力损失，MPa；

$\Delta p_{局部}$——局部压力损失，MPa。

由于沿程压力损失是由液体流动时的内、外摩擦力所引起的，因此，沿程压力损失可由下式得出：

$$\Delta p_{沿程} = 32\mu\lambda V/D^2 \tag{9-41}$$

式中 $\mu$——液体的运动黏度，Pa·s；

$\lambda$——通道的长度，m；

$V$——液体平均流速，m/s；

$D$——管路的内径，m。

局部压力是指因管道内局部障碍造成流体的方向和速度发生突然变化而引起的压力损失，它与液体的密度 $\rho$、平均流速 $V$ 的平方成正比。可用下式表示：

$$\Delta p_{局部} = \zeta \rho V^2/2 \tag{9-42}$$

式中 $\zeta$——局部阻力系数（具体数值查有关手册）；

$\rho$——液体密度，kg/m³；

$V$——液体平均速度，m/s。

对于 2.5in 油管，采用外径 1.5in，长约 5000m 的连续油管其摩阻与连续油管的排量关系见表 9-4。

表 9-4 $\phi$38.1 连续油管排量与摩阻关系表

| 排量（m³/min） | 连续油管内摩阻梯度（MPa/km） | 环空摩阻梯度（MPa/km） |
| --- | --- | --- |
| 0.10 | 4.66 | 3.135 |
| 0.15 | 5.17 | 3.627 |
| 0.20 | 5.57 | 4.046 |
| 0.25 | 5.90 | 4.387 |
| 0.30 | 6.19 | 4.610 |
| 0.35 | 6.45 | 4.965 |
| 0.40 | 6.67 | 5.213 |

## 四、冲砂液临界携砂流速确定

### 1. 砂粒滑落速度

砂粒在井筒流体中的运动可以分为沉降与上升两种状态，两者虽运动方向不同，但从动力学角度分析，其实质均为固体颗粒在连续流体介质中的相对运动。当流体流动速度小于砂粒的自由沉降速度时，砂粒表现为沉降运动；当流体流动速度大于砂粒的自由沉降速度时,砂粒表现为上升运动;当流体流动速度等于砂粒的自由沉降速度时,砂粒处于悬浮状态。因而可将最简单的砂粒自由沉降作为研究的出发点,并将砂粒的自由沉降速度作为流体携砂能力的临界点。

固体颗粒的沉降速度问题是两相流中重要的基础理论之一,在泡沫流体冲砂洗井中必须考虑环空中砂粒的沉降速度,以提高冲砂洗井的施工质量。

固体颗粒的沉降有两种基本形式:

(1) 自由沉降,指单个固体颗粒在无限流体空间的沉降。当固体颗粒溶度很小时,颗粒之间不发生严重的干扰,也可以当做自由沉降来处理。

(2) 干涉沉降,指颗粒群在有限流体空间的沉降。在干涉沉降中,除考虑颗粒所受的重力与阻力之外,还必须考虑颗粒与颗粒之间、颗粒与管壁之间的相互作用。

砂粒的密度一般大于冲砂液的密度,因此在重力作用下,在油管与连续油管间的环空中上返的携砂液中,砂粒将产生相对于冲砂液的滑落。为了提高冲砂速度,应尽可能地增大泵的排量,并减少液流返出截面积,保证有较高的上返速度。

1) 砂粒的沉降末速度

为了能确保冲砂液将井底砂子带至地面,必要的条件是冲砂液在井内的上升速度必须大于最大直径砂粒的沉降末速度。冲砂作业是油气井井筒中的固液两相流动,通常属于稀疏固体流动,因此附加质量力、Basset 力、Magnus 力、Safman 力等忽略不计,只考虑重力、浮力和表面阻力。假设砂粒为球形,在液体中的沉降末速度与砂粒在液体中所受的重力、浮力、阻力有关。当砂粒的沉降速度稳定后,砂粒所受阻力为重力减去浮力,即:

$$\frac{\pi d^3}{6}(p_s - \rho_1)g = \phi \rho_1 d^2 v_t^2 \tag{9-43}$$

式中 $d$——砂粒直径,m;

$\rho_s$、$\rho_1$——砂和冲砂液的密度,kg/m³;

$g$——重力加速度,9.8m/s²;

$v_t$——静止液体中砂粒沉降末速度,m/s;

$\phi$——砂粒移动的阻力系数。

经学者研究表明,要保证冲砂成功,冲砂液流态必须为紊流,由式(9-43)得:

$$v_t = \sqrt{d\frac{(p_s - \rho_1)}{\rho_1} \cdot \frac{4g}{3C_D}} \tag{9-44}$$

式中,$C_D$ 为阻力系数,无量纲,对于冲砂液可视为牛顿流体,在紊流情况下,$C_D$ 为 0.44~0.50。砂粒的直径取粒径测试最大值 0.5mm,砂粒的密度为 1.6~1.7g/cm³,$v_t$ = 0.10m/s。

2) 连续油管与油管小环空携砂液返速

用连续油管对水平井段进行冲砂,冲砂液携砂通过 $\phi$73mm 油管和连续油管之间的小环空返流到地面。小环空携砂液返速计算式为:

$$v_f = \frac{Q}{A_h} = \frac{Q}{\frac{\pi}{4}(D_i^2 - d_o^2)} \tag{9-45}$$

式中　$v_f$——小环空携砂液返速，m/s；
　　　$Q$——连续油管排量，m³/s；
　　　$A_h$——连续油管小环空面积，m²；
　　　$D_i$——油管内径，m；

$d_o$ 为连续油管外径，φ73mm 油管内径为 0.062m，φ50.8mm 连续油管外径为 0.0508m，排量通常为 200~400L/min，取最小值带入式（9-45），得 $v_f$ = 0.34m/s，$v_f/v_t$ = 3.4。现场试验和研究表明，在水平井段 $v_f/v_t$ > 2，能取得较好的冲砂效果。计算值为 3，从理论上证明运用连续油管对水平井进行冲砂是完全可行的。

**2. 冲砂液的流动状态判断**

液体在流动时，由于黏滞性的存在而具有 2 种不同的流态，即层流和紊流。对于冲砂作业，循环液处于紊流的状态能够更好地将冲洗掉的砂屑返出地面。雷诺数为无量纲综合量，可作为判断流体流动状态的标准，即：

$$Re = \frac{vd}{\mu} \tag{9-46}$$

式中，$v$ 为液体的速度；$d$ 为管路的直径；$\mu$ 为液体的运动黏度。通常认为，当 $Re \leq 2000$ 时为层流，当 $Re \geq 2000$ 时为紊流。涩北气田气井采用的冲洗液为清水，其运动黏度为 $0.553 \times 10^6 \text{m}^2/\text{s}$，故可以确定出冲砂液在连续油管内部和环形空间的流动状态。环形空间的雷诺数为：

$$Re_H = \frac{vD}{\mu} = 13.6 \times 10^4 \tag{9-47}$$

连续油管内雷诺数为：

$$Re_{CT} = \frac{vd}{\mu} = 8.4 \times 10^4 \tag{9-48}$$

可以看出，环形空间和连续油管内部的雷诺数都 > 2000，因此可以判断冲砂液在连续油管内外均为紊流。

**3. 冲砂施工最低排量**

有钻井井场的实践证明，当 $(v-v_s)/v \geq 0.5$ 时，井眼能保持清洁，由此可知，在冲砂过程中井眼净化的条件为：

$$v \geq 2v_s \tag{9-49}$$

式中　$v$——冲砂时的环形空间的返出速度，m/s；
　　　$v_s$——砂粒的滑落速度，m/s。

携砂液临界速度计算：

$$v_c = 2.73\sqrt{\frac{d_s(\rho_s - \rho_y)}{\rho_y}} \tag{9-50}$$

式中　$v_c$——携砂液速度，m/s；

$\rho_y$——携砂液密度，kg/m³。

将参数代入式（9-50）中，计算结果见表9-5。

**表9-5 不同冲砂介质携砂液的临界速度计算表**

| 冲砂介质 | 冲砂介质密度（kg/m³） | 临界速度 $v_c$（m/s） |
| --- | --- | --- |
| 泡沫冲砂液 | 700 | 1.787~2.419 |
| 泡沫冲砂液 | 750 | 1.683~2.284 |
| 泡沫冲砂液 | 800 | 1.595~2.158 |
| 泡沫冲砂液 | 850 | 1.495~2.041 |
| 泡沫冲砂液 | 900 | 1.409~1.930 |
| 低伤害无固相压液 | 1000 | 1.251~1.726 |

满足式（9-50）中要求，即井眼能够得到完全的净化，可实现冲砂。

冲砂要求最低排量计算：

$$Q_{\min} = v_c \times A \tag{9-51}$$

式中 $Q_{\min}$——冲砂要求的最低排量，m³/s；

$A$——冲砂液上返流动截面积，m²。

涩北气田气井常见作业油管外径为 $D=60.32$mm 和 $D=73.02$mm 两种，在此以这两种油管规格进行分析计算。

冲砂液上返流动截面积为：

$$A = \frac{\pi}{4}D_{\text{tube}}^2 - \frac{\pi}{4}D_{\text{CT}}^2 \tag{9-52}$$

计算结果见表9-6。

**表9-6 连续油管与不同管柱组合冲砂时所需最低排量计算表**

| 管柱外径（mm） | 管柱内径（mm） | 连续油管外径（mm） | 冲砂介质 | 冲砂介质密度（kg/m³） | $Q_{\min}$（L/min） |
| --- | --- | --- | --- | --- | --- |
| 60.32 | 50.66 | 38.1 | 泡沫冲砂液 | 700 | 93.832~127.017 |
| 60.32 | 50.66 | 38.1 | 泡沫冲砂液 | 750 | 88.371~119.928 |
| 60.32 | 50.66 | 38.1 | 泡沫冲砂液 | 800 | 83.750~113.31 |
| 60.32 | 50.66 | 38.1 | 泡沫冲砂液 | 850 | 78.499~107.168 |
| 60.32 | 50.66 | 38.1 | 泡沫冲砂液 | 900 | 73.983~101.340 |
| 60.32 | 50.66 | 38.1 | 低伤害无固相压液 | 1000 | 65.687~90.628 |
| 73.02 | 62 | 38.1 | 泡沫冲砂液 | 700 | 201.361~272.575 |
| 73.02 | 62 | 38.1 | 泡沫冲砂液 | 750 | 189.642~257.363 |
| 73.02 | 62 | 38.1 | 泡沫冲砂液 | 800 | 179.726~243.165 |
| 73.02 | 62 | 38.1 | 泡沫冲砂液 | 850 | 168.458~229.982 |
| 73.02 | 62 | 38.1 | 泡沫冲砂液 | 900 | 158.767~217.474 |
| 73.02 | 62 | 38.1 | 低伤害无固相压液 | 1000 | 140.964~194.48 |

为了得到更好的冲砂效果及提高冲砂速度，应参考较大值并在满足相关要求的情况下尽可能提高泵排量。

## 第四节　技术应用效果评价

### 一、储层防砂技术应用效果评价

**1. 施工参数优化**

近几年防砂工艺通过对防砂参数、施工方式及施工工具的持续优化完善（表9-7），施工效果不断提升，割缝筛管压裂充填防砂已成为气田严重出砂气井治理的主要手段，为气田问题井、停躺井的复产发挥了重要作用。

表9-7　涩北气田防砂施工工艺优化表

| 优化方式 | 优化前 | 优化后 | 主要目的 |
| --- | --- | --- | --- |
| 提高施工排量 | $1.7\sim 2.6 m^3/min$ | $3\sim 4 m^3/min$ | 加大近井地带储层污染解除力度 |
| 加大前置液用量 | $20\sim 30 m^3$ | $40\sim 60 m^3$ | 延长渗流通道，延长有效期 |
| 压裂后期合理降排量 | 瞬间降至 $1.2\sim 0.6 m^3/min$ | 逐步降至 $1.2\sim 0.6 m^3/min$ | 确保近井地带及环空填充更实，防止割缝管受损 |
| 工具优化改进 | 工序复杂，丢手方式单一，施工风险较大 | 减少2趟下钻，3种丢手方式，施工灵活风险小 | 降低作业费用，缩短作业周期，提高施工成功率 |

**2. 施工效果分析**

割缝筛管压裂充填防砂工艺现已由被动防砂拓展到主动解水锁、差气层改造等领域，通过"加大排量、提升砂比、改进工序"等举措，保障了充填强度、延长了割缝管使用寿命、提升了改造效果。2011—2020年共243口井实施压裂充填防砂，措施有效率87%，累计日增产气 $308.9\times 10^4 m^3$，平均有效期达2.3年，如图9-16所示。

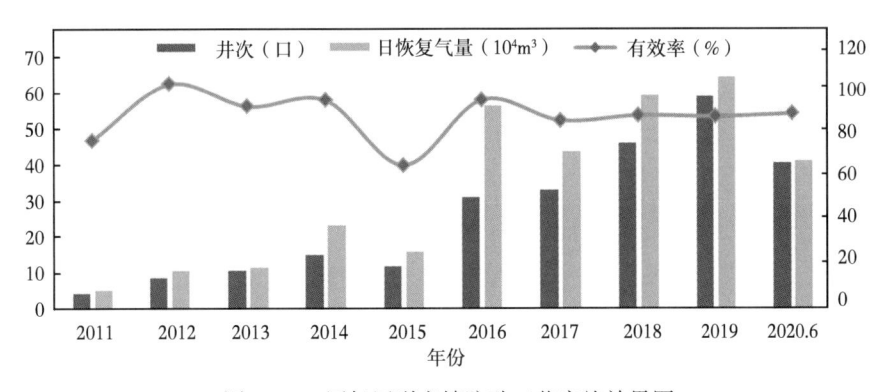

图9-16　历年压裂充填防砂工艺实施效果图

压裂充填防砂工艺近几年通过不断优化防砂施工参数，建立人工挡砂屏障，使出砂停躺井重获生机。涩北气田多数气井同时存在出水出砂导致气井产量降低的现象，而压裂充填防砂不仅治理了气井出砂严重的问题，同时还可以改善地层渗流通道、解除近井地带水锁等，也为排水采气工艺实施打好基础。

## 二、井筒冲砂工艺应用效果分析

### 1. 施工参数优化

近几年冲砂工艺通过优化冲砂液性能，调整连续油管长度，以及提高施工排量及氮气注入量，实现"近平衡"施工（表9-8）。

表9-8 涩北气田连续油管冲砂施工工艺优化

| 优化方式 | 冲砂介质 | 冲砂工具 | 连续油管长度 | 加大氮气注入量 | 提高氮气排量 |
| --- | --- | --- | --- | --- | --- |
| 优化后技术特色 | 氮气泡沫冲砂液，相对密度0.5~1.0可调 | 旋转喷洗工具可达到高效冲砂 | 长度2500m，摩阻小泵效高 | 提高冲砂效率，降低施工时间，实现当天作业当天进站生产 | 有效地降低冲砂液密度，减少地层污染，实现欠平衡作业 |

### 2. 施工效果分析

通过冲砂液体系改进、工具研发、工艺优化，形成了"氮气+泡沫"连续油管分段冲砂工艺，成为气田井筒清砂的主体工艺。通过加大氮气注入量，提高冲砂效率，降低施工时间，实现当天作业当天进站生产；优化后平均施工时间缩短2.2小时、平均占井时间缩短22.7小时、作业有效率提高10.7%。

通过提高氮气排量，能有效地降低冲砂液密度，减少地层污染，实现欠平衡作业。2010—2020年，涩北气田共实施连续油管冲砂692井次，累计日增产气量$318.1 \times 10^4 m^3$，措施有效率83.8%，如图9-17所示。

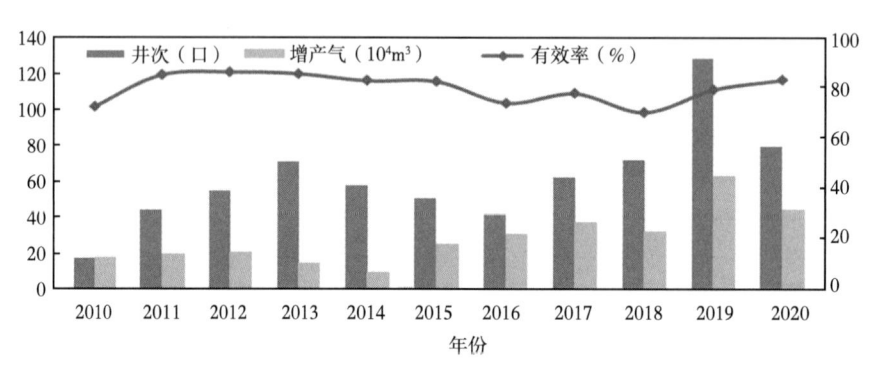

图9-17 历年连续油管冲砂工艺实施效果图

# 第十章　措施求产改造技术

随着涩北气田开发的深入,低品质差气层的储量动用成为弥补产能的必由之路。除了针对此类低渗透、低压、低产层的改造,还有对水敏、压敏等堵塞停产老井、老层的解堵复产等,都对措施求产改造技术的需求越来越迫切。为此,近年来选择了一些可疑层、三类层、薄差层进行改造求产试验,取得了一定效果,为今后技术推广应用积累了经验。

## 第一节　低渗透储层压裂求产技术

涩北气田的压裂改造工艺和前面章节所介绍的压裂防砂工艺没有本质区别。本章着重介绍常用的割缝筛管压裂防砂工艺对三类层的改造工艺关键步骤,该压裂改造工艺主要是在预改造低渗透层段下入等径等离子激光割缝筛管,以大排量、高砂比、大砂量的充填方式对目的层进行压裂和填砂,在地层深部、近井带以及割缝管与气层套管环空形成均匀、密实、稳定的高渗透三重滤砂屏障,改善储层物性,提高地层导流能力,从而达到既防砂又增产的目的。

### 一、压裂工艺流程

压裂改造工艺流程主要分为压裂前期作业、压裂施工和压裂后期作业三个阶段,压裂作业流程和压裂施工流程分别如图10-1、图10-2所示。

图10-1　压裂作业流程图

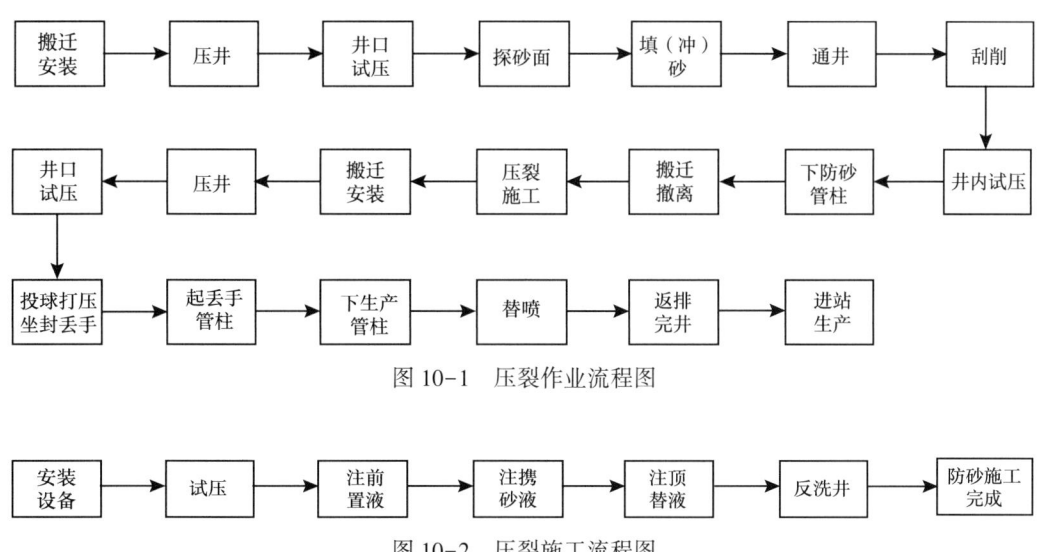

图10-2　压裂施工流程图

## 二、压裂工艺关键点

涩北气田目前的压裂工艺主要参照以往压裂所取得的成果经验,充分认识到压裂成功与否的关键点包括压裂液体系、压裂管柱和泵注程序设计。

### 1. 压裂液体系

压裂液体系要求具有性能稳定、携砂能力强、作业后易破胶返排、无污染等特性。针对涩北气田的储层特点等,通过室内实验,结合现场试验,自主研究开发了聚合物基压裂液体系,各项性能指标表现良好。聚合物基压裂液体系的黏温曲线如图10-3所示。

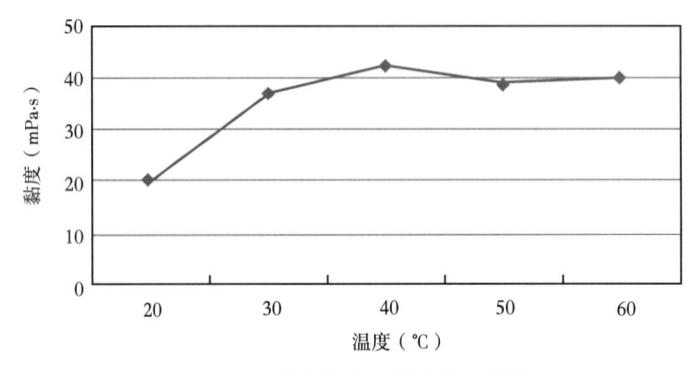

图10-3 聚合物基压裂液黏温曲线

聚合物基压裂液体系配方:0.5%超级瓜尔胶 GRJ-11+1.0%黏土稳定剂 QNW-F+0.2%助排剂 ZCY-02+1.0%NH$_4$Cl。

### 2. 压裂管串组合

涩北气田目前所用的压裂管柱为等径等离子激光割缝管及其他配套工具,管柱采用 $\phi$73mm 外加厚油管,压裂施工管柱组合如图10-4所示。压裂施工管柱设计首先根据目的层段(拟压裂生产层位)设计割缝筛管下深,然后分别向下、向上设计其他配套工具下深。

割缝管参数设计:钢级 N80,割缝管外径 $\phi$73mm,单根长度 3.00m,缝长 80mm,缝宽 0.25mm,单米割缝管缝数 120 条。

割缝管下深设计:割缝管下深主要根据目的层段的顶界和底界计算割缝管下入的顶界和底界。考虑到割缝管有向下位移的可能性,一般顶界设计为目的层段以上 4.0~6.0m,底界设计为目的层以下 2.0~3.0m。对于跨度较大的目的层段,为了防止割缝管发生横向偏移及以后方便打捞,每2~3根割缝管之间配1个扶正器,每4~

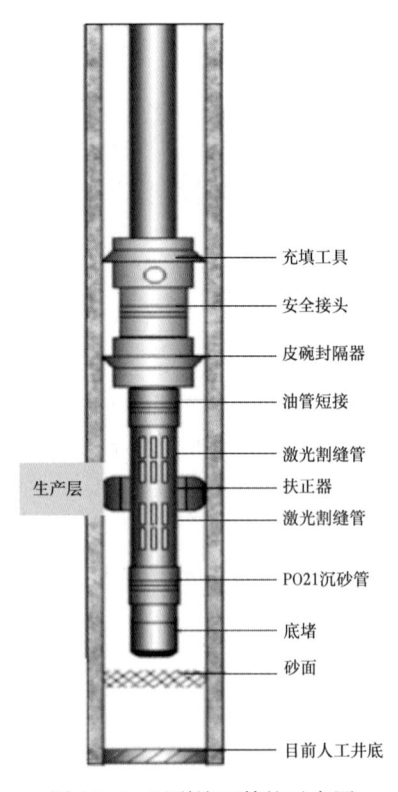

图10-4 压裂施工管柱示意图

(管柱标注:充填工具、安全接头、皮碗封隔器、油管短接、激光割缝管、扶正器、激光割缝管、PO21沉砂管、底堵、砂面、目前人工井底;生产层)

6 根割缝管之间安装 1 个安全接头。

割缝管以上配套工具设计：割缝管以上配套工具自下而上依次为油管短节、皮碗封隔器、安全接头、充填丢手工具、油管至井口。油管短节长 3.0m，主要作用是隔开割缝筛管与皮碗封隔器，防止割缝管附近的石英砂影响封隔器坐封。皮碗封隔器根据气层套管规格，外径一般为 $\phi$116mm（139.7mm 气层套管）和 $\phi$152mm（177.8mm 气层套管），主要作用是防止充填的石英砂在油套环空出现回吐现象。安全接头主要作用是若以后打捞防砂管柱时安全接头以下工具出现砂卡，方便从安全接头处按照安全接头设计强度拔脱和打捞出封隔器以上管柱，再打捞封隔器及以下防砂工具。充填丢手工具主要作用是压裂施工时建立压裂液进入目的层段的通道以及压裂施工后实现防砂管柱丢手。

**3. 泵注程序**

压裂施工泵注程序主要包括注前置液、注携砂液、注顶替液三个阶段，泵注程序关键设计参数分别为排量、液量、砂比、砂量和时间。涩北气田目前所用石英砂粒径为 0.425~0.850mm，压裂前试压 25~35MPa。泵注程序主要根据以往压裂施工泵注程序取得的现场经验进行设计。

注前置液：注入前置液的目的主要是将近井地带的地层砂推向地层深处，同时通过排量控制对目的层进行压裂，形成短而宽的裂缝，改善地层导流能力，为下步注携砂液做准备。泵注时通过调整压裂车档位、控制压裂车数量，逐步提高施工排量，同时结合施工压力变化（一般不超过 25MPa），控制稳定施工排量（2.5~4.5m$^3$/min），前置液一般注入 25~35m$^3$。

注携砂液：前置液注入完成后开始加砂，保持排量不变。砂比一般从 7%~15% 开始加入，以 5%~10% 的砂比增量逐步提高砂比至 55%~70%，直至设计砂量（单米加砂 10~15m$^3$）全部加完。逐步提高砂比的前提条件：一是施工压力稳定，油、套压无明显上翘，二是根据压裂管柱下深计算管柱容积，确定携砂液充分进入目的层，且无憋压现象。

注顶替液：携砂液注入完成后降低排量至 0.6~1.2m$^3$/min，根据压裂管柱容积注入顶替液，将管柱内的携砂液顶替至充填工具以下。一般保留 50~100m 管柱容积顶替液，防止顶替过量，导致割缝管与气层套管环空石英砂欠压实。顶替完成后及时用淡水充分反洗井直至返排液中不含石英砂，压裂施工结束，作业队对压裂管柱进行投球、打压、坐封、丢手，然后下入生产管柱完井。

## 三、压裂工艺优化

**1. 割缝筛管优化**

涩北气田压裂试验初期所采用的割缝筛管单根长度 3.00m，缝长 80mm，缝宽 0.25mm，缝数 120 条/m。割缝筛管设计参数基本满足涩北气田压裂施工要求，但在现场应用中仍存在一些问题，部分设计参数仍需进一步优化改进。

结合现场应用中存在的问题，在不影响割缝筛管原设计强度的前提下，对割缝筛管部分设计参数进行了改进，改进后的割缝筛管主要设计参数为单根长度 4.70m，缝长 50mm，缝宽 0.30mm，缝数 100 条/m。

（1）加长筛管长度，减少入井根数。由于涩北气田每年的压裂施工井中超过 30% 的气井目的层总跨度在 20m 以上，采用 3.00m/根的割缝筛管单井入井数量在 10 根以上，且割缝筛管在后期打捞过程中易拔脱，增加大修工序和打捞难度。采用4.70m/根割缝筛管可减少筛管入井数量56%。通过加长单根割缝筛管长度，减少入井筛管根数，一方面可减少后期打捞次数，减少大修工序，缩短大修工期；另一方面更有利于管柱组装，大大减少现场工作人员劳动强度（表10-1）。

表10-1 割缝筛管长度优化改进前后入井数量对比

| 序号 | 井号 | 产层顶深（m） | 产层底深（m） | 产层跨度（m） | 筛管根数（3.0m/根） | 筛管根数（4.7m/根） |
| --- | --- | --- | --- | --- | --- | --- |
| 1 | 涩R3-X | 1123.8 | 1144.4 | 20.6 | 10 | 6 |
| 2 | 涩4-48 | 1441.7 | 1471.2 | 29.5 | 13 | 8 |
| 3 | 涩1-28 | 770.7 | 798.5 | 27.8 | 13 | 8 |
| 4 | 涩6-3-4 | 1211.5 | 1242.3 | 30.8 | 14 | 9 |
| 5 | 涩0-8 | 564.5 | 587.8 | 23.3 | 11 | 7 |
| 6 | 涩0-16 | 559 | 580.5 | 21.5 | 11 | 7 |
| 7 | 涩2-22 | 1034.5 | 1071.3 | 36.8 | 10 | 10 |
| 8 | 涩3-6 | 1125 | 1159.9 | 34.9 | 15 | 9 |
| 9 | 涩4-33 | 1335.8 | 1361 | 25.2 | 11 | 7 |

（2）增大缝宽，降低筛管堵塞风险，延长压裂有效期。通过现场打捞出的割缝筛管分析，气井经过多年生产后，部分割缝筛管存在缝堵现象，主要由于涩北气田地层砂细且泥质含量高影响。因此，在考虑割缝筛管缝宽满足有效阻挡粒径0.425~0.85mm石英砂的前提下，对割缝筛管缝宽进行了优化改进，缝宽由原来的0.25mm增加到0.30mm，以达到缓解筛管堵塞、延长压裂有效期的目的。

（3）缩短缝长、减少缝数，提高筛管强度。根据现场打捞出的割缝筛管分析，部分井的割缝筛管打捞过程中存在鱼顶开花或收拢现象以及筛管本体刺穿现象，说明割缝筛管受割缝参数影响，本体强度有所降低。为了进一步提高割缝筛管强度，同时考虑到压裂作业成本因素，在原N80钢级材质钢管基础上，通过对筛管割缝参数进行优化改进，即缩短缝长、减少缝数，进而减少割缝筛管面密度，以达到提高筛管强度的目的。缝长由原来的80mm缩短为50mm，缝数由原来的120条/m减少为100条/m，通过计算每米割缝筛管的面密度减少60%，即由原来的2400mm$^2$减少为1500mm$^2$，从而提高割缝筛管本体强度。

通过缩短缝长，减少缝数，提高筛管强度有两方面的作用，一是增强割缝筛管的防刺能力，延长气井压裂有效期；二是在后期打捞过程中，减少鱼顶内捞开花、外捞收拢的风险，提高打捞成功率。

**2. 压裂管柱优化**

涩北气田压裂管柱组合中主要大直径工具为皮碗封隔器，考虑到后期打捞时皮碗封隔器能够顺利捞出，将原压裂管柱设计中的销钉安全接头位置由皮碗封隔器上部调整至皮碗封隔器下部，如图10-5、图10-6所示。

同时，结合涩北气田产层深度一般不超过1500m，兼顾考虑XJ-250修井机的上拉悬

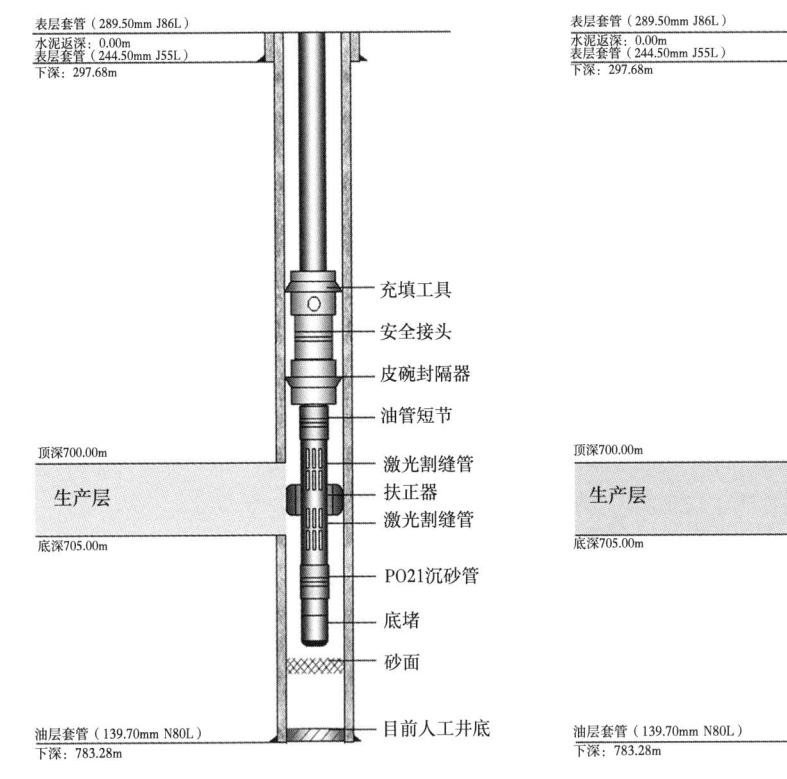

图 10-5　优化前压裂管柱

图 10-6　优化后压裂管柱

重,销钉切断负荷由 200kN 降至 180kN。通过对压裂管柱的以上优化改进,有利于皮碗封隔器的顺利打捞,为后续打捞小直径工具提供便利。

### 3. 压裂方式优化

涩北气田压裂施工的主体思路为"大排量、高砂比、大砂量",总体上保证了压裂施工的成功率和有效率。但在前期试验初期仍存在问题,一是对于长期出砂、小层边水水侵的气井,储层改造力度不够,造成部分气井压裂后效果欠佳或无效;二是以 4.0m³/min 以上大排量加砂后瞬间降低排量至 0.7m³/min 进行顶替施工,容易导致近井地带及筛管与套管环空填充不实,易造成割缝筛管刺穿,影响压裂有效期。

针对以上两个方面的问题,以气井压裂前低产或无产原因为依据,通过优化调整压裂施工方案来予以解决。一是通过加大前置液和 10%~15% 低砂比携砂液用量,加大储层改造深度,提高储层改造效果,即前置液用量由原来的 20~30m³ 增加至 40~100m³,具体根据储层低产或无产原因结合现场压裂施工参数进行调整;二是根据石英砂余量在加砂后期采用逐级降低施工排量的方式,以达到近井地带及筛管与套管环空填砂充实的目的,即加砂后期石英砂余量为 20m³ 时,6 台压裂车一档运行,排量降为 4.0m³/min;石英砂余量为 10m³ 时,4 台压裂车一档运行,排量 2.7m³/min;石英砂余量为 5m³ 时,3 台压裂车一档运行,排量 2.0m³/min,直至砂罐车石英砂加完后,2 台压裂车一档运行,待混砂车储液池内无石英砂后改为 1 台压裂车一档运行进行顶替。

## 第二节　气井解堵复产工艺

受地层压力降低、出水、出砂等影响，储层堵塞是疏松砂岩气藏开发中后期气井生产过程中必然遇到的现象，大量堵塞物严重影响气井生产，甚至造成气井停产，只有及时采取措施作业，才能降低储层堵塞的影响。目前解堵配方及工艺多种多样，如何根据堵塞特点因井而宜，灵活制定解堵方案，达到解堵效果是解决问题的关键。

### 一、堵塞原因分析

#### 1. 堵塞机理认识

涩北气田储层岩性主要为泥质粉砂岩、粉砂质泥岩、含粉砂泥岩，岩心分析结果可以看出，储层骨架岩性主要以石英和长石为主。填隙物主要为伊利石、绿泥石、方解石、白云石、少量重晶石或者铁氧化物，其中黏土成分伊利石、绿泥石含量高，见表10-2。这是造成储层水敏和发生水锁主要因素之一。

表10-2　涩北气田储层岩心矿物组分分析汇总表

| 样品号 | 石英 | 斜长石 | 钾长石 | 方解石 | 白云石 | 重晶石 | 伊利石 | 绿泥石 | 其他 | 非晶相 |
|---|---|---|---|---|---|---|---|---|---|---|
| 返排物 | 47.60% | 17.40% | 3.10% | 6.30% | 1.00% |  | 9.50% | 8.50% | 石盐：6.6% |  |
| 涩2-2-3（1414m） | 30.40% | 10.40% | 1.40% | 13.20% | 2.90% |  | 15.50% | 12.50% | 菱铁矿3.7% | 10% |
| 涩2-2-3（1238m） | 23.70% | 8.00% | 2.20% | 8.00% | 7.00% | 0.90% | 22.00% | 16.50% | 赤铁矿：0.4%<br>闪石：1.3% | 10% |
| 涩2-2-3（1022m） | 23.50% | 8.80% | 1.30% | 9.00% | 6.30% | 0.60% | 21.50% | 17.50% | 菱铁矿：0.5%<br>赤铁矿：1.0 | 10% |
| S3-44 | 28.90% | 10.70% | 0.90% | 9.00% |  |  | 22.00% | 15.50% | 菱铁矿：3.0% | 10% |
| 台-104（1098m） | 29.90% | 7.80% | 3.50% | 9.50% | 4.00% | 2.90% | 17.50% | 12.50% | 赤铁矿：1.1%<br>石盐：1.3% | 10% |
| 台-104（1448m） | 29.30% | 6.10% | 0.90% | 8.60% | 4.50% | 1.60% | 19.00% | 15.50% | 赤铁矿：1.2%<br>石盐：2.0%<br>滑石：0.2%<br>海泡石：0.4%<br>闪石：0.7% | 10% |

储层中含有的各种黏土颗粒，都具有不相同的形状、体积，颗粒中不同组分含量也有较大差异。极性分子水在与黏土颗粒相遇后便会粘到颗粒面上，并且会形成吸附边界层，这种吸附层的流动性非常小。边界层产生后将占据颗粒间的孔隙，这一变化带来的结果是导致气相渗透率的降低。

选择不同黏土含量制作岩心，每个2块岩心，进行不同岩性储层伤害评价，得到如下的实验结果。

由表10-3可以看出，黏土含量越多，对储层的伤害越大。黏土矿物中含有水化膨胀性的蒙皂石、伊/蒙间层；弱膨胀性的伊利石、高岭石、绿泥石和结晶度差的伊利石。水化膨胀的结果将导致孔道的缩小，储层渗透率降低，堵塞效应增强。弱膨胀性的黏土矿物对储层损害的影响主要表现为对孔隙喉道的分割和充填，使孔隙空间变小，产生大量的微孔隙，还会使得这些微小孔隙表现出强烈的亲水性，孔径的变小及亲水性增强将导致毛细管力自吸趋势能和流体束缚能的增加，潜在水锁效应增强。

表 10-3 不同黏土含量水锁伤害评价结果

| 岩心编号 | 黏土含量（%） | 渗析前渗透率（mD） | 渗析后渗透率（mD） | 渗透率下降比（%） |
| --- | --- | --- | --- | --- |
| 1 | 10 | 7.1243 | 3.467 | 51.34 |
| 2 | 10 | 8.204 | 4.204 | 48.76 |
| 3 | 20 | 8.103 | 3.221 | 60.25 |
| 4 | 20 | 7.924 | 3.055 | 61.45 |
| 5 | 30 | 7.874 | 1.857 | 76.42 |
| 6 | 30 | 8.023 | 2.219 | 72.34 |
| 7 | 40 | 8.024 | 1.237 | 84.58 |
| 8 | 40 | 7.923 | 1.303 | 83.55 |

**2. 堵塞原因分析**

1) 地层压力下降

地层压力下降导致储层物性发生变化。涩北气田经长期开采，地层压力下降了48.14%，储层上覆地层压力增加，渗透性降低了40%左右（图10-7、图10-8）。

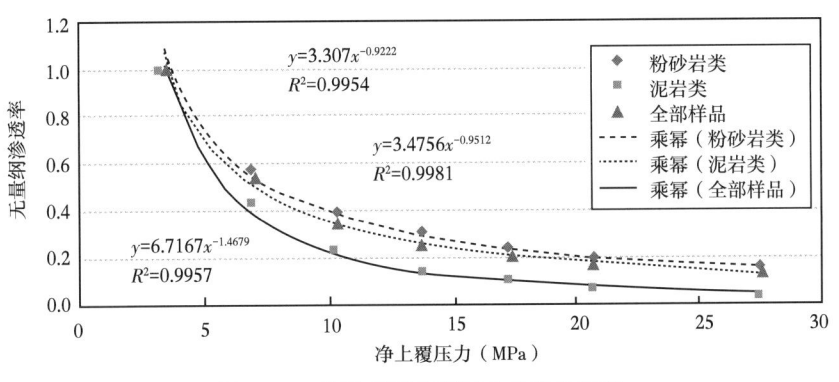

图 10-7 渗透率随上覆压力的变化关系

2) 气井出水加剧

部分小层边水突破，由于渗流通道差异，优先沿高渗透带突进，对低渗透区域形成水封，水淹储层会形成较为明显的水封气气泡，气相很难形成连续流动，影响气井产能。如前所述，随着气藏采出程度的增加、边水的突进，气井出水后井筒积液高度增加而形成的静液柱压力会逐渐大于衰减的地层压力，这时因储层孔隙压力难以突破液柱回压，形成压力屏障，也就是水锁增强形成堵塞，水封气滞留在地下。

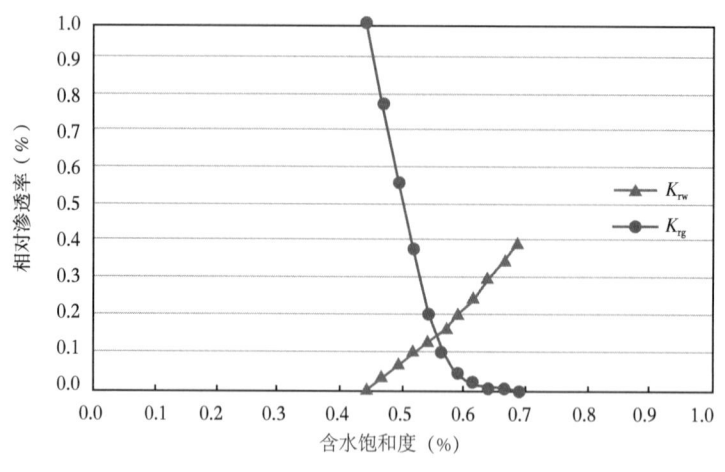

图 10-8　台南气田气水相对渗透率曲线

3）储层黏土运移

气井出水后，黏土矿物水化膨胀、分散运移，导致地层淤塞，堵塞喉道，储层物性变差。对于大喉道，颗粒大部分通过，加之喉道处的胶结物遇水分散、脱落，喉道将逐渐变大，渗透性变好、通过性更强（生产上表现为单井出水量增大，伴随出砂）；对于中—小喉道，粒径小的黏土、细粉砂通过，粗砂则堵塞喉道，渗透性变差；对于微喉道，粉砂、黏土等颗粒均不能通过，完全堵塞喉道，几乎无渗透性。

4）入井流体堵塞

随着气田地层压力的降低，井下作业压井液、冲砂液或压裂液等漏失日趋严重，目前井下措施的入井液漏失率达85%，平均单井漏失量为101m$^3$，作业后入井流体没有及时排出，堵塞孔隙，增加水相饱和度。

## 二、解堵配方优选

针对涩北气田开发过程中，外来流体、地层水造成气井水锁，以及黏土运移严重影响气井产能的问题，结合储层特征与易受水锁伤害的黏土矿物成分分析，初步确定堵塞停产水侵井的复产增产采用"特种酸+过硫酸铵+解水锁"的工艺技术路线，解堵剂的优选和研究方向见表10-4。

表10-4　堵塞水侵井复产用解堵剂研究方向汇总表

| 堵塞机理 | 存在问题 | 室内研究方向 |
| --- | --- | --- |
| 压井液、冲砂液黄原胶堵塞 | 储层中黄原胶含量未知 | 选择适宜的强氧化剂、0.2%~1.0%黄原胶胶体破胶实验、强氧化剂加量优选 |
| 高黏度瓜尔胶、压裂防砂液堵塞 | 0.5%瓜尔胶基液伤害类型未知 | 0.5%瓜尔胶破胶及滤饼溶解 |
| 黏土矿物堵塞 | 解堵液体系性能评价 | 缓速酸反应速率、储层出砂及储层岩心溶蚀率对比、解堵液防二次沉淀性能优化、解水锁剂优化 |

## 1. 黏土运移堵塞类

为达到溶解泥质同时避免过度溶蚀，通过不同比例酸液溶蚀率的测定，确定 HBF$_4$ 的比例为 2%~4%，岩心溶蚀率降至 22.2%；同时为深度解堵和防止二次污染，加入 3% 多氢酸（液体），如图 10-9、图 10-10 所示。

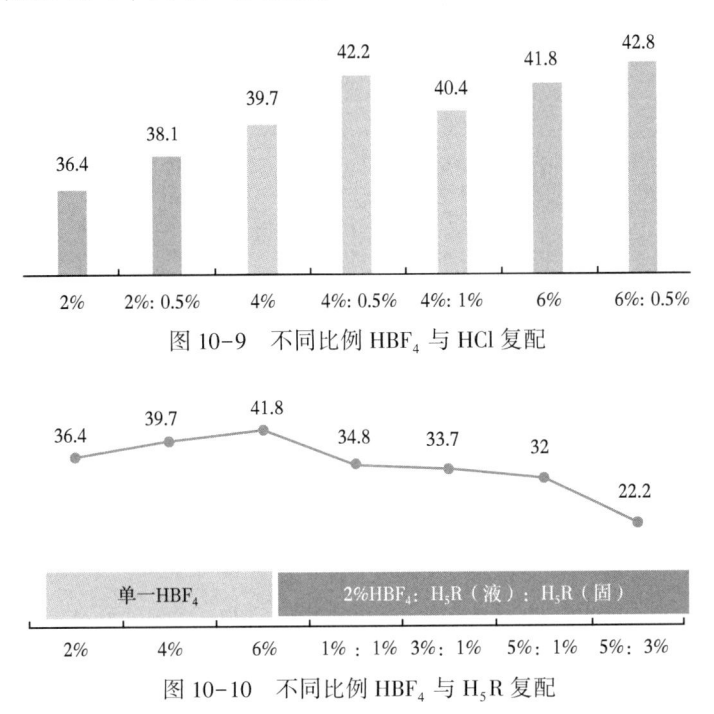

图 10-9　不同比例 HBF$_4$ 与 HCl 复配

图 10-10　不同比例 HBF$_4$ 与 H$_5$R 复配

通过对多氢酸体系进一步实验发现，反应过程中有明显的反应速度减缓的趋势，2h 后才表现出较强的酸溶性，在涩 3-2-4 井岩心酸溶蚀时生成了很多白色晶体，通过对调整 pH 值后岩心溶蚀率的测定比较，pH>5 以后二次沉淀生成很严重，如图 10-11、图 10-12 所示。

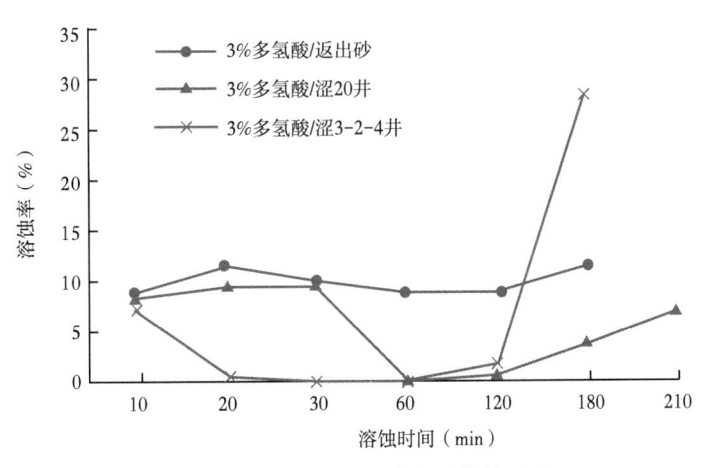

图 10-11　多氢酸溶蚀率实验结果对比

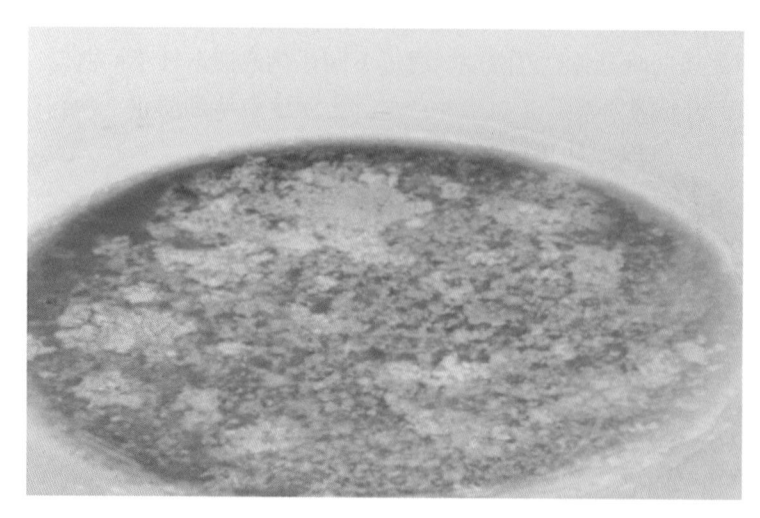

图 10-12　岩心酸溶蚀二次沉淀

用 HCl 对岩心进行预处理，去除碳酸盐，实验结果证实了酸液体系是优先与碳酸盐反应，因此，现用体系中没有 HCl，酸液内氟硼酸首先与碳酸盐反应，溶蚀掉碳酸盐后才和硅酸盐反应，增加了生成二次沉淀的风险，通过优化酸液体系增加 HCl，取消多氢酸后，二次沉淀明显降低，见表 10-5。

表 10-5　加入盐酸的溶蚀速率对比表

| 砂样类型 | 酸液配方 | 溶蚀率（%） ||
|---|---|---|---|
| | | HCl 处理前 | HCl 处理后 |
| 返出砂 | 复合酸液配方-A | 16.62 | |
| | 复合酸液配方-B | 14.52 | 3.36 |
| 涩 20 井 | 复合酸液配方-C | 31.27 | |
| | 复合酸液配方-D | 27.18 | 12.16 |

对现场取回的酸液体系及返排液进行分析，实验结果表明酸液体系性能基本达标，但返排液表界面张力、pH 值明显超标，存在生成二次沉淀的风险，见表 10-6。

表 10-6　现场在用酸液性能分析表

| 酸液类型 | pH 值 | 表面张力（mN/m） | 界面张力（mN/m） | $Ca^{2+}$（mg/L） | $Mg^{2+}$（mg/L） |
|---|---|---|---|---|---|
| 台 1-6 返出液 | 6 | 63.597 | 9.944 | 4276 | 1729 |
| 台 1-5 施工后返出液 | 7 | 55.126 | 5.167 | 2927 | 942 |
| 台 1-5 井使用的酸液 | 1 | 25.085 | 0.87 | | |
| 台 1-6 井使用的酸液 | 1 | 25.489 | 0.795 | | |

为达到工艺最佳效果，针对不同的井型开展溶蚀实验，确定盐酸+氟硼酸适用于未防砂井（溶蚀较弱），盐酸+氢氟酸适用于防砂井（溶蚀强）。参考标准开展黏土稳定剂性能

评价与铁离子稳定剂性能评价,黏土稳定剂在浓度为 1% 时防膨效果最好,铁离子稳定剂加量为 1% 时,溶液无沉淀。

**2. 入井流体堵塞类**

针对作业后井筒内残留的入井流体聚合物,加入氧化剂改善其流动性,利于排出地层,未合并生物胶堵塞的井,仅在主体酸中添加 0.05%~0.1% 过硫酸铵即可;合并生物胶堵塞的井,在主体酸中添加 0.2%~0.5% 过硫酸铵,但黄原胶类入井流体残留物破胶后产生难以溶解的残渣,需进一步进行优化实验。

**3. 水锁伤害堵塞类**

加入解水锁剂降低表面张力、降低毛细管力,从而利于液体排出,实验表明解水锁剂浓度为 2.1% 时,表面张力降至最低,降至 21mN/m,考虑成本及气井水锁程度,解水锁剂加量为 1%~2%。

针对现场施工环保要求,测定酸岩反应 2h 后 pH 为 3.5,3d 后变为 5.5,经三个气田 3 口井的水样分析,地层水的 pH 为 5.5 左右,确定酸岩反应后中和 pH 至 5.5,所需 NaOH 的最优加量为 0.5%。

### 三、解堵物模实验评价

酸化能改变近井地带的储层孔隙结构,缓解和减轻水锁伤害。酸化能溶解储层的堵塞物,解除近井带的伤害,有效改善储层渗流能力,还能改变储层的微观孔隙结构,减轻、缓解储层的水锁伤害。选择三种注酸体系进行酸化解水锁实验,酸液体系预实验结果如下。

**1. 酸液体系**

分为注酸体系-1,注酸体系-2,注酸体系-3。

**2. 实验方法**

(1) 岩心准备,岩心洗油,烘干。

(2) 有效渗透率 ($K_1$) 测量。用天然气测定气体有效渗透率 ($K_1$)。

(3) 岩心渗析饱和。将岩心放入盛有地层水的烧杯中进行自发渗吸实验,自发渗析 72h 后将岩心取出,擦干。

(4) 测定渗析后岩心气相渗透率 ($K_2$)。利用岩心驱替实验,测定渗析后的气体有效渗透率 ($K_2$)。

(5) 反向注入一定体积的酸液,模拟注酸解水锁实验,注入酸液 2PV,模拟关井 24h,打开阀门,正向测定注酸解锁后气体有效渗透率 ($K_3$)。

利用气体有效渗透率 ($K_1$ 与 $K_2$),计算水锁有效渗透率的损害率,其计算方法见下式。

$$\eta_d = \frac{K_1 - K_2}{K_1} \times 100\% \qquad (10-1)$$

式中 $\eta_d$——渗透率损害率;

$K_1$——岩心气体渗透率,mD;

$K_2$——水锁后的气体渗透率,mD。

注酸解水锁渗透率提高率 $R_k$ 计算:

$$R_{\mathrm{K}} = \frac{K_3 - K_2}{K_2} \times 100\% \qquad (10\text{-}2)$$

式中 $R_{\mathrm{K}}$——渗透率损害率；

$K_3$——岩心水锁饱和后岩心气体渗透率，mD；

$K_2$——注酸解水锁后的气体渗透率，mD。

**3. 实验结果**

由表10-7可以看出，注酸解水锁具有一定的效果，渗透率提高。酸液体系-1为用于涩北气田解堵的酸液体系，具有一定的解堵解水锁效果，注酸过程后期，压力有升高现象，储层具有一定酸敏，酸液体系存在一定的二次伤害。酸液体系-2选择加入防垢剂与有机酸，具有明显的预防二次伤害的作用，酸化后渗透率提高更高。酸液体系-3模拟注入前置酸，预防氟化钙二次伤害，渗透率提高更高，解水锁效果更佳。

表10-7　现场在用酸液性能分析

| 岩心编号 | 注酸体系 | 渗析伤害前渗透率 $K_1$（mD） | 渗析伤害后渗透率 $K_2$（mD） | 解水锁后渗透率 $K_3$（mD） | 渗透率提高率 $R_k$（%） |
|---|---|---|---|---|---|
| 1 | 注酸体系-1 | 8.457 | 3.019 | 3.394 | 12.4 |
| 2 | 注酸体系-1 | 8.234 | 2.454 | 2.814 | 14.7 |
| 3 | 注酸体系-2 | 7.904 | 2.466 | 3.487 | 41.4 |
| 4 | 注酸体系-2 | 8.275 | 2.309 | 3.285 | 42.3 |
| 5 | 注酸体系-3 | 8.142 | 2.418 | 3.709 | 53.4 |
| 6 | 注酸体系-3 | 8.245 | 2.523 | 3.918 | 55.3 |

## 第三节　技术应用效果评价

2007年以来，涩北气田开发主要矛盾由"出砂"向"出水"，再向"水、砂、低压三重矛盾并存"转变，采气工艺重心随之由"治砂"向"治水"，再向"治水、治砂和储层保护"共同治理转移。

### 一、低渗透层措施求产实例分析

涩北气田的低渗透潜力层是指低渗透、低压、低产高泥质含量储层。如涩4-41井、台1-4井的2-1-2层，测井曲线表现为高自然伽马值、高密度、低声波、低电阻特征，原测井解释为低渗透致密层，通过实施压裂改造工艺后均获得工业气流，日产气量分别为 $1.10 \times 10^4 \mathrm{m}^3$、$2.50 \times 10^4 \mathrm{m}^3$。

**1. 渗透率分析**

涩北气田目前已实施的37井次压裂改造井中，4口井压裂作业后进行了压力恢复测试。通过对比分析（表10-8），压裂后储层渗透率均有明显改善，储层渗透率较压裂前最少提高200%以上，反映出压裂改造工艺对于储层渗透率的改善效果较为明显。

表 10-8 涩北气田高泥质弱成岩储层压裂前后渗透率对比表

| 序号 | 井号 | 压裂时间 | 压裂前渗透率（mD） | 数据来源 | 时间 | 压裂后渗透率（mD） | 数据来源 | 时间 | 渗透率提高 |
|---|---|---|---|---|---|---|---|---|---|
| 1 | 台1-4 | 2014.06 | 18.02 | 探边测试 | 2012.10 | 65.80 | 压力恢复 | 2014.07 | 265.1% |
| 2 | 台4-24 | 2016.04 | 16.00 | 测井解释 | — | 138.00 | 压力恢复 | 2016.10 | 762.5% |
| 3 | 台4-2 | 2016.04 | 0.56 | 压力恢复 | 2015.11 | 199.48 | 压力恢复 | 2016.09 | 3552% |
| 4 | 涩R30-3 | 2016.04 | 48.00 | 测井解释 | — | 153.65 | 压力恢复 | 2016.11 | 220.1% |
| 5 | 台3-35 | 2017.06 | 50.00 | 测井解释 | — | 391.73 | 压力恢复 | 2017.06 | 683.5% |

**2. 裂缝缝长分析**

由于涩北气田地层纵向上气、水层分布较多，层间泥岩隔层薄，储层压裂改造主要是通过延长缝长来提高地层导流能力。通过对涩4-41井进行压力恢复测试，根据双对数导数及半对数分析（图10-13），本次解释采用模型见表10-9。

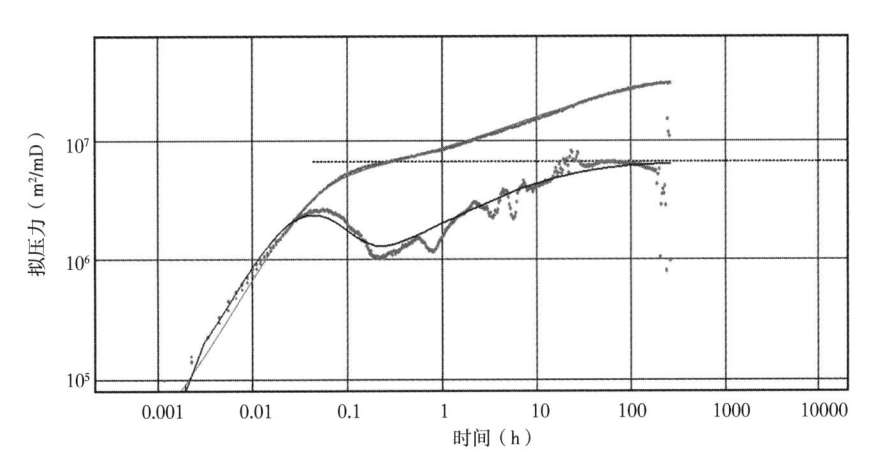

图 10-13 涩4-41井双对数拟合图

表 10-9 涩4-41井解释模型表

| 井模型 | 有限导流压裂井 |
|---|---|
| 油（气）藏模型 | 均质 |
| 井眼模型 | 井储—表皮 |
| 外边界模型 | 无限大 |
| 内边界模型 | Fair变井储 |

通过压力恢复测试，该井双对数曲线早期井储续流段过后出现斜率为1/4的双线性流段，表现为有限导流垂直裂缝特征，后期导数曲线为水平直线，为拟径向流段。解释得到裂缝半长16.7m，裂缝导流能力44.73，表皮系数-4.55，见表10-10，表明通过压裂措施作业后，近井筒附近储层得到得到改善。

表 10-10　涩 4-41 井压力恢复试井解释成果表

| 解释参数 | 测试时间 | 2016.10.10—2016.10.21 |
|---|---|---|
| 井储系数 $C$（m³/MPa） | | 0.93 |
| 表皮系数 $S$ | | -4.55 |
| 渗透率 $K$（mD） | | 1.45 |
| 地层系数 $K_h$（mD·m） | | 6.53 |
| 目前地层压力 $p^*$（MPa） | | 8.93 |
| 裂缝半长 $X_f$（m） | | 16.7 |
| 裂缝导流能力 $F_{CD}$ | | 44.73 |
| 探测半径 $R_i$（m） | | 84 |

### 3. 裂缝缝高分析

通过井温剖面测试对台 3-32 井裂缝高度进行解释分析，如图 10-14 所示，自然伽马和磁定位曲线主要用于校深，将测井曲线深度校正为组合图深度。磁定位曲线也可用于校深，显示井下工具（如喇叭口等）以及射孔层位等。温度曲线反映井下温度分布情况，可

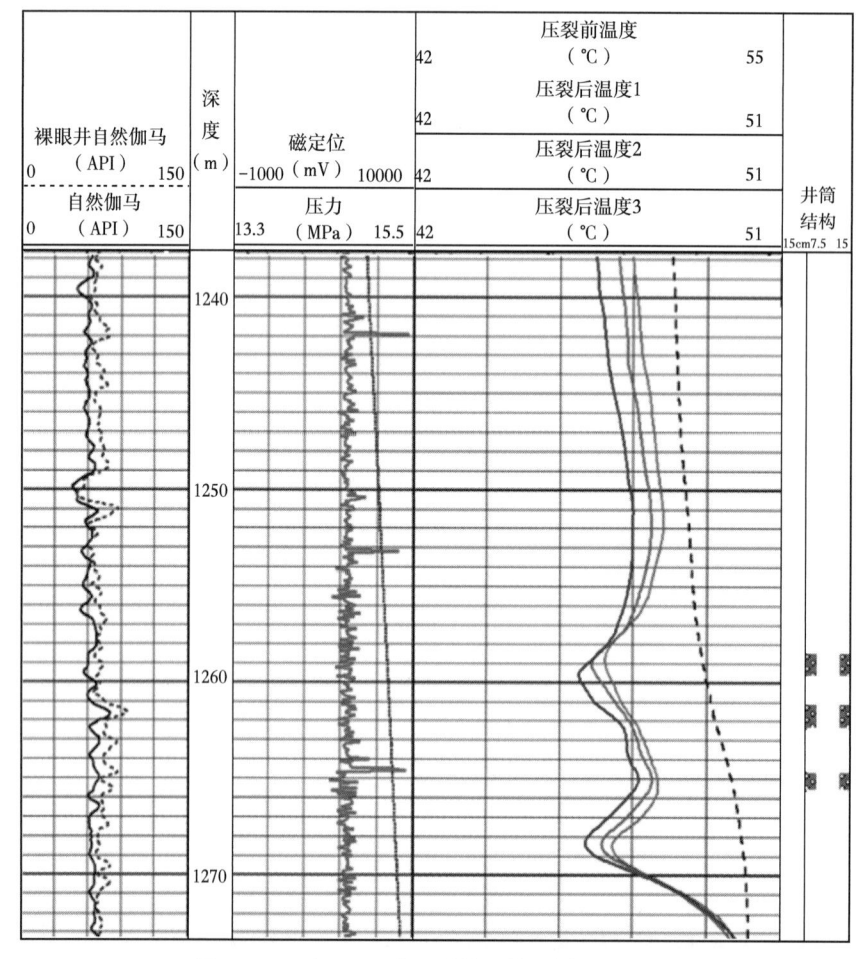

图 10-14　台 3-32 井压裂前后井温剖面对比图

以判别流体吸水位置及类别。对于气层来说，由于膨胀吸热温度降低，一般出现明显的负异常。而对于地层流体则为正异常。

该井压裂后井温明显在产层处出现"负异常"现象。通过上下界温度的异常拐点得出压裂裂缝高度在井深1258~1270m，裂缝高度为12m。

## 二、气井解堵复产实例分析

### 1. 携砂液问题引起堵塞案例

涩北气田存在防砂后产层堵塞的低产或无产气井，堵塞的主要原因是携砂液瓜尔胶浓度过高，不易破胶，造成地层堵塞；或者地层水压裂液黏度偏低，石英砂在近井地带快速脱砂，无法到达地层深部，渗流通道有限，部分石英砂与高泥质颗粒物相互掺杂后在近井堆积堵塞渗流通道。为此，持续优化携砂液配方体系的同时，对这类井进行解堵措施。

如，台6-33井2019年压裂防砂施工后气举最高压力10.3MPa，举通后助排，油、套压均降至0MPa，判断瓜尔胶携砂液不易破胶造成地层堵塞。为及早复产和控制作业成本，试用注水解堵的办法，利用采出的地层水，当施工压力13MPa，用水量80m³，解堵成功。又如，台6-44井2020年采用地层水携砂施工，复产后生产47d后停产，停产后气举无增产气，出水缓慢，关井注气最高压力18MPa，判断产层因地层水携砂效果差而堵塞。这类井近三年有6口，见表10-11。

表10-11 压裂防砂后瓜尔胶不易破胶堵塞产层

| 井号 | 施工日期 | 备注 |
| --- | --- | --- |
| 涩4-83 | 2018.4.15 | 压裂防砂后未复产，注气解堵复产后生产60d停躺 |
| 台5-20 | 2019.4.27 | 压裂防砂后未复产，注气解堵未复产 |
| 涩R39-3 | 2019.6.20 | 地层压力低，有漏失，压裂防砂后未复产 |
| 台6-33 | 2019.6.24 | 压裂防砂后油套压为0，注水解堵成功 |
| 涩R102-2 | 2019.10.25 | 压裂防砂后未复产，注水解堵未复产 |
| 台3-31 | 2019.9.2 | 压裂防砂后未复产，改层射孔后复产 |

### 2. 现场酸化解堵案例

涩北气田2020年以"控规模、小排量、低伤害、气举快排"为原则，试验酸化解堵13井次，泵压平均降幅59%，复产7井次，日增气7.3×10⁴m³，累计增气610×10⁴m³，如图10-15所示。经酸液体系、施工车组优化，单井施工费用大幅降低。

筛选因防砂失效，或沉砂与泥质堆积造成产层堵塞的停产井，生产特征表现为未受出水、作业影响，而突然停产的气井。如，台1-6井于2019年7月停躺，停产前日产气0.79×10⁴m³，产水1.5m³；2019年探砂面显示，砂埋了部分产层，2019年12月14日边放喷边气举，气举最高压力15.3MPa，平稳后油压2.7MPa，套压6.7MPa，无气水产出，判断油套不通；2019年12月20日洗井后气举返排，油压6.5MPa，套压7.6MPa，油管疏通。综上表明，该井防砂失效后出砂严重，出现了砂埋及油管不通的情况，导致停产。

台1-6井酸化压裂解堵的施工参数确定：视产层亏空后压裂砂均匀填充成圆柱体，酸化半径为石英砂充填半径+0.5m，设计石英砂充填半径1.83m，酸化半径2.33m，酸液体积67m³。

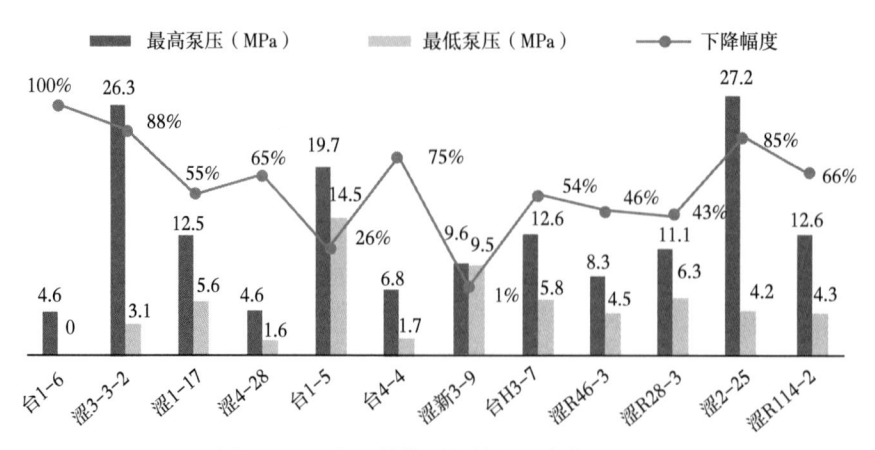

图 10-15 典型井储层解堵施工参数对比图

施工的过程：在排量 0.3~0.4m³/min 速度注入阶段，泵压由 4.6MPa 降至 0MPa，提排量至 0.7m³/min 阶段，泵压由 7.4MPa 降至 6.7MPa，降排量至 0.4m³/min 阶段泵压降至 1.7MPa，停泵压力 0MPa，如图 10-16 所示。反映出明显的产层疏通。

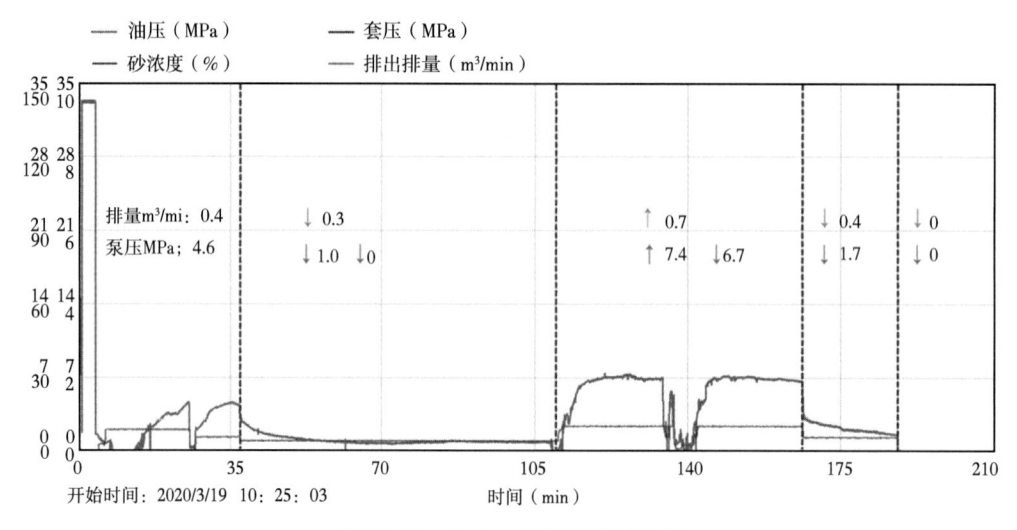

图 10-16 台 1-6 井酸化施工曲线

经过 26h 的气举返排实现自喷复产，返排率 23%，初期日产气 $0.6×10^4m^3$，平均日产气 $1.88×10^4m^3$，油压 4.3MPa。

# 第十一章 气藏动态专项监测技术

气藏动态监测贯穿于气藏开发的始终，该项工作是利用试井、测井的方法直接或间接求取测量气井的地质参数、生产参数、井下技术状况以及各种参数的动态变化等，根据得到的有关数据和图表，综合判断气井生产动态，为气藏开发提供第一手资料，是评价气田开发合理性，进行措施作业、方案调整的重要依据。

涩北气田气层具有多而薄、非均质性强、气水关系复杂等特点，严重制约着气田的高效开发，对气藏动态监测技术也提出了更高的要求。面临的测试难题包括以下几方面。

（1）持续供气不停井运行、井筒持续积液等导致气井关井难度大，气井静压、产能、压恢测试等需要关井测试的项目实施受到制约。

（2）井筒流体多为气水两相或气水砂三相，产能、压恢测试过程中因关井气液分离导致产能二项式逆转，压力恢复变井储曲线。

（3）井筒内易形成砂桥，井筒内留有防砂管柱，测试过程出现遇阻。

（4）生产过程中气井出砂严重，产能、探边、压恢等试井测试时仪器易发生砂埋。

（5）气层砂埋无法进行产出剖面测井或出现涡轮流量计砂卡，产气剖面原始资料受到影响。

（6）多层合采，层间干扰严重。

## 第一节 全气藏关井测试技术

### 一、全气藏关井压力恢复测试

**1. 全气藏关井测试实施要点**

全气藏关井测试作为动态监测工作中的一项重要手段，在一个时间段内对选定层开展流压、静压、探砂面、压力恢复、探边等多种测试，可以达到全面认识气藏地质特征、核实气藏动态储量、判断气水界面、井间连通性、气藏驱动类型和气层平面压力分布等目的。在涩北气田下游用气量小、产能储备富裕的开发早期，选择典型开发层组不失时机地开展了此项重要工作，取得了宝贵的动态资料。

一是在全气藏关井前，对目标层组所有符合测试条件的气井进行井底流压、探砂面测试；

二是在该层组选定不同部位、不同生产状况、具有代表性的气井进行压力恢复、探边测试，在全气藏关井前下入存储式电子压力计至气层中深；

三是对该层组所有气井实施同一时间关井，关井周期一般为1个月，在此期间该层组所有气井不允许开井、放喷、井下作业等可能导致井筒压力变化的操作，保证存储式电子压力计取得相应的压力恢复、探边资料数据；

四是全气藏关井测试结束前，起出所有进行压力恢复、探边测试的电子压力计，回放测压数据；对该层组所有气井进行井底静压、探砂面测试，全气藏关井测试现场施工结束。

**2. 全气藏关井测试资料质量控制**

利用全气藏关井的优势，结合涩北气田全气藏关井测试资料的系统全面性，使用试井解释软件对测试资料进行详细的解释和深入剖析，为得到可靠的气田开发测试解释和动态描述成果，资料质量是关键。

涩北气田全气藏关井实测曲线形态异常的原因可能有以下几点：

1）测试仪器的影响

测试压力曲线不光滑，存在明显的波动，压力导数曲线变形，不能反映渗流规律。该现象的存在将影响解释的可靠性。应使用高质量压力计进行测试。

2）测试点未下到储层中部

由于某些原因，压力计无法下到测试层中部，而只下到测试层上方某一深度，针对带水生产气井，关井前井筒中充满了气液两相流体；关井后，由于重力作用，在井筒内的水逐步下沉而气体逐步上升，使得压力计下入深度和测试层之间的相对密度发生变化，最终可能导致这样的现象：虽然测试层的压力在随时间不断地恢复，但压力计所测得的压力（压力计下入深度的压力）却局部地随时间下降。用实测曲线数据画出的半对数压力恢复曲线就出现向下凹的反常现象，而压力导数曲线则在这段出现缺失，因为压力下降，导数值为负值，而负数是没有对数的。

涩北一号Ⅳ-1层组涩3-4井2010年和2013年两次测试曲线分别如图11-1至图11-4所示，通过两次测试仪器下入深度对比（表11-1）可以看出，仪器下深距离气层中深越远，测试曲线越乱。该井2013年的试井曲线由于下深与气层中深相差太大，导致曲线形态异常。

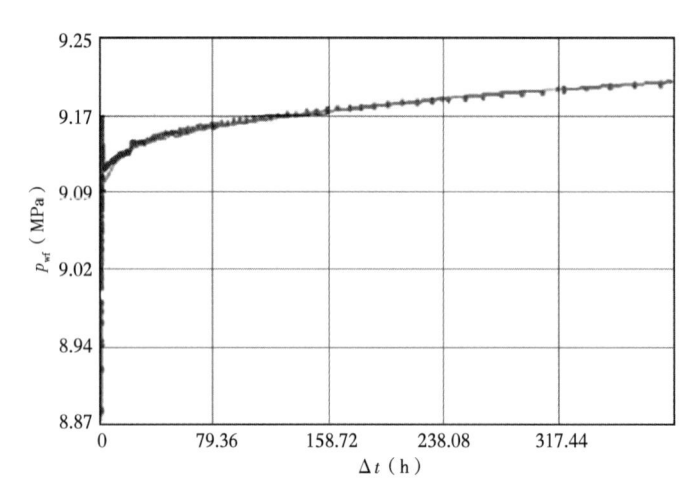

图11-1　2013年涩3-4井测试压恢曲线

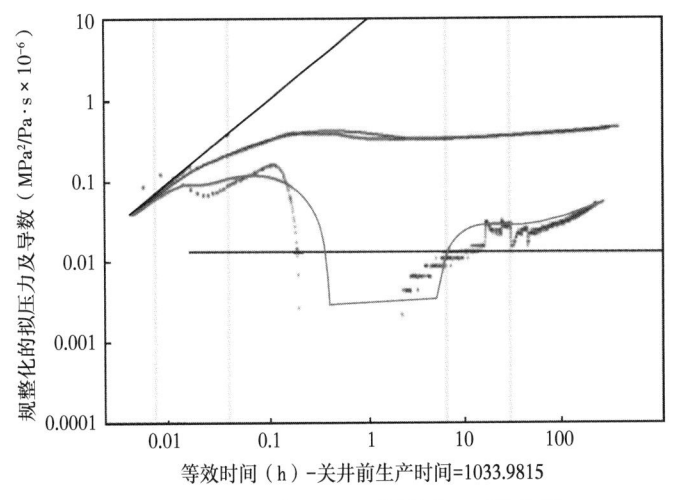

图 11-2　2013 年涩 3-4 井测试双对数曲线

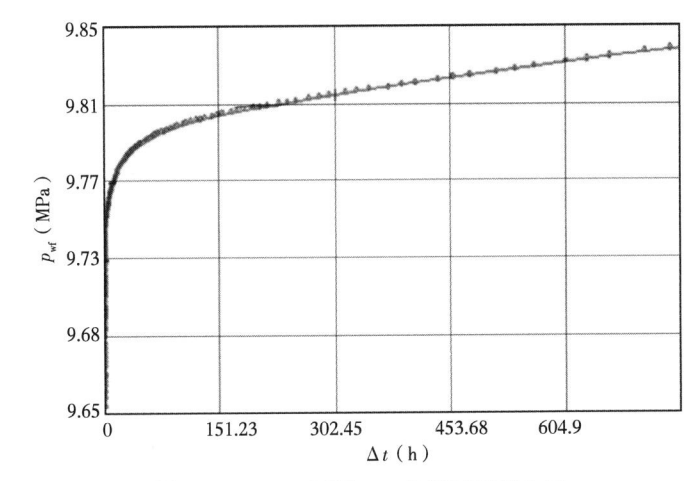

图 11-3　2010 年涩 3-4 井测试压恢曲线

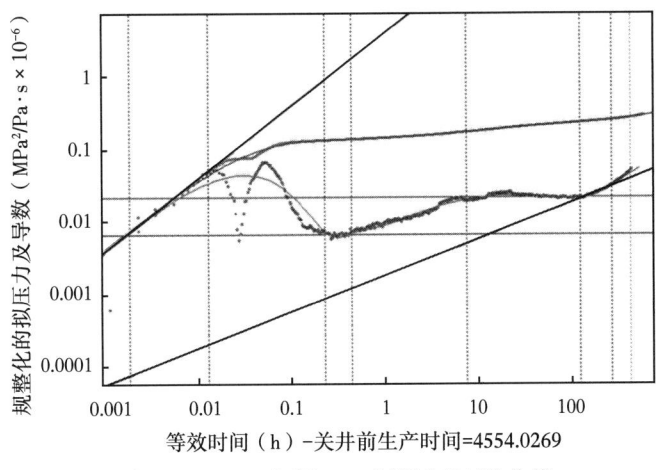

图 11-4　2010 年涩 3-4 井测试双对数曲线

表 11-1　涩 3-4 井两次测试仪器下入深度对比表

| 井次 | 测试时间 | 气层中深（m） | 仪器下深（m） | 差值（m） |
|---|---|---|---|---|
| 涩 3-4 井 | 2010.3.27—2010.4.28 | 1332.5 | 1317 | 14.5 |
| | 2013.3.31—2013.4.17 | | 1250 | 82.5 |

3）倒灌等因素影响

在进行压恢测试时，由于层间存在压力差层间产生了倒灌现象，那么有可能会使得压力呈现下掉的趋势；例如台南气田Ⅱ-1层组台 2-16 井 2011 年的测试曲线（图 11-5、图 11-6）：双对数曲线压力曲线早期正常，但在后期压力下降，存在明显波动，其原因就有可能是倒灌导致。

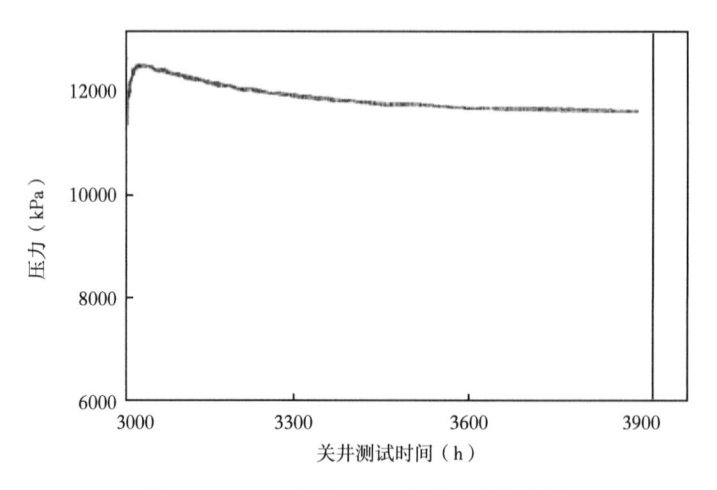

图 11-5　2011 年台 2-16 井测试压恢曲线

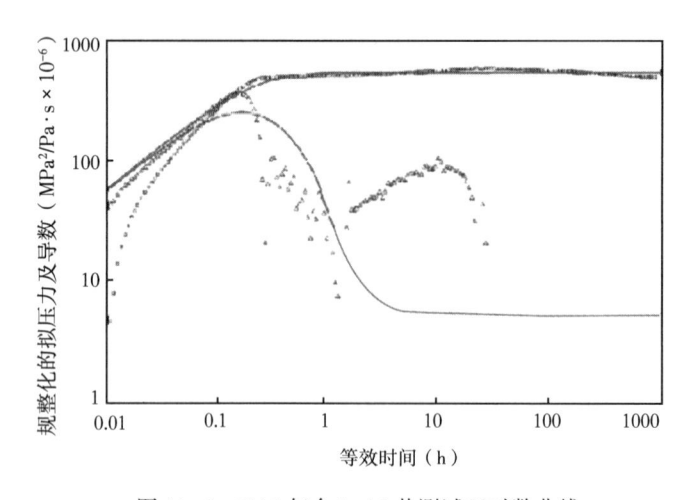

图 11-6　2011 年台 2-16 井测试双对数曲线

4）井底积液、砂埋的影响

涩北一号气田涩 4-21 井 2013 年 3 月 31 日测试之前进行了流压和软探砂面测试，砂面位置 1357m（气层中深 1341.8m），产层已小部分砂埋，从流压梯度可以看出，该井携液能力不足，井底积液严重（表11-2）。该井测试曲线如图11-7所示，可以看出由于井底积液、砂埋的影响，导致曲线异常凌乱。

表11-2 涩4-21井流压数据表

| 测深（m） | 流压（5.5mm） ||
|---|---|---|
| | 压力值（MPa） | 梯度值（MPa/100m） |
| 0 | 4.8749 | |
| 500 | 5.0356 | 0.0321 |
| 1000 | 7.4534 | 0.4836 |
| 1100 | 8.2486 | 0.7952 |
| 1250 | 9.4347 | 0.7907 |
| 1327 | 10.0278 | 0.7703 |

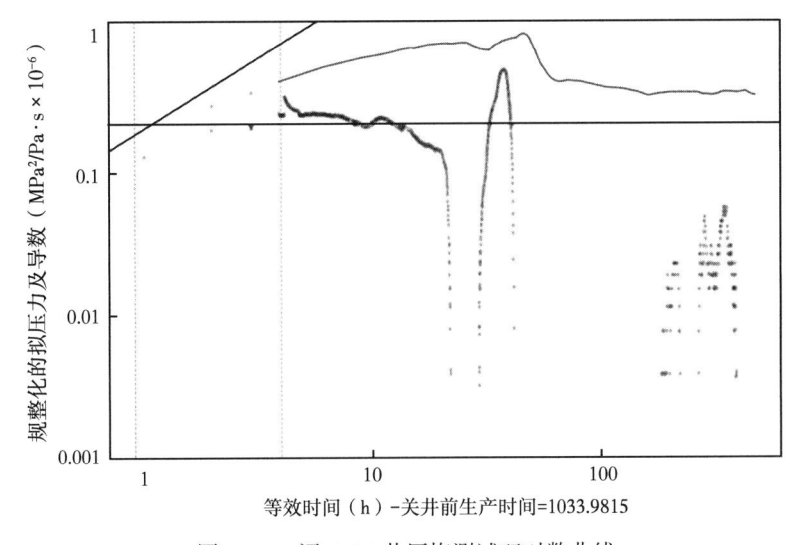

图11-7 涩4-21井压恢测试双对数曲线

针对上述四方面的影响因素，在全气藏关井测压实施之前的测试方案制定过程中必须充分考虑，对测试仪器筛选、选井选层下深、测试时间等都应有严格的要求，否则利用试井软件进行分析解释时，难以得到较好的拟合结果。

## 二、全气藏关井测试资料解释

常规试井分析方法虽然简单、研究历史长，但也存在以下几个方面的问题。

（1）霍纳方法的径向流直线段很难确定。如果对径向流直线段起点、终点没有选准，那么，结果差别较大。对于有经验的气藏工程师也许结果准确一些，而让另一个人进行分析，结果将会大相径庭。

（2）常规半对数分析的边界性质的判定难于进行，因此不便于做边界状况分析。

（3）使用霍纳法，要求关井期要长以便达到径向流，这对于渗透率较低的气藏，往往关井时间很长，这是很不经济的。

鉴于以上几个方面的不足，在对复杂地质条件下的现代试井分析方法取得了突破性的成果，基本满足了现代试井应用的生产需要。

**1. 压力恢复测试曲线特征判识**

双对数曲线特征基本分为四个流动特征段（图11-8）。

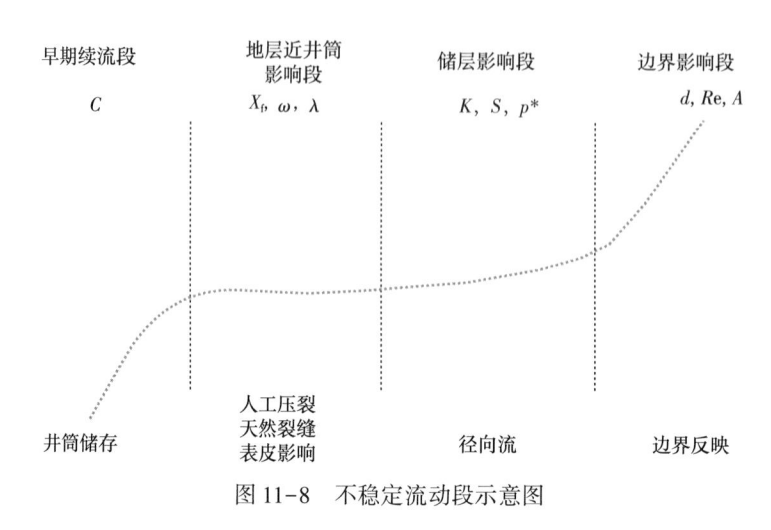

图11-8 不稳定流动段示意图

（1）早期续流段：曲线表现为斜率为1的直线，从这一段不稳定压力曲线可以求得井储系数 $C$。

（2）地层近井筒影响段：该段由近井筒的众多因素（表皮伤害影响、部分射开影响、压裂裂缝影响、天然裂缝影响等）造成。

（3）储层影响段：该段是曲线中最重要的一段，可以通过径向流段计算出有关地层和井的重要参数，如渗透率、流动系数、表皮系数，推算地层压力等。

（4）边界影响段：反映地层中地层流体受阻或流动变畅情况下曲线形态的变化。

通过对压力恢复测试曲线特征分析，可以发现常规试井资料的解释可能存在以下问题。

（1）现场均是使用单层气井的相关模型对试井资料进行解释，未考虑多层的影响。

（2）现场把试井压力导数曲线的上翘均解释为不渗透边界的影响，但是对于涩北气田这种连通性较好的构造气藏来说，应该并不存在断层、岩性等边界。

（3）现场把压力导数曲线下掉均解释为定压边界，但是对于气井来说，不存在比气区更好的流动区域，当压力波探测到边水时，如同探测到一个比内区更难流动的外区，压力导数曲线应该发生上翘而不是下掉。除非边水已入侵到井底并且具有强大的能量，否则对于边水气藏来说不存在定压边界。

（4）现场在解释压力及其导数曲线早期不是单位斜率直线时，仍然采用的是定井储模型，并未进行其他处理。

（5）现场忽略了全气藏关井时井间干扰的影响。

根据上述分析，并结合试井理论分析，涩北气田试井曲线特征应该主要由以下原因造成（表11-3）。

表 11-3 试井压力及其导数双对数曲线形态特征原因分析表

| 特征位置 | 曲线形态 | 分析得出的原因 |
| --- | --- | --- |
| 早期段 | 斜率不为 1 | 早期变井储效应的反映 |
| 中后期段 | 水平直线 | 无穷大地层反映 |
| | 上翘 | ① 外区地层物性（主要考虑渗透率）变差<br>② 边水水侵（对于边部气井）<br>③ 井间干扰的影响（全气藏关井的气井） |
| | 下掉 | ① 外区地层物性（主要考虑渗透率）变好<br>② 定压边界的反映（边水已侵入至气井）<br>③ 井间干扰的影响（排除全气藏关井的气井） |
| | 凹子 | 层间产生了窜流反映 |

## 2. 渗透率、表皮系数、井储的求解

试井分析中，无量纲量与有量纲量成一定比例关系，而其比例系数，只与气藏和被测井的某些特性参数有关，如：

无量纲压力：

$$p_\mathrm{D} = \frac{Kh}{0.001842qB\mu}(p_\mathrm{i} - p_\mathrm{wf}) \tag{11-1}$$

无量纲时间：

$$t_\mathrm{D} = \frac{3.6K}{\phi\mu C_\mathrm{t} r_\mathrm{w}^2}t \tag{11-2}$$

无量纲井筒储存系数：

$$C_\mathrm{D} = \frac{C}{2\pi\phi C_\mathrm{r} r_\mathrm{w}^2 h} \tag{11-3}$$

$$\frac{t_\mathrm{D}}{C_\mathrm{D}} = 22.61947\frac{Kh}{\mu}\cdot\frac{t}{C} \tag{11-4}$$

式中　$C$——井筒储存系数，$\mathrm{m^3/MPa}$；

　　　$q$——气井产量，$\mathrm{m^3/d}$。

其余符号意义及单位同前。注意 $B$ 仍代表气井试井相应解释方法的拟体积系数。

经以上定义无量纲量后，试井分析有量纲方程及其边界条件，均可化为无量纲方程，对于无量纲方程来说，它再也不与具体的气藏特性有关，也就是说，它是一个普通模型。

对无量纲量取对数：

$$\lg p_\mathrm{D} = \lg\Delta p + \lg\frac{Kh}{0.001842qB\mu} \tag{11-5}$$

$$\lg\frac{t_\mathrm{D}}{C_\mathrm{D}} = \lg t + \lg\left(22.6194\frac{Kh}{\mu}\cdot\frac{1}{C}\right) \tag{11-6}$$

其中

$$\Delta p = p_i - p_{wf}$$

从以上两式可以看出，当选用正确的模型后，实际曲线与理论曲线形状完全一样。由式（11-5）和式（11-6）知，通过坐标平移，两曲线应完全重合，而坐标平移量的大小，则反映了地层和井的一些重要特性参数，从而可求出这些参数来。

由式（11-1）、式（11-2）：

$$\lg \frac{p_D}{\Delta p} = \lg \frac{Kh}{0.001842qB\mu} \tag{11-7}$$

$$\lg \frac{t_D}{t} = \lg \frac{3.6K}{\phi \mu C_t r_w^2} \tag{11-8}$$

这样，通过拟合，得到拟合值：$(p_D/\Delta p)_M$，$(t_D/t)_M$，便可求出渗透率：

$$K = \frac{h}{0.001842qB\mu(p_D/\Delta p)_M} \tag{11-9}$$

如果样板曲线还考虑了其他参数，如 $S$、$C$ 等，也均可用同样原理求出。

**3. 计算参数：**

（1）由压力拟合，计算 $K$：

$$K = \frac{0.001842qB\mu}{h}\left(\frac{p_D}{\Delta p}\right)_M \tag{11-10}$$

（2）由时间拟合，计算井筒储存系数 $C$：

$$C = 22.61947 \frac{Kh}{\mu} \cdot \frac{1}{(t_D/C_D/\Delta t)_m} \tag{11-11}$$

（3）由曲线拟合求表皮系数 $S$：

先计算：

$$C_D = \frac{0.1592}{\phi C_t h r_w^2} C \tag{11-12}$$

$$S = 0.5\ln \frac{(C_D e^{2S})_M}{C_D} \tag{11-13}$$

通过拟合，还可确定径向流直线段起点和终点。在导数曲线上，实测导数点刚进入 0.5 线，就是径向流起点，则离开 0.5 线的点，就是径向流终点。

**4. 地层平均压力求解**

目前国内气田在开发试井解释上常用计算地层压力的方法主要有 MBH 方法、压力恢复速度法、模拟长时关井法以及压力时间乘积法，这 4 种方法在计算地层压力时各有各的优点和缺点。目前国内外有些试井解释软件只提供了外推地层压力和 MBH 方法计算地层压力，而很多气田在使用时往往只使用外推地层压力来评价整个气田的压力水平，青海油田涩北作业区和台南作业区就是使用外推地层压力来进行地层压力评价的。针对涩北一号、二号以及台南区块，为了研究现场使用的外推地层压力是否合理，本项目工作人员首先提出几种计算气田地层压力的计算方法，并通过与现场解释的压力结果进行对比分析，来确定青海油田的地层压力计算方法。

1) MBH 方法

MBH 法是计算平均地层压力的基本方法，也是确定各种形状的有界储层平均地层压力的一种方法。

MBH 法计算平均地层压力的公式为：

$$\bar{p} = p^* + \frac{m}{2.303}p_{DMBH} \tag{11-14}$$

式中 $p^*$——Horner 图半对数直线外推到无限关井时间来确定。

式（11-14）的假设条件为关井前井底压力处于拟稳定流。$p_{DMBH}$ 为无量纲 MBH 压力函数，可由 $p_{DMBH}$—$\lg t_{AD}$ 关系曲线图查得，也可通过下式计算。

$$p_{DMBH} = \ln(C_A t_{AD}) \tag{11-15}$$

计算平均地层压力的容积法是 MBH 方法中形状为圆形的特例。

如果气井的生产时间很短，且处于不稳定流动阶段，用霍纳方法可以求出气井的原始地层压力；但是若气井的生产时间很长，且已经进入拟稳定流动阶段，这时若进行压力恢复试井测试，依然能够获得霍纳曲线，但求得的压力不再是平均地层压力，而是外推地层压力，外推地层压力与平均地层压力之间有一个差值，气井的生产时间越长，这个差值就越大，而 MBH 方法可以根据外推地层压力求出平均地层压力。

根据前文所述 MBH 法的理论知道，用 MBH 法计算单井的地层压力时，需要确定外推地层压力 $p^*$ 和无量纲 MBH 压力函数，其中外推地层压力 $p^*$ 在求解时需要用到半对数曲线，并且要求半对数曲线需要出现直线段，及井底流动达到拟稳定状态，否则推算的外推地层压力就可能会产生很大的误差；而无量纲压力函数 $p_{DMBH}$ 需要首先假设单井的供给形状 $C_A$、确定准确的产量、注入量，同样这些不确定参数的代入，会增大计算结果的不确定性。图 11-9 和图 11-10 分别展示了霍纳曲线出现直线段和未出现直线段的曲线特征，以及各自求取的外推地层压力，根据理论分析，图 11-9 后期出现直线段并将其外推延长，

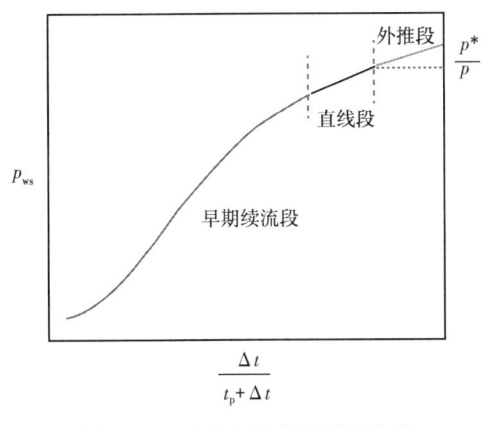

图 11-9 出现直线段的霍纳曲线 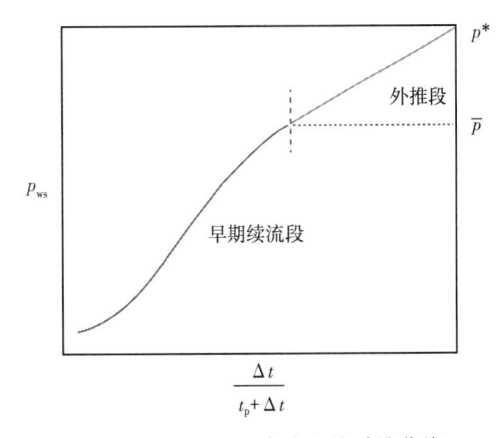    图 11-10 未出现直线段的霍纳曲线

求取的 $p^*$ 是准确的，相反图 11-10 后期未出现直线段，而是在曲线末端直接延长曲线，这种处理方法增加了解释结果的不确定性，解释结果不可靠。由于用 MBH 法来计算地层压力时需要人为确定供给边界的形状，若边界形状选择出现错误就可能导致计算的地层压力不够准确，因此不建议现场优选此方法来计算地层压力。

2）压力恢复速度方法

$$\bar{p} = p_{ws}(\Delta t = 1) + m \lg(\frac{10.423m}{\lambda_p}) \tag{11-16}$$

式中 $\lambda_p$——压力恢复速度，$\lambda_p = \mathrm{d}p_{ws}/\mathrm{d}t$，MPa/d。

压力恢复速度法是基于 MBH 方法推导出来的，但是该方法解决了在计算过程中供给面积、产量、注入量很难确定或者存在计量误差的问题，计算过程较为简单，要求已知的参数较少，这就大大降低了计算结果的误差。但对于涩北和台南地区，在平均关井时间为一个月的情况下，较多数的测试井都未出现径向流动段，说明该地区测试井关井后，压力恢复速度慢，导致 $\lambda_p$ 值难以测得。$\lambda_p$ 值取得过大或过小都会影响到平均地层压力的准确性。

3）模拟长时关井方法

单井的平均地层压力是指关井到无穷时间，最后能恢复的压力。如图 11-11 所示。

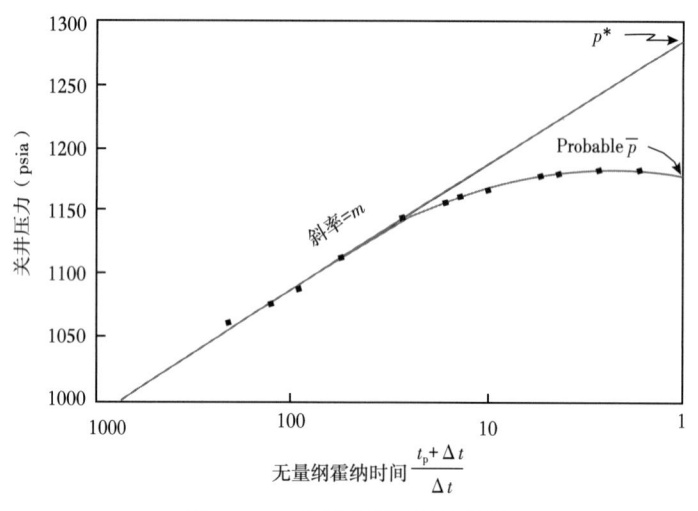

图 11-11 有界油藏的霍纳曲线

由压力恢复叠加公式：

$$\Delta p(\Delta t) = p_i - p_{ws}(\Delta t) = \frac{1.842q\mu B}{Kh}[p_D(t_p + \Delta t) - p_D(\Delta t_D)] \tag{11-17}$$

可以模拟关井很长时间，如理论曲线出现径向流后一个半或两个对数周期后的压力 $\bar{p}$ 作为平均地层压力。

模拟长时关井法是为了解决对于低渗透气藏，测试曲线不能够达到径向流时提出的求解平均地层压力的方法，其原理是用实测数据绘制的双对数曲线来拟合理论曲线，当两者的拟合状态达到最优时，根据理论曲线模拟长时关井的效果，即根据理论曲线解释的地层参数来计算平均地层压力，但是由于实测井的关井时间一般达不到模拟的关井时间，那么用模拟法来确定的地层压力的不确定性就比较强,所以一般不优先使用该方法来进行地层压力的计算。

4) 时间压力乘积方法

根据分形压力不稳定分析理论,原点处恒定产量井的无量纲压力响应解为:

$$p(r, t) = \frac{r^{(2+\theta)(1-\sigma)}}{r^{(2+\theta)(\sigma)}} \Gamma\left[1 - \sigma \frac{r^{(2+\theta)}}{(2+\theta)^2 t}\right] \quad (11-18)$$

$$\sigma = D/(2+\theta)$$

式中 $p_w$——$t$ 时刻井底无量纲压力降;

$D$——维数;

$\theta$——反常扩散指数;

$\Gamma(x, y)$——不完全伽马函数。

当变量 $r^{(2+\theta)}/(2+\theta)^2 t$ 较小时,与井筒处的初期时刻相对应,可以采用 $\Gamma(x, y)$ 级数展开的前两项求得:

$$p_w = A + B \frac{(2+\theta)^{(1-2\sigma)}}{(1-\sigma)\Gamma(\sigma)} t^{(1-\sigma)} \quad (11-19)$$

式中 $A$、$B$——常数,由 $\sigma$,$\theta$ 求出。

式 (11-18) 表示的井底压力与 $\sigma<1$ 或 $\sigma>1$ 有关。因为 $\sigma = D/(2+\theta)$,且 $\theta>0$,故这两种情形对应于维数 $D<2$ (介于线性与径向流之间的流动特性) 以及 $D>2$ (介于径向流与球形之间的流动特性)。

当 $\sigma<1$ 时,与时间无关的常数项很快就比与时间有关的项小得多,所以可以忽略,实际井底流压近似于:

$$p_w \approx ct^{(1-\sigma)} \quad (11-20)$$

式中 $c$——常数;

$t$——时间。

对于 $\sigma>1$ 的情形,在时间 $t$ 充分大时,与时间无关的项起主导作用,压力响应为:

$$p_w = A - Bt^{(1-\sigma)} \quad (11-21)$$

式中 $A$、$B$ 为常数。

实际上,均质、径向流动是最常见的情形,下面对其进行讨论。

将式 (11-20)、式 (11-21) 两边分别乘以 $t$,它们分别为:

$$p_w t \approx ct^{(2-\sigma)} \quad (11-22)$$

$$p_w t = At - Bt^{(2-\sigma)} \quad (11-23)$$

比较式 (11-24)、式 (11-25),不难发现:当 $\sigma=1$ (对应于均质、径向流系统) 时

$$p_w t \approx ct \quad (11-24)$$

或

$$p_w t = (A - B)t \tag{11-25}$$

即 $p_w t$ 与 $t$ 呈线性关系，可以写成：

$$p_w t = at + b \tag{11-26}$$

式中 $a$、$b$ 为常数。

式（11-26）两边同时乘以 $t$，有：

$$p_w = a + b/t \tag{11-27}$$

当时间 $t$ 足够大时，$p_w = a$ 即为地层压力。也就是说，如果以关井压力与关井时间乘积为纵坐标，以关井时间为横坐标做图，并将图中数据点进行线性回归，则其斜率即为地层压力。

通常对于中低渗透储层，在有限的关井时间内，很难测出用于地层压力计算的径向流直线段，往往采用关井末点井底压力代替地层压力。而同一口井末点井底压力又因关井时间的不同而不同，因此用末点压力代替地层压力情况下，气藏压力要低于真实的平均地层压力。因此从地层压力的原始定义——静压的概念出发，利用压力恢复一阶导数曲线，得出计算地层压力的方法就是压力时间乘积法，该方法解决了当测试曲线未达到径向流时，其他方法计算结果的不确定性，在测试曲线为出现径向流时，应用该方法具有很好的效果。

压力时间乘积法对于测试曲线未达到径向流或测试曲线发生异常的开发井，计算地层压力时结果较可靠、准确，因此建议现场优选此方法来进行地层压力的计算。

**5. 单井控制动态储量计算**

单井控制储量有多种计算方法，包括压降法、流动物质平衡法、产量不稳定分析法、弹性二相法和压差曲线法（表 11-4）。

表 11-4 单井控制储量计算方法对比表

| 序号 | 计算方法 | 驱动条件 | 适用条件 | 所需参数 |
| --- | --- | --- | --- | --- |
| 1 | 压降法 | 定容封闭弹性消耗式驱动 | 采出程度大于 10%，生产过程中，测压数据点数须大于 3 | 地层压力、产量和 PVT 资料 |
| 2 | 流动物质平衡法 | 定容封闭弹性消耗式驱动 | 采出程度大于 10%，产量稳定 | 井口压力（或井底流压）、产量和 PVT 资料 |
| 3 | 产量不稳定分析法 | 任何驱动 | 产量保持相对稳定、生产时间较长 | 生产动态历史数据（即产量和流压） |
| 4 | 弹性二相法 | 定容封闭弹性消耗式驱动 | 拟稳态、产量稳定 | 井底流压、产量和 PVT 资料 |
| 5 | 压差曲线法 | 定容封闭弹性消耗式驱动 | 关井前产量稳定、拟稳态 | 压力恢复测试资料、产量和 PVT 资料 |

1）压降法计算储量

根据气藏物质平衡方程原理，可以得到气藏物质平衡方程的基本形式为：

$$G = G_p + G_{res} \tag{11-28}$$

然后根据定容气藏开采前后气藏容积的关系，从而可以推导出定容气藏的物质平衡方程，其用地层压力表示的物质平衡方程为：

$$\frac{p}{Z} = \frac{p_i}{Z_i}(1 - \frac{G_p}{G}) \tag{11-29}$$

根据式（11-28），将其简化用视地层压力 $p_p$ 表示

$$p_p = \frac{p}{Z} \tag{11-30}$$

式中 $p$——平均地层压力；
　　$G_p$——累计采气量。
得到：

$$p_p = p_i(1 - \frac{G_p}{G}) \tag{11-31}$$

由式（11-30）可以看出，定容气藏生产过程中，视地层压力 $p_p$ 与累计采气量 $G_p$ 之间呈线性的关系，把气藏的 $p_p$ 与 $G_p$ 生产数据绘制到直角坐标系中，便可以得到图 11-12 中所示的直线，该直线为定容气藏的生产指示曲线。

由图 11-12 中的生产数据点，可以得到下面的线性方程：

$$p_p = a - bG_p \tag{11-32}$$

联立定容气藏物质平衡方程，便可以求出 $a$ 和 $b$：

$$a = p_{pi} \tag{11-33}$$

$$b = \frac{a}{G} \tag{11-34}$$

故由图 11-12 可知，生产指示曲线在 $p_p$ 坐标轴上的截距为 $p_{pi}$，而生产指示曲线的延长线在 $G_p$ 坐标轴上的截距为 $G$（气藏动态地质储量）。

对涩北气田气井数据的研究，涩北气田气井有三次以上（包括三次）的压恢测试的井均可用压降法来计算储量。

2) *流动物质平衡法计算储量*

从渗流力学的角度来分析，对于一个有限外边界封闭的气藏，当地层压力波到达地层外边界一定时间后，地层中的渗流将进入拟稳定流状态，这时，地层中各点压降速度相等并等于一常数，如图 11-13 所示。压降漏斗曲线将是一些平行的曲线，在井底依然。因此，由此得到启示，对气藏物质平衡方程，若在同一个坐标中作静止视地层压力 $p/Z$ 与 $G_p$ 曲线和流动压力 $p_{wf}/Z$ 与 $G_p$ 曲线，它们也应该相互平行，当然，当 $G_p = 0$ 时，$p_{wf}$ 即为静压，所以利用

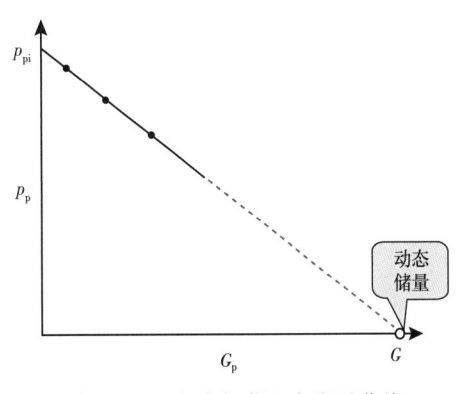

图 11-12 定容气藏生产指示曲线

"流动物质平衡方程"也可以求解气藏动态储量。

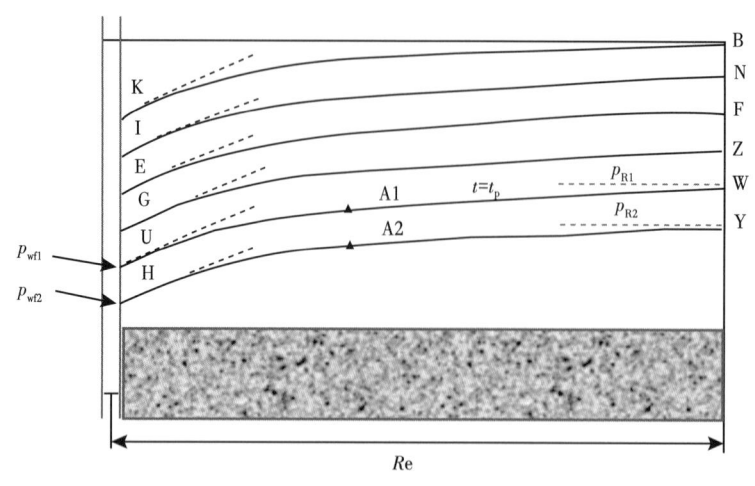

图 11-13 拟稳定流动示意图

当没有井底流压测试资料时还可以利用井口油压来计算井底流压从而求解动态储量。其中通过井口油压计算井底流压有三种方法：两种经验算法和干气井 Cullender-Smith 方法。

其具体步骤（图 11-14）为：首先根据气井各开采阶段井口油压利用三种方法其中的一种计算井底流压，再根据流压所对应的视地层压力与单井累计采出气量，从而得到单井流动物质平衡（压降）曲线：

$$\frac{p_{wf}}{Z_{wf}} = a' - \frac{p_i}{Z_i G}G_p = a' - bG_p \tag{11-35}$$

式中 $p_{wf}$、$Z_{wf}$——分别为井底流压与井底流压相对应的天然气偏差因子。

然后过原始视地层压力点作压降线的平行线：

$$\frac{p}{Z} = \frac{p_i}{Z_i} - \frac{p_i}{Z_i G}G_p = a - bG_p \tag{11-36}$$

式中 $a'$——$p_{wf}/Z_{wf}$—$G_p$ 关系曲线中直线段的截距。

最后利用该直线方程求解动态储量。

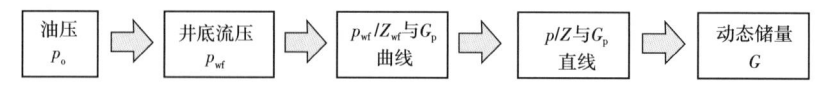

图 11-14 流动物质平衡法计算流程图

在求解储量过程中，尽量取物质平衡曲线的后期直线段，地层中的渗流将进入拟稳定流状态，计算更准确。

**6. 多层气藏压恢试井近似解释方法**

提出的多层气藏近似解释方法，首先需要所有气井利用相应的单层试井模型进行初步解释。涩北气田的试井双对数曲线仅有 1 井次反映出有层间窜流的现象，且只有一个窜流凹子，大部分试井测试曲线属于层间无窜流反映的多层气藏情形。根据对多层无窜流气藏试井模型的样版曲线的研究，只通过对试井曲线的分析拟合无法辨别出层间的差异参数，即无法获取多层的特性参数。要想精确解释多层气藏气井模型的试井资料，目前只能通过两种方法进行。

1）对同一口气井的各气层进行分层试井测试

分层试井就是对每一小层进行单独测试，实质上就是单层试井，试井解释也是利用单层模型进行拟合解释。

2）采用"多层测试"（MLT）技术

即对多层的井进行分步测试，同时测试流量和压力数据，并利用褶积和非线性回归方法将测试资料与多层模型进行拟合，最终可求得多层的分层参数。这种技术需要测得比较准确的不稳定分层流量，对于一般现场测试很难满足要求。

目前涩北气田的试井测试情况均未使用这两种方法，所以只能利用近似方法来进行解释。通过试井曲线形态异常原因的研究，可以得到以下认识。

（1）压力及其导数双对数曲线中只能反映出多层共同作用时的平均渗透率，即利用单层模型进行解释获得的渗透率。同样对于地层压力（外推地层压力）的解释，也只能得到一个平均值，因为试井曲线不能体现出各层不同的原始地层压力（拟压力）的反映。所以，对于渗透率和地层压力只能通过单层气藏模型进行解释得到一个反映多层共同作用的平均值。

（2）当层间物性差异小时，利用单层气藏模型解释出的边界（边水）、复合半径（物性界面、气水界面）近似为某一层中的最短边界或复合距离，若层间物性差异大时，则解释出的相应距离是偏小的。

（3）利用单层气藏模型解释的表皮系数一般近似为各层综合作用时的平均表皮系数。当层间物性差异大时，利用单层气藏模型解释的表皮系数会偏小。

综上分析，在利用单层气藏试井模型进行解释后，若能获得多层气藏各层间的流动系数比和储容系数比，则可以近似劈分获得各层的渗透率，再将比例系数带入多层模型中进行拟合即可得到修正的表皮系数、最短边界和复合距离。各层间的流动系数比和层间导压系数比近似值的获取可以利用生产测井所解释的各层地层系数和孔隙度来近似获得。

但是对于地层压力、表皮系数、井储系数等参数，由于无法通过其他手段获得它们之间的比例关系，所以无法计算出相应的分层数据，只能得到层间平均值。

于是，可以得到涩北气田多层气藏的近似解释方法：

（1）首先利用相应的单层气藏模型对试井测试资料进行初步拟合解释（对于曲线早期斜率不为1的情形，选用的相应模型要采用变井储进行解释）；

（2）利用试井测试气井所对应的测井解释各层地层系数比对渗透率进行劈分，并利用测井解释的各层地层系数比和孔隙度比近似计算层间导压系数比；

（3）将近似计算的流动系数比和储容系数比带入多层气藏模型中再次进行拟合，得到修正的平均表皮系数；

（4）对于存在边界或复合的无窜流气藏，将近似计算的层间流动系数比和储容系数比带入多层气藏模型中再次进行拟合，得到修正的最短边界或复合距离。

## 第二节 产出剖面测井与分层测试

产出剖面测井主要用来提供在稳定生产条件下井内流体的流型和比例，确定产层层位，计算各小层流量，判别气层的产能变化情况、产出流体性质等。产出剖面测试是产层性质识别研究和评价单层产出能力的基础。

当气或水从地层进入井筒时，必然引起井筒内流体速度、密度、温度发生相应的变化。在产层处，当流体流量增加时井筒内流体流速增大，其转子流量曲线则会出现一个转速增大的过渡段；同时随着流体进入井筒，引起井筒流体密度下降，在密度曲线出现一个密度值减小的过渡段。

另外，由于地层压力高于井筒内压力，当地层流体进入井筒时，地层因排出流体释放压力而降低。由于地层压力降低，流体体积膨胀吸热，造成井筒内产层处温度下降，因此井温曲线在产层处表现为井温降低现象。若产水则因水中气体在压力降低时析出，造成体积收缩使井筒内温度上升。产出剖面测井根据涡轮转速曲线、密度曲线、井温曲线变化可以较准确地划分出产气产水层段的位置。

以涩北气田为例，通过近几年测试的产出剖面资料归纳分析，得到气井在井筒两相流动时流体与涡轮的响应关系，建立相应的关系模板，准确认识和计算出产层的出水量。也可根据同层组多井次产气剖面测试得到层组的水侵和积液状况。

### 一、气水两相流动响应研究

在气水两相流解释中，除了根据井筒流型选择合适的解释模型以及涡轮速度转换为井筒流体视速度校正外，气体的相对密度、地层水矿化度、气水比等都不同程度影响测井资料解释的精度。现就这几种参数对资料解释的影响及其敏感性作一详细分析。

**1. 气体相对密度对解释的影响**

1）单相流态气体相对密度对资料解释的影响及敏感性分析

解释时通过对 PVT 参数信息——气体相对密度单一相的改变，发现随着相对密度的增大，产气量呈指数式减小趋势，如图 11-15 所示。涩北气田天然气相对密度基本为定值，所以在解释过程中这一参数的错误会影响资料解释的准确度，而就其对资料的敏感性而言，相对不大。

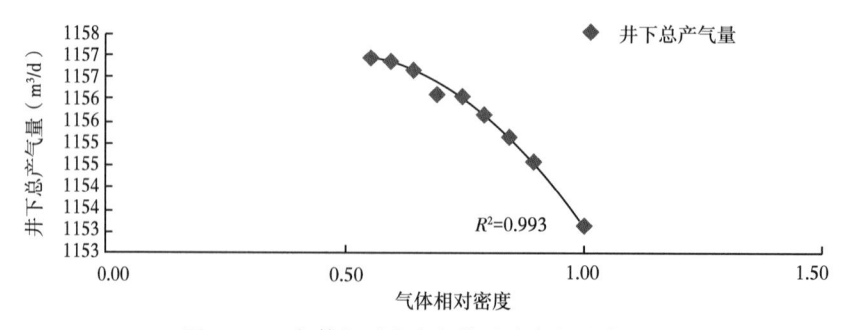

图 11-15 气体相对密度与井下总产气量关系图

2）两相流态气体相对密度对资料解释的影响及敏感性分析

而相对单相气态，两相流态时井下总产气量随着气体相对密度的增大呈上升趋势，总产水量呈线性减小，如图11-16所示。由此可知该项参数的设置输入错误对解释结果有较大影响，而就其对资料的敏感性而言，相对较大。

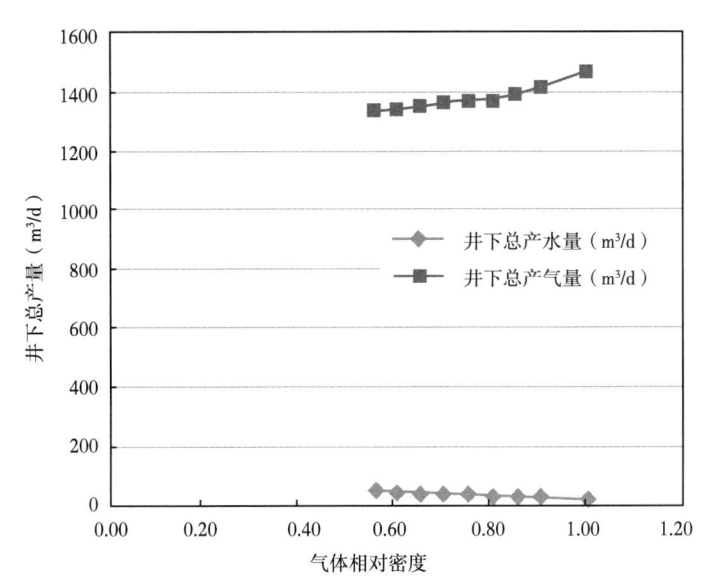

图11-16 气体相对密度与井下总产气量、总产水量关系图

**2. 水矿化度对解释的影响**

由图11-17可知，井下总产气量随着水矿化度升高呈线性增长趋势，对资料解释结果的敏感性较大。综合水样分析资料，台南Ⅵ-1层组水矿化度平均在145000mg/L，而在资料解释采用该矿化度时，某些井井底积液矿化度较高，密度曲线拟合效果差。

从历年资料分析得出，当井底密度超过1.2g/cm³时，曲线拟合良好程度与井底实际积液矿化度以及出砂有关，所以在后续调整处理中应综合水样分析报告及井底实际密度，得出准确可靠的解释结果。

**3. 涡轮刻度值对解释的影响**

涡轮刻度即把井筒中流体对涡轮的响应转化为流体速度的校正。在资料解释时通过标准产出剖面测试的八条上、下测流量曲线及电缆速度曲线的交会图版求出流体在不同密度段下的视速度。在解释过程中，涡轮刻度校正是很关键的一个步骤，直接影响计算产层的贡献度。因此做了一个研究，针对同一口井，在不改变其他参数如截距、斜率时，将得到的解释结果进行分析比较，从而得到涡轮刻度的结果对解释结果的影响及其敏感性。

通过两张门槛值与井下总产量关系图版（图11-18、图11-19），可知井下总产气量是随着门槛值呈线性增长趋势，门槛值绝对值越高，产气量越大，理论门槛值越接近实际刻度门槛值，产气量误差越小。所以通过实际门槛值与理论门槛值的比较分析，得出在无法确定某井门槛值时，确定一个合理的经验范围值，最大程度减小解释结果误差。而就其对资料解释的敏感程度来看，只要给定的经验门槛值在合理的范围内，对解释结果影响不大。

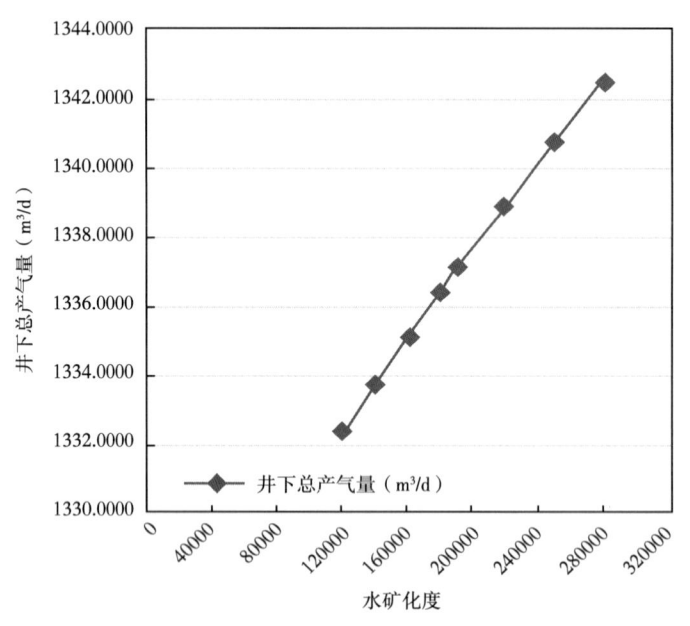

图 11-17 水矿化度与井下总产气量关系图

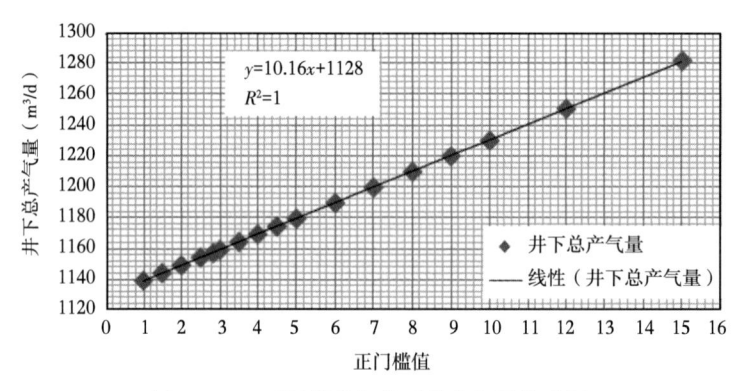

图 11-18 正门槛值与井下总产气量关系图

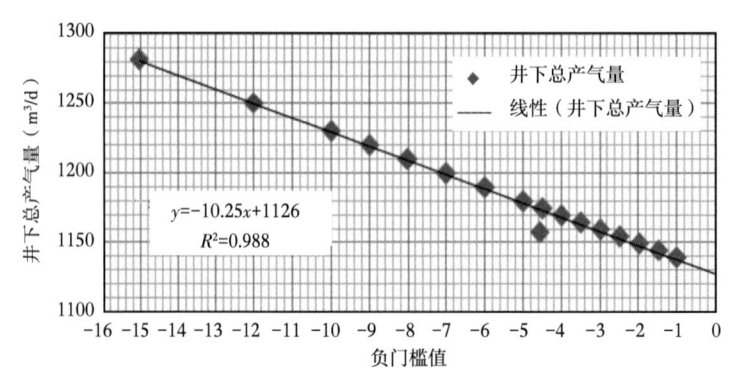

图 11-19 负门槛值与井下总产气量关系图

## 二、产出剖面精准解释研究

就目前而言,涩北气田多数井井下有积水,且带水生产过程中伴随着出砂,影响着产能,也影响了产出剖面资料的录取。对于出砂井的产气剖面资料,砂埋产层产气分析判断及涡轮门槛值的确定显得尤为重要,对资料解释精度提出了挑战。针对这一现象及难题,分析统计近几年产气剖面资料六百余井次,得出在不同密度下涡轮的门槛值、斜率的经验值范围,从而提高资料解释精度。

**1. 门槛值与水密度的关系**

从水密度与门槛值的关系图版 11-20 可知:井底积液密度不同,对应门槛值不同。其中正门槛值平均范围在 0.5~1.5m/min,负门槛值在 -2.5~-1m/min。因此在某些井无法刻度确定门槛值时,可根据该经验值赋值,提高资料解释准确度。

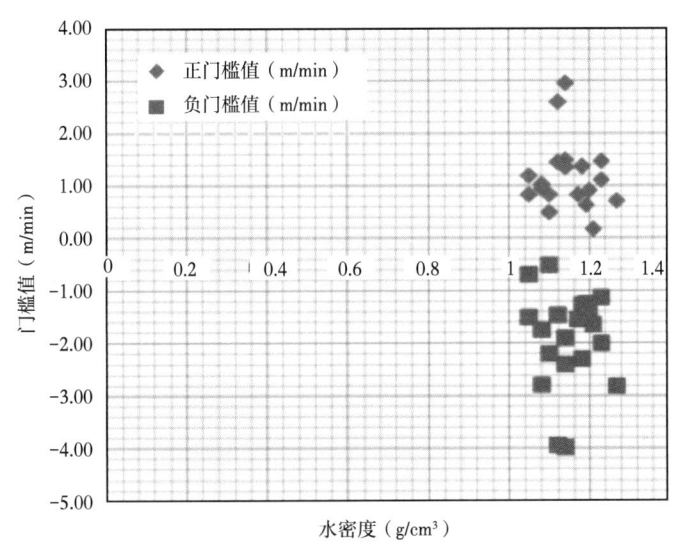

图 11-20 水密度与门槛值关系图

**2. 斜率与水密度的关系**

从图版 11-21 得出,在积液中刻度时,涡轮转速与电缆速度的交会曲线斜率在 0.12 左右,这一统计数据可用于在积液中涡轮校正时的参考值。

**3. 门槛值与混合流体密度的关系**

从图版 11-22 得出,在混合流体(基本为雾状流)中刻度时,正门槛值平均范围在 1.5~5.0m/min,负门槛值范围在 -6~-2m/min。该关系主要应用于 Emeraude 软件中第三种刻度模型(模型 3:Independent Thresholds)。

**4. 斜率与混合流体密度的关系**

从图版 11-23 可知:在混合流体(基本为雾状流)中刻度时,涡轮转速与电缆速度的交会曲线斜率在 0.07~0.12 范围内,这一统计数据可用于在混合流体中涡轮校正时的参考值。

综合以上四个图版得出结论:(1) Thresh(门槛值)随着密度的减小而增大。(2) Slope(斜率)随着密度的减小而减小。

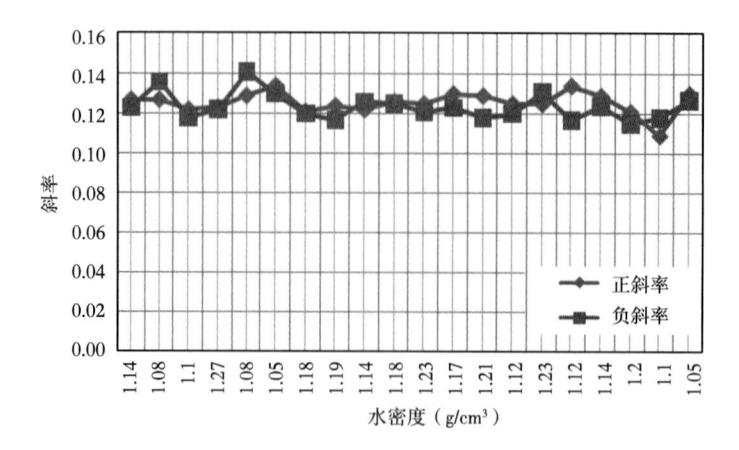

图 11-21 水密度与斜率关系图（φ32mm）

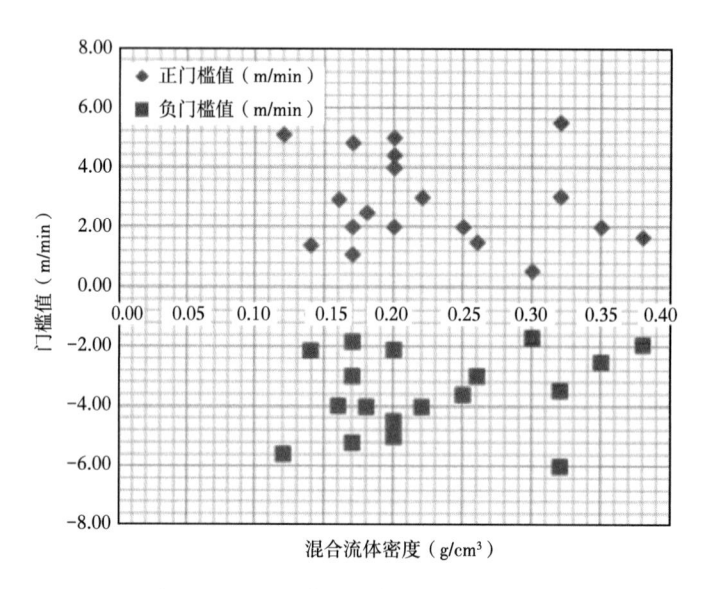

图 11-22 门槛值与混合流体密度关系图

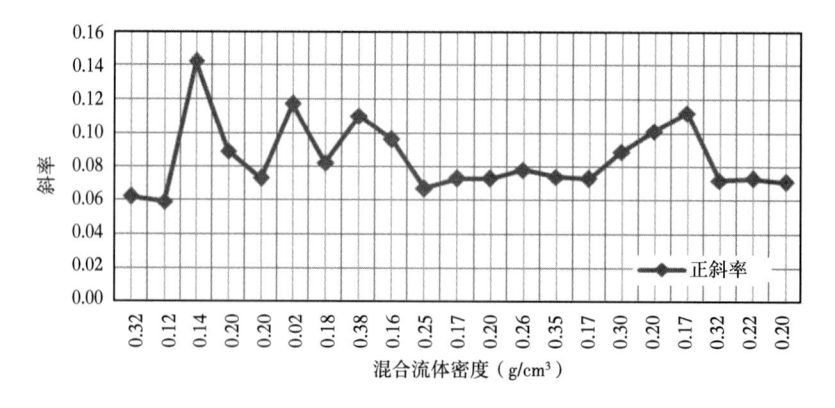

图 11-23 混合流体密度与斜率关系图（φ32mm）

随着涩北气田出水层日益增多，产层出水、井筒存在积液、回流等各种因出水原因导致录取参数曲线失真现象逐渐增多，在资料解释时也以以往的单相到多相解释。其中气水两相流资料处理时较单相资料复杂，主要为井筒相态确定及出水对涡轮转换视速度校正。Emeraude 测井解释软件含有多种两相解释模型，不同的模型基于不同研究原理，其中表现在轻质相与重质相间的函数关系，所以合理选择解释模型尤为重要。

对于井口产水少的井运用单相模型分析处理并不能完全正确反映产层产出情况，因此在模型选择时，用多种模型分析处理，选择更接近井筒实际流态的模型，得到的解释结果更为可靠准确。

### 三、分层测试技术引进

**1. 分层测试技术**

采用智能分采测试一体化测控系统。该系统由地面控制、井口密封、数据通信、井下分层及分采测试五大部分构成。

（1）地面控制系统：包括自制的太阳能供电系统以及集成了数据采集、显示和存储的控制面板。

（2）井口密封系统：主要是用于密封电缆的套管阀门密封装置。

（3）数据传输系统：通过 $\phi6.5mm$ 钢管电缆与井下工具进行实时通信。

（4）封隔系统：主要是用于坐封的电控式液压封隔器。

（5）井下控制系统：包括电控式无级调配装置、配产器及其集成的内外压力、温度计。

智能分采管柱采用封隔器有效坐封，降低多层混采过程中的层间干扰产生，试验效果显著。

**2. 分层测试应用**

当然，单层的试井测试、产出剖面测试也是认识分层物性、产能等的测试手段，在此强调的是多层合采气井生产过程中各小层实时的产出情况监测，特别是分层压降、采出程度的实时监测还处于不断深化的认识阶段。

RFT 测试：每年通过新井选取有代表性的井段开展单砂体压力测试，年均实施 23 井次，掌握单砂体压力情况，平均单井次可测试 50 个砂体压力点。

分层测压：开展分层测试试验，测试合采井各小层压力，近 5 年已开展 17 口井测试试验，能够测试各小层流、静压和压力差。2019 年实施 3 井次，通过分层开采，降低层间干扰，产量增幅 13%~25%。

## 第三节　井筒积液、积砂界面监测

### 一、积液井液面位置判断

针对涩北气田出水日益严重、积液井井数逐年增多，井筒积液造成井筒回压增大，井口油、套压降低，生产能力降低，影响气井正常生产等问题，对井筒内积液高度，也就是积液液面的监测是气田开发日常测试工作，使用的也是简单、经济、适用的常见测试方法。

为预防气井因积液排出不及时而导致停躺,及时掌握井筒内的积液情况,而采用的压力梯度测试法和油、套压差分析法存在在特殊工艺井不适用,且测试费用高的问题,利用回声液面探测仪对涩北气田的一些气井进行测试应用。通过实际探测和数据分析,表明回声液面探测仪探测液面的方法,除去油套环空与油管内液面差的因素外,吻合率达到76.9%,准确率还有待提高。

所以,一直以来主要采用电子压力计测试井筒压力梯度来分析确定井筒液面位置,估算井筒积液量以及判断气体临界流量,为积液气井采取合理的排水采气工艺提供科学的依据,对气井井筒排液起到了关键的作用。

### 二、出砂井沉砂高度监测

涩北气田储层分类、分层出砂程度认识还处于探索阶段,也就是说多层合采气井出砂并非所有的层都出砂,必然是物性好、泥质胶结物少的一类高品质气层出砂量最多,二类、三类气层出砂少,这仅仅是推论而已,但是,多层合采气井分层出砂量和出砂层位的确定没有专门的测试技术。由于不成岩和成岩性差的各类储层出砂是普遍存在的现象,不同类型的气层出砂临界压差肯定是有差异的。由于基础性试验研究条件的限制等,在射孔层段对不同类型的气层一并进行防砂和一并进行合采生产,分层分策、因层而异的技术这有待今后做更深入的定量研究。

在目前开发技术和生产需要条件下,并非每个技术细节都研究清楚才正式启动开发的,许多技术都是在实践中逐步发展完善的,开发初期或开发方案确定时只要大的框架性技术政策可行,主体开发技术明确,就必须启动和推进各项开发工作,只有在开发生产受到严重影响的情况下才实施技术革新,寻求解决方案。为此,为预防砂埋产层的问题,及时探砂面测试,确定井筒沉砂高度,适时确定冲砂时间和周期成为技术创新关注的要点。

通过钢丝试井绞车软探砂面,可以及时有效了解井筒沉砂速度、掌握产层是否砂埋等信息,为下步合理优化气井工作制度,实施冲砂、防砂等措施作业提供依据。但是,软探砂面位置存在精度不高的问题,往往在修井动管柱时采取硬探核实砂面位置。无论是井筒内探砂面还是探积液的液面,不存在高精尖的技术,仅仅是涩北气田特色的技术。但是,钢丝软探砂面为涩北气田出砂动态监测起到了很大作用,解决了出砂动态监测和冲砂时机选定的问题。

## 第四节 过套管 PNN+饱和度测井技术

PNN+饱和度测井技术是判断水侵层剩余含气饱和度的重要测井手段,是基于 PNN 测井技术发展的测井方法。PNN+饱和度测井使用中子发生器向地层发射 14MeV 的快中子,经过一系列的非弹性碰撞(10-8-10-7s)和弹性碰撞(10-6-10-3s),当中子能量与组成地层的原子处于热平衡状态时,中子不再减速,此时它的能量是 0.25eV,速度 $2.2×10^5$cm/s 与地层原子核反应主要是俘获反映。PNN 仪器利用两个探测器(长、短探测器)记录从快中子束发射 30μs 后的 1800μs 时间的热中子计数率,每个探测器均将其时间谱记录分成 60 道,每道 30μs,根据记录的中子数据可以有效地求取地层的宏观俘获截面 $\Sigma$,进而定量计算地层含油饱和度。PNN+饱和度测井为 PNN 常规仪器的升级版。快中子与地层、井液、套管和水泥环中一些元素原子核发生活化反应,生成放射性核素,而后按照一定的半衰期衰变并放出特征伽马射线。PNN+饱和度测井增加了两个伽马探头,按照特征伽马射线测量地层中氧元素含量(图11-24)。

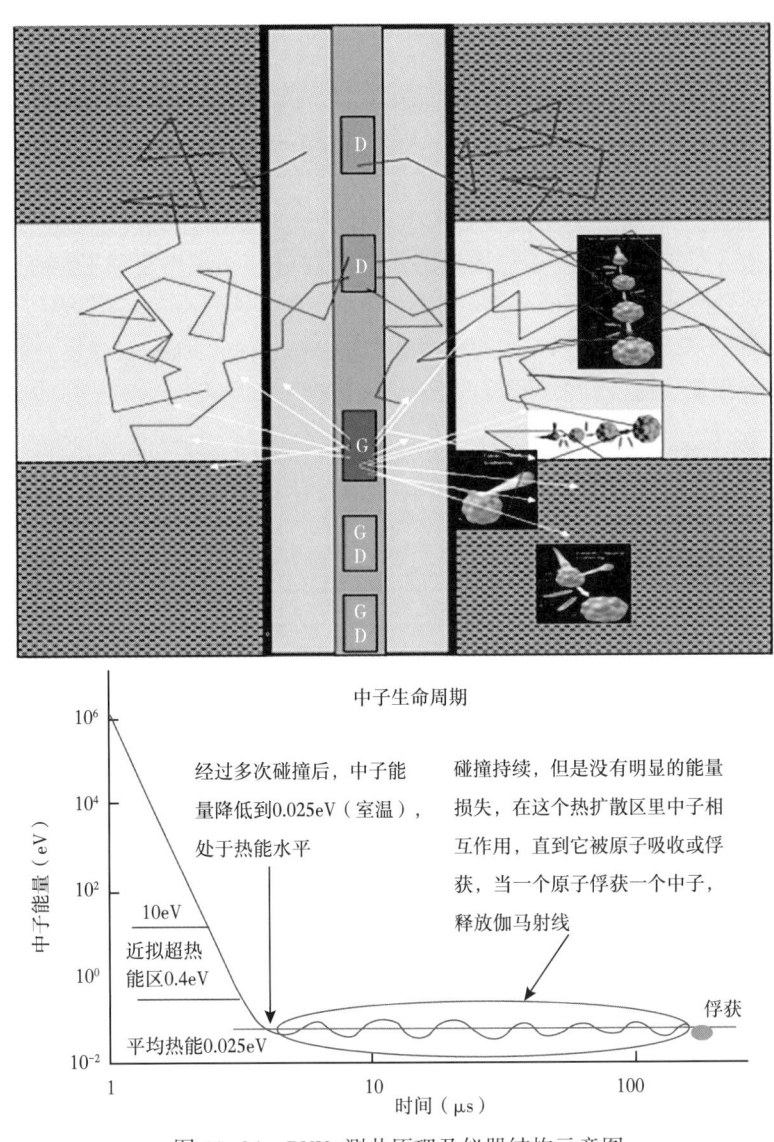

图11-24 PNN+测井原理及仪器结构示意图

PNN+饱和度测井技术目前已在涩北气田得到广泛应用,仅2020年上半年就开展PNN+饱和度测井49口。综合利用俘获截面、长短源距叠合、热中子衰减成像图能较好识别出气层,在水侵区寻找潜力层、表外层、浅层新增层识别、泥岩层判断可疑层、主力层水淹段划分、老井无裸眼井资料挖潜等方面进行了良好应用。结合PNN+测井资料开展措施作业,措施效果良好。

# 第五节 技术应用效果评价

## 一、全气藏关井测试资料分析实例

台南气田Ⅳ-1层组，2014年共有生产井14口，其中，直井6口，水平井8口；截至2014年4月，累计产气量为$19.43\times10^8m^3$，采出程度为19.56%。

1）流、静压测试资料分析

对于Ⅳ-1层组压恢和探边测试井要求下入压力计时带流压梯度测试，上起时带静压梯度测试，其余井要求关井25d后静压测试，见表11-5。该层组目前平均日产水$0.80m^3$，流压测试资料处理分析得到，井筒流压百米梯度较小，平均分布在0.09MPa/100m，井筒相态均匀，如图11-25、图11-26中所示呈很好的线性关系。通过对静压资料分析，所有测试井井底均不存在积液，井筒静压百米梯度为0.08MPa/100m。

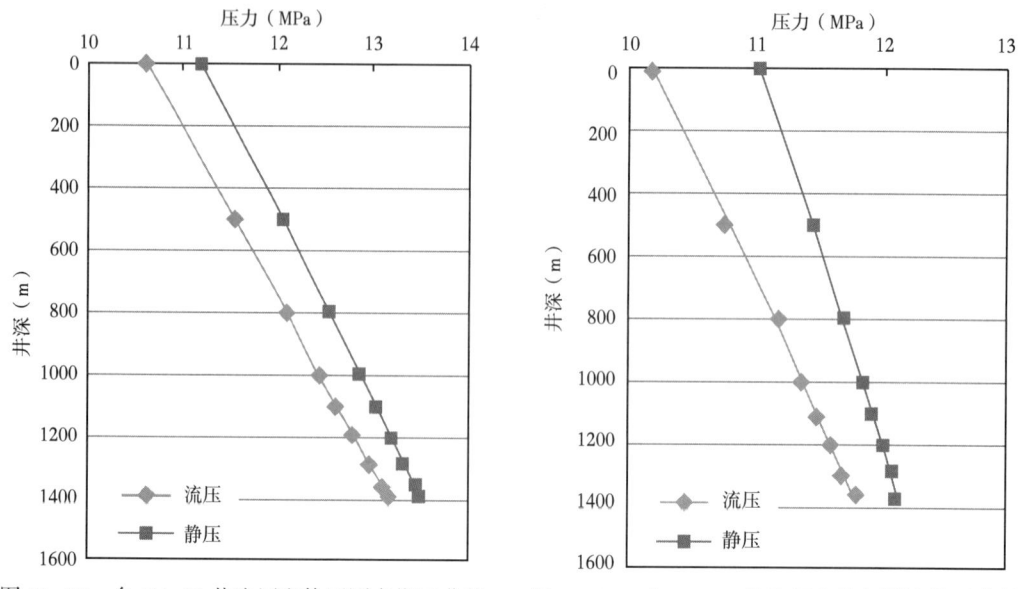

图11-25 台H4-13井流压和静压测点指示曲线　　图11-26 台H4-10井流压和静压测点指示曲线

表11-5　Ⅵ-1层组流、静压测试统计表

| 序号 | 井号 | 中深（m） | 中深流压（MPa） | 中深静压（MPa） | 备注 |
|---|---|---|---|---|---|
| 1 | 台4-9 | 1400.25 | 11.96 | 12.13 | 压恢测试 |
| 2 | 台H4-10 | 1396.60 | 11.87 | 12.21 | 压恢测试 |
| 3 | 台4-1 | 1413.40 | 12.24 | 12.45 | 探边测试 |
| 4 | 台4-12 | 1418.10 | — | 12.34 | 探边测试 |
| 5 | 台H4-1 | 1407.95 | 11.88 | 12.20 | 探边测试 |
| 6 | 台4-20 | 1413.35 | 12.19 | 12.28 | 静压测试 |

续表

| 序号 | 井号 | 中深（m） | 中深流压（MPa） | 中深静压（MPa） | 备注 |
|---|---|---|---|---|---|
| 7 | 台H4-9 | 1403.47 | 12.08 | 12.30 | 静压测试 |
| 8 | 台H4-12 | 1404.63 | — | 12.15 | 静压测试 |
| 9 | 台H4-8 | 1404.60 | 11.92 | 12.19 | 静压测试 |
| 10 | 台H4-13 | 1408.01 | 12.10 | 12.27 | 探边测试 |

此层组自开发以来，12口开发井共进行静压测试79井次，每口井保证了每年至少1次的测试，及时监测了地层压力的变化，并且累计监测流压74井次，为及时了解井筒内流体的相变提供了依据，对出水、出砂起到了一定的预警作用。通过对该层组历年地层压力统计，绘制Ⅳ-1层组历年地层压力变化图，通过不同时间的压力场分布情况，可以看到压力向外扩展的情况，以及各井区的压力差异，为分析开发的均衡性、压降漏斗异常、预测指进性水侵路线提供了参考，可及时指导对压力异常区域的开发调控。

通过对台南气田Ⅳ-1层组6口试井资料解释分析，得到该层组的基本地层参数，见表11-6。

表11-6 Ⅳ-1层组6口井测试解释结果

| 井名 | 气藏模型 | 边界模型 | 边界距离（m） | 渗透率（mD） | 表皮系数 | 目前地层压力（MPa） |
|---|---|---|---|---|---|---|
| 台4-9井 | 均质 | 夹角边界 | 300<br>299 | 132.33 | -1.57 | 12.10 |
| 台H4-10井 | 均质 | 一条边界 | 365 | 77.81 | -4.41 | 12.25 |
| 台H4-1井 | 均质 | 一条边界 | 559 | 82.52 | -7.12 | 12.29 |
| 台4-1井 | 均质 | 夹角边界 | 309<br>335 | 133.28 | -0.17 | 12.54 |
| 台4-12井 | 均质 | 无限大 | — | 180.25 | -2.24 | 12.28 |
| 台H4-13井 | 均质 | 夹角边界 | 740<br>536 | 93.38 | -7.44 | 12.40 |

通过表11-6可以看出，台南气田Ⅳ-1层组渗透率分布在77.81~180.25mD之间，平均渗透率为116.60mD，表明该层组渗透性较好，属于高渗透气层；但通过6口测试井获得的渗透率存在差异，该层组呈现出平面非均质性特征。

2）试井资料解释分析案例

台南气田Ⅳ-1层组全气藏关井测试井选择兼顾了气藏高部与边缘，且边缘部相对较多，共6口井，2口为压力恢复测试井，4口为探边测试井。

（1）台H4-10井压力恢复测试资料分析。

台H4-10井位于台南气田Ⅳ-1开发层组构造高部位，水平段长度608.47m，测试层有效厚度8.0m。压力恢复测试双对数综合曲线上看（图11-27），井储段结束后，进入垂向径向流段，经过渡段进入水平径向流段，水平井特征曲线明显，解释渗透率为77.81mD，综合表皮系数为-4.41，井筒附近储层未受污染，见表11-7。双对数曲线后期上升，认为也是由远端高泥质区带影响，即井周物性好，外围物性差所影响，但是可能由邻井关井干扰影响。

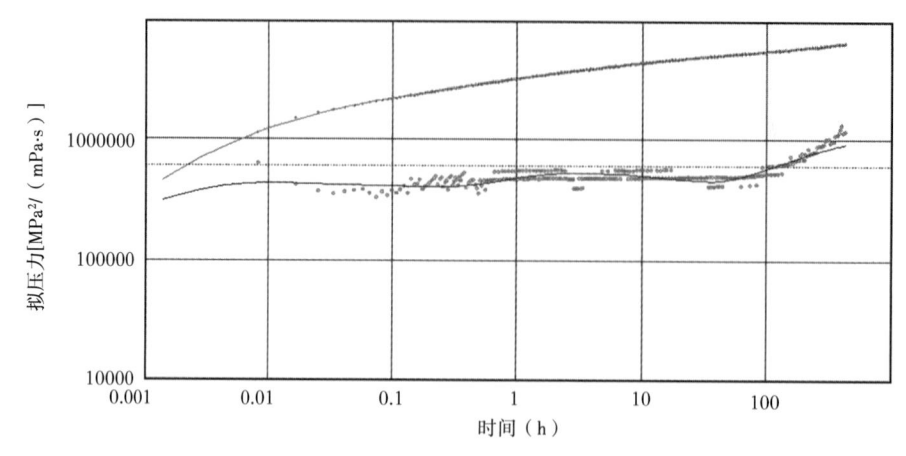

图 11-27 台 H4-10 井双对数拟合图

表 11-7 台 H4-10 井解释成果表

| 解释参数 | 测试时间 | 2014.3.29—2014.4.16 |
|---|---|---|
| C | | 2.07m³/MPa |
| S | | -4.41 |
| K | | 77.81mD |
| Kh | | 622.48mD·m |
| 井长 | | 445m |
| $p^*$ | | 12.25MPa |
| $L_1$ | | 365m |

（2）台 4-12 井探边测试资料分析。

台 4-12 井位于台南气田Ⅳ-1 开发层组东翼，为边部井，周围邻井较少。测试深度 1414.20—1422.00m，测试层有效厚度 6.5m。从双对数综合曲线上看（图 11-28），早期井储段过后直接进入径向流段，径向流段比较明显，解释得到渗透率为 180.25mD，综合表皮系数为-2.24，井筒附近储层未受污染见表 11-8。

表 11-8 台 4-12 井解释成果表

| 解释参数 | 测试时间 | 2014.3.29—2014.4.29 |
|---|---|---|
| C | | 17.49m³/MPa |
| S | | -2.24 |
| K | | 180.25mD |
| Kh | | 1171.63mD·m |
| $p^*$ | | 12.28MPa |
| 探测半径 $R_V$ | | 1882m |

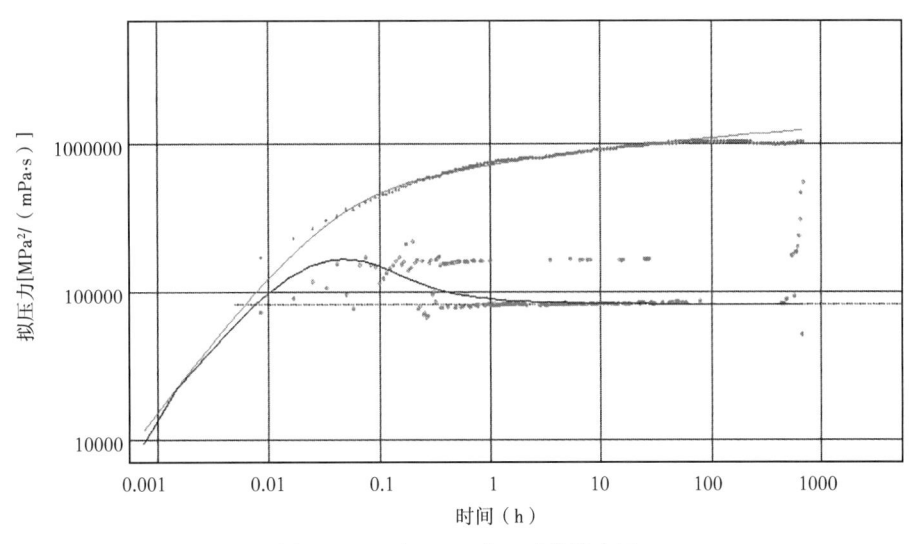

图 11-28 台 4-12 井双对数拟合图

3) 时间推移试井解释分析案例

台 4-1 井在 2012 年台南气田Ⅳ-1 层组过全气藏关井测试中进行探边测试，2014 年全气藏关井探边测试后单独进行探边测试，进行资料对比。

对比台 4-1 井三次探边测试资料，可以发现三次资料存在不同差异。2012 年双对数曲线表现出很好的径向流段，之后曲线上翘，如图 11-29 所示；而 2014 年双对数曲线在井储段过后出现短暂径向流，中期线开始下掉，后期上翘；2014 年单独探边测试双对数曲线径向流过后，开始下掉。分析认为，在单独测试中曲线后期没有出现上翘，而两次全气藏关井中都出现上翘，说明曲线后期上翘由邻井干扰影响。对比 2014 年两次资料，可以发现在同样的时间节点中都出现下掉，如图 11-30、图 11-31 所示，分析认为，该井位于构造西北翼，为边部井，探边测试压力双对数曲线中期下掉，为定压边界反应，表明先探测到气水边界，边界距离约为 260m，造成两年测试资料差异的就是因为边水推进造成，

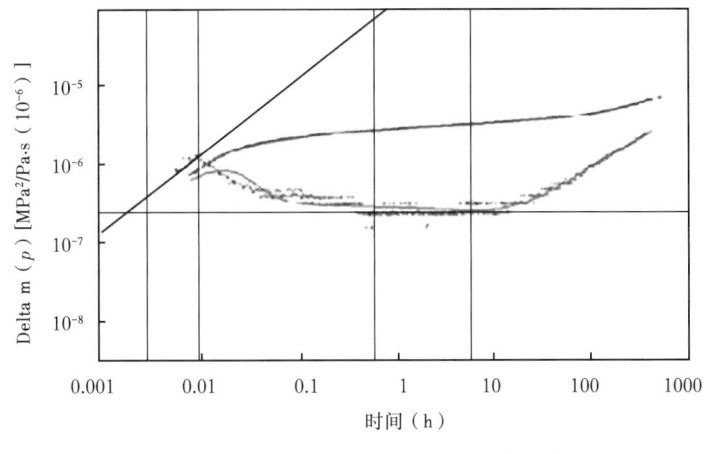

图 11-29 台 4-1 井 2012 年测试双对数拟合图

通过该井生产数据也能反映，2012年平均日产气71300m³/d，产水0m³，2014年平均日产气64000m³/d，日产水1.2m³；2014年单独探边测试曲线200h后压力下掉，为邻井台H4-8高产井开井影响。

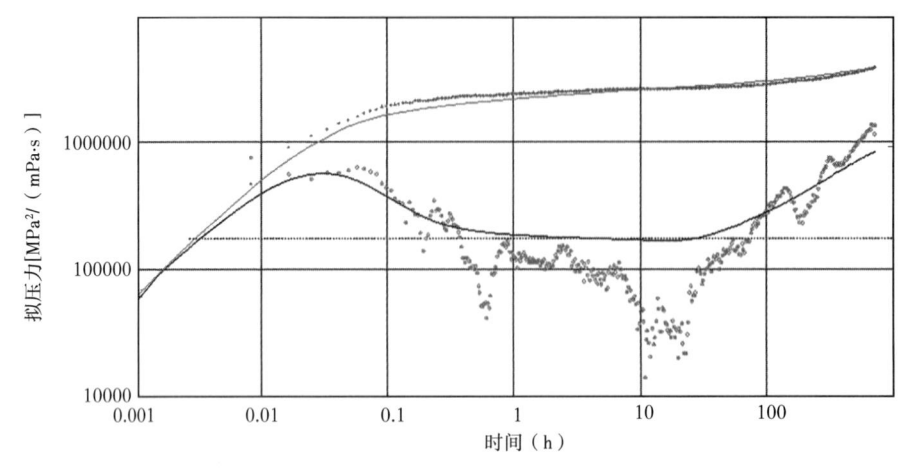

图11-30　台4-1井2014年4月全气藏关井双对数拟合图

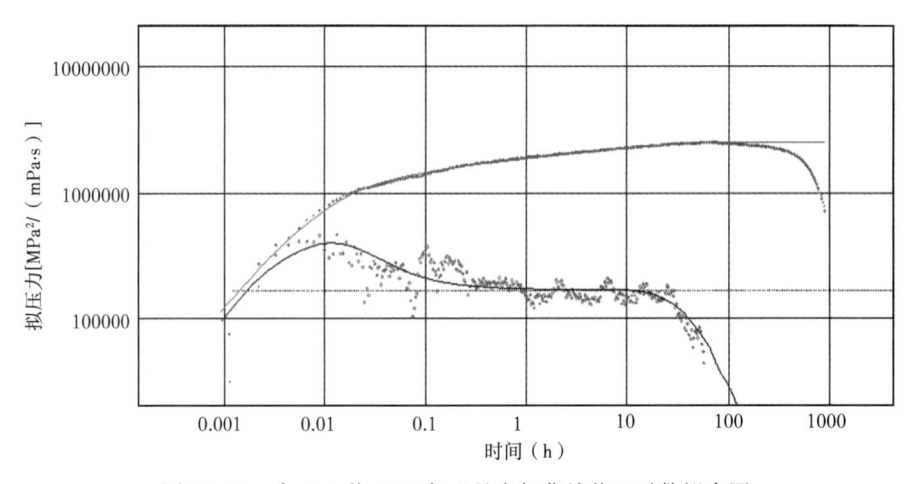

图11-31　台4-1井2014年6月全气藏关井双对数拟合图

## 二、产出剖面测试资料分析实例

产出剖面测井作为涩北气田生产开发过程中应用最为广泛的测井项目，是了解产层的生产情况，掌握气层动态变化，搞清出水层位，落实稳产措施的重要手段。现就单井资料涩4-3-2井为例进行简单分析，涩4-3-2井是涩北二号气田的一口开发井，2013年对该井进行了产出剖面测试。

分析该井测试资料，测井曲线具备以下几种特征，如图11-32所示。

（1）流体密度曲线在四号层以上均显示为直线型，流体密度为0.20g/cm³左右，流体呈雾状型态产出地面，且四号层中部显示为该井动液面。在四、五、六号层处流体密度曲

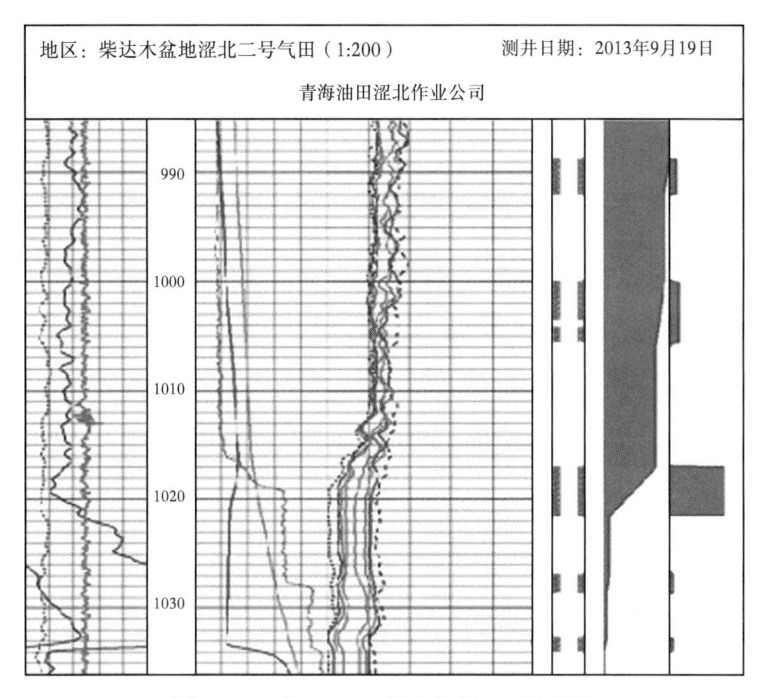

图 11-32 涩 4-3-2 井产气剖面测井曲线

线呈现台阶型，六号层下流密值为 1.15g/cm³，基本上为积液密度值。

（2）流量曲线不光滑、不平稳，不同测速流量测量值相关性差，多处出现曲线交叉现象，四号层以下流量曲线呈现较好的相关性，认为是积液对涡轮的响应，所以定性分析认为五、六号层产出少量气体。

（3）油管流量曲线与套管流量曲线显示为标准的"N"型。

（4）压力和温度曲线在液面以上明显变陡。

（5）伽马曲线在五、六号层处出现明显的尖峰，且整个井筒伽马值普遍高于裸眼伽马值，说明井筒中存在少量悬浮砂。

该井在第一次资料分析处理时，因井口出水少，主产层以上流型基本显示为纯气相，采用单相流模型进行处理，而后井口产水量根据产层对应温度、密度、压力、伽马、流量曲线的异常度，定性给出较为合理的产层出水情况。

在二次解释时，因为该井自主产层下为气液两相流且定性分析认为该井下部产层出水，所以应用两相流模型对该井进行分析处理，密度曲线拟合效果较好，能够真实地反映出井筒流态分布，如图 11-33 所示。

### 三、井筒液面、砂面监测实例

**1. 压力梯度确定井内气水界面**

涩北气田气井管柱相对简单，容易将压力计下到气层中深，通过气井流压测试求取百米压力梯度，可得到管柱内的流体密度分布曲线（图 11-34、图 11-35），从而确定气水分界面。

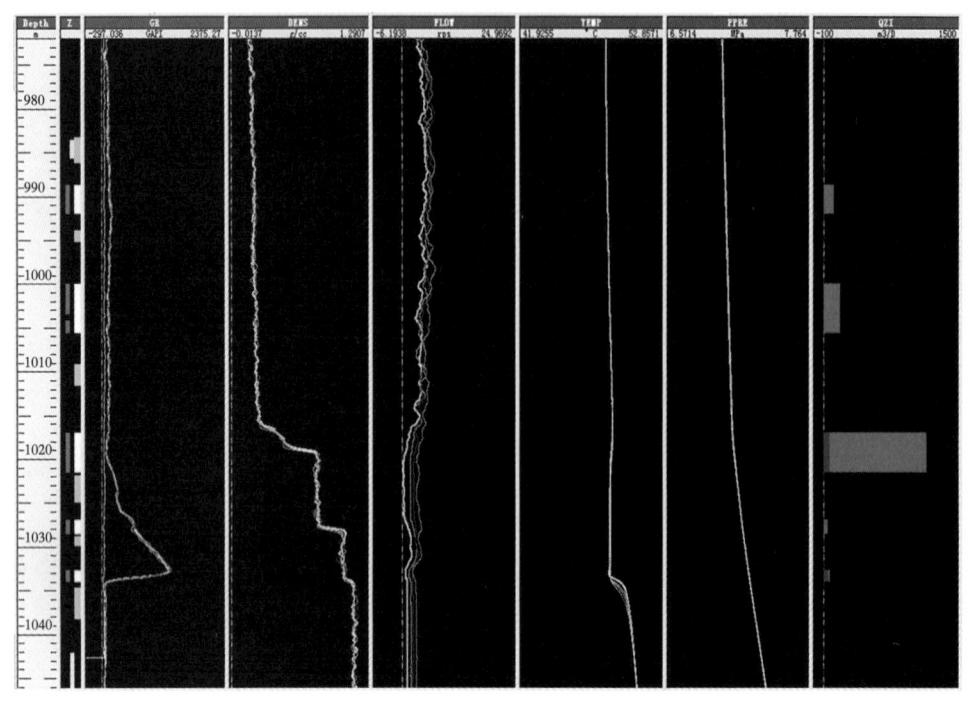

图 11-33　涩 4-3-2 井产气剖面测井二次解释结果图

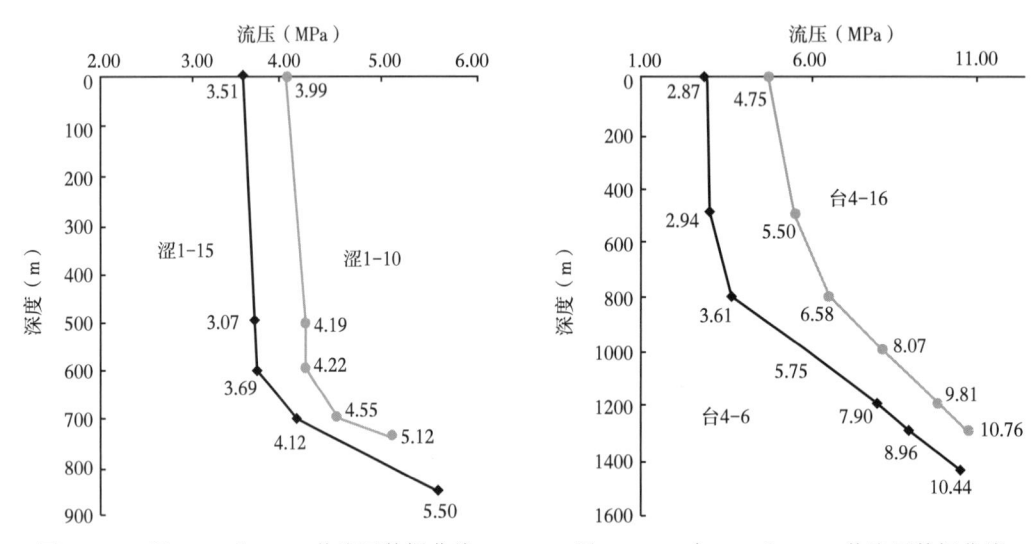

图 11-34　涩 1-15 和 1-10 井流压数据曲线

图 11-35　台 4-6 和 4-16 井流压数据曲线

**2. 产出剖面解释井内气水界面**

井筒积液为气井携液能力不足时，易发生回流而形成较为明显的气水界面。现就其中因携液能力不足而形成井筒积液井涩 5-1-1 井为例作一分析。2013 年对该井进行了产出剖面测试，测试资料显示有如下特征，如图 11-36 所示。

（1）流体密度曲线在上部四个层段密度值为 0.04 左右，显示为纯气相态，底部三个层均显示为直线型，流密值为 1.1g/cm³ 左右，基本上为积液的密度值，流体流动基本为以单相流动，且产层对应处显示为台阶型。

（2）持水率曲线气水界面及部分层处呈台阶状，两相分离指示明显，四号层以上均为气体单相测量值，其值为 13000 左右。

（3）流量曲线光滑平稳，不同测速流量测量值相关性好，少出现曲线交叉现象。

（4）油管流量曲线与套管流量曲线显示为标准的"N"型。

（5）压力梯度曲线在积水界面以上明显变陡。

（6）温度梯度曲线在积水界面以上明显变陡。

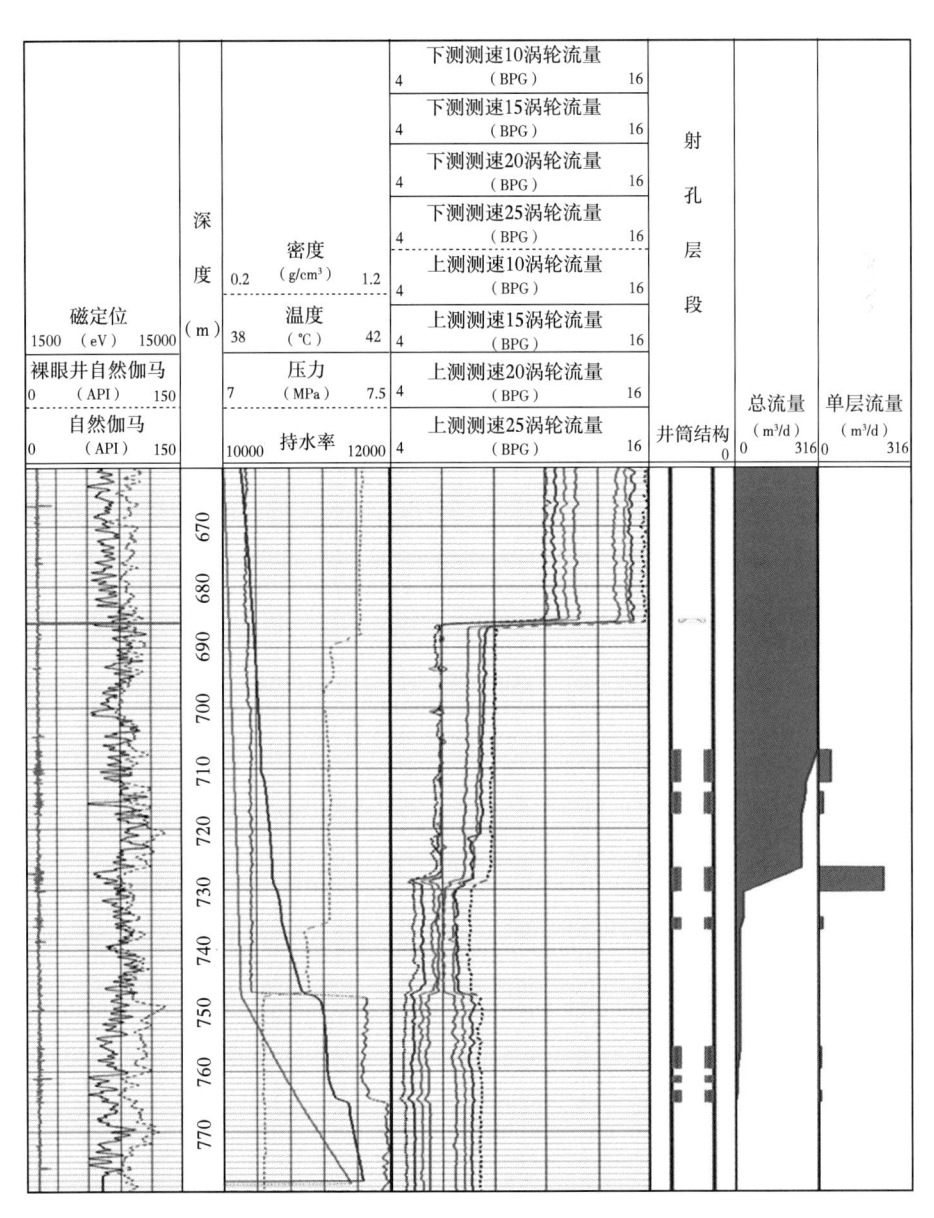

图 11-36　涩 5-1-1 井产出剖面测井曲线

产出剖面资料可实际反映井筒流态及其砂水基本情况，为了更好地监测气井生产动态，加强了典型层组产气剖面测试，根据同口井、同层组、邻井历年产气剖面综合分析，为指导措施作业提供更为可靠、准确的施工方案。

### 3. 井内探砂面测试

2020年，根据对各气田砂面资料统计分析，三大气田砂埋产层井占总井数的63%。其中以涩北二号气田砂埋产层井数占比最高，达到67.5%，如图11-37所示。

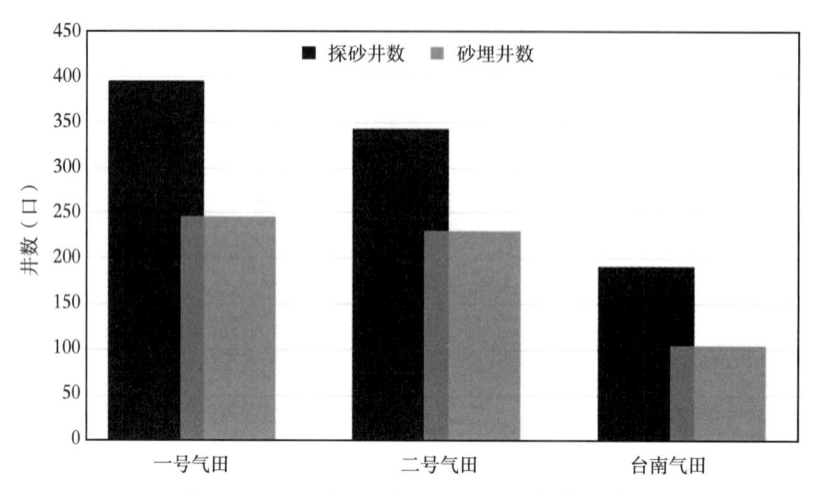

图11-37 涩北三大气田砂埋产层井数分析

因出砂导致产层砂埋，会抑制气井产量，在井筒探砂面资料的指导下，近年来涩北气田大量开展连续油管冲砂作业，使砂埋产层气井得到了及时维护保产。

## 四、过套管生产测井（PNN+）应用实例

PNN+测井技术旨在寻找剩余气，目前已在涩北气田得到广泛应用，仅2020年上半年就开展PNN+饱和度测井49口。部分井同时在技术套管中测井，均录取到合格资料。

### 1. PNN+定性解释（以涩4-48井为例）

1）弱水淹气层认识

例如3-1-3B小层裸眼测井资料Ⅱ气层特征明显，泥质含量大于30%，自然电位幅度异常一般，电阻率1.2Ω·m左右，三孔隙度曲线无"挖掘响应"。PNN+测井资料弱水淹气层特征明显（图11-38），地层俘获截面（Sigma）值介于23~34cu之间，长短源距计数率曲线离差小，Sigma与氧含量曲线叠合面积一般，与裸眼伽马叠合有面积且呈无"对称"形状，与电阻率曲线叠合部分重合，对应成像图衰减时间较长，颜色以红色和黄色为主，少部分出现黑色。

2）中水淹、气水同层认识

例如4-2-4B小层（图11-39、图11-40），裸眼测井资料解释气水同层，泥质含量均大于30%，自然电位幅度异常一般，电阻率0.6Ω·m左右，三孔隙度曲线无"挖掘响应"。PNN+测井资料4-2-4B小层仍为气水同层，Sigma值介于29~45cu之间，长短源距计数率曲线无离差，Sigma与氧含量曲线叠合面积一般，与裸眼伽马叠合有面积且呈无

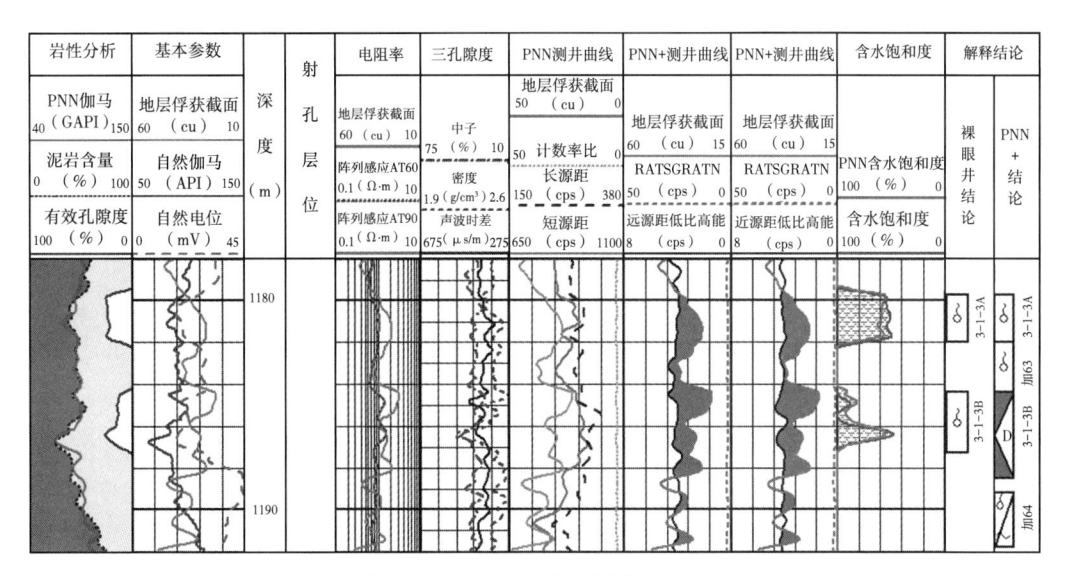

图 11-38 涩 4-48 井 PNN+解释成果图（1178~1192m）

"对称"形状，与电阻率曲线叠合有面积，对应成像图衰减时间较长，颜色以黄色为主，且小层上部出现黑色。

3）强水淹、含气水层、水层认识

例如 4-2-4A、4-2-5B 小层（图 11-39、图 11-40），裸眼测井资料分别解释气水同层和水层，泥质含量均大于 30%，自然电位幅度异常一般，电阻率 0.2~0.5Ω·m 之间，

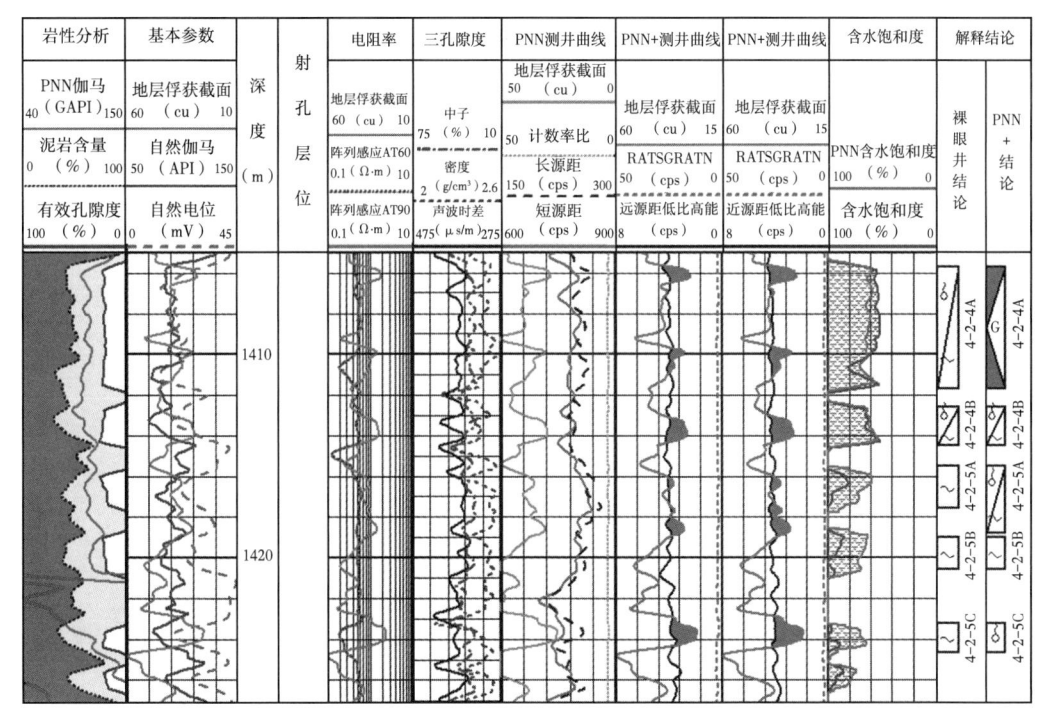

图 11-39 涩 4-48 井 PNN+解释成果图（1405~1427m）

三孔隙度曲线无"挖掘响应"。PNN+测井资料 4-2-4A 小层解释为强水淹层，Sigma 值介于 29~52cu 之间，长短源距计数率曲线离差小，Sigma 与氧含量曲线不能完全叠合，与裸眼伽马叠合无面积且呈无"对称"形状，与电阻率曲线基本重合有部分面积，对应成像图衰减时间较快，颜色以黑色为主，出现少部出现红色和黄色；PNN+测井资料 4-2-5B 小层仍解释为水层，Sigma 值平均 45cu 左右，长短源距计数率曲线离差小，Sigma 与氧含量曲线叠合无面积，与裸眼伽马基本重合且呈无"对称"形状，与电阻率曲线叠合无面积，对应成像图衰减时间快，颜色以黑色为主。

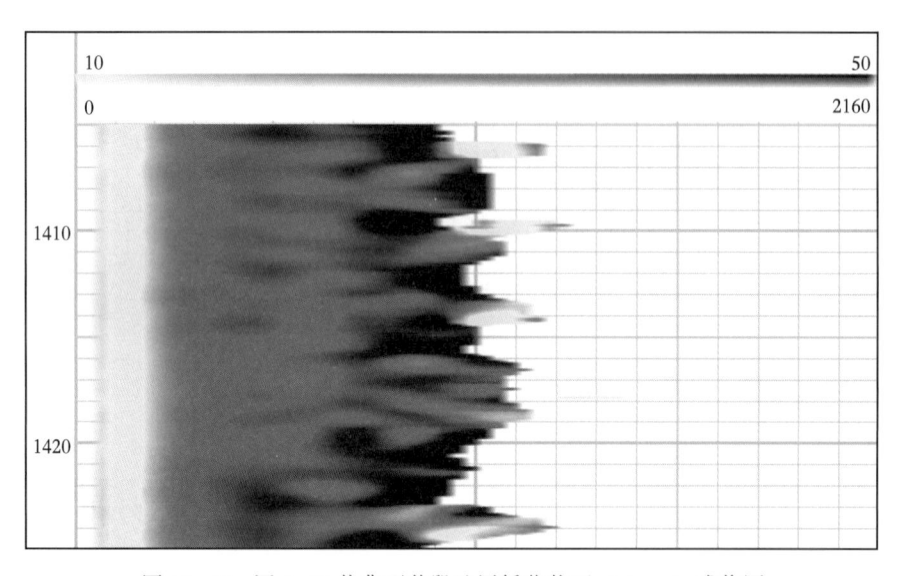

图 11-40 涩 4-48 井典型井段地层俘获截面（sigma）成像图

4）潜力层认识

例如 4-2-5A、4-2-5C 小层（图 11-39、图 11-40），裸眼测井资料均解释水层，泥质含量均大于 30%，自然电位幅度异常一般，电阻率介于 $0.2\sim0.5\Omega\cdot m$ 之间为电阻显示，三孔隙度曲线无"挖掘响应"。PNN+测井资料解释 4-2-5A 小层升级为气水同层，Sigma 值介于 30~39cu 之间，长短源距计数率曲线离差小，Sigma 与氧含量曲线叠合面积小，与裸眼伽马叠合面积小且呈无"对称"形状，与电阻率曲线叠合有面积，对应成像图衰减时间较长，颜色以红色为主，小层上部出现黑色；4-2-5C 小层升级为气层，Sigma 值介于 25~33cu 之间，长短源距计数率曲线有离差，Sigma 与氧含量曲线叠合有面积，与裸眼伽马叠合有面积且呈"对称"形状，与电阻率曲线叠合面积大，对应成像图衰减时间较长，颜色以红色和黄色为主，少量黑色。

**2. PNN+资料解释成果分析**

涩北一号气田 15 口井 19 个层组 1905 个解释层中，气层由 1266 个（差气层 42 个）减少为 624 个（含弱水淹层 398 个、可疑气层 2 个），气水同层由 72 层增加为 568 个（含中水淹层 352 个），含气水层由 11 个增加为 574 个（含强水淹层 396 个），干层、水层 566 个减少为 139 个（图 11-41）。一方面随着气田开发不断深入，说明气层减少以及出水越来越严重，另一方干层和水层个数减少，说明在这方面还存在一定的挖潜空间。

分层组来看，各层组气层数均有不同程度的减少，气水同层和强水淹层有所增加，其中 0-1、0-2、0-3、1-1、1-2、1-3、1-4 气层减少最多，随之气水同层以及强水淹层增加较多。对比各层组井口日产量柱状图看，大部分层组气层及气水层个数对应较好。

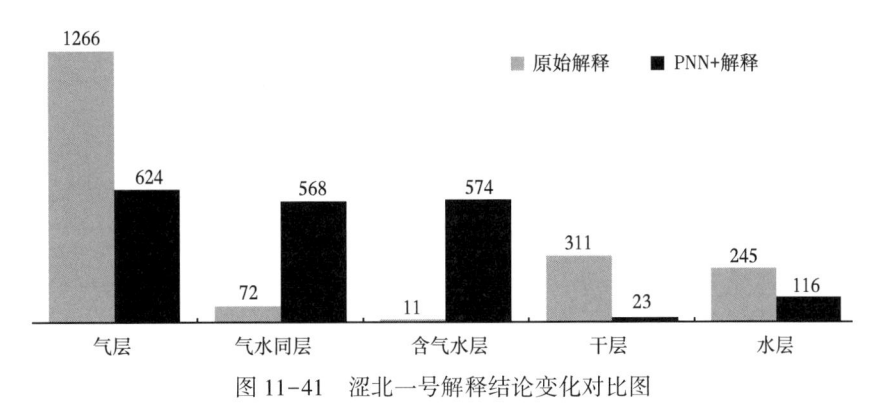

图 11-41 涩北一号解释结论变化对比图

**3. PNN+测井资料应用情况**

结合 PNN+测井资料开展措施作业 11 口井，措施后初期日增气 $8.2×10^4m^3$，目前日增气 $4.9×10^4m^3$。

# 第十二章　地面集输专项工艺技术

随着涩北气田的开发开采，气井出水出砂严重，但是各集气站的分离器设备对水和砂的分离效果不满足现场需求，会导致了以下后果。

(1) 排污频次过于频繁，生产上的排污阀、弯头等管件损坏情况加重。

(2) 采出水回注的注水泵输送介质含砂，导致注水泵维修频次高。

(3) 部分固液混合物会在流量计探头与表体的环槽内积聚，造成探头失效，计量失准，常规的处理方法是拆除探头清洗，频繁的拆卸探头会造成密封失效，探头电路部分短路，烧损核心电路板。

综上所述，应减小砂、水对系统运行带来的危害性，根据涩北气田开发特点，着重考虑了以下两个大方面三个专项工艺技术进行论述。

(1) 涩北气田集输工艺每个生产阶段对集输管网的流速要求不同，出砂、出水程度不同，对采集系统的影响逐渐增加，部分管网压差较大，因此需进行集输工艺的适用性分析，调整集输系统，以适应多种工况。

(2) 涩北气田为满足采出水处理的要求，逐步完成了涩北气田采出水回注处理系统。但国家对环保的要求越来越高，近年来涩北气田采出水处理形势严峻，需要对采出水回注系统进行适用性分析。

## 第一节　天然气脱水净化

### 一、分离器处理能力确定

涩北气田集气站内主要生产分离设备包括：生产（重力）分离器、过滤分离器、旋分子分离器、旋风分离器及旋流分离器。涩北一号气田基本以立式气液分离器为主，涩北二号、台南气田基本以卧式分离器为主。

分离器的重力沉降部分要求能够分离出 $d$ 为 100μm 以上的液滴，进行分离器处理能力校核计算时，首先需要求液滴的沉降速度 $v_0$。求液滴的沉降速度 $v_0$ 一般用阿基米德准数法。阿基米德准数 Ar 是雷诺数的函数。

用阿基米德准数求液滴沉降速度时，先根据欲求沉降速度的液滴直径和分离条件下的气液物性，计算阿基米德准数 Ar，如式（12-1）所示。

$$Ar = \frac{d^3(\rho_o - \rho_g)g\rho_g}{\mu_g^2} \tag{12-1}$$

式中　$d$——液滴直径，m；
　　　$\rho_o$——液体密度，kg/m³；

$\rho_g$——气体密度,kg/m³;

$g$——重力加速度,取 9.8m/s²;

$\mu_g$——气体的动力黏度,Pa·s。

其中 $\mu_g$ 由式(12-2)至式(12-5)计算得出。

$$\mu_g = c \exp\left[x\left(\frac{\rho_g}{1000}\right)^y\right] \tag{12-2}$$

$$x = 2.57 + 0.278\Delta_g + \frac{1063.6}{T} \tag{12-3}$$

$$y = 1.11 + 0.04x \tag{12-4}$$

$$C = \frac{2.415 \times (7.77 \times 0.1844\Delta_g) T^{1.5}}{122.4 + 377.58\Delta_g + 1.8T} \tag{12-5}$$

式中 $\Delta_g$——天然气相对密度;

$T$——天然气温度,K。

求得阿基米德准数 Ar 后,选择相应的公式计算雷诺数,阿基米德准数 Ar 与雷诺数 $Re$ 关系可在《油田油气集输设计技术手册》文献中查得。

求得雷诺数 $Re$ 后,再根据雷诺数的定义式(12-6)求液滴的沉降速度。

$$Re = \frac{v_0 d_0 \rho_g}{\mu_g} \tag{12-6}$$

由于液滴沉降速度大于气体允许流速时才可将气液分离,并且考虑到实际情况与理论计算有出入,规范规定气流允许速度 $v_{gv}$ 由式(12-7)计算得出。

$$v_{gv} = 0.8v_0 \tag{12-7}$$

根据《油田油气集输设计技术手册》,由立式分离器和卧式分离器的气体处理能力公式可求出对应的气体处理能力。

天然气压缩因子用现场给出的天然气相对密度及压力温度等条件由式(12-8)至式(12-10)求得。

$$Z = 1 + \left(0.34 \times \frac{T}{T_c} - 0.6\right) \times \frac{p}{p_c} \tag{12-8}$$

$$T_c = 12 + 238\Delta_g^{0.5} \tag{12-9}$$

$$p_c = 0.1 \times (55.3 - 10.4\Delta_g^{0.5}) \tag{12-10}$$

式中 $T_c$——临界温度,K;

$P_c$——临界压力,MPa。

**1. 气体处理能力计算**

1)立式分离器

根据式(12-11)可求得立式分离器气体处理能力:

$$Q_{\text{gvs}} = 67858 D^2 v_{\text{gv}} \frac{pT_s}{p_s TZ\beta} \qquad (12\text{-}11)$$

式中 $D$——立式分离器直径，m；

$v_{\text{gv}}$——立式分离器允许气体流速，m/s；

$p$——工作压力，MPa；

$T_s$——工程标准状态温度，293K；

$p_s$——工程标准状态压力，0.101325MPa；

$T$——工作温度，K；

$Z$——气体压缩系数；

$\beta$——载荷波动系数，取1.5；

$Q_{\text{gvs}}$——标准状态下立式分离器气体处理量，m³/d。

2）卧式分离器

根据式（12-12）可求得卧式分离器气体处理能力：

$$Q_{\text{gHs}} = 67858 \frac{(1-m)DL_e V_{\text{gv}}}{(1-h_D)} \cdot \frac{pT_s}{p_s TZ\beta} \qquad (12\text{-}12)$$

式中 $D$——卧式分离器直径，m；

$m$——液体空间占有的空间面积分率；

$h_D$——液体空间占有的高度分率；

$L_e$——重力沉降部分的有效长度，即入口分流器至气体出口的水平距离，一般取分离器圆筒部分长度的0.75倍，m；

$v_{\text{gv}}$——卧式分离器允许气体流速，m/s；

$p$——工作压力，MPa；

$T_s$——工程标准状态温度，293K；

$p_s$——工程标准状态压力，0.101325MPa；

$T$——工作温度，K；

$Z$——气体压缩系数；

$\beta$——载荷波动系数，取1.5。

**2. 液体处理能力计算**

根据《油田油气集输设计技术手册》，由液体在分离器中的停留时间，分别用立式分离器和卧式分离器的液体处理能力公式可求出对应的液体处理能力。

在所要求的液体停留时间内，进入分离器的液量应和集液区的体积相等，可得立式分离器液体处理能力：

$$Q_{\text{L液}} = 1130 \frac{D^2 h}{\beta t_0} \qquad (12\text{-}13)$$

式中 $Q_{\text{L液}}$——立式分离器液体处理量，m³/d；

$D$——立式分离器直径，m；

$h$——液位高度，m；

$\beta$——载荷波动系数，取 1.5；

$t_0$——停留时间，取 3min。

对于卧式分离器，根据停留时间内进入分离器的液量等于分离器控制液面至出液口这段高度范围内液体量，则可得卧式分离器液体处理能力：

$$Q_{H液} = \frac{360\pi K_1 (n_2 - n_1)}{\beta t_0} \quad (12-14)$$

式中 $Q_{H液}$——卧式分离器液体处理量，m³/d；

$D$——卧式分离器直径，m；

$n_2$——液体横截面积与分离器横截面积之比；

$n_1$——出液口以下部分横截面积与分离器横截面积之比；

$\beta$——载荷波动系数，取 1.5；

$t_0$——停留时间，取 3min。

## 二、过滤分离器优化

天然气在集输和输送过程中通常夹杂有泥砂、岩石颗粒、粉尘以及液体等杂质。这些固、液杂质的存在和联合作用，在集输站场运行过程中会使输送设备、管道、阀门等产生磨损、腐蚀甚至堵塞，对输送系统中计量器具、仪表等产生不良影响。

过滤分离器运行是否可靠直接关系着下游设备、仪表的安全运行，同时也对下游用户的气质保证起着至关重要的作用。

过滤分离器分成两部分，上游部分装过滤管，下游装捕雾器。卧式过滤分离器由快开盲板、过滤段、分离段、除沫丝网、储液段等组成，其内部流动过程均为：含微量液体和固体杂质的气体从过滤分离器的入口进入配流盘，配流盘对流体进行分配使流体进入聚结滤芯的中心，随后流体经过玻璃纤维过滤材料、玻璃纤维破乳毡、玻璃纤维聚结毡，然后层层流出聚结滤芯，过滤出固体杂质，水分子在聚结滤芯的表面被聚结成大水滴，由于重力的作用聚结的水滴逐渐下沉，最后经过滤分离器底部的排水口排出，气体则通过捕雾器后流出分离器。这种分离器可脱除 100% 粒径大于 2μm 的液滴和 99% 粒径大于 0.5μm 的液滴。

**1. 过滤分离器两端设置滤芯应对大气量**

过滤分离器两端各设 1 个快开盲板，顶部设两个进气口，中部设一个出气口，形成两进一出的形式，增加了气体流通量，同时减小了分离器筒体直径，降低过滤器的负荷以及延长凝液和杂质形成糊状滤饼堵塞滤芯的周期，避免频繁更换滤芯操作。更换滤芯时，也可两端同时进行，大大节省更换时间。结构如图 12-1 所示。

**2. 过滤分离器的日常维护工作的加强**

过滤分离器安装好后，可以进行长期的工作，但是运行过程中应该注意以下几方面。

（1）应该定期更换滤芯，当滤芯的使用期限达到设计寿命就应该及时更换聚结滤芯；而当滤芯损坏或者是滤芯淋水试验不合格时，应该更换分离滤芯。

（2）重点检查过滤分离器是否出现泄漏情况，做好其防腐处理，避免在净化过程中，由于天然气中本身存在的腐蚀成分，腐蚀过滤分离器。

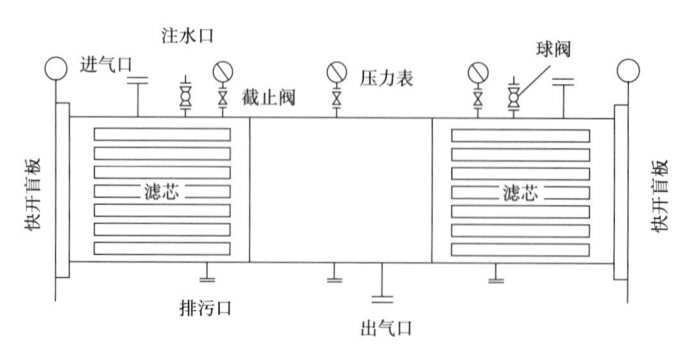

图 12-1　两端设置滤芯的过滤分离器示意图

（3）应该对过滤器经常排污，因为在每次过滤器进行工作时，排污中会存在一定的水分，如排污中发现存在固体杂质，就应该进行一系列的调查，并且采取相关措施。

**3. 过滤分离器滤芯的优化改进**

滤芯的改进主要是将现有过滤介体层压在圆筒外壁的圆筒形的滤芯改为过滤介体折叠在圆筒外的结构形式。折叠形式过滤面积远远大于圆筒形式过滤面积，但是折叠形式要求更加精细的过滤介体，如图 12-2 所示。

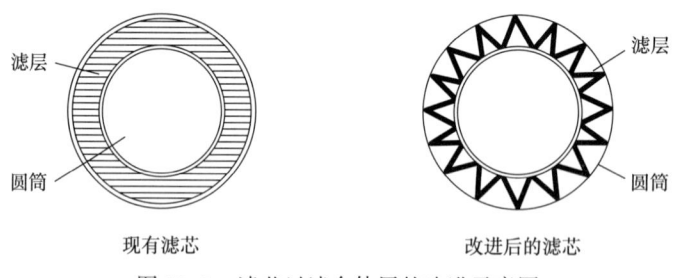

图 12-2　滤芯过滤介体层的改进示意图

此外，可更换单根带盖板滤芯，在安装时直接用螺栓压紧密封，减少了滤芯与圆形盖板移位或密封不严造成密封失效的情况。并且带盖板滤芯安装方便，自身的盖板也能对滤芯起到很好的支撑和定位作用，避免了滑移。

## 第二节　集输增压工艺技术

涩北气田从 1996 年开始试采，经过多年开发建设，气田已累计建成 20 余座集气站、脱水站、增压站，气田总的设计集输能力完全满足气井采气总量的需要，目前已富余出三分之一的余量。

涩北气田由三个相对独立的气田组成，一号和二号距离较近，台南和一、二号气田距离较远。气田间建有设计压力为 6.3MPa 的输气干线，单井采气支线管道设计压力分为开发初期的 25MPa 至近年的 10MPa 等。

### 一、气田集输总流程

气田间建有联络沟通线，三个气田集气方式相同，均采用"两套管网集气、站内加热、节流、常温分离、集中增压、集中脱水"的总体集输方式。涩北气田集输总流程如图 12-3 所示。

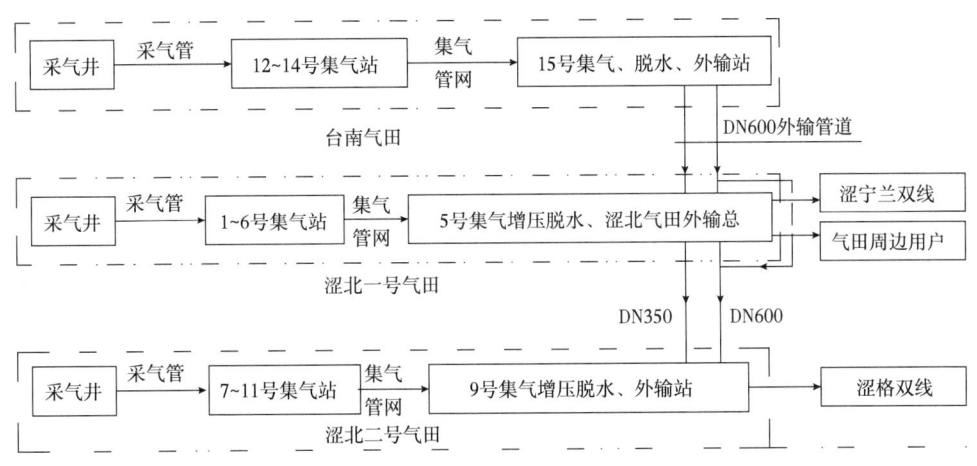

图 12-3 涩北气田集输总流程现状

## 二、气田集输压力系统

### 1. 涩北一号气田

2014 年开始对部分层系气井进行增压集输，目前气田内部运行两个压力系统，增压站与 5 号集气站合建；涩北一号气田的 5 号集气增压脱水站内设置涩北气田外输总站，涩北气田该站主要给涩宁兰及气田周边的用户供气。一号气田内部集输压力系统如图 12-4 所示。

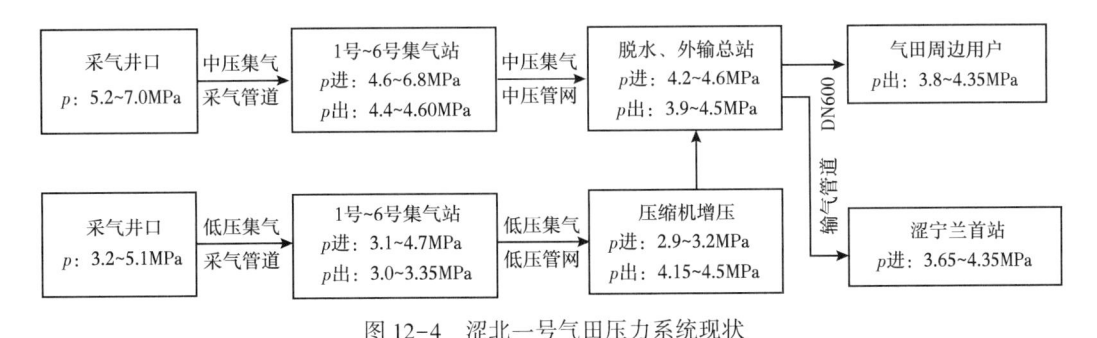

图 12-4 涩北一号气田压力系统现状

### 2. 涩北二号气田

2014 年开始对部分层系气井进行增压集输，目前气田内部运行两个压力系统，增压站与 9 号集气站合建；9 号集气增压脱水站是二号气田天然气外输站，该站主要给涩格双线（格尔木地区）的用户供气。二号气田内部集输压力系统如图 12-5 所示。

### 3. 台南气田

内部建设两套集气管网，目前运行一个压力系统，台南气田的气通过两条输气管道输至 5 号外输总站和 9 号站外输，台南气田内部集输压力系统如图 12-6 所示。

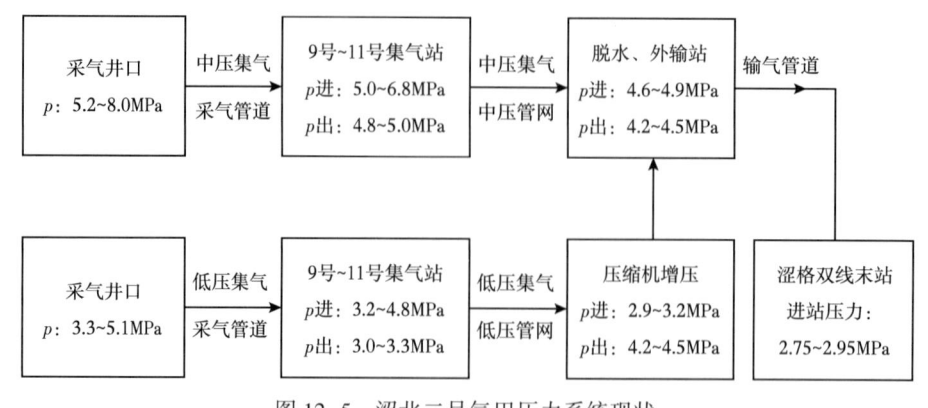

图 12-5　涩北二号气田压力系统现状

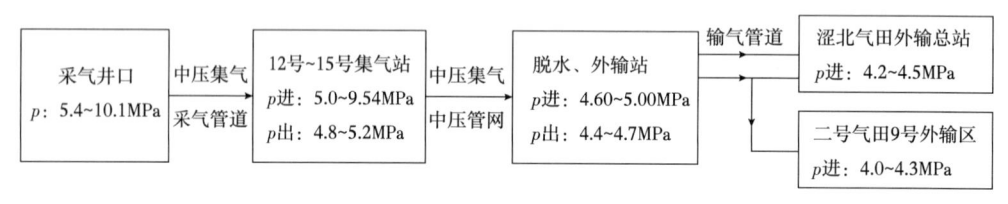

图 12-6　台南气田压力系统现状

## 三、气田增压工艺系统

在气田开发后期，当气井井口压力不能满足生产和输送所要求的压力时，就得设置矿场增压站，将气体增压，然后再输送到天然气处理厂和输气干线。此外，天然气在输气干线中流动时，压力不断下降，要保证管输能力不下降，就必须在输气干线上一定位置设置增压站，将气体压缩到所需的压力。

**1. 增压外输**

目前气田平均地层压力、生产压差、井筒压损分别为 7.28MPa、0.83MPa、2.32MPa，地层压力正常下降，生产压差相对稳定。平均井口压力 4.13MPa，仅高于外输压力 0.52MPa，近 3/5 的气井需要增压开采。

涩北三大气田配套压缩机一期 4 台、二期 11 台，按目前运行压力，日处理能力近 $200 \times 10^4 m^3$，可以满足气田增压集输需求，见表 12-1。目前已建增压站内机组主要选用电驱往复压缩机，国内组装成橇。此外，压缩机前后端配置了重力分离器和过滤分离器，以保证往复式压缩机的处理介质条件合格。

涩北气田增压集输工程投运后运行总体平稳。目前运行压缩机 5 台，机组运行良好；增压井数占总井数 69%，占总产气量 61%，其中一号、二号、台南分别占各气田总产量 39%、75%、74%。

涩北气田增压集输三期工程，为适应更低井口压力下的开发生产需求，在增压集输二期工程的基础上，总体布局整体依托三大已建增压站不做调整；各气田内部按照"集气站+总站"的两级增压模式，进行场站布局。集气增压站将井口来气"一级增压"至约 1.8~2.0MPa（适应总站已建机组入口压力），再经气田已建高低压输气干线输至增压总站进行

"二级增压"至外输压力（约 3.8~3.9MPa），适应最低井口压力 0.8MPa。

表 12-1  涩北气田增压集输工程（一期、二期）汇总表

| 气田 | 设备名称 | 设计参数（$10^4 m^3/d$，MPa） | | | 实际总处理能力（$10^4 m^3/d$） | |
|---|---|---|---|---|---|---|
| | | 处理能力 | 进口压力 | 出口压力 | | |
| 涩北一号 | KCP53B | 20~132 | 1.4~3.7 | 4.0~5.5 | 210 | 548 |
| | DTY1600 | 29.63~271.8 | 1.0~3.0 | 4.0~5.0 | 338 | |
| | DTY1250 | 32.64~223.82 | | | | |
| 涩北二号 | KCP53B | 20~132 | 1.4~3.7 | 4.0~5.5 | 150 | 430 |
| | DTY1600 | 29.63~271.8 | 1.0~3.0 | 4.0~5.0 | 280 | |
| | DTY1250 | 32.64~223.82 | | | | |
| 台南气田 | DTY1250 | 32.64~223.82 | 1.0~3.0 | 4.0~5.0 | 883 | 883 |
| | DTY1800 | 32.4~375.3 | 0.9~3.3 | | | |

**2. 集中增压气举采气**

集中增压气举工艺采用"总站取气增压、阀组分区配气、单井连续气举"模式。已建及正在建设流程为"气举站→注气干线→注气阀组橇→单井注气管道→井口"，干气经气举压缩机增压后，经注气干线输至注气阀组橇，调压计量后经单井管道输至井口。

集中增压气举系统在各气田总站合建气举站，设气举压缩机，气举气源接自各总站外输处，由气举压缩机增压后，经已建注气干线输至注气阀组区，经计量、调节至单井需要的注气压力、注气量后，由单井注气支线将高压气输至注气井口，高压气从套管注入，将井底积液举出后，含积液的天然气经已建单井采气管线输送至各集气站，统一脱水处理。

目前涩北气田已经建成注气井集中气举系统，气举站内气举使用的是电驱往复式压缩机，型号均为 DTY630、DTY400、DTY1120 和 DTY1800。

气田注气干线起于气举站外，止于各注气阀组区。各阀组区分别建在已建集气站周边，方便配套注气橇。单井注气支线均起于注气阀组区，止于注气井口，气举管线来气通过套管将高压来气注入井底，采出的含水天然气通过原单井采气管线输至集气站进行集中处理，可实现连续气举作业。

当气举支线来气压力小于气井气举压力时，通过预留阀门导入橇装氮气车进行注气，待后期气井注气压力降至注气支线来气压力时，再进行集中增压连续气举作业。

今后新建集中增压气举流程推荐采用"气举站→注气干线→分支阀组→注气支线→单井管道→单井计量橇→井口"。新建注气分支阀组分别设在已建注气阀组旁边，方便统一管理。

## 第三节  集输系统防砂、除砂

### 一、防砂、除砂设施

随着涩北气田开发的深入，产层出砂严重，出水加剧出砂等，影响了气井的正常生产及气田的高效开发。天然气产出时携带的砂泥妨碍气体在管道中的流动，甚至堵塞管道，

减少输量；磨损或妨碍各种设备的正常运行。根据生产实际情况，开发了多种集输系统的防砂、除砂设施，主要有几下几种。

（1）集气站内采用新型天然气分离除砂装置（专利号：CN200620136185.X），分离装置底部是集液室，在集液室所处的外壳壁上装有一排液口；在集液室的上部装有分离伞；在分离伞的上部有两个分离仓，即一次分离仓和二次分离仓，在两个分离仓中分别装有一次分离装置和二次分离装置，一次分离装置的出气管连接至二次分离仓；在分离仓的上部即外壳的顶部装有丝网捕沫器，丝网捕沫器上部有气体出口；天然气入口位于一次分离仓的下部。

（2）集气站内节流采用高效直角节流气嘴（专利号：CN03209366.2），该装置在第八章第一节中已有详细论述。排污阀采用电动式角式节流、抗冲蚀双作用排污（水）阀（专利号：ZL2005 2 0018032.0），实现自动化排污。

平板闸阀采用带导孔阀门。其在常开和常关闭状态时，密封面均受保护，受介质冲刷，使用寿命长。开关灵活方便，无卡滞，其启闭力矩仅为普通阀门的1/3～1/2。

（3）采气井场及集气站内采气管线进站弯头均采用长半径弯头（$R=2.5DN$），外输管线弯头采用长半径弯头（$R=6DN$），其余弯头均采用普通弯头（$R=1.5DN$）；设计压力为6.4MPa的管封头均采用标准椭圆封头。分离器排污部分的三通均选用陶瓷内衬特制管件。所有管件均执行《优质钢制对焊管件规范》SY/T 0609—2006标准。

## 二、收集池清防砂措施

针对涩北气田产出水量大、含砂多的问题，原有的收集池及污水处理系统并不能有效对产出水及砂进行有效的处理，对产出水和砂只能进行初步沉降，且不易清理，导致收集池在设计使用时间的三到五年就无法再正常使用，故对最新的相关除泥除砂技术进行引进，提出相对应的优化方案。

### 1. 收集池底部设置斗状集砂区

涩北气田采出水收集池尺寸为30m×10m×1.5m到60m×100m×3m不等，改造现有收集池，将现有收集池底部划分出一个斗状集砂区，可以更好地收集沉砂。由进、出水口、斗状集砂区、溢流堰、二级沉降区五个部分组成。如图12-7所示，将收集池的1/5～1/3设置为斗状集砂区，并且设有一定坡度。在当前已有的收集池基础上，用混凝土筑造池底以及池壁，也可用砖石圬工结构，或用砖石衬砌的土池。初步施工完成后，进行墙体预应力张拉、聚硫密封胶及护角混凝土施工，以确保收集器具有良好的防渗漏性。在斗状收集区底部设置水射流管道，设置3排喷嘴。堰前设浮渣槽和挡板以截留水面浮渣，出水口前设置斜管或斜板（逆向流沉降，水平倾角=60°）以及隔栅阻隔异物。

排砂装置上，有两种从集砂区中排砂的方式以供选择：砂泵或气提。砂泵较灵活，不受提升高度及距离的限制。通过使用这些排砂措施，极大地减少了人力使用。

斗状收集区有一个3‰～5‰的坡度，坡向砂泵的位置，二次沉降区也有一个3‰～5‰的坡度，坡向出水口相对的位置。

本方案的运行流程为：含砂污水从入口进入斗状收集区，经过沉降，泥砂沉降至斗状底部。底部冲洗水将沉降的泥砂冲移至斗状坡底，最后泥砂通过砂泵或气提收集上来进行下一步处理，经过一次沉降的污水通过溢流进入二级沉降区，在二级沉降区经过二次沉淀后从出口排出进行下一步处理。

这样设计具有结构简单、除砂效果较好，特别是对大颗粒去除效果好的优点，但其存在占地面积大、抗流量和含砂量负荷冲击能力差的缺点，不能依靠自身流场实现有机物和砂粒的分离，需要对排砂进行洗砂处理。由于不同密度、大小的砂粒在平流沉淀池中沉降速度的差别，造成沉降砂粒粒径沿沉砂池长度方向呈由大到小的规律性分布，当砂粒粒径小于 0.6mm 时，砂粒则容易被水流带走。此外，由于设置的二级沉降区并没有设置水冲洗，虽然大部分泥砂在斗状沉降区沉降排出，但在二级沉降区仍需定期进行人工清扫，但相比与改造前，人工清扫周期间隔更长，总体来说大大减少了人工费用。

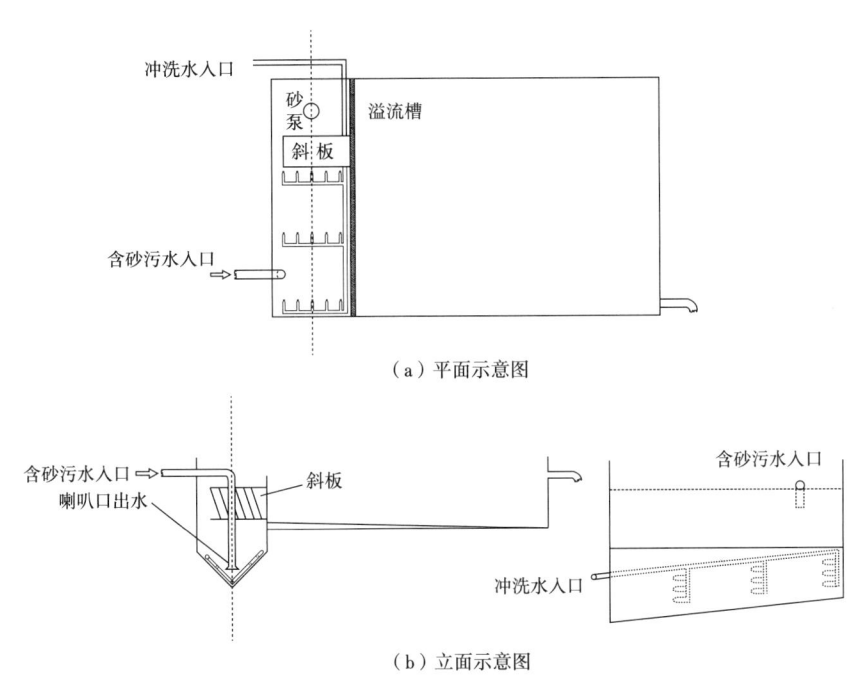

（a）平面示意图

（b）立面示意图

图 12-7 涩北气田采出水斗式沉淀池示意图

### 2. 使用水力旋流器或固液分离器

水力旋流器是一种高效率的分级、脱泥设备，无运动部件，构造简单，便于制造，处理量大；单位容积的生产能力较大，占地面积小；分级效率高（可达 80%~90%），分级粒度细；造价低，材料消耗少。在国内外已广泛使用。它的主要缺点是消耗动力较大，且在高压时磨损严重。采用新的耐磨材料，如硬质合金、碳化硅等制作沉砂口和入口的耐磨件，可部分地解决这一问题，此外，因其容积小，对来流波动没有缓冲能力，不如机械分级机工作稳定。

水力旋流器由上部一个中空的圆柱体，下部一个与圆柱体相通的倒锥体，二者组成水力旋流器的工作筒体，如图 12-8 所示。除此，水力旋流器还有入口管，

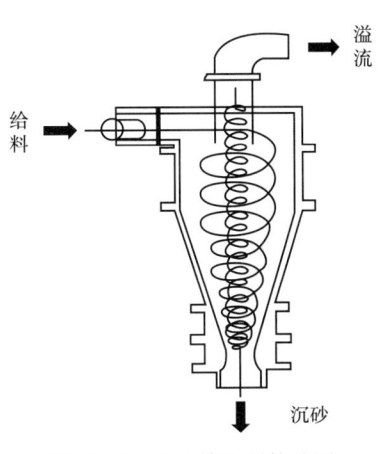

图 12-8 水力旋流器构造图

溢流管，溢流导管和沉砂口。水力旋流器用砂泵（或高差）以一定压力（一般是 0.5~2.5kgf/cm²）和流速（约 5~12m/s）将矿浆沿切线方向旋入圆筒，然后矿浆便以很快的速度沿筒壁旋转而产生离心力。在离心力和重力的作用下，将较粗、较重的矿粒抛出。

考虑到含砂污水来水的流量和压力存在较大波动，因而设置了砂泵（图 12-9）在必要时提供动力，同时设置多台水力旋流器，以适应水量的变化。

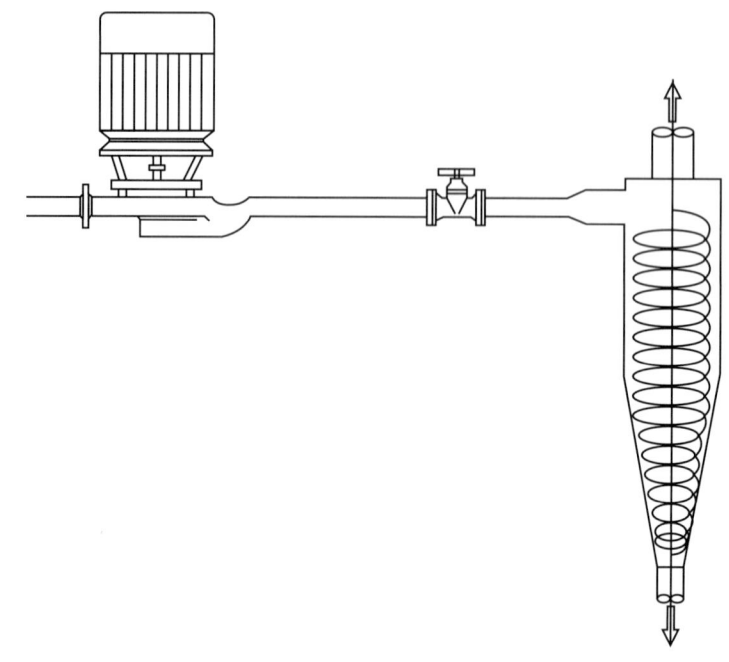

图 12-9 水力旋流器示意图

含砂污水以较高的速度由进料管沿切线方向进入水力旋流器，由于受到外筒壁的限制，迫使液体做自上而下的旋转运动，通常将这种运动称为外旋流或下降旋流运动。外旋流中的固体颗粒受到离心力作用，如果密度大于四周液体的密度（这是大多数情况），它所受的离心力就越大，一旦这个力大于因运动所产生的液体阻力，固体颗粒就会克服这一阻力而向器壁方向移动，与悬浮液分离，到达器壁附近的颗粒受到连续的液体推动，沿器壁向下运动，到达底流口附近聚集成大大稠化的悬浮液，从底流口排出。分离净化后的液体（当然其中还有一些细小的颗粒）旋转向下继续运动，进入圆锥段后，因旋液分离器的内径逐渐缩小，液体旋转速度加快。由于液体产生涡流运动时沿径向方向的压力分布不均，越接近轴线处越小而至轴线时趋近于零，成为低压区甚至为真空区，导致液体趋向于轴线方向移动。同时，由于旋液分离器底流口大大缩小，液体无法迅速从底流口排出，而旋流腔顶盖中央的溢流口，由于处于低压区而使一部分液体向其移动，因而形成向上的旋转运动，并从溢流口排出。最后，从水力旋流器底流口排出的含水泥砂进行下一步曝晒处理，从溢流口流出的净化水进入收集池进行进一步沉降。

轴流式固液旋流分离器的工作原理与水力旋流器相似，都是利用离心力使固液分离，但轴流式固液旋流分离器入口是沿轴向进入分离器的，不像水力旋流器的入口是切向的，其能量消耗也要远远低于切向入口的水力旋流器，如图 12-10 所示。

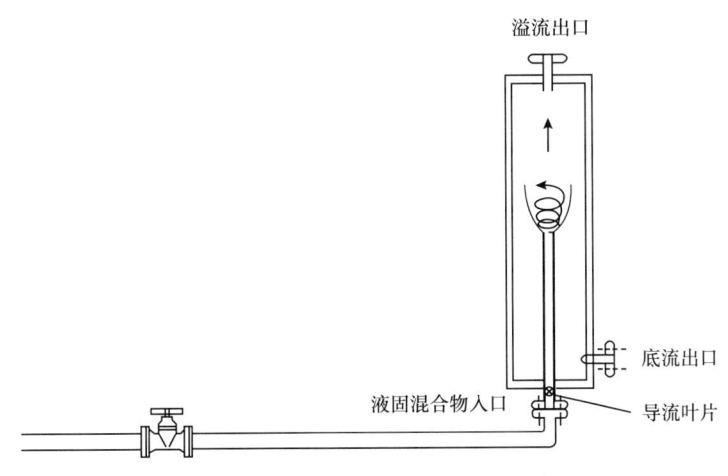

图 12-10 轴流式固液旋流分离器示意图

### 3. 收集池采用机械装置与斗状收集区结合

将工艺一、工艺二相结合,采用水力旋流器(轴流式分离器)+有斗状收集区的收集池方案,如图 12-11 和图 12-12 所示,这种方案充分利用了前两套工艺的优点,提高了对来水波动的缓冲能力,使工作流程更加稳定,经过处理后的污水净化效果更好,并且在这个方案中,在收集池中也增加了水力射流冲砂和砂泵排砂,节省人力物力。

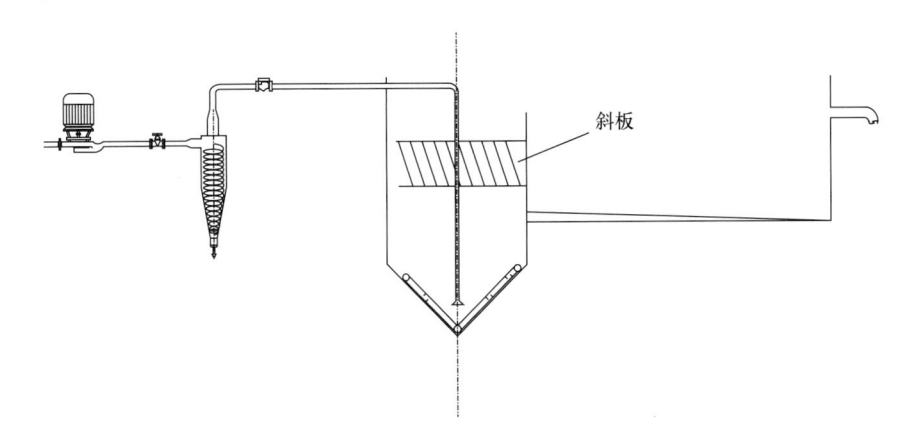

图 12-11 水力旋流器+有斗状收集区的收集池

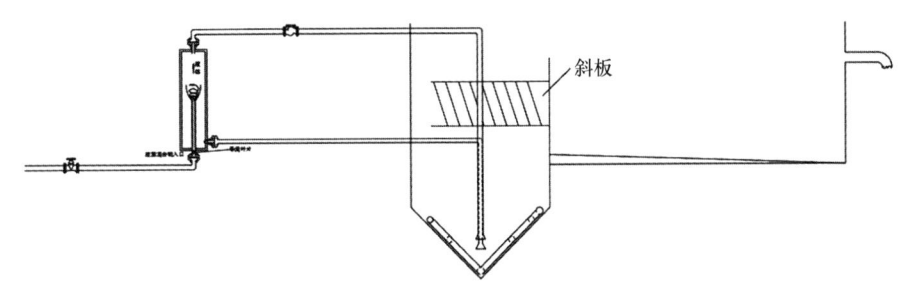

图 12-12 轴流式分离器+有斗状收集区的收集池

斗状收集区有一个3‰~5‰的坡度，坡向砂泵的位置，二次沉降区也有一个3‰~5‰的坡度，坡向出水口相对的砂泵位置，如图12-13所示。

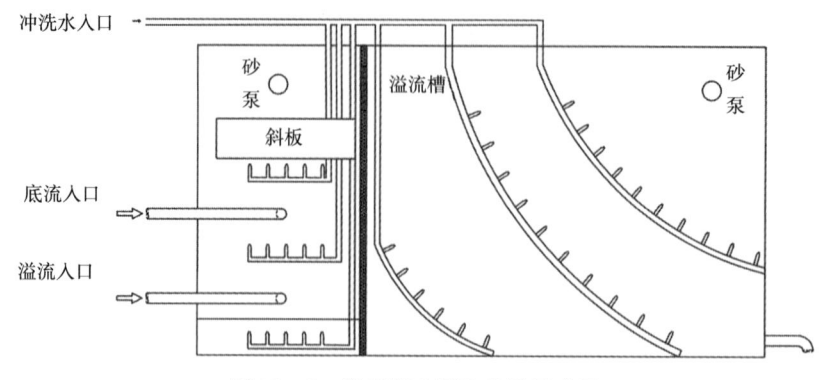

图12-13 溢流槽砂泵的位置示意图

**4. 采用三级斗状收集池**

对现有收集池进行改造，改造为三级斗状收集池，设置溢流口或不等高的溢流堰，使沉淀后的污水逐级溢流进行下一级的沉淀，由进、出水口、一级斗状集砂区、二级斗状集砂区、三级斗状集砂区、两级溢流堰组成。如图12-14所示，将收集池按照每级1/3的比例设置一级斗状集砂池，并且底部设有一定坡度。在当前已有的收集池基础上，用混凝土筑造池底以及池壁，也可用砖石圬工结构，或用砖石衬砌的土池。初步施工完成后，进行墙体预应力张拉、聚硫密封胶及护角混凝土施工，以确保收集器具有良好的防渗漏性。在斗状收集区底部设置水射流管道，设置3排喷嘴。堰前设浮渣槽和挡板以截留水面浮渣，出水口设置隔栅阻隔异物。

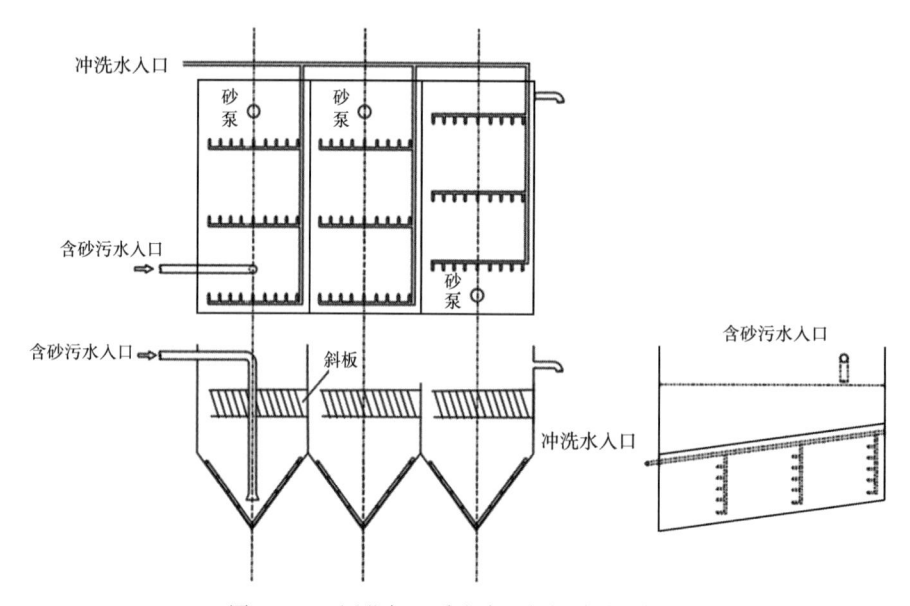

图12-14 涩北气田采出水三级沉淀池三视图

本方案的运行流程为：含砂污水从入口进入一级斗状收集区，经过沉降，泥砂沉降至斗状底部。经过一次沉降的污水通过溢流进入二级斗状收集区，在二级斗状收集区经过沉降，泥砂沉降至斗状底部。经过二次沉降的污水通过溢流进入三级斗状收集区，在三级斗状收集区经过沉降，泥砂沉降至斗状底部。底部冲洗水将沉降的泥砂冲移至斗状坡底，最后泥砂通过砂泵或气提收集上来进行下一步处理。

这样设计具有结构简单、除砂效果较好的优点，缺点是占地面积大。通过设计的三级斗状收集区，使得更多的泥砂能够得到收集，抗流量和含砂量负荷冲击能力得到提高，尤其适合于涩北气田风大、水面波动大、干扰小粒径砂粒沉降的情况。此外，一、二、三级斗状收集区都设置有水冲洗，无需人工清扫，减少人力使用。

### 三、设备维护检修

为满足冬季保供的满负荷生产要求，每年进入夏季以后，随着下游用户天然气需求量降低，需要开展夏季检修工作，夏季场站检修工作包括场站关键部位阀门更换、集气汇管清砂、设备维护保养三大类。主要对加热炉进行内部结构检查，更换加热盘管；对生产分离器进行内部检查，更换部件；对三甘醇脱水装置进行内部清焦、清砂及更换填料工作；及日常生产维修，更换阀门等。

## 第四节　采出水处理技术

### 一、采出水回注

注水系统由注水站、配水间、井口装置及连接注水站、配水间、井口的管网组成。在气田注水管网优化设计中，需要解决的问题是：①要求注水系统各泵站的出口压力和出口流量与管网配注量协调；②要求各泵站运行特性与管网特性匹配良好；③要求各注水泵在高效率区运行。

**1. 注水系统节能降耗**

1) 对注水管网进行优化设计

第一，对地面注水管网的布局进行优化设计。对布局进行优化设计的主要目的就是确定注水井最优的隶属关系，同时还能确定地面管网系统中的配水间、注水井以及注水站之间最佳的连接形式，这样在充分保证注水功能要求的前提下，尽量做到较粗管线以及最粗管线的长度最短，从而获得最佳的地面管网的布局设计。

第二，对管网的参数进行优化设计。在保证注水方法顺利实施的前提下，尽量对注水管网各个管段的壁厚以及管径等参数进行优化设计，同时还要保证合理性和经济性。有条件可采用 PIPEPHASE 管网软件优化技术，对注水管网建模计算，可优化注水干管道、支管道、单井管道管径，有效降低管材费用。

2) 对在用注入系统进行优化调整

(1) 通过搭设注水复线和更换部分小管径支干线等措施解决注水干线管径小的问题，降低管网水流速度。

(2) 通过对注入系统升压和管网末端增压等措施，解决地面注水系统设计压力匹配不合理的问题。

（3）为大幅降低注入管线结垢速率，应该严格控制注入水水质标准。

（4）增加注水橇装移动设备，对于距离较远区域的注水井采用注水橇实现注水，解决由于注水距离过长而引起的管损问题。

（5）充分考虑注水井的压力、来水的压力以及所要的注水量等参数的值来选择最为合理的注水泵，保证注水管网的运行特性与注水泵的实际性能相互匹配，可以使用变频调速技术，保证注水泵泵管的压力差是小于0.5MPa。而如果某个注水井的区块压力高于干线的压力时，就应采取对这个区块进行单井增注的施工作业。

3）规范配水管理，实现平稳注水

（1）加强硬件设备的改进和维护，及时更换老化的管网，进而促进注水管理质量的提升。

（2）配水间单井中，需要重新配备单井注水提示卡片，主要涉及注水量、瞬时流量或者井号等参数，有利于保证平稳注水的准确性。

（3）加强高压流量自动控制设备的使用，保证水井的注水量可以自动调配。

（4）提高员工专业技能，要求其按规范操作，防止出现超注、欠注等现象。

在气田实际生产中，注水系统不能处于理想化状况，其泵消耗的能量主要分为两大部分。第一部分是驱动注水泵电动机损耗的能量，这部分能量可以用电动机的效率曲线来描述，气田使用电动机的效率随轴功率而变化，效率约为96%。第二部分是注水泵消耗的能量，这部分能量可用水泵效率曲线来描述，它随水泵输出流量而变化，目前气田在用注水泵平均运行效率约为77%。

注水站能耗高的主要原因：一是注水量与注水泵匹配不合理，泵的运行负荷率低，导致"大马拉小车"，造成大量的能量损耗；二是注水泵的运行参数不科学。

气田在生产过程中，对注水量的调节总是通过调整注水口大小来完成的，这会造成大量水压的浪费，同时也带来了很大的损耗。应该采取直接调泵的方法，增加或降低水泵的运转功率。

注水泵的动力设备是配套的电动机，使用过程中电动机的效率主要由其自身的制造质量决定，在电动机选型时应尽量选用效率较高的电动机。影响注水泵效率的因素除了其自身的特性曲线外，还有工况运行区间。注水泵运行时保持在注水管路曲线交点的最佳工况点，此工况下的注水泵扬程和排量都在额定值，其效率就会达到最高值。

优化注水泵站设计，在新区块注水泵站设计时，注水站应尽量布置在注水辖区的中心位置，缩小注水半径，减少注水泵到注水井口的压力损失。

4）提高电动机运行效率

为减少气田在开采过程中能量过度消耗现象，应选择效率高且低能耗的电动机。气田开采方案的设计必须牢牢与气田开采的实际情况相结合，这样才能选择合理的电动机设备等，如果气田水质具有一定腐蚀性，可以选择封闭式电动机，但由于这种电动机的功率较大，因此应提高电动机的使用效率，减少能量过度损耗现象。在促进电动机平稳运行的前提下，为了进一步提高节能的水平，可以在电动机中安装相关的节能部件，如通风冷却系统以及轴承结构等，以更好地实现能耗节约。

## 2. 注水方式优化

### 1) 分压注水

由于注水井注水压力差别很大，为了满足所有注水井的注水需求，就须按照辖区内最高注水井压力确定注水泵压。因此，注水井平均注水压力总是小于注水泵压，相应的注水管网效率总是小于100%，并且注水井注水压力差别越大，注水管网效率越低。此外，在气田开采时，能量损耗也会随之增加，为降低能耗，提出分压注水的措施。

分压注水技术，是指组合相近注水压力的注水井，保证所有组合的水井具有相同或者相近的注水压力，并为形成的组合注水井装配相应的配套设施，例如注水泵、注水管等，以实现独立注水。

分压注水技术能够将总注水系统拆分成许多独立注水系统，保证泵压和系统注水压力的一致性，在摸清地下情况下，在建设初期就采用分压注水和中压干线单井或区域增压方案，从而提高注水效率。

利用注水管网和洗井管网，将原注水系统分成多个注水系统的注水方式进行注水，减少注水井的节流能量损失，提高管网运行效率。注水系统的工艺流程经过优化之后，一是降低了每个注水系统的干压与单井压力的压差；二是使得注水管网的过流面积增加，降低了注水流速，减少摩擦阻力，注水系统的管网效率得到了提高，带动整个注水系统效率的提高。

### 2) 分层注水

由于储气层往往差别较大，用一个注水压力同时对各气层进行注水时，这会造成单井阀门控制节流损耗比较严重。应该根据气层特点的不同，采用分层供压的注水策略，不仅对各层的注水更加合理，同时也降低了注水过程当中的能量消耗。

目前，分层注水技术主要分为以下三类。

(1) 桥式偏心注水技术。

注水管柱是由偏心配水器、封隔器构成，桥式偏心配水器与相应的注水层进行匹配。进行分层压力测试作业，不再利用投捞堵塞器，对注水主通道中投入测试仪器，可以实现对每个注水层压力进行测试，从而提升注水调配效率。

该注水工艺技术在注入流量测试、注水管柱验封和分层压力测试等方面有着较好的性能优势。

(2) 偏心集成细分注水技术。

该种注水管柱把注水封隔器和配水器进行高效集成，两个封隔器相互间的距离最小达到5m，与常规偏心管柱采取的两个封隔器相互间距离缩短3~4m，有效地处理了配水器相互间卡距约束的问题，可以对不同地层进行细分注水。

可以很好地处理细分层注水井调配，以很快的速度完成分层测试作业。注水管柱有着较好的密封性能，承受水井温度和压力性能满足设计要求，在实际应用中取得较好的效果。

(3) 空心分注技术。

为了满足大斜度及薄夹层细分注水井要求，必须解决以下问题：管柱必须具备较强的抗蠕动能力、封隔器卡距满足薄夹层细分注水井的分注要求、管柱结构满足同位素测试要求、投捞工艺不受井斜影响，能有效提高大斜井分注成功率。

通过以上优化，可达到如下效果：

①管柱居中扶正、尾管支撑或液力锚定方式能有效改善管柱的受力状况，具备了延长分注管柱有效期的基本条件，是目前气田分层注水比较合理的分层管柱。

②由于堵塞器内设同位素测试通道，堵塞器位于配水器中心通道内，有效解决了同位素测试问题，既适合直井分注，又适合斜井分注。

③由于流量及压力测试仪器与堵塞器外形完全相同，测试仪器完全坐入配水器内进行测试，不受投捞钢丝误差及井下工具变径的影响，同时配水器与封隔器中心筒为一体化设计，从理论上讲，基本满足了薄夹层井的分注需要。

④投捞一次，可同时测调2层，投捞工作量与偏心相比降低了50%以上。

**3. 注水自动控制**

注水控制系统采用以变频器为核心的"恒压注水自动控制系统"——系统根据实际注水量自动调节电动机转速，从而自动调节泵的实际排量。恒压注水自动控制系统主要由变频器、智能马达控制器、PID控制器组成。它的工作原理是：选择注水站外输压力作为被控参数，选用压力变送器在线检测的压力作为控制器的反馈信号（Pv）。反馈信号与给定值（压力值）相比，得到偏差，经PID数字调节后，输出4~20 mA的直流电流信号供变频器调节使用。变频器根据此信号输出0~50Hz的电源来控制电动机的转速，从而控制注水泵的排量，进而将外输压力调整至给定值。系统启用后完全消除了站内回流损失，实现了恒压注水，井间调水互不干扰，如图12-15所示。

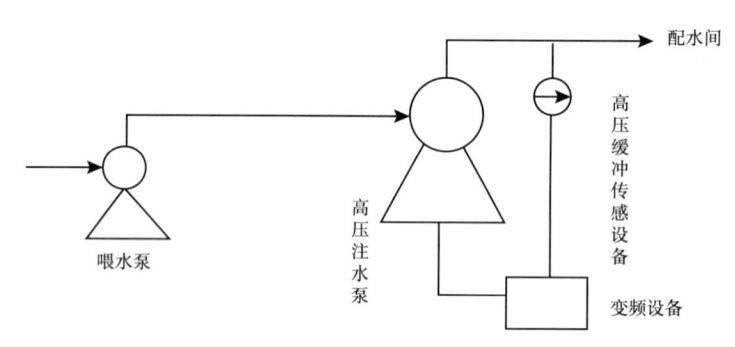

图12-15 注水站变频控制工艺流程

恒压变频调速技术，使注水泵的排量与动态的水井实际注水量得到了很好的匹配，可取得显著的节能效果。当注水井增加或调整水量需注水量大时，变频启动一台或多台注水泵同时运行在设定的注水压力参数下，并变频调速其中一台泵；当注水生产井停注调整或其他原因引起注水量下降时，变频系统自动调整，根据注水量减少注水泵台数，并变频调速其中一台泵，在设定的压力参数下工作。从而可以杜绝高压水打回流、节约能源、减轻机泵的磨损、提高注水站的控制能力、降低工人的劳动强度，达到自动控制恒压注水和节能降耗的目的。

## 二、采出水蒸发

**1. 蒸发试验**

1）自然蒸发试验

采出水自然蒸发试验地点为4号集气站曝晒蒸发池，尺寸为：20m×20m×3m，2017年

8月21日现场安装检测标尺,如图12-16所示,曝晒蒸发池水位为1790mm,截至11月17日,曝晒蒸发池水位下降至1430mm,88d累计蒸发360mm,计算平均日蒸发量为4.1mm。按照该曝晒蒸发池表面积计算,88d蒸发114m³,推算年蒸发量1474.6mm。

图12-16 曝晒试验观测示意图

2) 机械蒸发试验

试验地点:2016年4—6月在2号集气站(1号曝晒池)、台南气田15号集气站(2号曝晒池)。

试验设备:机械雾化蒸发器,如图12-17所示。技术参数如下:

型号:HV-10F;

数量:1台;

安装方式:漂浮式安装;

供水流量$Q=10m^3/h$,总功率≤25kW,水泵功率2.2kW,电动机功率22kW;

有效蒸发量:≥6m³/h;

运行方式:连续运行;

图12-17 采出水曝晒池机械雾化蒸发及常规蒸发图

试验周期：2016.04.27~2016.06.18。

试验结论：

夜间（20:30~8:30）平均约为 $1.59m^3/h$，最小约为 $1.03m^3/h$，最大约为 $2.75m^3/h$；

白天（8:30~20:30）平均约为 $2.06m^3/h$，最小约为 $0.89m^3/h$，最大约为 $3.69m^3/h$；

试验期间每台 HV-10F 型机械雾化蒸发器日蒸发量为 $43m^3/d$。

**2. 曝晒蒸发池建设**

涩北一号气田曝晒池依地形呈"口"型组合布局，池中设隔堤，并联运行，便于以后的维护管理。曝晒池选址位置距离 3 号集气站东南 2.6km 处。3 号集气站高程为 2708.14m；新建曝晒蒸发池高程为 2700.08m，曝晒蒸发池采用方形池，池体尺寸 365.9m×357.2m×2.1m。曝晒池总容积 $31.72×10^4m^3$，有效液位高度 1.5m，保护高度 0.6m。

涩北二号气田曝晒池依地形呈"口"型组合布局，池中设隔堤，并联运行，便于以后的维护管理。曝晒池选址位置距离 9 号集气站东南 2.95km 处。9 号集气站高程为 2720.80m；新建曝晒蒸发池高程为 2711.25m，曝晒蒸发池采用方形池，池体尺寸 415.9m×407.2m×2.1m。曝晒池总容积 $43.6×10^4m^3$，有效液位高度 1.5m，保护高度 0.6m。

台南气田曝晒蒸发池依地形呈"L"型组合布局，池中设隔堤，并联运行，便于以后的维护管理。曝晒蒸发池选址位置距离 14 号集气站东南 5.1km 处。14 号集气站高程为 2690.68m；新建曝晒蒸发池高程为 2689.70m，曝晒蒸发池采用池尺寸 517.2m×307.2m×2.10m 和 697.2m×307.2m×2.10m。曝晒蒸发池总容积 $81.65×10^4m^3$，有效液位高度 1.5m，保护高度 0.6m。

# 第五节 技术应用效果评价

涩北三大气田的地面集输工艺，采取多气层同时开采，集气站实行混合布站方式，采用"高压采气，站内一次加热，节流，常温分离，高、低压 2 套集输管网，分气田集中脱水，集中增压"总的集气流程。在国内外大型整装气田中，较早提出并实现了高低压 2 套集输管网，充分利用地层能量，大大节约压缩机电力消耗，降低工程造价；开展采气管线部分采用同层串联工艺试验，改善低产井的热力条件，减少采气管线长度，减少集气站进站阀组及节流阀组数量，降低投资；集气站实现"无人值守，站场巡检"模式建站，实行无人值守数字化技术；针对气田出砂出水的特性，研制出适合气田气质特点的分离器等专有专利设备，开展采出水回注和蒸发处理，落实环保责任。整个地面工程落实"优化，简化，标准化"的设计理念，为其他气田的地面建设提供了良好的借鉴。

## 一、天然气分离净化工艺实施情况

根据第一部分介绍的公式，结合《油气分离器规范》（SY/T 0515—2014）及《气田集输设计规范》（GB 50349—2015）的有关规定，还有《输气管道工程过滤分离设备规范》（SY/T 6883—2012）的有关规定，对现场在用各类分离器的直径进行计算。反算一号气田、二号气田及台南气田各集气站已建生产分离设备的处理能力，与各集气站开发预测数据进行对比，分析主要生产分离设备的适应性。

**1. 分离器处理能力校核结果**

根据现场分离器数据及操作条件，运用式（12-11）和式（12-12）计算各站分离器的理论气体处理量，其中卧式分离器分别取了四个不同液位计算其相对应的气体处理量，现场分离液位为液位三，立式分离器由于其气体处理能力不受液位影响故只有一个计算值。天然气相对密度取现场数据的平均值 0.565，结合各站分离器的几何参数、分离操作参数，计算不同型号分离器的不同液位对应的气液处理量。将计算得出的各站理论总气体处理量与实际气体处理量进行对比，其结果如图 12-18 所示。

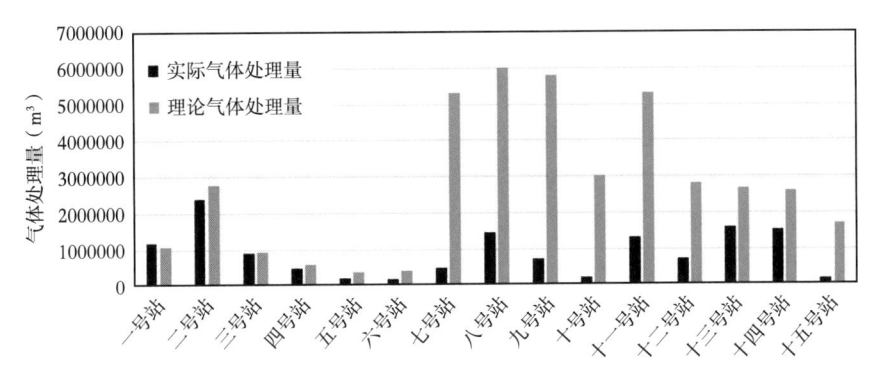

图 12-18 各站理论气体处理量与实际气体处理量对比图

运用计算公式（12-14），根据现场分离器数据及操作条件，由确定的液位高度对液体处理量进行了计算，得到各站理论液体处理量，将计算得出的各站理论总液体处理量与实际液体处理量进行对比，其结果如图 12-19 所示。

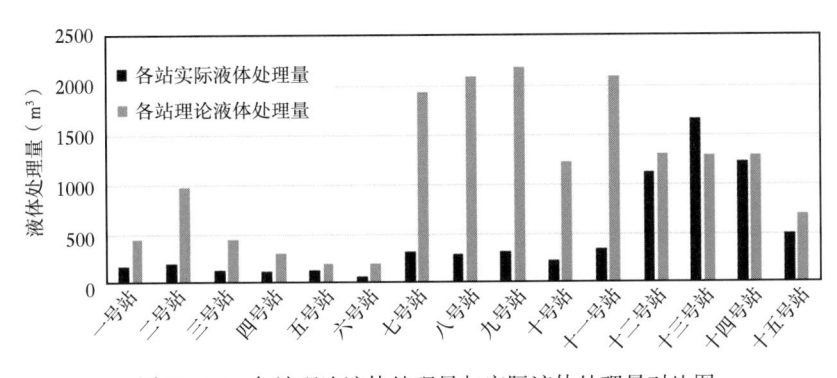

图 12-19 各站理论液体处理量与实际液体处理量对比图

**2. 分离器处理能力综合评价**

根据当前的实际以及对各集气站、增压站的生产、重力、过滤分离器进行校核的结果，对今后期内主要结论如下。

（1）期内涩北一号、二号、台南气田集气站设备处理能力与实际产量平均值比分别为 70%、180%、122%。

（2）一号气田 集气站处理能力缺口较大，生产分离器中立式设备占 81%，处理能力普遍偏小；处理能力不足的站由调整井的增加而决定。

（3）二号气田设备能力满足需求，部分站裕量较大。

（4）台南气田设备基本可满足最低井口压力下的生产需求，仅有个别站出现处理能力缺口。

由于二号气田设备裕量较大，因此本着充分利用已建设备、降低工程投资、盘活资产的考虑，考虑以搬迁调整、利旧的方式补充一号气田集气站的处理能力缺口。在搬迁利旧之余，部分集气站仍存在处理量缺口，需要局部新建处理设备。

根据现场三甘醇脱水系统运行数据，原设计条件下天然气脱水能力可达 $3350\times10^4\text{m}^3/\text{d}$，但该脱水规模适应工况条件是气田开发初期设定的 5.5MPa。自 2015 年涩北气田进入增压开采生产期，气田整体压力系统不断下降，导致设备工况及处理量发生了较大变化。

目前，涩北气田各脱水站系统工作压力为 3.3~3.8MPa，工作温度为 10~25℃。根据增压生产系统预测，今后外输压力最大为 3.8MPa，外输交接压力 3.5MPa。据此，按压力节点分析已建脱水设施的生产适应性，一旦出现非正常工况将对气田生产运行造成较大影响，且检维修时将导致场站处理气量大幅下降，运行风险较大。

## 二、增压工程实施情况

涩北气田增压集输工程充分利用已建地面集输管网，采用"降压生产、区域增压"工艺，按照总体规划、分期实施的原则进行建设，工程分三期。增压集输工程总体规划涩北一号气田、涩北二号气田井口压力为 0.6MPa，台南气田井口压力为 0.8MPa；增压集输二期工程考虑涩北一号气田、涩北二号气田井口压力为 2.0MPa，台南气田井口压力为 2.2MPa。

截至 2019 年底，涩北气田集中增压气举工程已实施两期，具备投运条件的低压井数占总井数的四分之一（含台南井间互联气举井和涩北二号集中气举试验井），实际投运井数占总井数的五分之一，日增产气量上百万立方米（表 12-2）。随着气田压降幅度增加，增压规模还会继续扩大。

表 12-2 涩北气田集中增压气举井实施效果汇总表

| 气田 | 总井数（口）| 目前气举井数（口）| 注气量（$10^4\text{m}^3/\text{d}$）| 注气压力（MPa）| 增产气量（$10^4\text{m}^3/\text{d}$）| 增产水量（$\text{m}^3/\text{d}$）|
|---|---|---|---|---|---|---|
| 涩北一号 | 101 | 57 | 53.62 | 5.6 | 27.19 | 290.12 |
| 涩北二号 | 99 | 61 | 52.85 | 6.2 | 40.73 | 688.31 |
| 台南 | 152 | 66 | 55.33 | 6.3 | 42.62 | 2344.85 |
| 合计 | 352 | 184 | 161.8 | 6.0 | 110.54 | 3323.28 |

自 2018 年涩北气田增压二期工程投运至今，气田增压井数已由 224 口上升至 850 口。增压井数增加 626 口，其中积液井 233 口，不积液井 393 口，积液井生产压差由 0.38MPa 恢复至 0.55MPa，平均单井日产气量增加 $0.11\times10^4\text{m}^3$，平均单井日产水增加 $10.74\text{m}^3$，积液高度由 387m 降至 330m；不积液井生产压差由 0.79MPa 上升至 0.95MPa，平均单井日产气增加 $0.18\times10^4\text{m}^3$，平均单井日产水增加 $0.92\text{m}^3$，如图 12-20、图 12-21 所示。

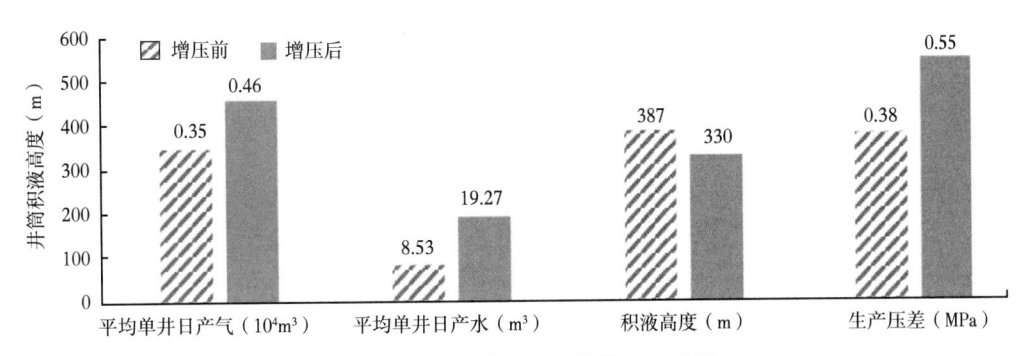

图 12-20 积液井增压二期前后对比图

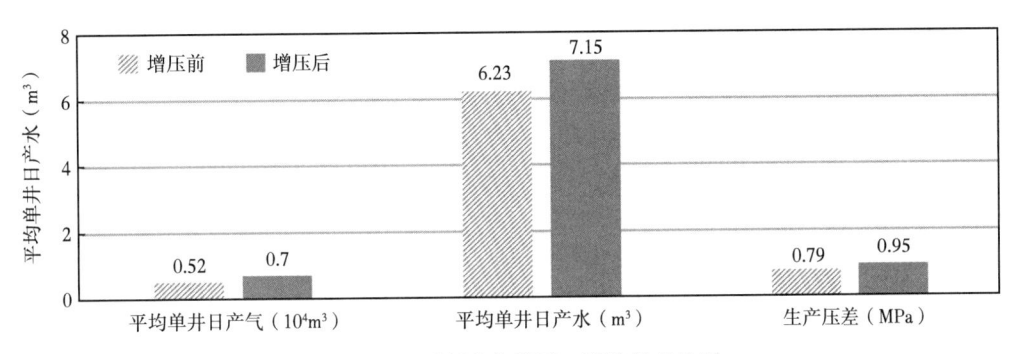

图 12-21 不积液井增压二期前后对比图

## 三、采出水处理工艺实施情况

以涩北一号气田为例，该气田各站已建有收集池 10 座和 1 座晒盐池；各站收集池表面积为 19000m²、晒盐池表面积为 93000m²，晒盐总面积为 112000m²。夏季晒盐水量约 10mm/d、冬季晒盐水量 3mm/d；各站收集池之间联络管线 5 条，压力 1.0MPa；各收集池间已建输水泵 10 台。总收集池（作为整个气田采出水调储池兼做一级沉降）中的采出水，由地下提升泵提升至回注站的沉降罐，通过缓冲罐，经喂水泵、管道过滤器后由柱塞泵增压后进入站外单井管道回注至地层。注水系统分为浅层系统和深层系统，浅层回注规模 170m³/d，深层回注设计规模 900m³/d。涩北一号气田目前共有注水井 8 口，其中浅层 4 口、深层 4 口。注水管网为注水橇内分水器直接至单井注水。

再以台南气田为例，已建有收集池 5 座和 1 座晒盐池；各站收集池表面积为 4500m²、晒盐池表面积为 302500m²，晒盐总表面积为 307000m²；各站收集池之间联络管线管材为钢丝网架聚乙烯复合管，收集池之间建输水泵。

总采收集池（作为整个气田采出水调储池兼做一级沉降）中的采出水，由地下提升泵提升至回注站的沉降罐，再去缓冲罐，经喂水泵、管道过滤器后由柱塞泵增压后去站外单井管道回注至地层，注水系统分为浅层系统和深层系统，浅层回注规模 710m³/d，深层回注规模 9304m³/d。

台南气田老回注站目前共有注水井15口，其中浅层8口、深层7口，注水管网为注水橇分水器直接至单井注水；台南新回注站目前共有注水井12口，全部为深层。注水管网为注水主干线和分水器直接至单井相结合方式。

涩北气田采出水蒸发晒盐池日均蒸发量近4000m$^3$/d（冬季蒸发量近1700m$^3$/d）；现有回注井36口，最大日回注量9000m$^3$。目前三大气田产水约8000m$^3$/d，水处理10000m$^3$/d，设施基本满足需求。

# 第十三章　问题走势与攻关方向

涩北气田已经走过了滚动试采评价期、基础井网建产期、一次细分加密扩能期、跟踪评价调控稳产期，目前进入二次细分加密调整高峰期。经过 25 年的试采和开发，不仅探索和形成了适合其不同时期开发需求的特色技术，也积累了丰富的静、动态资料。但是，气田开发是一个动态过程，是一项系统工程，不同时期有不同的技术难题和技术需求。只有结合前期研究成果和技术积累，以气田开发地质特征描述为基础，深入研究气田井间连通性、压力系统、流体分布规律、储层出砂规律、出水原因与防水措施、储量可动用性、产能预测与合理配产、边水能量与驱动类型等，对过去提高单产、层系划分、井网部署、气井射孔等技术方法应用效果及适应性作出客观评价，才能提出新阶段气田持续有效开发的下一步调整与优化措施。

为此，首先明确提出今后一个时期涩北气田开发所面临的技术问题，分析产生这些技术难题的客观原因，即储层的物性及渗流变化规律；然后运用开发地质、气藏工程、增产措施工艺等研究成果和手段，针对技术难题提供解决方案，以遏制气田产量递减，提高气田最终采收率。

## 第一节　主要开发问题走势

在二次细分加密调整的高峰期，气田已濒临高含水的开发后期，气田开发过程中暴露出一些问题更加凸显，产量很难保持稳定。

### 一、出水

从气田采气伴生水产出的角度讲，气田经历了无水采气期、出水缓慢上升期、气水同产期、强排水采气阶段。目前，已进入排堵结合的综合治水阶段，出水成为制约气田稳产的主要问题。气藏水侵方向主要为东南、西南、西北，2020 年初水侵面积占比 56.8%，水侵地质储量 53.5%；日产水 9257m³，平均单井日产水 11.78m³，水气比 7.99m³/10⁴m³；单井日产水 ≥3m³ 的井占总井数 41.7%，积液井占总井数 36.7%。出水造成气井产量和压力递减快，但控制出水必然抑制气井产能。因此，加强出水原因分析，创新气田找水及堵、排、防、控等综合治水技术方法十分迫切。

### 二、出砂

气田目前出砂井占总井数 63%，气井普遍出砂。涩北一号、二号、台南气田单井年出砂量分别为 13.1m³、22.7m³、34.2m³。随着气井产水量的增大出砂量也在增加，造成地层亏空坍塌挤损套管、管外窜；井筒沉砂掩埋气层；地面集输管线积砂、磨损、井口刺漏等。笼统控制生产压差为气井地层压力的 10% 生产已不适应，控制出砂必然抑制气井产能。因此，如何做到气井控砂、防砂有的放矢，并且和出水实施一体化治理也是技术攻关的焦点。

### 三、压降

目前气田平均地层压力为 7.19MPa，降幅达 48.14%，井筒压损为 1.99MPa。平均井口压力为 4.2MPa，仅高于外输压力 1.05MPa，3/5 的气井需要增压开采。埋藏最深的台南气田目前地层压力系数最低的开发层组仅 0.51；外输压力已经降到了 3.45MPa 左右。气田地面增压设施配备不断增加，不仅考虑外输增压，还要给积液井连续气举提供动力等。特别是目前地层压力系数低，钻井液和修井液漏失非常严重，低密度无伤害压井液仍待研发。

### 四、产量

涩北气田平均单井日产气量由开发初期的 $5\sim6\times10^4\mathrm{m}^3$ 降为目前的 $1.48\times10^4\mathrm{m}^3$，调整井平均日配产仅 $1.0\times10^4\mathrm{m}^3$。特别是受出水、出砂和低压影响，不仅井筒条件因积液、积砂恶化，气层渗流特征也因水敏、速敏及应力敏感性强而发生变化，气井生产维护和产层解堵措施需求增加，应结合目前增产措施工艺，评价其效果与适应性，提出今后气井保产的主要工艺技术。

### 五、储量

涩北气田已动用探明储量 96.63%。但是，气田试采评价早期增储部分的差气层所占比例较大，这些气层产量低，动用难度大，多层合采出力小甚至不出力。应加强储层评价及可动用性研究，提高气田储量动用程度，延长气井稳产时间。并且，未发生水侵或水侵程度较弱的主力层和次主力层，加强生产测井和动态分析结合，挖掘滞留气聚集层，以增加储量动用程度，缓解后备接替储量不足的问题。

## 第二节 今后技术攻关方向

涩北气田有些开发问题虽然早期已发现，但是并没能很好解决，甚至问题更加复杂化，解决问题的技术方法并没有跟进或更新、完善和升级。如，气井出砂早期储层吐砂亏空量小、固井水泥环与地层间固结好、井筒条件较好，早期防砂措施不彻底，特别是为节约资金和冲砂工艺的推广，大部分井没有实施先期防砂工艺措施，致使目前气层在大量出水的情况下，出砂量进一步增加使产层亏空坍塌，出现套管挤压受损，特别是水泥环失效又引起层间互窜。

问题和技术措施在开发各个时期的重复出现，是涩北气田有些问题久攻不克，或气藏开发不同阶段出现的新问题、新矛盾对新技术的需求。是开发技术探索和积累的客观反映，也是对过去工作经验和教训的如实总结。进一步梳理更有利于今后研究重点和攻关方向的确立。

## 一、储层渗流规律认识

气田开发病害的根源在地下、在气层上,特别是受气层出水、出砂和低压影响,不仅井筒条件因积液、积砂恶化,气层渗流特征也因水敏、速敏及应力敏感性强而发生变化,造成气井大幅减产。为此,深化疏松砂岩储层气、水渗流机理研究非常重要。但是,疏松砂岩储层钻井取心非常困难,开展室内渗流实验只有利用泥质含量较高的岩样,有时采用的是人造岩心,代表性较差。所以,认识疏松砂岩储层气水微观渗流规律和出砂、出水伤害机理非常困难。

## 二、气田开发规律认识

把握住气田开发规律是开发好气田的关键,但是受人为因素的干扰频繁,如受下游市场调峰供气、指令性频繁开关井、开发技术政策调整、合采分采交互进行、强采保供提产提速等影响,开发规律的认识难。加之动态测试资料求取不够全面和准确的影响,未准确认识涩北气田开发规律,提出的开发调整方案有风险。

## 三、层内非均质性认识

由于涩北疏松砂岩气田储层内部微韵律薄互层发育、微观非均质性强,层内非均质性研究没有更精细刻画的技术手段,认识程度的不足与目前动态监测方法的局限性,使得对单砂体高渗透条带、水侵优势通道的认识具有较大的不确定性。

## 四、单层单砂体开发认识

分层、分气砂体累计产气、产水及压力变化参数求取难,水侵程度和剩余气刻画有难度。预测单砂体开发指标,评价稳产潜力,提高单层储量动用程度,提高边水驱扫效率,细化调控挖潜方案有难度。

## 五、砂水一体化防治技术

在气井依靠排水采气维持正常生产的情况下,早期提出实施人工井壁工艺措施,开展排水控砂一体化工艺,还没有取得实质性进展,致使气井出水加剧出砂,近井地带地层岩石骨架结构和固井水泥环固封作用遭到破坏。井壁复原填砂修复和防漏封窜工艺滞后,难以满足气水同产或强排水井控砂生产的需要。

## 六、开发生产测试技术

在稳产形势越来越严重的情况下,全气藏关井测压、压力恢复及探边测试等动态资料求取难以实现;积液井、沉砂井、高压充填防砂井增多,致使井筒条件受限,井下测试工作难以开展;早期没有录取到的产出剖面资料,在气井水淹停产后也难以获得等。为此,对出水、出砂层位的确定和补救措施难以有效开展。

根据对涩北疏松砂岩气藏开发规律的认识和对关键问题的分析,针对目前的开发需要和资料情况,还应加强基础性的研究工作:

(1)出水机理的深入研究及提高控水、防水、堵水的效果是实现疏松砂岩气藏高效开发的前提和关键，建议进一步开展疏松砂岩的出水机理室内物理模拟研究，量化各种机理的出水指标；

（2）开展应力及出水对疏松砂岩地层出砂影响的机理研究，降低开发过程中由于出砂带来的产量不安全问题；

（3）增加涩北气田动态监测的规模和频率，降低由于认识程度不够和研究方法不完善而给制定开发政策带来的不确定因素和技术风险。

总之，通过对开发阶段问题的梳理筛析，越是到气田开发后期所面临的问题越多、越尖锐，难度也越大，相信在明确涩北气田今后开发技术问题和攻关方向的前提下，随着科学技术发展，通过不断探索攻关，开发问题一定会得以解决。

## 参 考 文 献

[1] 李江涛,陈得寿,高勤峰,等.涩北一号气田气藏动态储量计算与评价[J].天然气工业,2009,29(7):95-98.

[2] 李江涛,李清,王小鲁,等.疏松砂岩气藏水平井开发难点及对策:以柴达木盆地台南气田为例[J].天然气工业,2013,33(1):65-69.

[3] 万玉金,李江涛,杨炳秀.多层疏松砂岩气田开发[M].北京:石油工业出版社,2016.

[4] 史进,盛蔚,李久娣,等.多层合采气藏产量劈分数值模拟研究[J].海洋石油,2015,35(2):56-60,81.

[5] 马元琨,柴小颖,连运晓,等.多层合采气藏渗流机理及开发模拟—以柴达木盆地涩北气田为例[J].新疆石油地质,2019,40(5):570-574.

[6] 顾岱鸿,崔国峰,刘广峰,等.多层合采气井产量劈分新方法[J].天然气地球科学,2016,27(7):1346-1351.

[7] 张郁哲,程时清,史文洋,等.多层合采井产量劈分方法及在大牛地气田的应用[J].石油钻采工艺,2019,41(5):624-629.

[8] 刘启国,王辉,王瑞成,等.多层气藏井分层产量贡献计算方法及影响因素[J].西南石油大学学报(自然科学版),2010,32(1):80-84,196.

[9] 姜宇玲,周琴,关富佳,等.基于气水相渗的合采气井产量劈分方法[J].大庆石油地质与开发,2015,34(5):73-76.

[10] 罗刚,蒋志斌,徐后伟,等.基于数据挖掘的单层产量劈分方法[J].石油天然气学报,2014,36(10):148-151,169,9.

[11] 林孟雄,成育红,张林,等.苏里格气田苏东区块多层产量劈分新方法[J].新疆地质,2019,37(3):419-421.

[12] 张连枝,袁丙龙,孟令强,等.协调点分析在多层合采井产量劈分中的应用[J].石油化工应用,2020,39(1):47-50.

[13] 瞿霜.TN气田水侵特征与控水稳气技术研究[D].成都:西南石油大学,2019.

[14] 刘华勋,任东,高树生,等.边、底水气藏水侵机理与开发对策[J].天然气工业,2015,35(2):47-53.

[15] 李江涛,李清,徐晓玲,等.边水驱气藏水侵速度影响因素与延缓水侵技术研究:以涩北气田为例[A].2015年全国天然气学术年会论文集[C].2015.

[16] 李泓涟.多层疏松砂岩边水气藏水侵动态研究[D].西安:西安石油大学,2014.

[17] 陈啸博.多层疏松砂岩气藏出水机理及治水策略研究[D].成都:西南石油大学,2015.

[18] 邓成刚,李江涛,柴小颖,等.涩北气田弱水驱气藏水侵早期识别方法[J].岩性油气藏,2020,32(1):128-134.

[19] 胡鹏轩.涩北一号气田水侵规律及开发对策研究[D].成都:西南石油大学,2019.

[20] 黄麒钧,冯胜利,廖丽,等.涩北疏松砂岩气藏整体治水技术的研究及应用[J].钻采工艺,2018,41(4):120-122.

[21] 李江涛,柴小颖,邓成刚,等.提升水驱气藏开发效果的先期控水技术[J].天然气工业,2017,37(8):132-139.

[22] 陈朝晖,邓勇.疏松砂岩气藏水敏性对相对渗透率的影响[J].新疆石油地质,2012,33(6):708-711.

[23] 奎明清,胡雪涛,李留.涩北二号疏松砂岩气田出水规律研究[J].西南石油大学学报(自然科学版),2012,34(5):137-145.

[24] 邓成刚, 孙勇, 曹继华, 等. 柴达木盆地涩北气田地质储量和水侵量计算 [J]. 岩性油气藏, 2012, 24 (2): 98-101.

[25] 张枫, 李治平, 董萍, 等. 最优开发指标确定方法及其在某低渗气藏的应用 [J]. 天然气地球科学, 2007 (3): 464-468.

[26] 王阳, 华桦, 钟孚勋. 气藏开发阶段划分及最佳开发指标确定的研究 [J]. 天然气工业, 1995 (5): 25-27, 100.

[27] 王寿平, 孔凡群, 彭鑫岭, 等. 普光气田开发指标优化技术 [J]. 天然气工业, 2011, 31 (3): 5-8.

[28] 高远, 白艳, 刘永建, 等. 靖边下古气藏流动单元开发指标评价与优化 [C]. 第十届宁夏青年科学家论坛石化专题论坛, 2014.

[29] 姚月敏, 田甜, 韩翠红, 等. 建设天然气多层次调峰体系的探讨 [J]. 中国石油和化工标准与质量, 2014, 34 (8): 185.

[30] 张月, 王涵, 李俊楠. 简述天然气调峰方式 [J]. 当代化工, 2016, 45 (7): 1654-1656.

[31] 刘科如, 雷开宇, 刘科均, 等. 基于数值模拟的延长气田开发指标优化研究 [J]. 延安大学学报 (自然科学版), 2019, 38 (4): 80-83.

[32] 冯曦, 钟兵, 杨学锋, 等. 有效治理气藏开发过程中水侵影响的问题和认识 [J]. 天然气工业, 2015, 35 (2): 35-40.

[33] 张伦友, 贺伟. 提高水驱气藏采收率新途径: 早期治水法 [J]. 天然气勘探与开发, 1998, 21 (3): 13-18.

[34] 何晓东, 邹绍林, 卢晓敏. 边水气藏水侵特征识别及机理初探 [J]. 天然气工业, 2006, 26 (3): 87-89.

[35] 王怒涛, 唐刚, 任洪伟. 水驱气藏水侵量及水体参数计算最优化方法 [J]. 天然气工业, 2005, 25 (5): 75-78.

[36] 张烈辉, 梅青艳, 李允, 等. 提高边水气藏采收率的方法研究 [J]. 天然气工业, 2006, 26 (11): 101-103.

[37] 孙来喜, 李允, 陈明强, 等. 靖边气藏开发特征及中后期稳产技术对策研究 [J]. 天然气工业, 2006, 25 (7): 79-81.

[38] 孙志道. 裂缝性有水气藏开采特征和开发方式优选 [J]. 石油勘探与开发, 2008, 29 (4): 69-71.

[39] 窦宏恩. 水平井开采底水油藏的消锥工艺及证明 [J]. 石油钻采工艺, 1998, 20 (3): 56-59.

[40] 欧宝明, 黄麒钧, 康瑞鑫, 等. 涩北气田水淹井气举复产工艺研究及应用 [C] // 2018年全国天然气学术年会 (04 工程技术), 2018.

[41] 孙凌云, 贾锁刚, 程长坤. 青海气区持续稳产关键工艺技术研究及应用 [R]. 青海省, 中国石油天然气股份有限公司青海油田分公司, 2018-04-28.

[42] 宗贻平, 李永, 尉亚民, 等. 涩北气田第四系疏松砂岩气藏有效开发工艺技术研究及应用 [J]. 天然气地球科学, 2010, 21 (3): 357-361.

[43] 李士伦, 郭平, 孙雷, 等. 拓展新思路、提高气田开发水平和效益 [J]. 天然气工业, 2006 (2): 1-5.

[44] 魏星, 胡南, 曾敏, 等. 四川盆地有水气藏排水技术历程与发展研究 [C] //2018年全国天然气学术年会 (02 气藏开发) 2018.

[45] 黄麒钧, 冯胜利, 廖丽, 等. 涩北疏松砂岩气藏整体治水技术的研究及应用 [J]. 钻采工艺, 2018, 41 (4): 120-122.

[46] 杨川东. 采气工程 [M]. 北京: 石油工业出版社, 1997.

[47] 周江, 王琪, 张怀文, 等. 压裂充填综合防砂技术综述 [J]. 新疆石油科技, 2001, 11 (4): 8-13.

- [48] 胡昌德, 赵元才, 包慧涛, 等. 涩北气田连续油管冲砂作业分析 [J]. 天然气工业, 2001, 29 (7): 85-88.
- [49] 汪国庆, 周承富, 吕选鹏, 等. 连续油管旋转冲砂技术在水平井中的应用 [J]. 石油矿场机械, 2012, 41 (6): 84-87.
- [50] 欧阳传湘, 崔连云, 李会, 等. 冲砂液性能对冲砂影响的实验研究 [J]. 断块油气田, 2008, 15 (4): 118-119.
- [51] 李文彬, 刘彦龙, 叶赛, 等. 连续油管冲砂作业参数优化 [J]. 石油矿场机械, 2011, 40 (11): 58-61.
- [52] 董长银. 油气井防砂理论与技术 [M]. 青岛: 中国石油大学出版社, 2012: 73-125.
- [53] 周建宇. 高压砾石充填防砂工艺参数优化设计方法研究 [J]. 西安石油大学学报 (自然科学版) 2005, 20 (3): 78-82.
- [54] 马代鑫. 高压砾石充填防砂工艺参数优化设计 [J]. 石油钻采工艺, 2007, 29 (3): 52-55.
- [55] 冯胜利, 尉亚民, 邵文斌, 等. 柴达木盆地第四系疏松砂岩气藏防砂技术的研究与应用 [J]. 钻采工艺, 2008 (31): 28-30.
- [56] 郭天魁, 张士诚, 王雷, 等. 疏松砂岩地层压裂充填支撑剂粒径优选 [J]. 中国石油大学学报 (自然科学版), 2011, 36 (1): 94-100.
- [57] 庄惠农. 气藏动态描述和试井 [M]. 北京: 石油工业出版社, 2009.
- [58] 温守国. 气井出水与积液动态分析研究 [D]. 北京: 中国石油大学, 2010.
- [59] 黄小亮, 唐海, 杨再勇. 产水气井的产能确定方法 [J]. 油气井测试, 2008, 17 (3): 15-19.
- [60] 李治平, 万怡妏, 张喜亭. 低渗透气藏气井产能评价新方法 [J]. 天然气工业, 2007, 27 (4): 85-87.
- [61] 戴家才, 王向公, 郭海敏. 测井方法原理与资料解释 [M]. 北京: 石油工业出版社, 2006.
- [62] 郭海敏. 生产测井原理与资料解释 [M]. 北京: 石油工业出版社, 2007.
- [63] 刘兴斌, 平琳, 黄春辉, 等. 涡轮流量计在气/水两相流下响应规律的实验研究 [J]. 石油仪器, 2010, 24 (4): 51-53.
- [64] 赵京红. 生产测井资料解释方法探讨 [J]. 石油和化工设备, 2012, 15 (2): 41-43.
- [65] 刘武, 张鹏, 刘祎, 等. 天然气管网优化调度方法研究 [J]. 西南石油大学学报 (自然科学版), 2009, 31 (3): 146-149.
- [66] 陈立周. 工程随机变量优化设计方法原理与应用 [M]. 北京: 科学出版社, 1997.
- [67] 赵俊. 油田地面工程系统信息化管理及应用研究 [D]. 成都: 西南石油大学, 2004.
- [68] 杨喜彦. 疏松砂岩气田水循环清砂工艺 [J]. 油气田地面工程, 2013.
- [69] 童绍军. 大牛地气田利用污泥脱水净化天然气污水的工艺研究 [J]. 内蒙古石油化工, 2015.
- [70] 马志荣, 祝守丽, 傅俊义. 气田采出水预处理工艺技术优化 [J]. 当代化工, 2019, 48 (12): 2836-2839.
- [71] 韩森, 陈栋, 赵飚. 多功能一体化采出水处理装置应用效果及评价 [J]. 化学工程与装备, 2019, 275 (12): 139-141.
- [72] 陈柱蓉, 刘平, 姚楠. 油田污水回注处理存在问题及解决对策 [J]. 化工管理, 2020, 552 (9): 217-218.
- [73] 王遇冬. 天然气处理与加工工艺 [M]. 北京: 石油工业出版社, 2007.
- [74] 李士伦. 天然气工程 [M]. 北京: 石油工业出版社, 2008.
- [75] 马国光. 天然气工程 [M]. 北京: 石油工业出版社, 2018.
- [76] 汤林, 汤晓勇, 刘永茜. 天然气集输工程手册 [M]. 北京: 石油工业出版社, 2017.